“十四五”高等职业教育计算机类专业新形态一体化系列教材

网络操作系统Windows Server 2016 配置与管理

陈学平　陈冰倩◎主编

中国铁道出版社有限公司
CHINA RAILWAY PUBLISHING HOUSE CO., LTD.

内容简介

本书基于网络应用实际需求，以广泛使用的 Windows Server 2016 服务器为例介绍网络服务器部署、配置与管理的技术方法。全书共 10 个项目，内容包括 Windows Server 2016 安装，域控制器的安装与管理，域用户账户和域组的管理，文件服务器的安装、配置与管理，DHCP 服务器的安装、配置与管理，DNS 服务器的安装、配置与管理，Web 服务器的安装、配置与管理，FTP 服务器的安装、配置与管理，VPN 服务器组建及应用，证书服务配置与应用等。

本书内容丰富，注重实践性和可操作性，对于每个知识点都有相应的上机操作和演示，便于读者快速上手。

本书适合作为高职高专院校计算机相关专业的教材，也可作为网络管理和维护人员的参考书以及培训教材。

图书在版编目（CIP）数据

网络操作系统Windows Server 2016配置与管理/陈学平，陈冰倩主编. —北京：中国铁道出版社有限公司, 2022.8（2024.8重印）

“十四五”高等职业教育计算机类专业新形态一体化系列教材

ISBN 978-7-113-29382-6

Ⅰ. ①网… Ⅱ. ①陈…②陈… Ⅲ. ①Windows操作系统-网络服务器-高等职业教育-教材 Ⅳ. ①TP316.86

中国版本图书馆CIP数据核字（2022）第114876号

书　　名：网络操作系统 Windows Server 2016 配置与管理

作　　者：陈学平　陈冰倩

策　　划：王春霞　　　　**编辑部电话**：（010）63551006

责任编辑：王春霞　包　宁

封面设计：尚明龙

责任校对：安海燕

责任印制：樊启鹏

出版发行：中国铁道出版社有限公司（100054，北京市西城区右安门西街 8 号）

网　　址：https://www.tdpress.com/51eds/

印　　刷：北京联兴盛业印刷股份有限公司

版　　次：2022 年 8 月第 1 版　2024 年 8 月第 2 次印刷

开　　本：850 mm × 1 168 mm 1/16　**印张**：20　**字数**：507 千

书　　号：ISBN 978-7-113-29382-6

定　　价：54.00 元

前　言

目前，在网络服务器中使用的网络操作系统主要有 Windows Server 2003、Windows Server 2008、Windows Server 2012、Windows Server 2016、UNIX 和 Linux 等。其中，Windows Server 2016 以其安全稳定、操作方便、易学易用，能够按照用户的需要以集中或分布的方式承担各种服务器角色等特点，成为较主流的网络服务器操作系统。而服务器的组建及使用成为了企业日常业务的核心。本书详细介绍了各类服务器的组建方法。书中所介绍的服务器组建方法，既具有一定的经济适用性，又是目前比较成熟和先进的服务器构建方案。本书采用项目式的写法，各个项目相对独立，又相互联系，全书共分 10 个项目，以 Windows Server 2016 系统环境为背景。在每个项目中按照学习目标、项目描述、项目分析、知识链接、项目实施、总结与回顾、习题的思路进行编写，对于每个项目提出了较为详细的实现思路和实现过程。

具体内容包括：

项目 1 主要讲述虚拟机的安装及配置，然后以此为基础介绍 Windows Server 2016 的安装与配置。

项目 2 主要讲述活动目录的安装与配置，讲述域控制器的安装及卸载，域控制器的测试，域控制器的备份与恢复。

项目 3 主要介绍域用户账户和域组的管理，包含组的属性设置，组织单位的创建与管理，用户配置文件的使用等。

项目 4 主要讲述文件服务器的安装、配置与管理。本项目内容不仅涉及服务器的建立、基本设置，还针对实际应用，详细讲解文件服务器的安全应用。

项目 5 主要讲述 DHCP 服务器的安装、配置与管理。本项目主要介绍 DHCP 服务工作原理，DHCP 服务器的安装与授权，IP 作用域的建立与管理，DHCP 客户端的配置与管理，DHCP 配置选项的配置，超级作用域的创建，DHCP 的中继代理，DHCP 的备份与还原，并给出了详细的安装配置步骤。

项目 6 主要讲述 DNS 服务器的安装、配置与管理。本项目主要介绍 DNS 服务的基本原理，主域名服务器的架设，DNS 客户机的配置，辅助域名服务器的架设，DNS 的区域复制，DNS 的高级设置等，并给出了详细的安装配置步骤。

项目 7 主要讲述 Web 服务器的安装、配置与管理。本项目主要介绍 Web 服务的基本原理，利用 Windows Server 2016 的 IIS 组件架设和管理 Web 服务器，在一台服务器上创建多个

Web 站点（虚拟主机），并给出了详细的安装配置步骤。

项目 8 主要讲述 FTP 服务器的安装、配置与管理。本项目主要介绍 FTP 的工作原理，FTP 客户端软件的使用，使用 IIS 架设和管理 FTP 站点的方法，并给出了详细的安装配置步骤。

项目 9 主要讲述 VPN 服务器的组建及应用。由于网络的发展，为了适应各种跨网通信的需要，VPN 服务备受重视。本项目详细讲解 VPN 服务器的搭建、维护和安全管理，并给出了详细的安装配置步骤。

项目 10 主要介绍 PKI 与 CA 证书服务，介绍了 PKI 的相关知识，CA 服务器的安装及证书的管理，证书机构的管理，SSL 站点的配置，使用户可以通过 https 访问站点，并以实例进行了训练。

本书既有简单的原理介绍，也有详细的上机操作步骤，具有较强的实用性、可操作性，书中有很多独到、新颖的知识，可以帮助读者快速掌握网络中常用的网络服务原理和配置方法，在网络上部署各种网络应用。如果读者能够完成项目中的相关任务及上机操作的习题，则会事半功倍，大有所获，能够处理 Windows Server 2016 各种管理和配置工作。

本书由重庆电子工程职业学院陈学平、陈冰倩任主编，重庆一记文化传媒有限公司张一力参与编写，陈学平对全书进行了审稿及核校。在本书的编写和出版过程中得到了家人的大力支持，同时也得到了中国铁道出版社有限公司编辑的大力帮助，在此深表感谢。

读者如果在学习过程中有疑问，可以直接与作者联系（QQ：41800543），相关教学资料包可到 http://www.tdpress.com/51eds/ 下载，本书特别配有教案、上课用的教学视频，这些将为老师上课减轻工作负担。

由于编者水平有限，加之编写时间仓促，书中难免存在缺点和错误，敬请读者批评指正。

陈学平

2022 年 5 月

目 录

项目 1
Windows Server 2016 安装

学习目标：

（1）了解安装 Windows Server 2016 服务器版软件对硬件环境的要求；

（2）了解安装方式，包括升级安装、全新安装，手工安装、自动安装；

（3）了解许可证的概念及“每客户许可证”与“每服务器许可证”的区别；

（4）了解什么是多重启动；

（5）掌握 NTFS、FAT32、FAT 三种文件系统的区别，能正确选择合适的文件系统；

（6）熟练掌握 Windows Server 2016 的安装；

（7）理解虚拟机的概念，能正确安装、设置 VMware 软件。

项目描述

某企业用于办公的计算机约 300 台，现要求建立企业的 Intranet，以实现资源共享和方便管理。假如你是该企业的网络管理员，你应该购买什么样的计算机来实现这一要求，然后选择安装什么样的操作？

项目分析

经过分析和比较，管理员决定选择几台高性能的服务器来为企业提供服务，操作系统安装 Windows Server 2016 Enterprise Edition（Windows Server 2016 企业版）。同时，客户机配置一般的办公机即可。

完成该项目的思路如下：一是考虑用真实的主机安装操作系统；二是如果实训环境不允许，则可以在虚拟机中安装 Windows Server 2016 企业版，真实的主机安装 Windows Server 2016 企业版操作系统与在虚拟机中安装操作系统的方法基本一样，如果采用在虚拟机中安装 Windows Server 2016 企业版则还需要了解 VMware 虚拟机，并配置好虚拟机使用的硬件设备和网络环境，然后从虚拟机中启动安装程序进行 Windows Server 2016 企业版的安装。根据这个思路结合项目实施步骤即可完成该项目。

知识链接

一、Windows Server 2016 简介

1. 操作系统的分类

（1）桌面操作系统：常用的有 DOS、Windows XP、Windows 7、Windows 8、Windows 10 等。

（2）网络操作系统：WinNT、Windows 2000 Server、Windows Server 2003、Windows Server 2012、Windows Server 2016、Linux、UNIX。

2. Windows Server 2016 的版本

Windows Server 2016 的版本介绍见表 1-1。

表 1-1 Windows Server 2016 版本介绍

版　本	描　述
Windows Server 2016 Essentials edition	Windows Server 2016 Essentials 版是专为小型企业而设计的。它对应于 Windows Server 早期版本中的 Windows Small Business Server。此版本最多可容纳 25 个用户和 50 台设备。它支持两个处理器内核和高达 64 GB 的 RAM。它不支持 Windows Server 2016 的许多功能，包括虚拟化
Windows Server 2016 Standard edition（标准版）	Windows Server 2016 标准版是为具有很少或没有虚拟化的物理服务器环境设计的。它提供了 Windows Server 2016 操作系统可用的许多角色和功能。此版本最多支持 64 个插槽和最多 4 TB 的 RAM。它包括最多两个虚拟机的许可证，并且支持 Nano 服务器安装
Windows Server 2016 Datacenter edition（数据中心版）	Windows Server 2016 数据中心版专为高度虚拟化的基础架构设计，包括私有云和混合云环境。它提供 Windows Server 2016 操作系统可用的所有角色和功能。此版本最多支持 64 个插槽，最多 640 个处理器内核和最多 4 TB 的 RAM。它为在相同硬件上运行的虚拟机提供了无限基于虚拟机许可证。它还包括新功能，如存储空间直通和存储副本，以及新的受防护的虚拟机和软件定义的数据中心场景所需的功能
Microsoft Hyper-V Server 2016	作为运行虚拟机的独立虚拟化服务器，包括 Windows Server 2016 中虚拟化的所有新功能。主机操作系统没有许可成本，但每个虚拟机必须单独获得许可。此版本最多支持 64 个插槽和最多 4 TB 的 RAM。它支持加入到域。除了有限的文件服务功能，它不支持其他 Windows Server 2016 角色。此版本没有 GUI，但有一个显示配置任务菜单的用户界面
Windows Storage Server 2016 Workgroup edition（工作组版）	充当入门级统一存储设备。此版本允许 50 个用户，支持一个处理器内核和 32 GB 的 RAM。它支持加入到域
Windows Storage Server 2016 Standard edition（标准版）	支持多达 64 个插槽，但是以双插槽递增的方式获得许可。此版本最多支持 4 TB RAM。它包括两个虚拟机许可证。它支持加入到域。它支持一些角色，包括 DNS、DHCP。但是不支持其他角色，如 AD DS、AD CS、AD FS

3. Windows Server 2016 新增的功能

Windows Server 2016 的变化既有细微的方面，也有根本性的。服务器整合、硬件的高效管理、远程的硬件无图形界面操控，彻底改变的系统安全模式等都发生了变化。

Windows Server 2016 的新增内容，具体如下：

（1）常规方面：由于 Win32 Time 和 Hyper-V 时间同步服务的改进，物理和虚拟计算机从更高的时间准确性中受益。现在，Windows Server 可以托管与即将推出的要求 UTC 准确性为 1 ms 的规则相容的服务。

（2）Hyper-V 新增和更改的功能如下：

① 分立设备分配（简称 DDA）：允许用户在 PC 中接入部分 PCIe 设备，并将其直接交付虚拟机使用。这项性能强化机制允许各虚拟机直接访问 PCI 设备，即绕过虚拟化堆栈。与该功能相关的两大关键性 PCI 设备类型包括 GPU 与 NVMe SSD 控制器。

② 主机资源保护：在使用过程中，虚拟机之间会为了自身顺畅运行而拒绝彼此共享资源。而在这一新功能的支持下，各虚拟机将仅能使用自身被分配到的资源额度。如果某套虚拟机被发现擅自占用大量资源，则其资源配额会进行下调，以防止其影响其他虚拟机性能。大大提升使用效率。

③ 虚拟网络适配器与虚拟机内存的"热"变更：这些功能允许用户随意添加或者移除适配器（仅适用于 Gen 2 虚拟机），而无须进行关闭以及重启。另外，用户也可以随意对尚未启用的动态内存进行调整（同时适用于 Gen 1 与 Gen 2 虚拟机）。

④ 虚拟 TPM 与屏蔽虚拟机：虚拟受信平台模块（简称 TPM）允许用户利用微软的 BitLocker 技术进行虚拟机加密，其具体方式与使用物理 TPM 保护物理驱动器一样。屏蔽虚拟机同样利用虚拟 TPM 由 BitLocker（或者其他加密工具）实现加密。在这两类场景下，虚拟机能够利用 TPM 预防恶意人士对设备的访问。

⑤ 嵌套虚拟化：允许在子虚拟机内运行 Hyper-V，从而将其作为主机服务器使用。也就是说，大家能够在一套 Hyper-V Server 上运行 Hyper-V Server，从而进行开发、测试与培训工作，不过目前很难想象其可用于生产环境。

（3）Nano Server 的新增功能：Nano Server 具有一个已更新的模块，用于构建 Nano Server 映像，包括物理主机和来宾虚拟机功能的更大分离度，以及对不同 Windows Server 版本的支持。

（4）恢复控制台也有改进：其中包括入站和出站防火墙规则分离及 WinRM 配置修复功能。

（5）身份标识和访问控制：身份标识中的新功能提高了组织保护 Active Directory（活动目录，AD）环境的能力，并帮助他们迁移到仅限云的部署和混合部署，其中某些应用程序和服务托管在云中，其他的则托管在本地。

（6）Active Directory 证书服务：Windows Server 2016 中的 Active Directory 证书服务（AD CS）增加了对 TPM 密钥证明的支持，现可使用智能卡 KSP 进行密钥证明，而未加入域的设备现在可以使用 NDES 注册，以获得可证明 TPM 中密钥的证书。

（7）Active Directory 域服务：Active Directory 域服务包括可帮助组织保护 Active Directory 环境并为公司和个人设备提供更好的标识管理体验的改进。

（8）Active Directory 联合身份验证服务：Active Directory 联合身份验证服务中的新增功能。Windows Server 2016 中的 Active Directory 联合身份验证服务（AD FS）包括使用户可以配置 AD FS 以对轻型目录访问协议（LDAP）目录中存储的用户进行身份验证的新功能。

（9）Web 应用程序代理：Web 应用程序代理的最新版本专注于为更多应用程序实现发布和预身份验证的新功能以及改进的用户体验。查看新功能的完整列表，其中包括针对丰富的客户端应用（如

Exchange ActiveSync）的预身份验证以及用于更轻松地发布 SharePoint 应用的通配符域。

（10）管理方面的新增功能：Windows PowerShell 5.1 包含重要的新功能（包括支持使用类进行开发、可扩展其用途的新安全功能），提高其可用性，并允许用户更轻松、全面地控制和管理基于 Windows 的环境。

Windows Server 2016 的新增功能包括：在 Nano Server 上本地运行 PowerShell.exe（不再仅限于远程），新增“本地用户和组”cmdlet 替换 GUI，添加了 PowerShell 调试支持，并添加了对 Nano Server 中安全日志记录和脚本以及 JEA 的支持。

还有其他新管理功能如下：

① Windows Management Framework（WMF）5 中的 PowerShell 期望状态配置（DSC）：Windows Management Framework 5 包括对 Windows PowerShell 期望状态配置（DSC）、Windows 远程管理（WinRM）和 Windows 管理规范（WMI）的更新。

② 用于软件发现、安装和清单的 PackageManagement 统一包管理：Windows Server 2016 和 Windows 10 引入了一种新的 PackageManagement 功能（以前称为 OneGet），该功能可以允许 IT 专业人员或开发人员使软件发现、安装清单（SDII）在本地或远程自动进行，无论安装程序技术如何，也不管软件位于何处。

③ 有助于数字取证和减少安全漏洞的 PowerShell 增强功能：为了帮助负责调查受损系统的团队（有时称为“蓝队”），已添加其他 PowerShell 日志记录和其他数字取证功能，并且已添加有助于在脚本中减少漏洞的功能，如受限的 PowerShell 和安全 CodeGeneration API。

（11）网络方面的改进：

① 软件定义的网络。用户可以将流量映射并传送到新的或现有虚拟设备。与分布式防火墙和网络安全组联合使用，使用户能够以类似于 Azure 的方式动态分段和保护工作负荷。其次，用户可以使用 System Center Virtual Machine Manager 部署并管理整个软件定义的网络（SDN）堆栈。最后，可以使用 Docker 管理 Windows Server 容器网络，并将 SDN 策略与虚拟机和容器关联。

② TCP 性能改进。默认初始拥塞窗口（ICW）已从 4 增加到 10 并已实现 TCP 快速打开（TFO）。TFO 减少了建立 TCP 连接所需的时间，并且增加的 ICW 允许在初始突发中传输较大的对象。此组合可以显著减少在客户端和云之间传输 Internet 对象所需的时间。

当数据包丢失后恢复时，为了改善 TCP 行为，实施了 TCP 尾部丢失探测（TLP）和最新确认（RACK）。TLP 可帮助将转发超时（RTO）转换为快速恢复，而 RACK 可减少快速恢复所需的时间，以重新传输丢失的数据包。

（12）安全和保障的改进：

① Just Enough Administration：Windows Server 2016 中的 Just Enough Administration 是一种安全技术，可使由 Windows PowerShell 管理的任何内容均可进行委派管理。功能包括对在网络标识下运行、通过 PowerShell Direct 连接、安全地复制文件到 JEA 终节点或从 JEA 终节点安全地复制文件及配置 PowerShell 控制台来在 JEA 上下文中默认启动的支持。

② Credential Guard：凭据保护使用基于虚拟化的安全性来隔离密钥，以便只有特权系统软件可以

访问它们。

③ 远程 Credential Guard：Credential Guard 包括对 RDP 会话的支持，以便用户凭据能够保留在客户端上，且不会在服务器端暴露。它还提供远程桌面的单一登录体验。

④ Device Guard（代码完整性）：Device Guard 通过创建指定哪些代码可以在服务器上运行的策略提供内核模式代码完整性（KMCI）和用户模式代码完整性（UMCI）。

⑤ Windows Defender：默认情况下，Windows Server Antimalware 已在 Windows Server 2016 中安装并处于启用状态，但是 Windows Server Antimalware 的用户界面尚未安装。但是，Windows Server Antimalware 会在没有用户界面的情况下更新反恶意软件定义并保护计算机。如果需要 Windows Server Antimalware 的用户界面，则可以使用“添加角色和功能向导”在操作系统安装之后安装它。

⑥ 控制流防护：控制流防护（CFG）是一种平台安全功能，旨在防止内存损坏漏洞。

（13）存储方面的改进：Windows Server 2016 中的存储包括软件定义存储以及传统文件服务器的新功能和增强功能。

① 存储空间直通：存储空间直通允许通过使用具有本地存储的服务器构建高可用性和可缩放存储。该功能简化了软件定义存储系统的部署和管理并且允许使用 SATA SSD 和 NVMe 等新型磁盘设备，而之前群集存储空间无法使用共享磁盘。

② 存储副本：存储副本可在各个服务器或群集之间实现存储不可知的块级同步复制，以便在站点间进行灾难恢复及故障转移群集扩展。 同步复制支持物理站点中的镜像数据和在崩溃时保持一致的卷，以确保文件系统级别的数据损失为零。 异步复制允许超出都市范围、可能存在数据损失的站点扩展。

③ 服务存储质量（QoS）：现在可以使用存储服务质量（QoS）集中监控端到端存储性能，并使用 Windows Server 2016 中的 Hyper-V 和 CSV 群集创建策略。

④ 故障转移群集：Windows Server 2016 中包括多个服务器的新功能和增强功能，它们使用故障转移群集功能组合到单个容错群集中。

⑤ 群集操作系统滚动升级：群集操作系统滚动升级允许管理员将群集节点的操作系统从 Windows Server 2012 R2 升级至 Windows Server 2016，且无须中断 Hyper-V 或横向扩展文件服务器工作负荷。使用此功能可以避免服务级别协议（SLA）的停机时间损失。

⑥ 云见证：云见证是 Windows Server 2016 中一种新型的故障转移群集仲裁见证，它将 Microsoft Azure 作为仲裁点。 与其他仲裁见证一样，云见证获取投票，并可以参与仲裁计算。 可以使用“配置群集仲裁向导”将云见证配置为仲裁见证。

⑦ 运行状况服务：运行状况服务将改进存储空间直通群集上的日常监控、操作和群集资源维护体验。

（14）应用程序开发的改进：

① Internet Information Services（IIS）10.0：在网络堆栈中支持 HTTP/2 协议，并与 IIS 10.0 集成，允许 IIS 10.0 网站针对支持的配置为 HTTP/2 请求自动提供服务。 与 HTTP/1.1 相比，这会有大量的增

强功能，例如，更有效地重用连接和减少延迟、提高网页的加载速度。

在 Nano Server 中运行和管理 IIS 10.0 的功能。

支持通配符主机头，使管理员能够为域设置 Web 服务器，然后让 Web 服务器为任何子域的请求提供服务。

一个用于管理 IIS 的新 PowerShell 模块（IISAdministration）。

② 分布式事务处理协调器（MSDTC）：

资源管理器可以使用资源管理器重新加入的新界面，以在数据库由于错误重启后确定未决事务的结果。有关详细信息，可参阅 IResourceManagerRejoinable::Rejoin。

DSN 名称限制从 256 字节扩大到 3 072 字节。有关详细信息，可参阅 IDtcToXaHelperFactory::Create、IDtcToXaHelperSinglePipe::XARMCreate 或 IDtcToXaMapper::RequestNewResourceManager。

利用改进的跟踪功能，用户可以设置注册表项以在跟踪日志文件名中包括图像文件路径，以便能够告知要检查的跟踪日志文件。

二、VMware 虚拟机介绍

VMware 是一个“虚拟机”软件。它使用户可以在一台机器上同时运行两个或更多 Windows/ DOS / Linux 系统。

与“多启动”系统相比，VMware采用了完全不同的概念。多启动系统在一个时刻只能运行一个系统，在系统切换时需要重新启动机器。VMware 是真正“同时”运行，多个操作系统在主系统的平台上，就像 Word / Excel 那种标准 Windows 应用程序那样切换。

三、关于虚拟机的操作

虚拟机的操作有以下内容：

（1）开机：与真实主机一样。

（2）关机：与真实主机一样。

（3）待机：与真实主机一样。

（4）鼠标切换：按【Ctrl+Alt】组合键，将虚拟机的光标移动到外面的主机中，或者移动到虚拟机中。

（5）全屏切换：【Ctrl+Alt+Enter】组合键。

（6）快速切换：【F11】键，可以切换全屏或虚拟机的正常屏幕。

视频

安装虚拟机新建虚拟机

一、虚拟机的安装及配置

1. 虚拟机软件的安装

此处介绍的虚拟机的版本为 VMware 10.0，安装过程从略。安装时逐步单击“下一步”按钮即可。

2. 虚拟机软件的配置

（1）启动 VMware 10.0，在图 1-1 所示的窗口中单击“创建新的虚拟机”按钮。

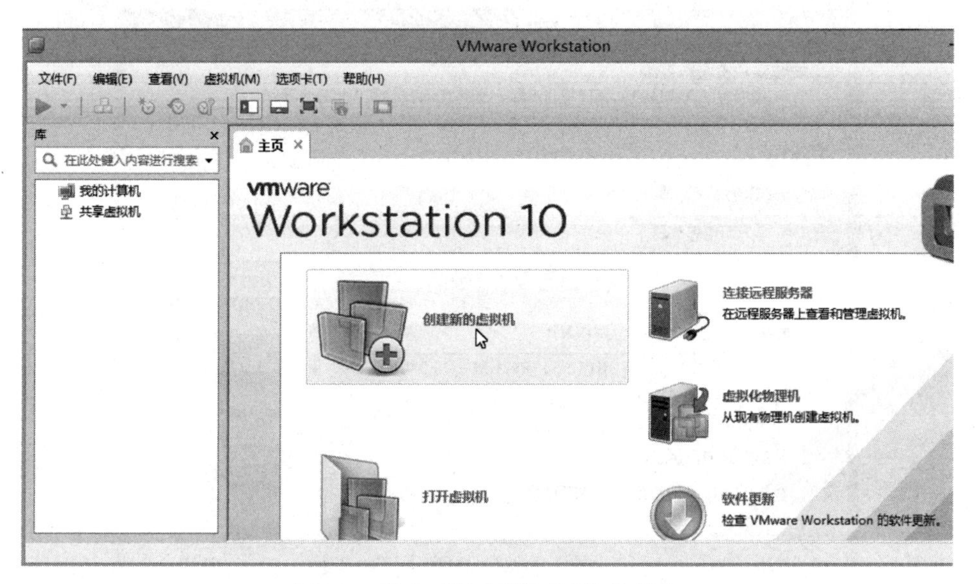

图 1-1　单击“创建新的虚拟机”按钮

（2）弹出“新建虚拟机向导”对话框，选择“典型”单选按钮，如图 1-2 所示。

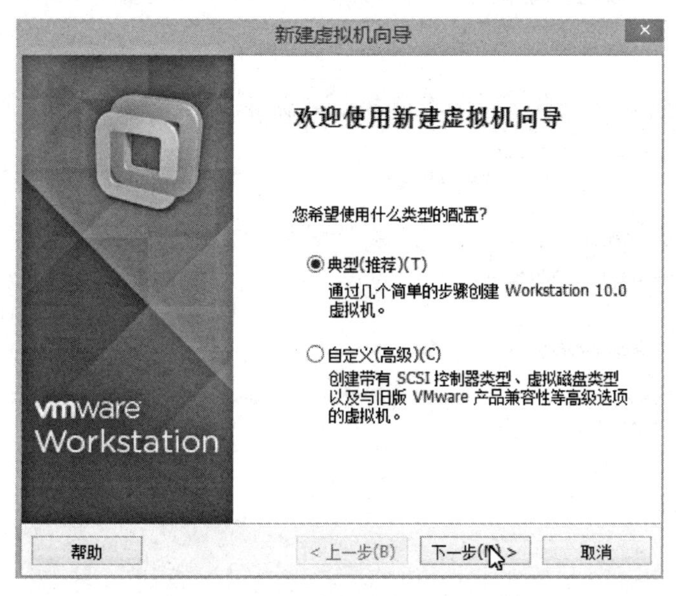

图 1-2　“新建虚拟机向导”对话框

（3）单击“下一步”按钮，出现“安装客户机操作系统”对话框，在其中有 3 个安装选项，第一项为“安装程序光盘”，第二项为“安装程序光盘映像文件”，第三项为“稍后安装操作系统”，安装时根据实际情况进行选择，如果有光驱和安装盘，则可以选择第一项，如果有安装盘的映像文件则选择第二项，如果暂时什么都没有则选择第三项，此处选择第二项，如图 1-3 所示。

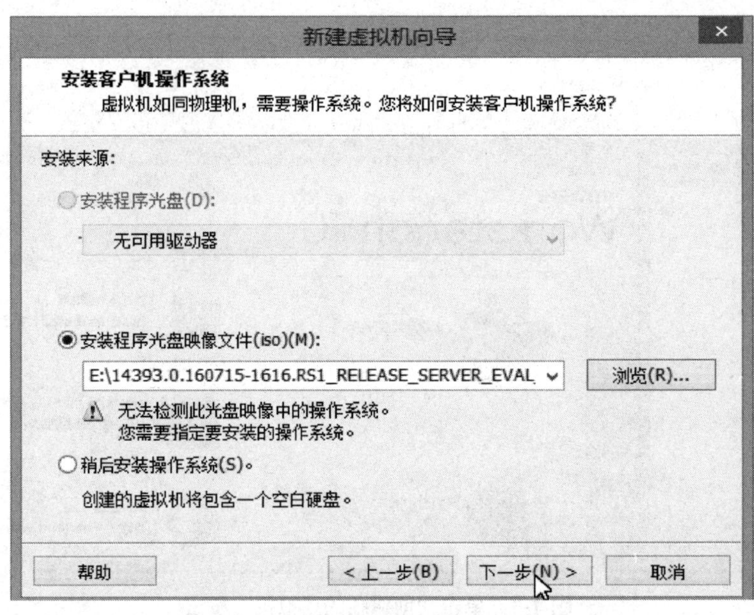

图 1-3 “安装客户机操作系统”对话框

（4）单击“下一步”按钮，选择客户机操作系统及版本，这里选择 Windows 8 x64，如图 1-4 所示。后面可以更改名称。

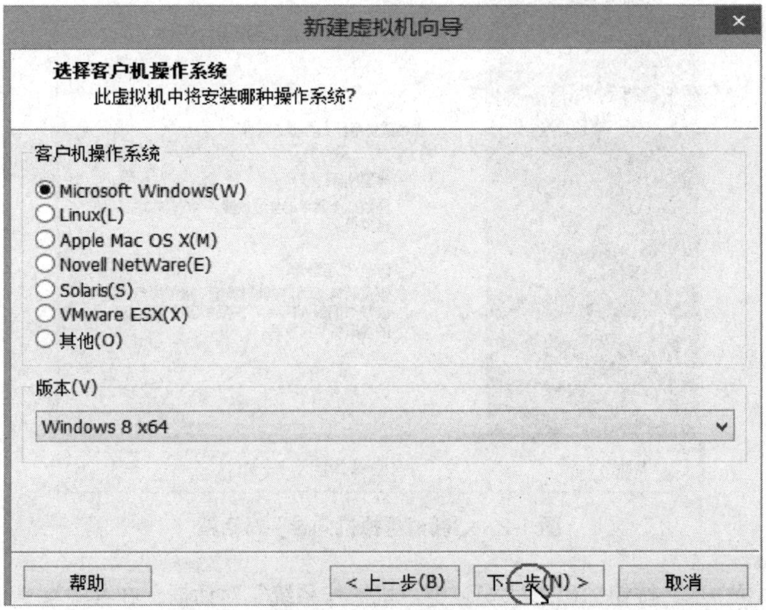

新建虚拟机向导
选择客户机操作系统
此虚拟机中将安装哪种操作系统?
客户机操作系统
Microsoft Windows(W)
Linux(L)
Apple Mac OS X(M)
Novell NetWare(E)
Solaris(S)
VMware ESX(X)
其他(O)
版本(V)
Windows 8 x64
帮助
< 上一步(B)
下一步(N) >
取消

图 1-4 选择 Windows 8 x64 操作系统

（5）单击“下一步”按钮，弹出“命名虚拟机”对话框，单击“位置”文本框后面的“浏览”按钮更改安装路径。将虚拟机安装在 F 盘的 2016 文件夹下面，如图 1-5 和图 1-6 所示。

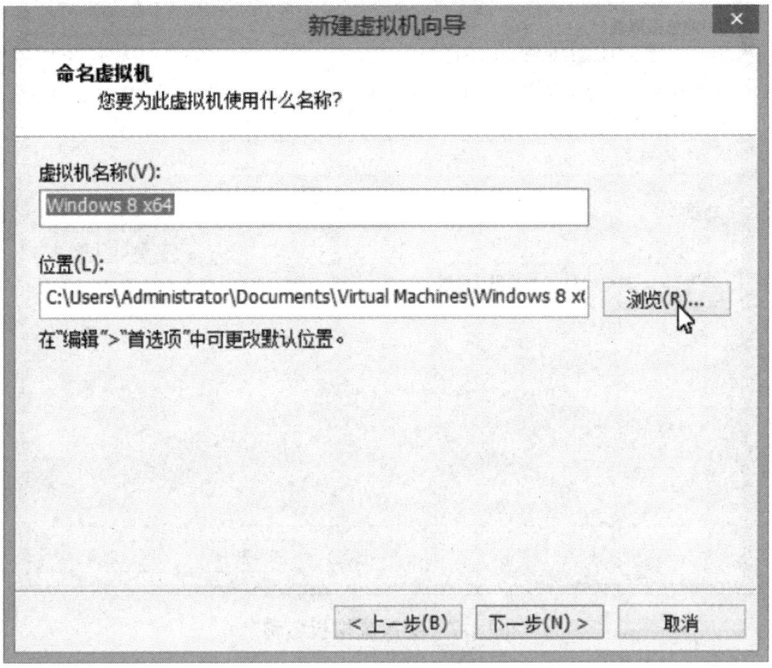

图 1-5 默认路径

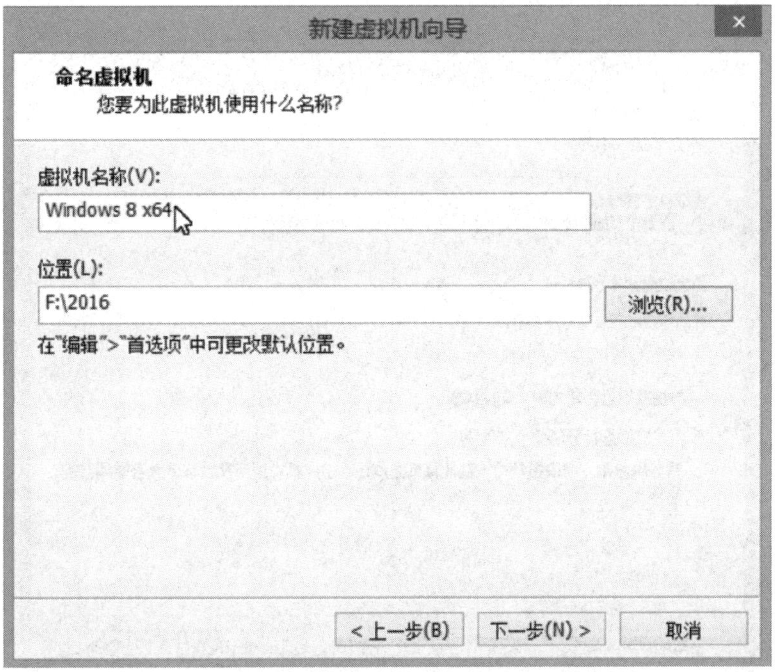

图 1-6 更改后的路径

（6）将“虚拟机名称”修改成“Windows 2016”，如图 1-7 所示。

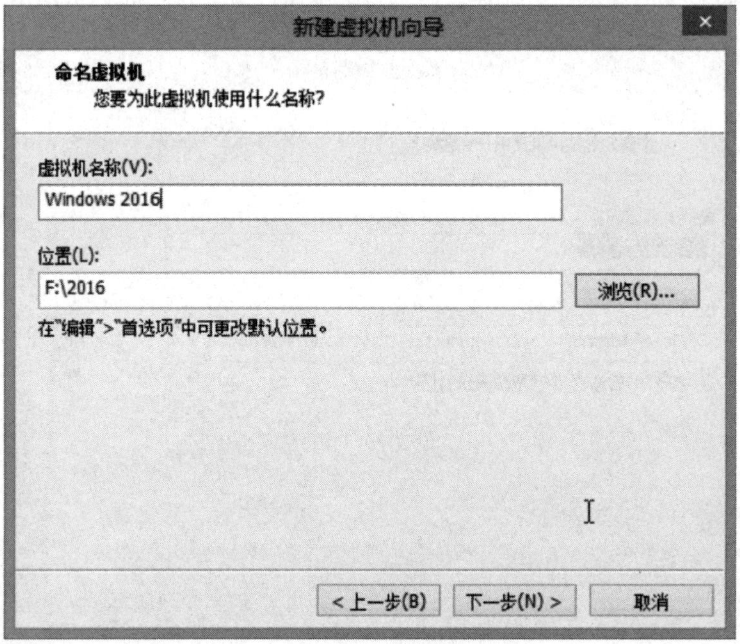

新建虚拟机向导

命名虚拟机

您要为此虚拟机使用什么名称?

虚拟机名称(V):

Windows 2016

位置(L):

F:\2016

浏览(R)...

在“编辑”>“首选项”中可更改默认位置。

< 上一步(B)　下一步(N) >　取消

图 1-7　更改虚拟机名称

（7）选择安装位置后，单击“下一步”按钮，弹出“指定磁盘容量”对话框，在“最大磁盘大小”微调框中指定 60 GB 空间，如图 1-8 所示。

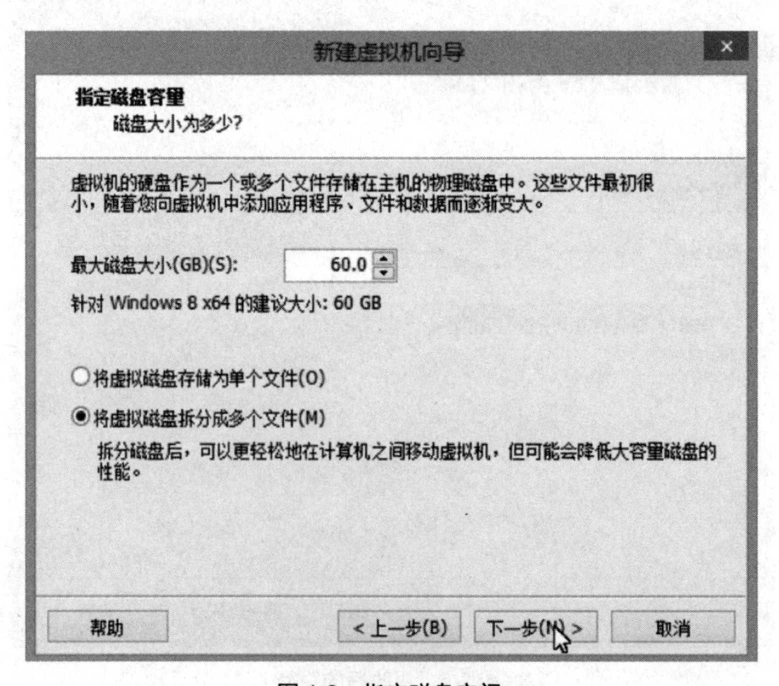

图 1-8　指定磁盘空间

（8）单击“下一步”按钮，出现虚拟机的设置信息对话框，如图 1-9 所示。

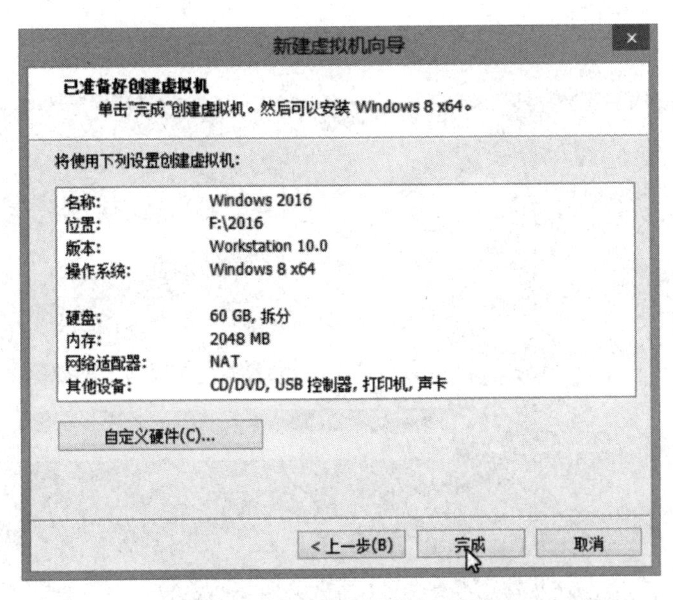

图 1-9 虚拟机设置信息对话框

（9）单击“完成”按钮，出现图 1-10 所示的虚拟机完成界面。

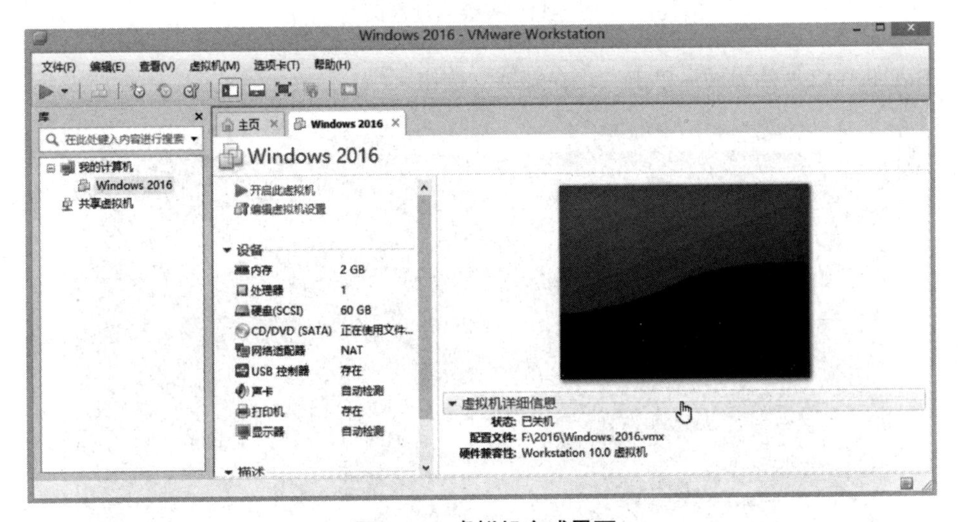

图 1-10 虚拟机完成界面

在虚拟机完成界面中，描述了虚拟机的设置等选项，单击“开启此虚拟机”按钮，则会启动该虚拟机，然后从镜像文件进行引导，完成操作系统的安装。

视频

安装Windows Server 2016

二、在虚拟机上安装 Windows Server 2016 系统

上面的操作已配置好了虚拟机，现在则可以启动虚拟机安装操作系统。在虚拟机上安装 Windows Server 2016 操作系统的操作步骤如下：

（1）启动虚拟机后，打开 Windows Server 2016 系统安装镜像文件或者安装光盘，出现图 1-11 所示界面后单击“下一步”按钮。

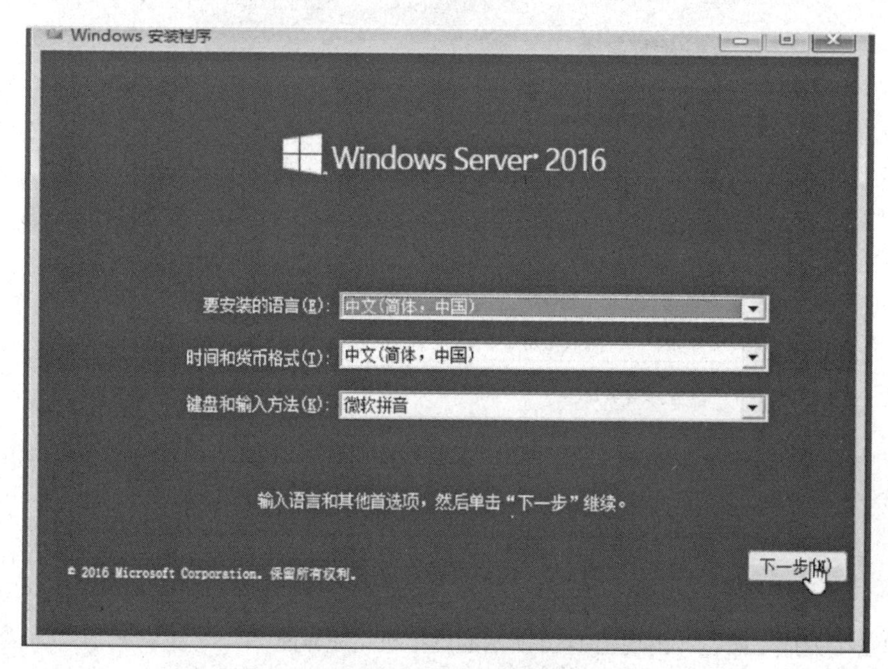

图 1-11　安装启动界面

（2）出现图 1-12 所示界面后单击“现在安装”按钮。

图 1-12　单击“现在安装”按钮

（3）进入安装程序启动画面，提示安装程序正在启动，如图 1-13 所示。

图 1-13　提示正在启动安装程序

（4）出现“选择要安装的操作系统”界面，选择“Windows Server 2016 Standard Evaluation（桌面体验）”版本，如图 1-14 所示，然后单击“下一步”按钮。

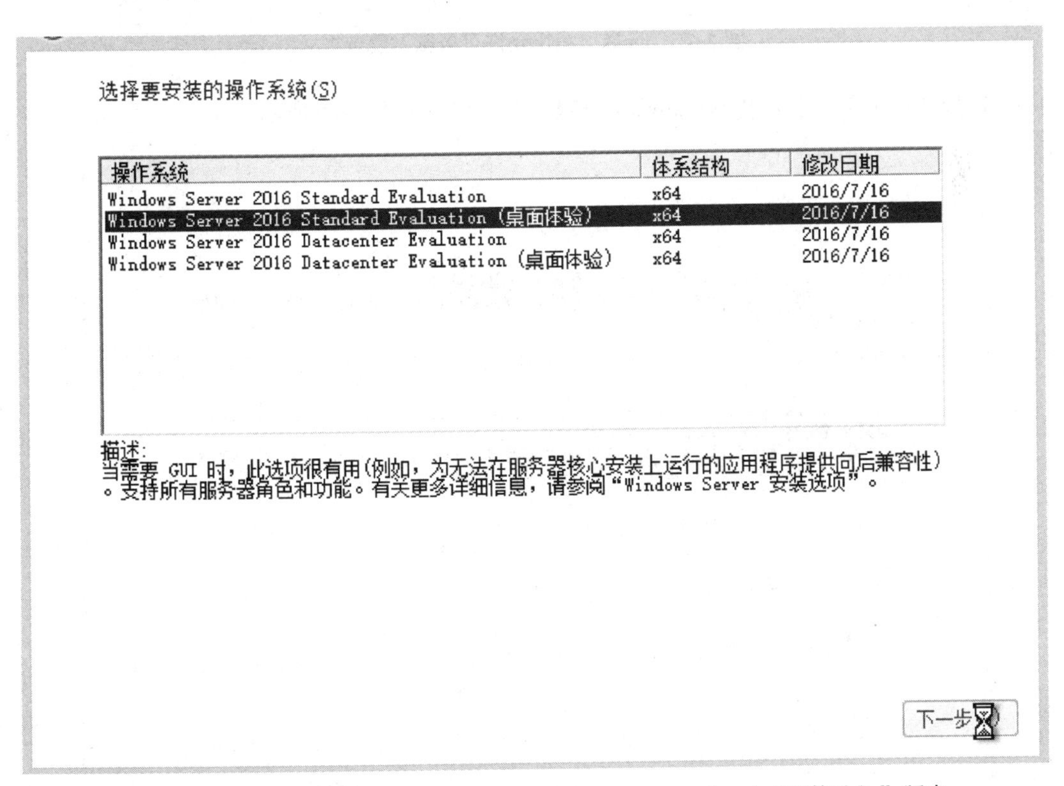

图 1-14　选择“Windows Server 2016 Standard Evaluation（桌面体验）”版本

（5）选择“我接受许可条款”复选框，如图 1-15 所示，然后单击“下一步”按钮。

适用的声明和许可条款

重要声明（后跟许可条款）

诊断和使用信息。 Microsoft 会通过 Internet 自动收集此信息，并使用此信息帮助改进您的安装、升级和用户体验，以及 Microsoft 产品和服务的质量和安全性。符合这些目标的信息可能与您的组织相关联。Windows Server 2016 具有四 (4) 个信息收集设置（安全、基础、增强和完整），并默认使用 **“增强”** 设置。该级别包含执行以下任务所需的信息：(i) 运行我们的防恶意软件以及诊断和使用信息技术；(ii) 了解设备质量、应用程序使用情况和兼容性；以及 (iii) 确定使用过程中的质量问题以及操作系统和应用程序的性能。

选项和控件： 管理员可通过 **“设置”** 更改信息收集级别。有关诊断和使用信

☑ 我接受许可条款(A)

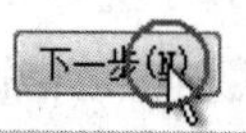

图 1-15　选择“我接受许可条款”复选框

（6）选择“自定义：仅安装 Windows（高级）”选项，如图 1-16 所示。

你想执行哪种类型的安装?

升级：安装 Windows 并保留文件、设置和应用程序(U)
如果使用此选项，则会将文件、设置和应用程序移到 Windows。只有当计算机上运行的是支持的 Windows 版本时，才能使用此选项。

自定义：仅安装 Windows（高级）(C)
如果使用此选项，则不会将文件、设置和应用程序移到 Windows。如果要对分区和驱动器进行更改，请使用安装盘启动计算机。我们建议你先备份文件，然后再继续操作。

帮助我决定(H)

图 1-16　选择“自定义：仅安装 Windows（高级）”选项

（7）单击“新建”超链接。这里分配两个磁盘，分区建立后，如图 1-17 所示。

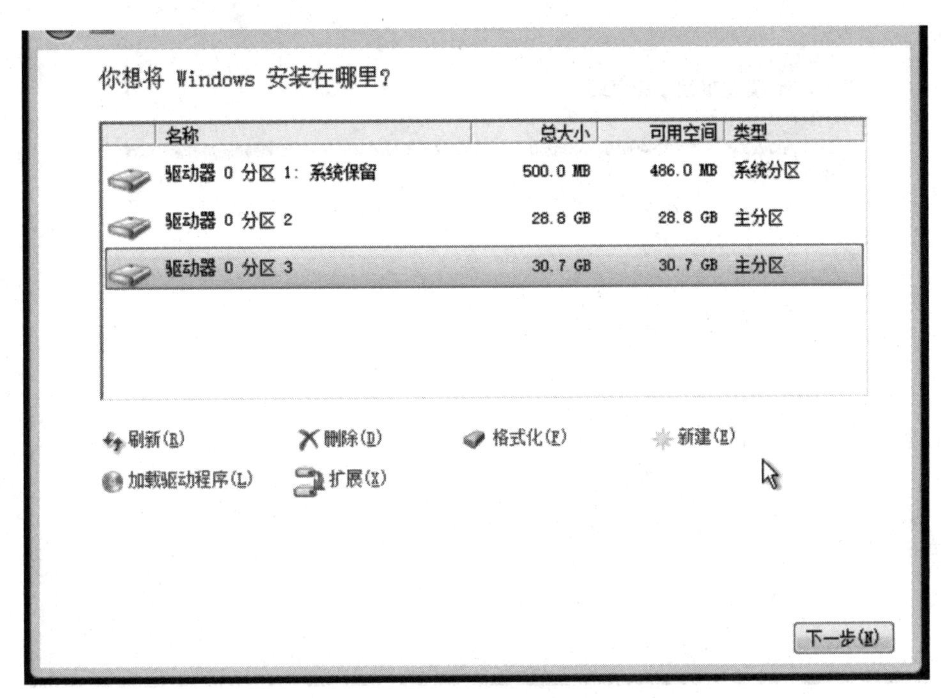

图 1-17 建立好的两个分区

（8）出现“正在安装 Windows”提示，如图 1-18 所示。

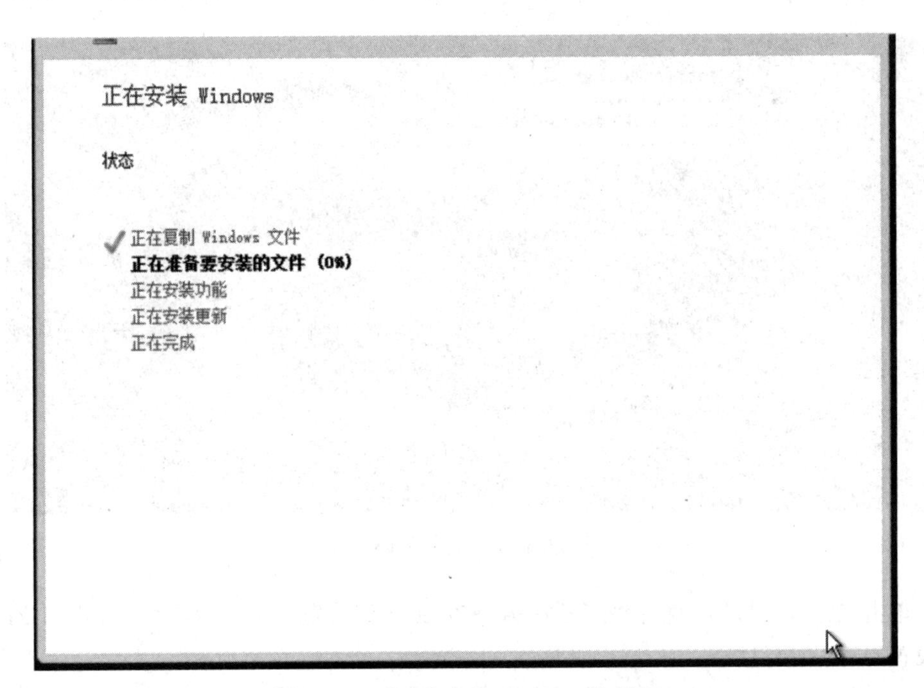

图 1-18 “正在安装 Windows”提示

（9）安装完成后会自动重启，如图 1-19 所示。

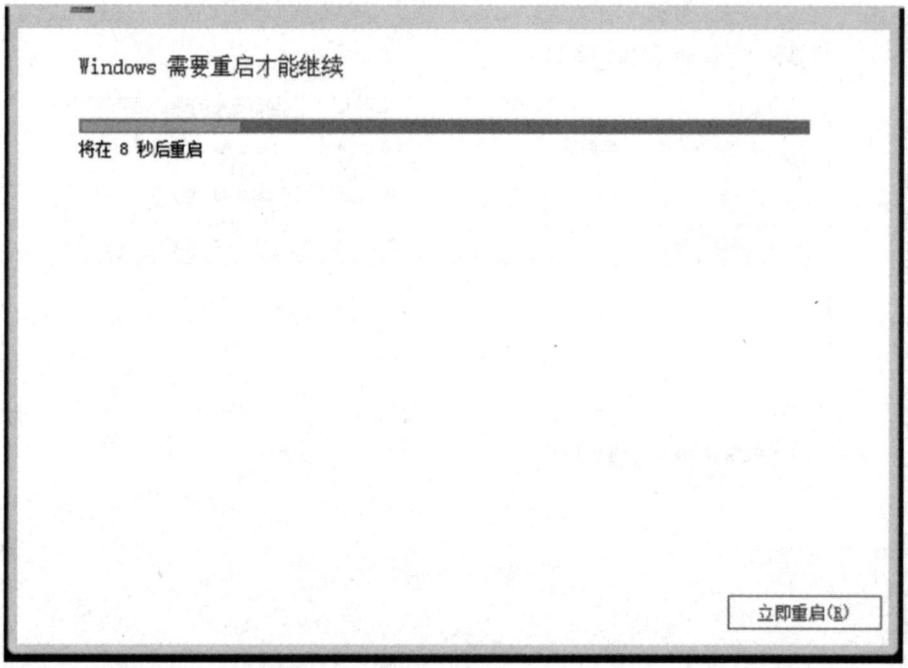

Windows 需要重启才能继续
将在 8 秒后重启
立即重启(R)

图 1-19　重启

（10）安装后自动重启计算机，进入操作系统时提示要设置密码，如图 1-20 所示。

用户名(U)
Administrator
密码(P)
重新输入密码(R)
完成(F)

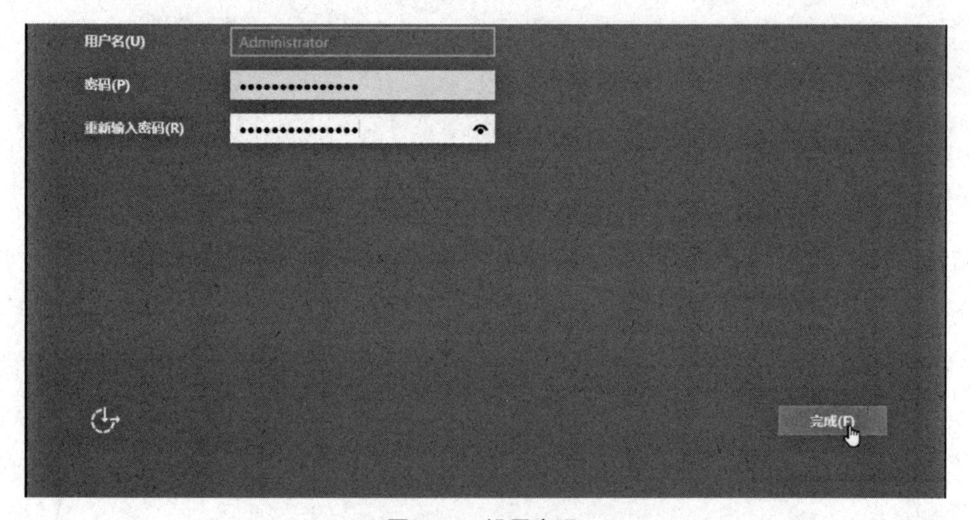

图 1-20　设置密码

（11）单击“完成”按钮，然后按【Ctrl+Alt+Delete】组合键进入登录界面，如图 1-21 所示，输入上一步设置的密码进行登录。

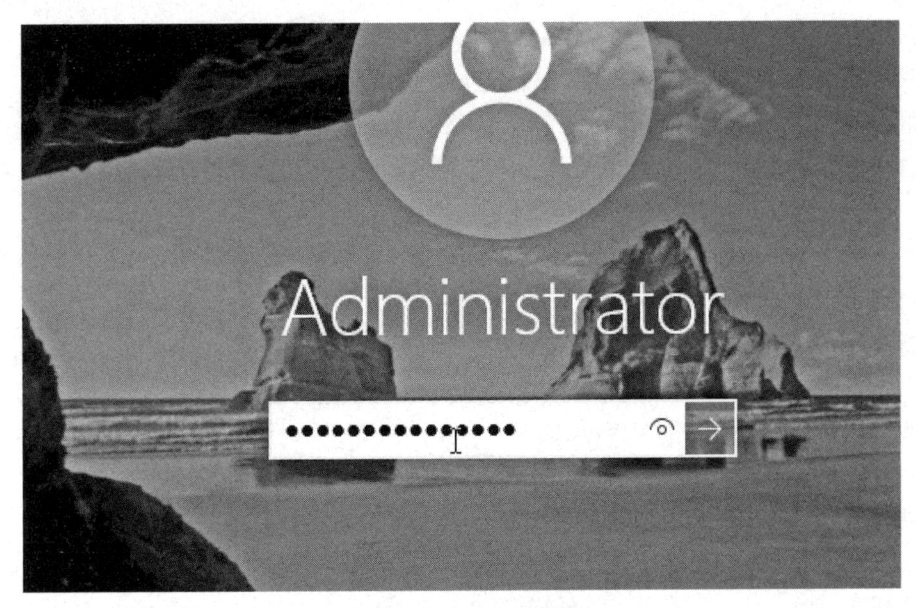

图 1-21 输入密码登录

到此为止，完成了 Windows Server 2016 的安装过程。

总结与回顾

本项目中完成了两个内容的练习，一个是虚拟机的安装与配置，另一个是Windows Server 2016 Standard Evaluation 操作系统的安装，书中采用的是ISO镜像文件完全安装，在后面的实训中可以练习多种情形的安装，除了这些安装方式外，还可以安装Ghost版的Windows Server 2016 Standard Evaluation，可以提高安装速度。如果需要高稳定性，还是采用完全安装较稳妥。

习 题

一、上机操作：完成虚拟机的创建及操作系统的安装

1. 配置一台虚拟机，要求：

（1）选择操作系统：Windows Server 2016 Datacenter Evaluation；

（2）选择“E:\My Virtual Machines\Windows Server 2016 Datacenter Evaluation”目录作为虚拟机的空间；

（3）处理器（CPU）：1 GHz 或更快的处理器或 SoC；

（4）内存（RAM）：2 GB；

（5）硬盘可用空间：20 GB；

（6）显卡（Graphics card）：DirectX 9 或更高版本（包含 WDDM 1.0 驱动程序）；

（7）显示（Display）：分辨率最低 800×600。

2. 在虚拟机上安装 Windows Server 2016 系统，要求：

（1）创建磁盘分区：C 分区为 20 GB、E 分区为 20 GB、F 分区为 20 GB；

（2）用 NTFS 文件系统格式化 C 分区；

（3）设置授权模式为每服务器模式，同时连接数为 10。

二、案例分析

（1）你所在的企业新近采购了 20 台办公用计算机，经理要求你用最短的时间将系统安装好，你将怎么做？

（2）小王使用 Windows Server 2016 光盘启动安装一台服务器，重新启动后，计算机提示找不到系统。这可能是什么原因？应该如何处理？

三、上机操作：完成下面的实训

1. 实训任务

Windows Server 2016 的安装。

2. 实训目的

（1）学习 Windows Server 2016 的安装方法；

（2）了解 Windows Server 2016 的基本特点。

3. 实训环境

操作系统：Windows Server 2016。

4. 实训内容

根据实际情况选择一种安装方式安装 Windows Server 2016。

注意：由于实训用计算机为公用计算机，为了不影响其他人使用，安装时把系统管理员登录密码设置为空，或者先设置一个密码，在实训完成后，将该密码改为空。

1）作为计算机的第一个操作系统安装

采用光盘启动，全新安装。

对磁盘进行重新分区并格式化，建议使用 NTFS 系统格式化各分区，系统分区的大小不低于 8 GB。

按照提示步骤安装操作系统。

2）重新安装操作系统

如果计算机已经安装了 Windows Server 2016，由于某种原因系统工作不正常，可以重装系统。这种方式不会破坏磁盘中原有的文件，但重装系统后，系统原有的配置可能丢失，一些原来安装的软件可能无法使用，需要重新配置安装这些软件。

采用光盘启动，全新安装。

不要变更原来的分区，也不要格式化硬盘，但选择安装操作系统的分区要与原来的操作系统在同一个分区中。

按照提示步骤安装操作系统。

项目 2
域控制器的安装与管理

学习目标：

（1）了解 Active Directory；

（2）掌握 Active Directory 的安装与删除；

（3）掌握客户端的加入与退出域；

（4）掌握活动目录的备份与还原。

项目描述

假如公司有 500 台计算机，希望某台计算机上的账户 Cbq 可以访问每台计算机内的资源或者可以在每台计算机上登录。那么在工作组环境中，必须要在这 500 台计算机的各个 SAM 数据库中创建 Cbq 账户。一旦 Cbq 想要更换密码，必须更改 500 次。这样企业管理员的负担就非常重了。现在公司只有 500 台计算机，如果有 50 000 台计算机，管理员就忙不过来了。为了节省人力资源和提高工作效率，这时域环境的应用就必不可少了。而域环境的应用，需要安装活动目录才能实现。

项目分析

就是前面这个要求，在域环境中，只需要在活动目录中创建一次 Cbq 账户，那么就可以在 500 台计算机的任一台上登录 Cbq，如果要为 Cbq 账户更改密码，只需要在活动目录中更改一次即可。

如果读者正在学习活动目录，完成这个项目的思路如下：首先选择要安装域控制器和额外域控制器的机器，然后安装域控制器，同时，为了让有些成员服务器能够加入域环境，还要对域控制器进行检查。其次，为了让域控制器在小型环境中成为成员服务器，还需要将域控制器进行降级，即卸载。再次，域控制器有可能出现故障，当域控制器出现故障后，原来的一切数据将会丢失，重新建立域控制器非常困难，因此，还需要进行域控制器的备份与还原。根据该思路结合项目实施的步骤即可完成该项目。

一、活动目录简介

活动目录是一个数据库，存放的是域中所有用户的账号以及安全策略。活动体现了其是一个范围，可以放大和缩小，活动目录简称域。

域是一个安全边界。

活动目录是 Windows Server 2016 域环境中提供目录服务的组件。目录服务在微软平台上从 Windows Server 2000 开始引入，所以可以将活动目录理解为目录服务在微软平台的一种实现方式。当然目录服务在非微软平台上都有相应的实现。

Windows Server 2016 有两种网络环境：工作组和域，默认是工作组网络环境。

（1）工作组网络又称“对等式”网络，因为网络中每台计算机的地位都是平等的，它们的资源以及管理分散在每台计算机上，所以工作组环境的特点是分散管理，工作组环境中的每台计算机都有自己的“本机安全账户数据库”，称为 SAM 数据库。SAM 数据库有哪些作用？其实就是平时登录计算机时，当输入账户和密码后，此时就会去 SAM 数据库验证，如果输入的账户存在 SAM 数据库中，同时密码也正确，SAM 数据库就会通知系统让用户登录。SAM 数据库默认存储在 C:\WINDOWS\system32\config 文件夹中，这便是工作组环境中的登录验证过程。打开注册表也可以看到 SAM 数据库，只不过默认其中的用户是隐藏的。

（2）域环境的应用相当广泛，例如，微软服务器级别的产品（如 MOSS、Exchange 等）都需要活动目录的支持，包括目前微软在宣传的 UC 平台都离不开活动目录的支持。

Windows Server 2016 的域环境与工作组环境的最大不同是，域内所有计算机共享一个集中式的目录数据库（又称活动目录数据库），它包含着整个域内的对象（用户账户、计算机账户、打印机、共享文件等）和安全信息等，而活动目录负责目录数据库的添加、修改、更新和删除。所以要在 Windows Server 2016 上实现域环境，其实就是要安装活动目录。活动目录为用户实现了目录服务，提供对企业网络环境的集中式管理。

二、活动目录安装前的准备

安装活动目录的必备条件：

（1）选择操作系统：选择 Windows Server 2016 桌面版。

（2）DNS 服务器：活动目录与 DNS 是紧密集成的，活动目录中域的名称的解析需要 DNS 的支持。而域控制器（装了活动目录的计算机就成为了域控制器）也需要把自己登记到 DNS 服务器内，以便让其他计算机通过 DNS 服务器查找到这台域控制器，所以必须准备一台 DNS 服务器。DNS 服务器可以与域控制器是同一台机器。同时 DNS 服务器也必须支持本地服务资源记录（SRV 资源记录）和动态更新功能。在域环境中工作的计算机可以相互复制，从而实现统一管理的目的，这比分散管理的工作组要更省力。

（3）一个 NTFS 磁盘分区：安装活动目录过程中，SYSVOL 文件夹必须存储在 NTFS 磁盘分区。

SYSVOL 文件夹存储着与组策略等有关的数据。所以必须准备一个 NTFS 分区。当然，现在很少碰到非 NTFS 的分区了（如 FAT、FAT32 等）。

（4）设置本机静态 IP 地址和 DNS 服务器 IP 地址：大多数情况下，用户安装过程不顺利或者安装不成功，都是因为没有在要安装活动目录的这台计算机上指定 DNS 服务器的 IP 地址以及自身的 IP 地址。

三、安装活动目录的情况

安装活动目录分两种情况：

情况 1：在某台计算机上安装活动目录的过程中同时安装 DNS 服务器。那么这台计算机既充当了域控制器的角色，也充当了 DNS 服务器的角色。情况 1 是用得最多的方法，但安装前必须为这台计算机配置静态 IP，同时把 DNS 服务器的 IP 地址配置为本机的 IP 地址。

情况 2：首先准备一台 DNS 服务器，可以是已经存在的 DNS 服务器或者是刚刚安装好的，意思就是先安装好 DNS 服务器，然后再安装活动目录。此时不管是再找一台计算机安装活动目录，还是在已经是 DNS 服务器的计算机上安装活动目录，都需要在 DNS 中创建一个正向查找区域并启用“动态更新”功能。同时这个正向查找区域的名称必须和要安装的域的名称一样，比如要安装一个域名为 win2016.com 的域，那么这个正向查找区域的名称也必须为 win2016.com。同时在安装前必须为这台要安装活动目录的计算机配置静态 IP，同时把这台计算机的 DNS 服务器的 IP 地址配置为已经存在的 DNS 服务器的 IP 地址。

四、与活动目录相关的概念

1. 命名空间

命名空间是一个界定好的区域。而 Windows Server 2016 的活动目录就是一个命名空间，通过活动目录中对象的名称即可找到与该对象相关的信息。活动目录的“命名空间”采用 DNS 的架构，所以活动目录的域名采用 DNS 的格式来命名。可以把域命名为 win2016.com、abc.com 等。

2. 域、域树、林和组织单元

活动目录的逻辑结构包括：域（Domain）、域树（Domain Tree）、林（Forest）和组织单元（Organization Unit）。

（1）域是一种逻辑分组，准确地说是一种环境，域是安全的最小边界。域环境能对网络中的资源进行集中统一管理，要想实现域环境，必须要在计算机中安装活动目录。

（2）域树是由一组具有连续命名空间的域组成的。域树内的所有域共享一个活动目录，这个活动目录内的数据分散地存储在各个域内，且每一个域只存储该域内的数据，如该域内的用户账户、计算机账户等，Windows Server 2016 将存储在各个域内的对象总称为 Active Directory。

（3）林（Forest）是由一棵或多棵域树组成的，每棵域树独享连续的命名空间，不同域树之间没有命名空间的连续性。林中第一棵域树的根域也是整个林的根域，同时也是林的名称。

（4）组织单元（OU）是一种容器，它里面可以包含对象（如用户账户、计算机账户等），也可以包含其他组织单元（OU）。

3. 域控制器和站点

活动目录的物理结构由域控制器和站点组成。

域控制器（Domain Controller，CD）是活动目录的存储位置，即活动目录存储在域控制器内。安装了活动目录的计算机称为域控制器，其实在用户第一次安装活动目录时，安装活动目录的那台计算机就成为了域控制器。一个域可以有一台或多台域控制器。最经典的做法是做一个主辅域控。域是逻辑组织形式，它能够对网络中的资源进行统一管理，就像工作组环境对网络进行分散管理一样，要想实现域，必须在一台计算机上安装活动目录才能实现，而安装了活动目录的计算机称为域控制器。

当一台域控制器的活动目录数据库发生改动时，这些改动的数据将会复制到其他域控制器的活动目录数据库内。

站点（Site）一般与地理位置相对应。它由一个或几个物理子网组成。创建站点的目的是优化 DC 之间的复制。活动目录允许一个站点可以有多个域，一个域也可以属于多个站点。

视 频

域控的安装，域控的升级

一、域控制器的安装

上面介绍了安装活动目录的情形，下面演示情况 1 的安装过程，因为这种情况比较常用。

（1）准备一台安装了 Windows Server 2016 桌面版的计算机，计算机名为 WINM0D671GK250。接着为这台计算机配置静态 IP，并把 DNS 服务器 IP 地址指向自己，备用 DNS 服务器是联通宽带上网的 DNS 地址，如图 2-1 所示。如果是电信的宽带则配置为 61.128.128.68。

（2）在“开始”菜单中选择“服务器管理器”命令，如图 2-2 所示。

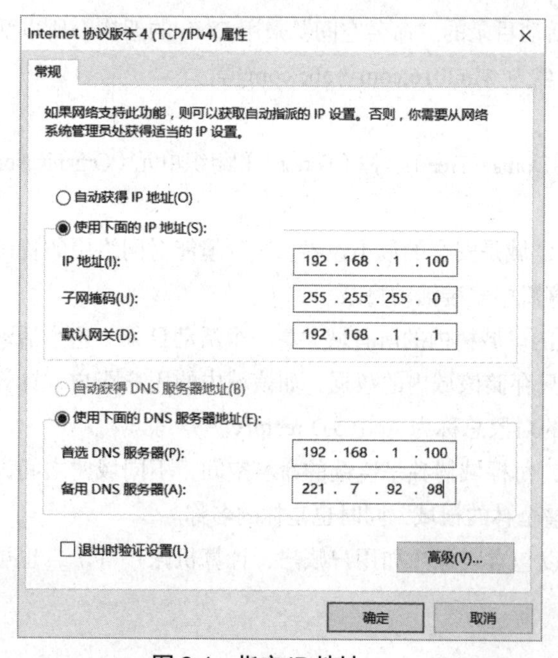

图 2-1 指定 IP 地址

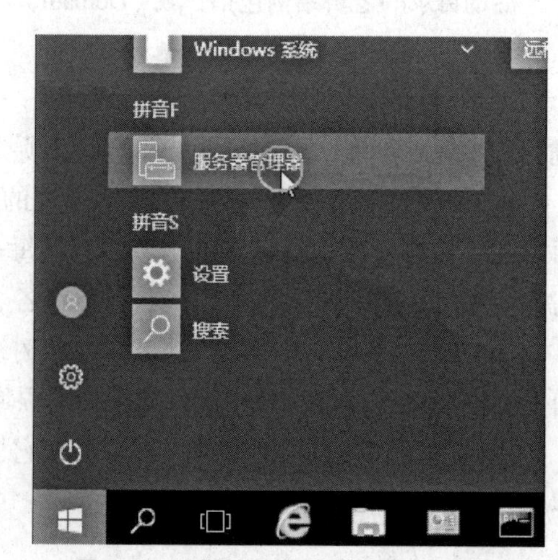

图 2-2 选择“服务器管理器”命令

（3）在“仪表板”面板中单击“添加角色和功能”超链接，如图 2-3 所示。

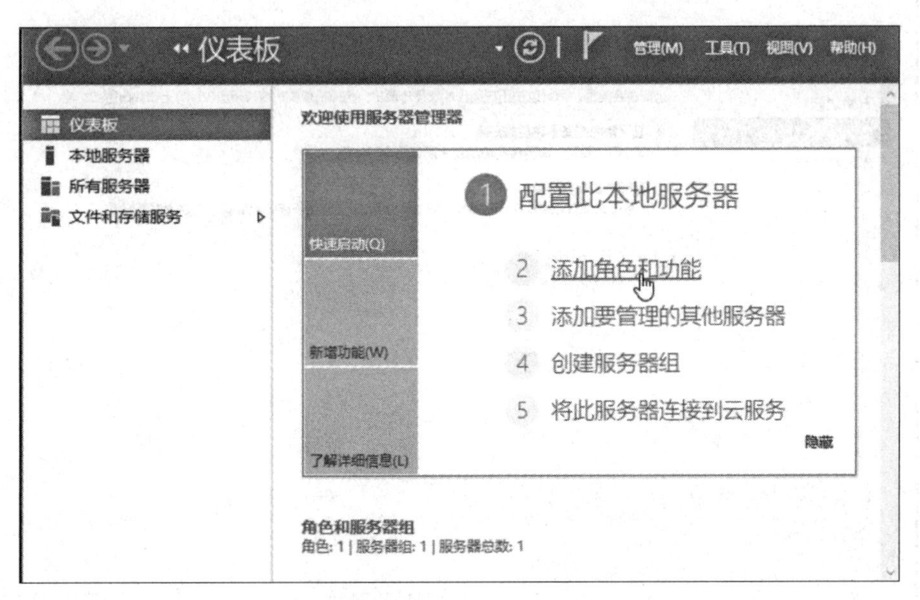

图 2-3　添加角色和功能

（4）出现“开始之前”界面，如图 2-4 所示，单击“下一步”按钮。

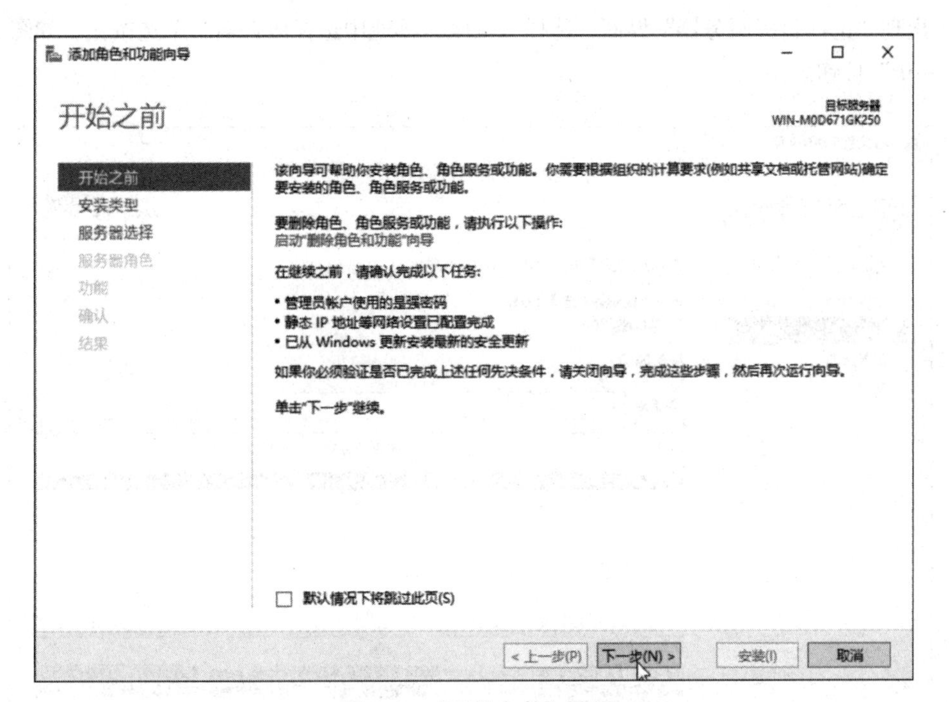

图 2-4　“开始之前”界面

（5）出现“选择安装类型”界面，如图 2-5 所示，选择“基于角色或基于功能的安装”单选按钮，单击“下一步”按钮。

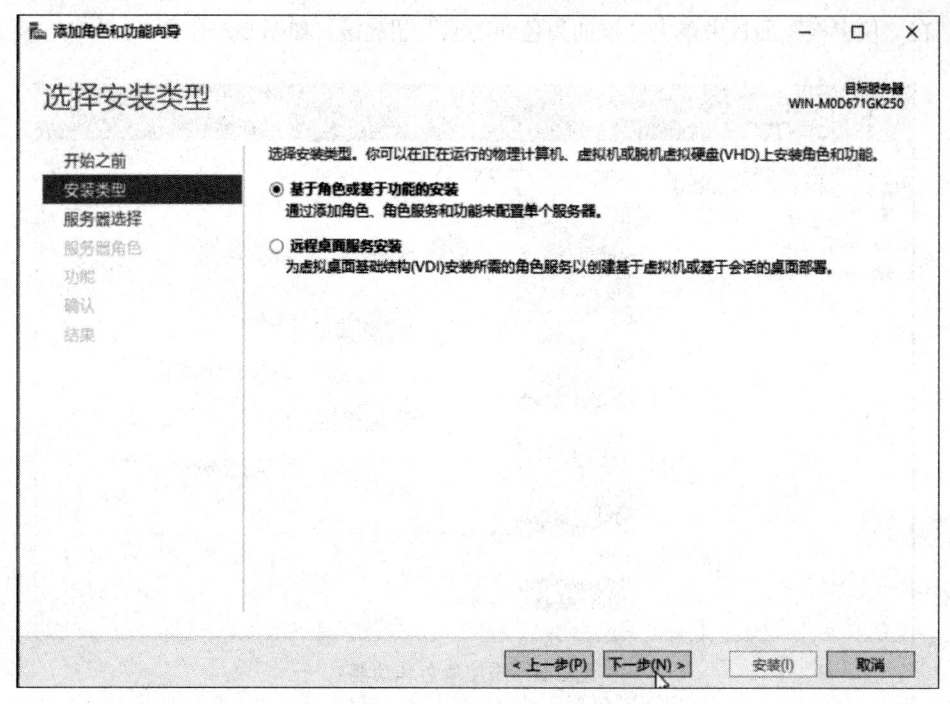

图 2-5 “选择安装类型”界面

（6）出现“选择目标服务器”界面，选择“从服务器池中选择服务器”单选按钮，如图 2-6 所示，单击“下一步”按钮。

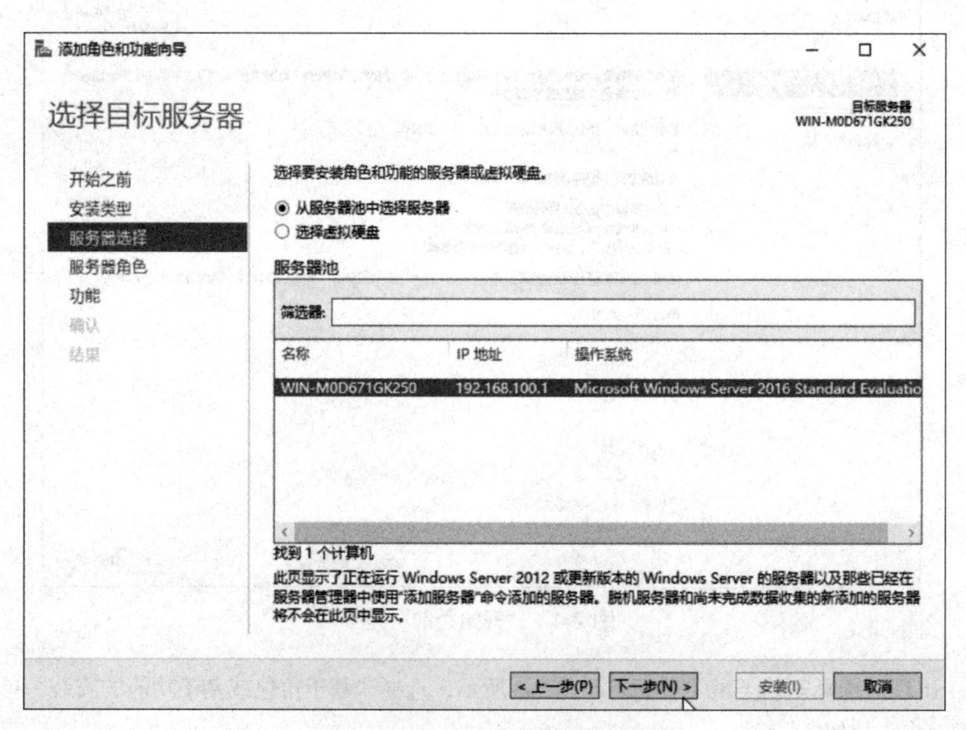

图 2-6 “选择目标服务器”界面

（7）出现“选择服务器角色”界面，选择“Active Directory 域服务”复选框，如图 2-7 所示，单击“下一步”按钮。

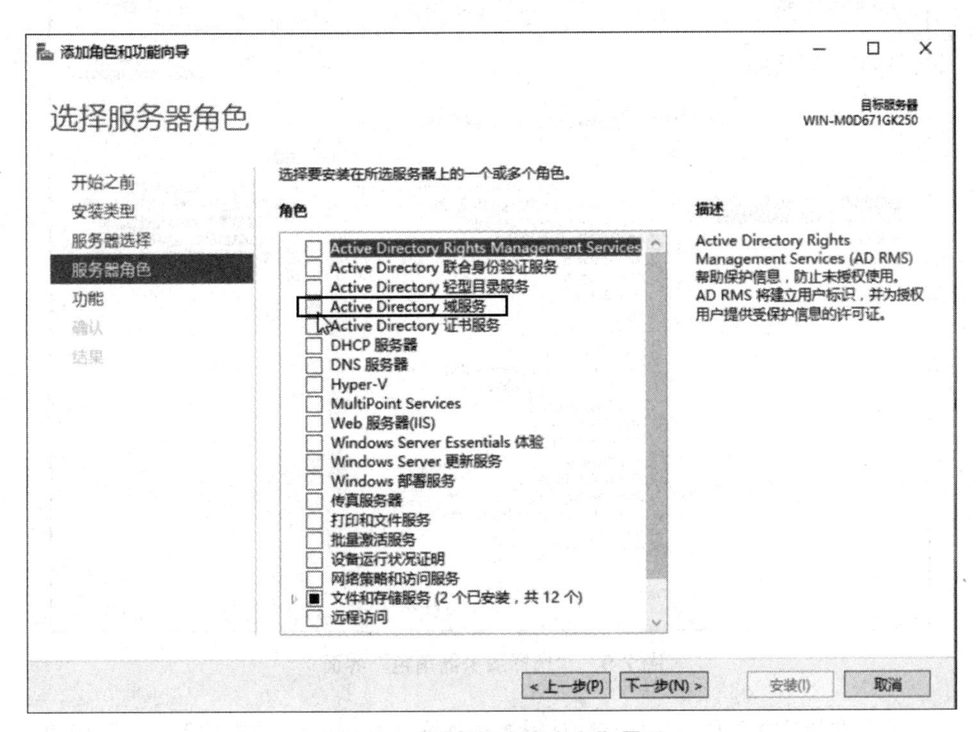

图 2-7　“选择服务器角色”界面

（8）出现“添加 Active Directory 域服务所需的功能”界面，单击“添加功能”按钮，如图 2-8 所示。

图 2-8　“添加 Active Directory 域服务所需的功能”界面

（9）返回到“选择服务器角色”界面，如图 2-9 所示，单击“下一步”按钮。

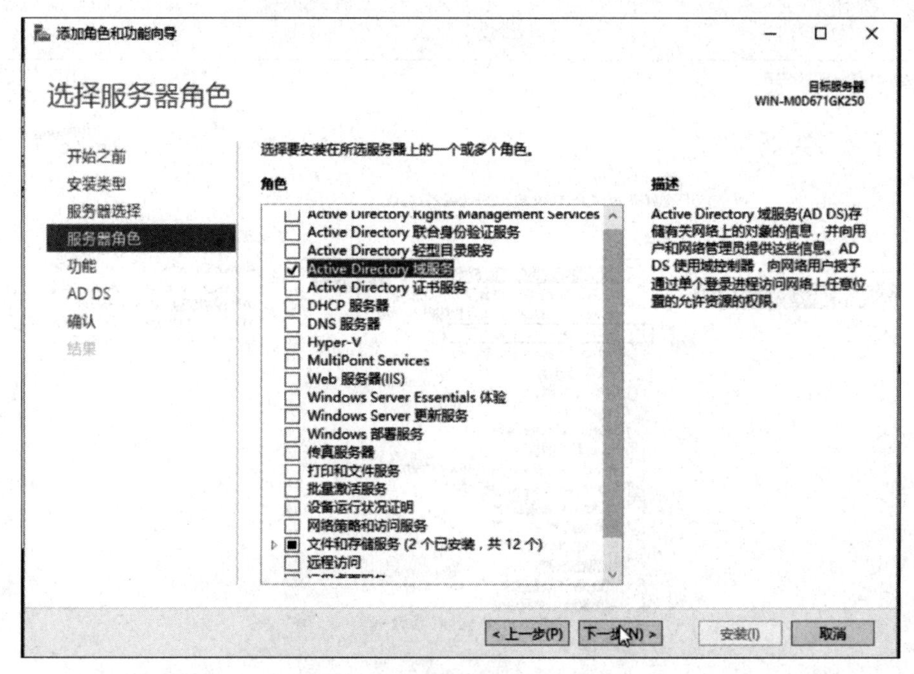

图 2-9　“选择服务器角色”界面

（10）出现“ 选择功能”界面，保持默认设置，如图 2-10 所示，单击“下一步”按钮。

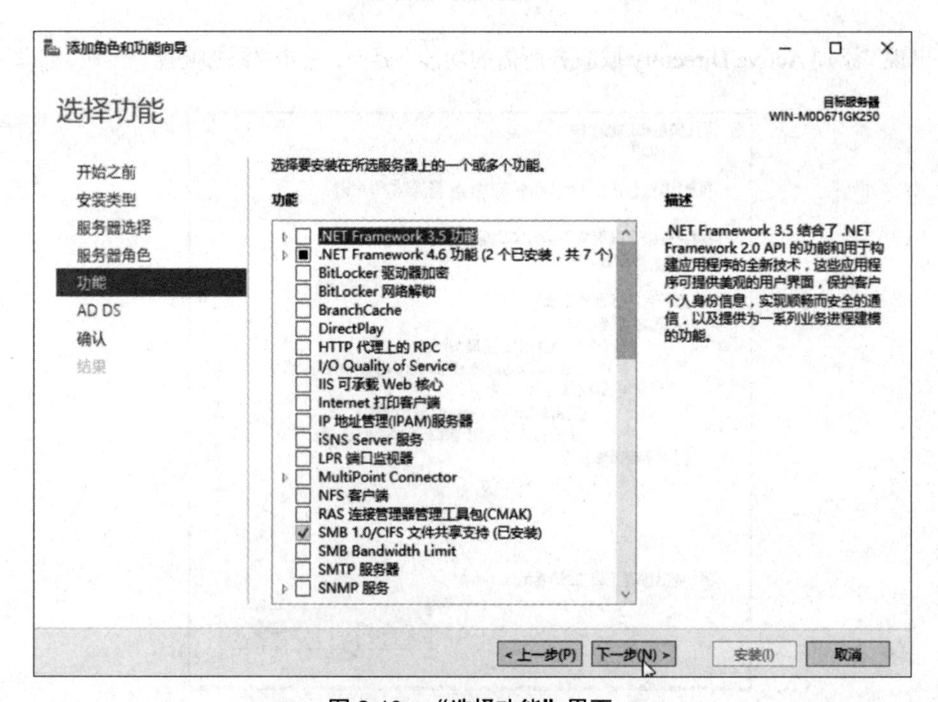

图 2-10　“选择功能”界面

（11）出现“Active Directory 域服务”界面，单击“下一步”按钮，如图 2-11 所示。

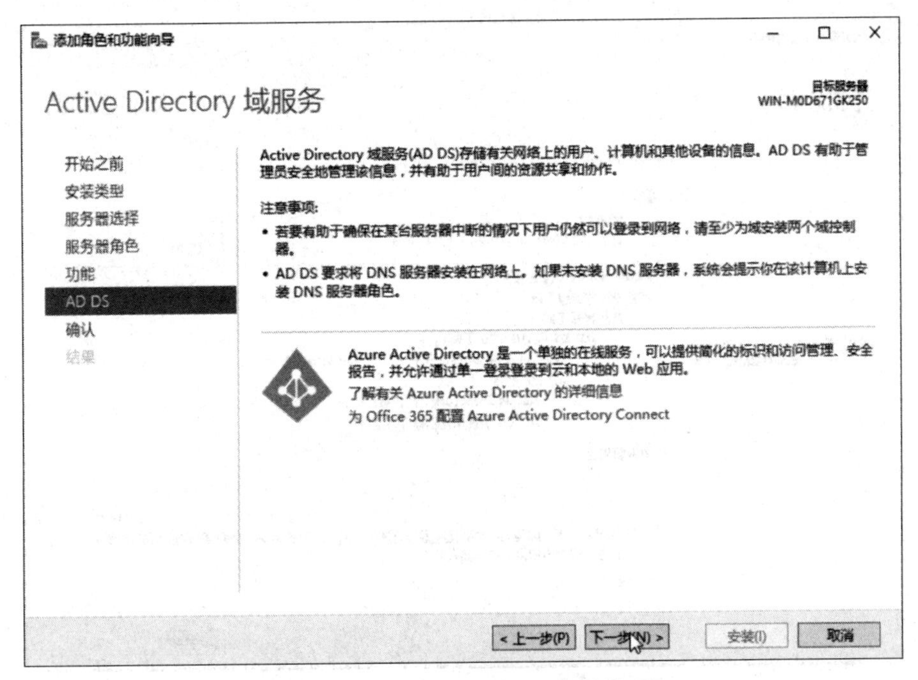

图 2-11　“Active Directory 域服务”界面

（12）出现“确认安装所选内容”界面，如图 2-12 所示，单击“安装”按钮。

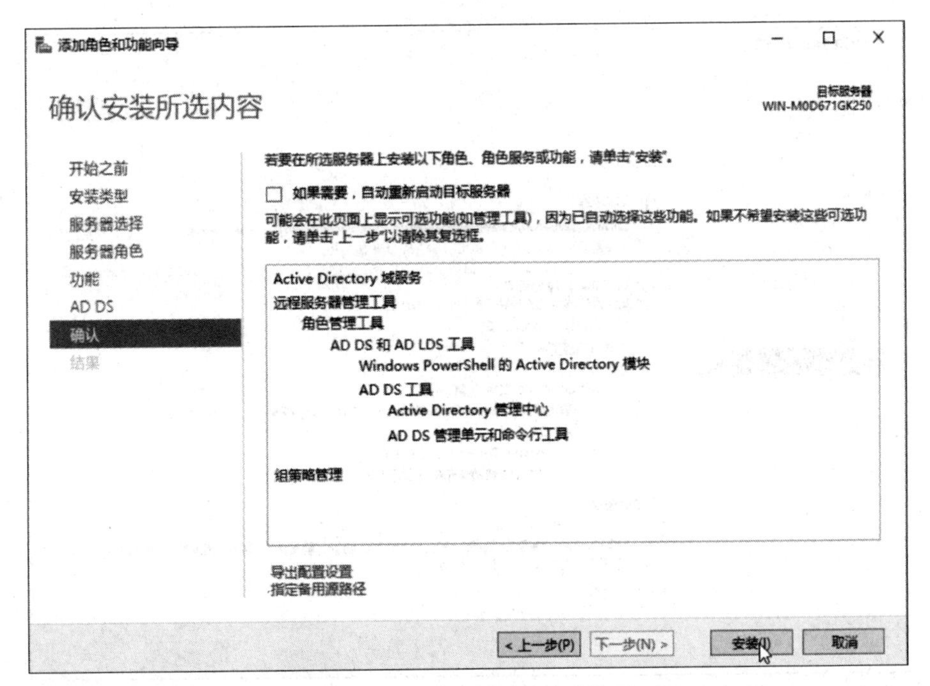

图 2-12　“确认安装所选内容”界面

（13）出现“安装进度”界面，开始安装过程，如图 2-13 所示。

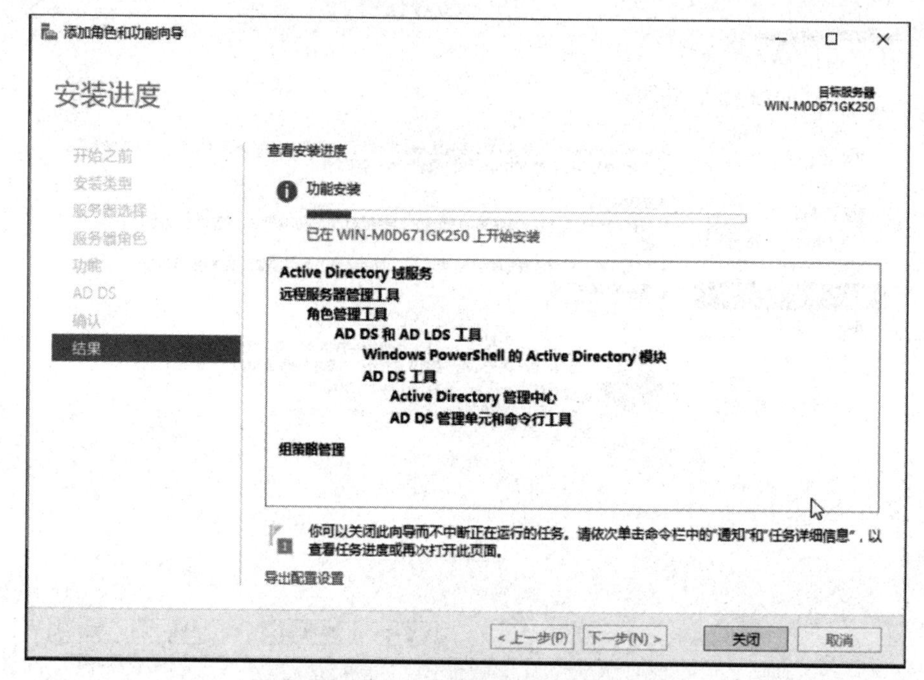

图 2-13　“安装进度”界面

（14）安装完成后单击“将此服务器提升为域控制器”超链接，如图 2-14 所示。

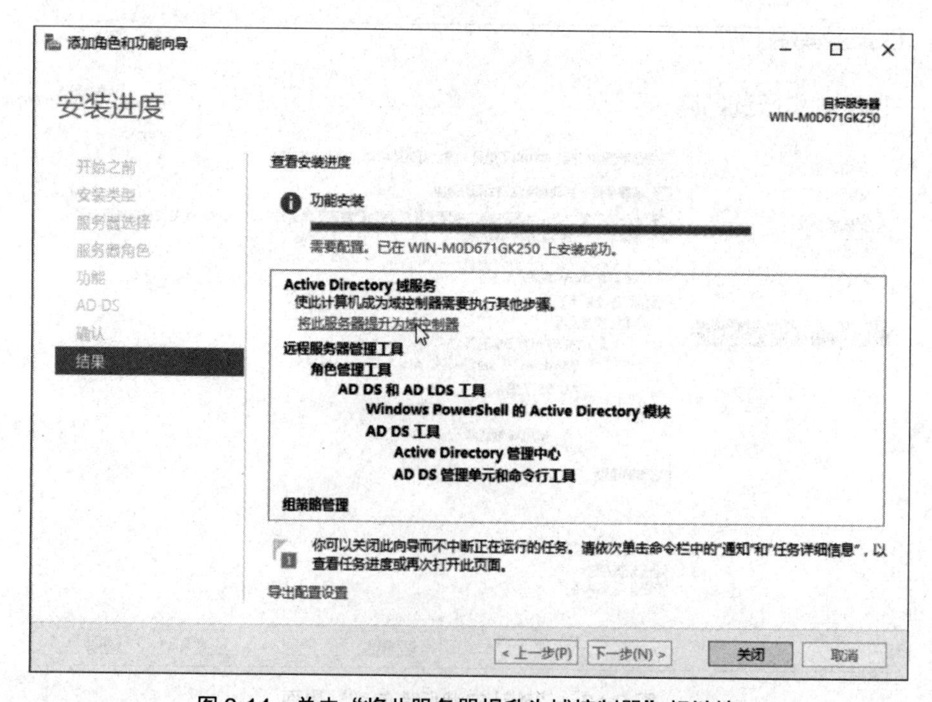

图 2-14　单击“将此服务器提升为域控制器”超链接

（15）出现“部署配置”界面，选择“添加新林”单选按钮，设置根域名为“win2016.com”，如图 2-15 所示，单击“下一步”按钮。

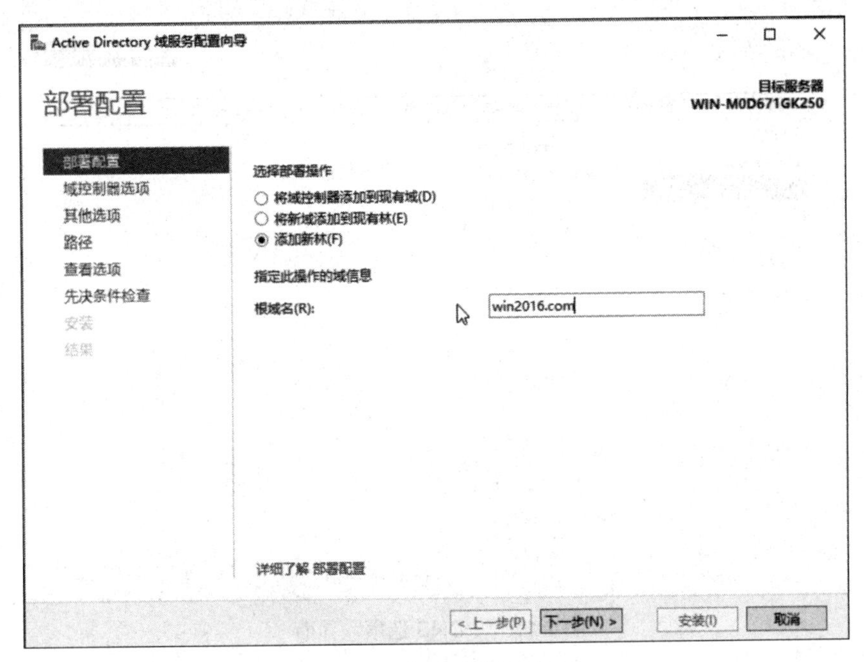

图 2-15　“部署配置”界面

（16）出现“域控制器选项”界面，输入目录服务器还原模式密码，此处输入 123456，如图 2-16 所示，单击“下一步”按钮。

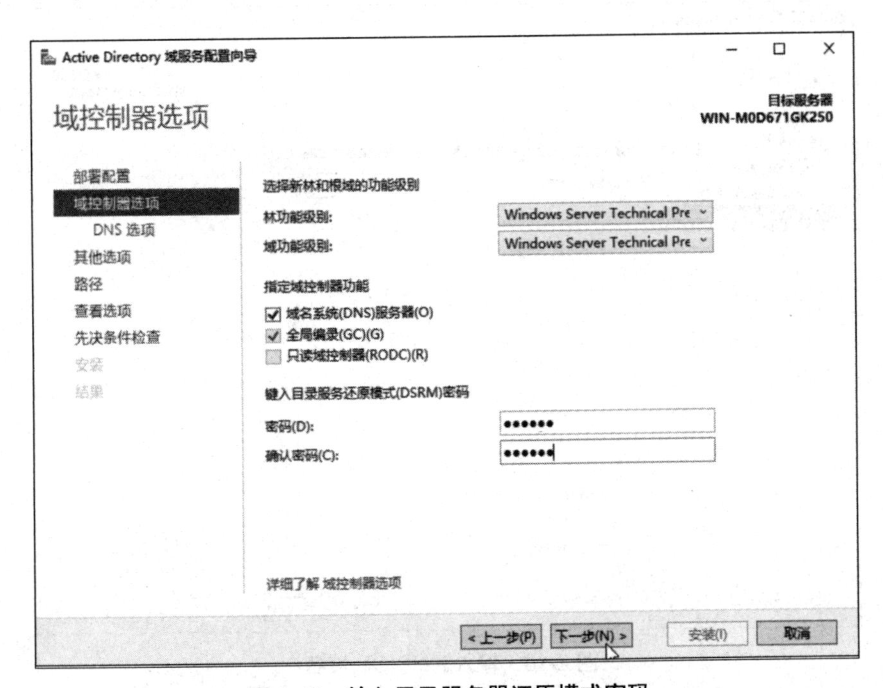

图 2-16　输入目录服务器还原模式密码

（17）出现“DNS 选项”界面，保持默认，如图 2-17 所示，单击“下一步”按钮。

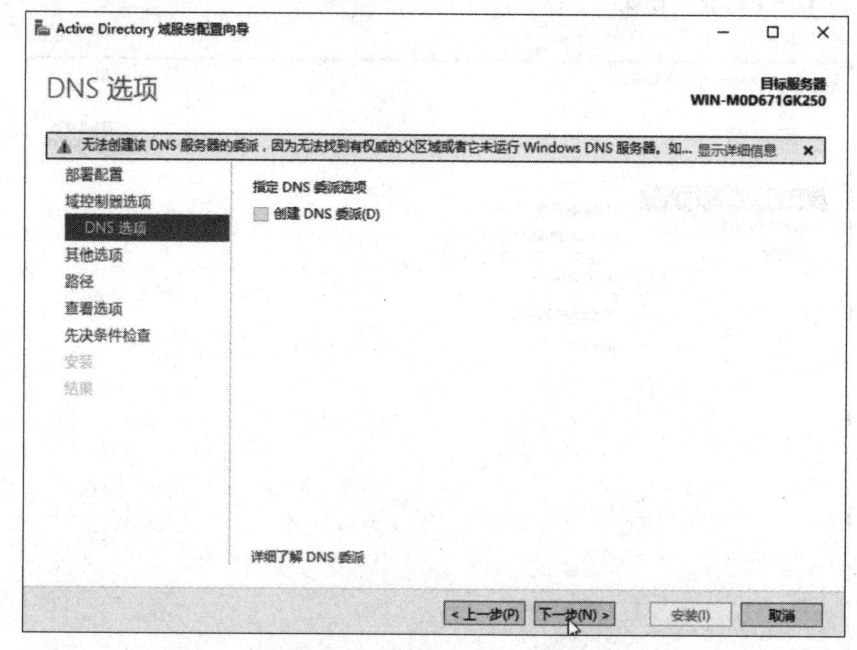

图 2-17　“DNS 选项”界面

（18）出现“其他选项”界面，输入 NetBIOS 域名，即前面输入的根域名的前半部分，输入 WIN2016，如图 2-18 所示，单击“下一步”按钮。

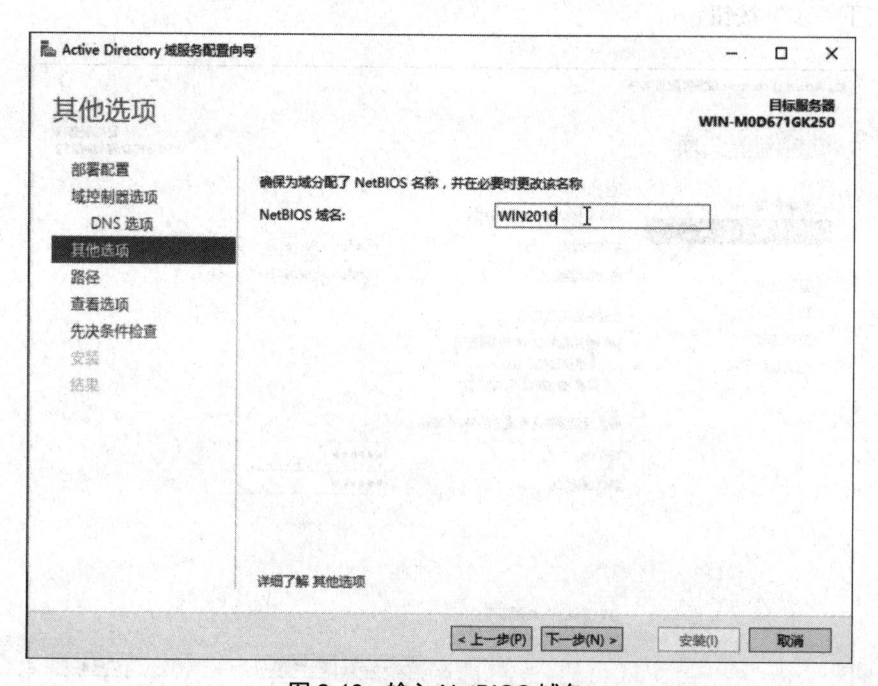

图 2-18　输入 NetBIOS 域名

（19）出现“路径”界面，指定 AD DS 数据库、日志文件和 SYSVOL 的位置。保持默认，必要的话可以把它们分开放在不同的磁盘中，可提高它们的运行速度，如图 2-19 所示，单击“下一步”按钮。

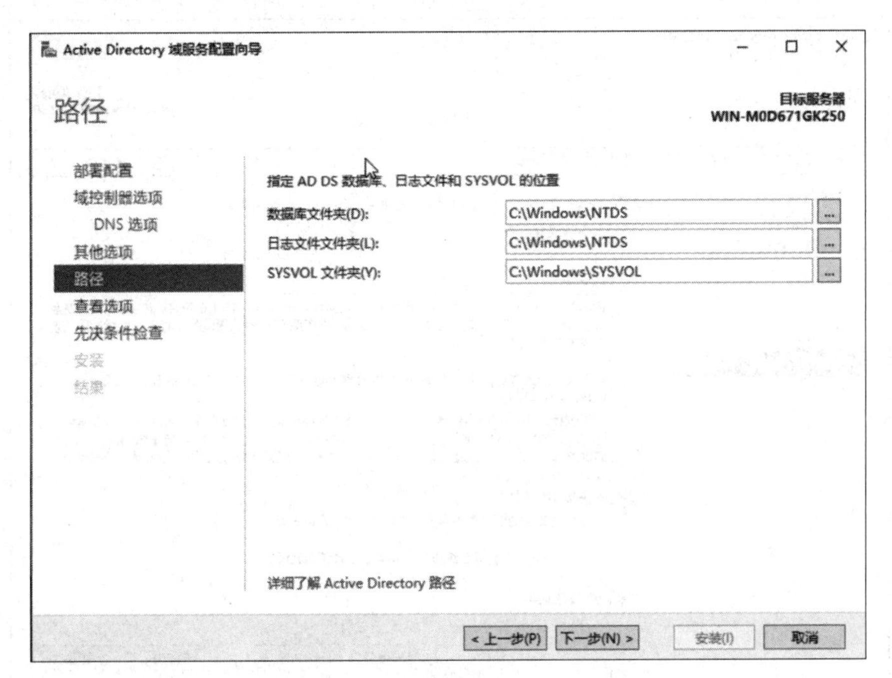

图 2-19　指定 AD DS 数据库、日志文件和 SYSVOL 的位置

（20）出现“查看选项”界面，保持默认，如图 2-20 所示，单击“下一步”按钮。

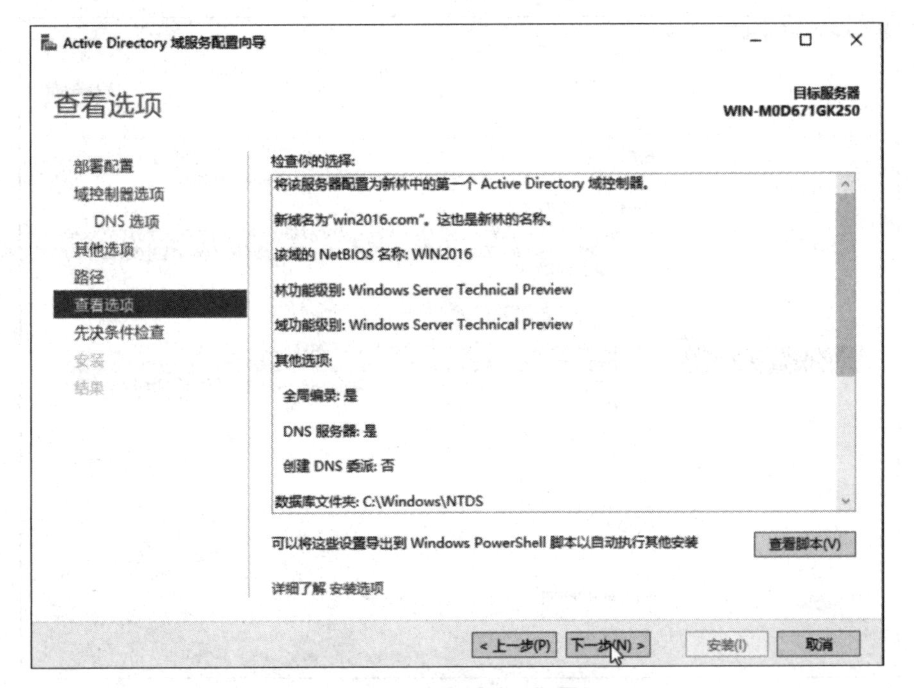

图 2-20　“查看选项”界面

（21）出现“先决条件检查”界面，显示所有先决条件已经检查通过，单击“安装”按钮，如图 2-21 所示。

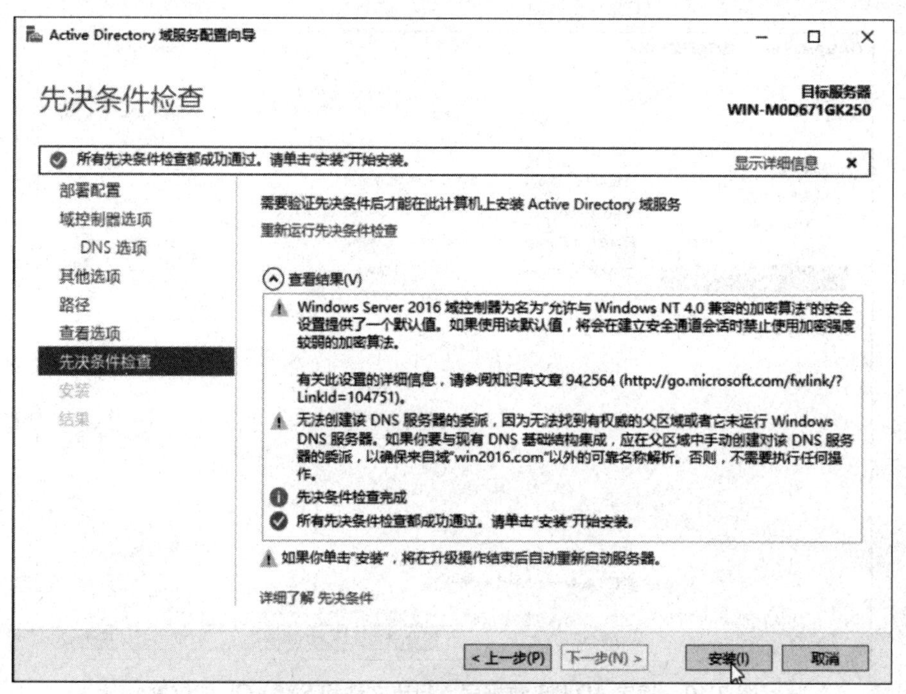

图 2-21　“先决条件检查”界面

（22）出现“安装”界面，开始安装过程，等待完成，如图 2-22 所示。

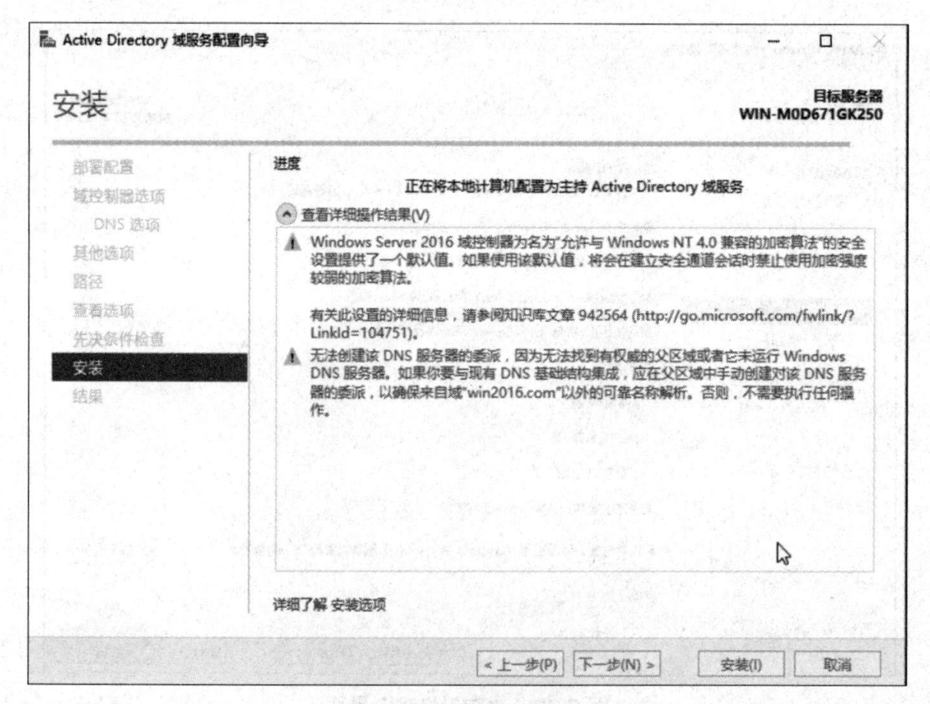

图 2-22　“安装”界面

（23）安装完成之后重启计算机。

（24）输入计算机的登录密码登录，然后进入到域。

域安装成功之后在 Windows 管理工具中会出现图 2-23 所示几项，说明域控制器安装成功。

图 2-23　域用户管理的几个功能

（25）同时计算机已经是域控制器，如图 2-24 所示。

图 2-24　域控制器安装成功

视频

更改克隆机ID

视频

Windows Server 2016克隆

二、域控制器的常规卸载

1. 克隆一个 Windows Server 2016

具体操作步骤如下：

（1）在菜单栏中选择“虚拟机”|“管理”|“克隆”命令，如图 2-25 所示。

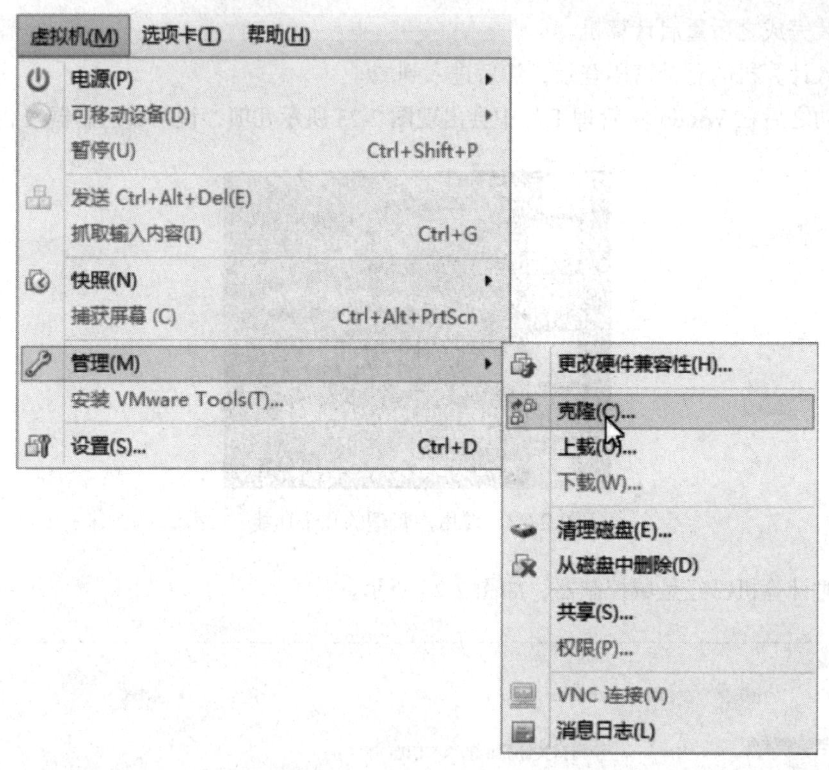

图 2-25 选择“克隆”命令

（2）出现“克隆虚拟机向导”界面，单击“下一步”按钮，如图 2-26 所示。

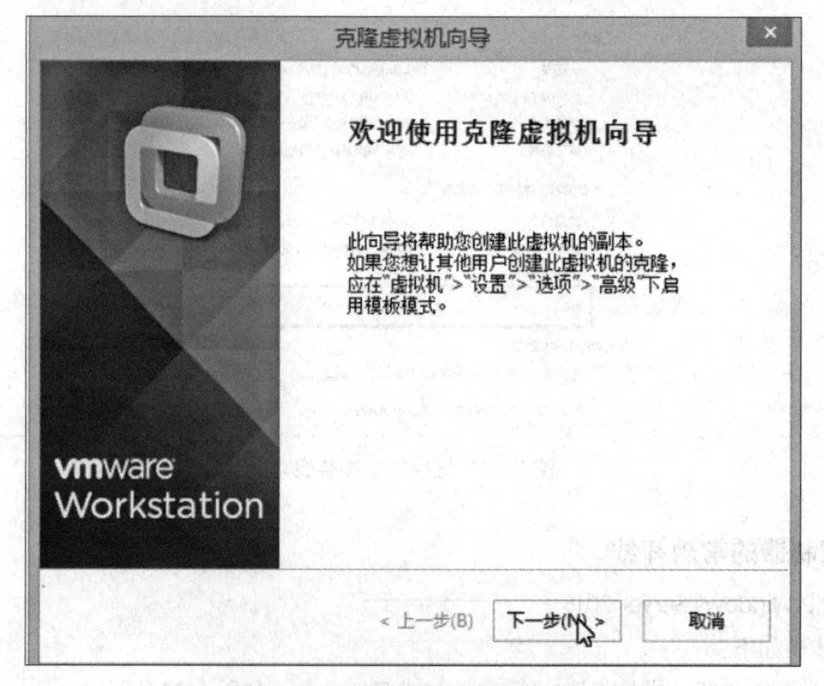

图 2-26 “克隆虚拟机向导”界面

（3）出现“克隆源”界面，选择“虚拟机中的当前状态”单选按钮，如图 2-27 所示，单击“下一步”按钮。

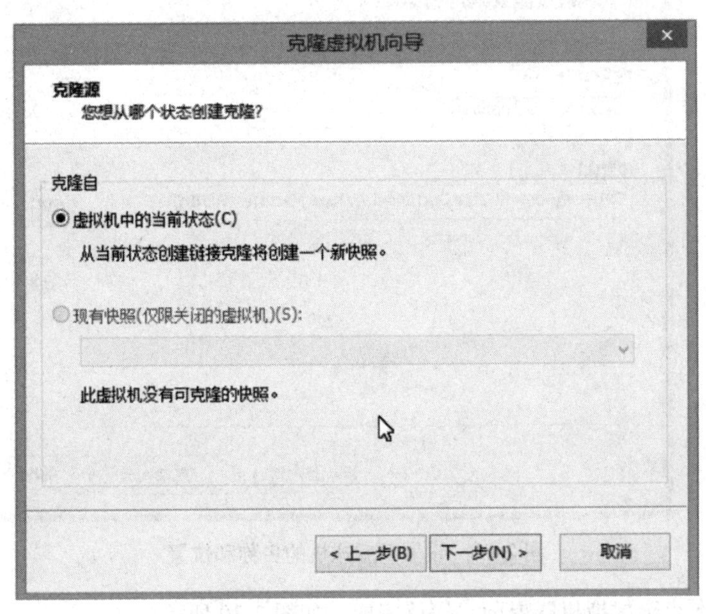

图 2-27　选择“虚拟机中的当前状态”单选按钮

（4）出现“克隆类型”界面，选择“创建链接克隆”单选按钮，如图 2-28 所示。

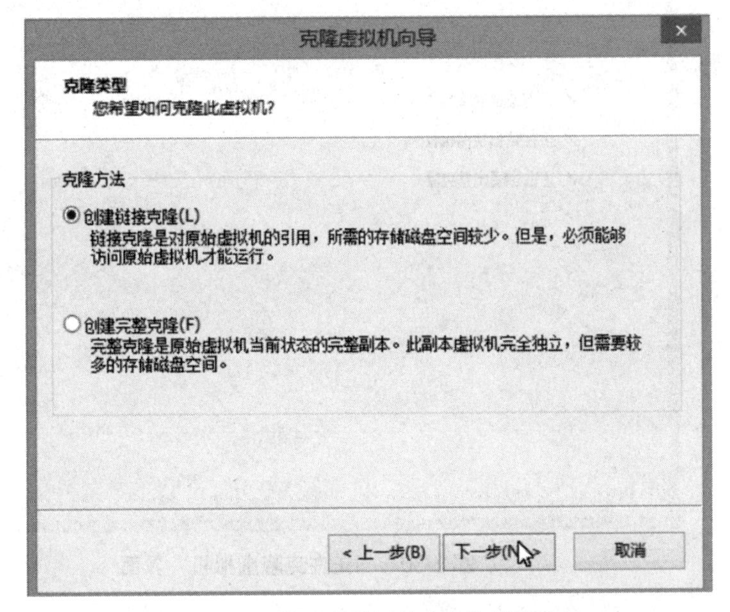

图 2-28　选择“创建链接克隆”单选按钮

（5）出现“新虚拟机名称”界面，更改克隆出来的虚拟机名称和存储位置，设置完成后单击“完成”按钮，如图 2-29 所示。

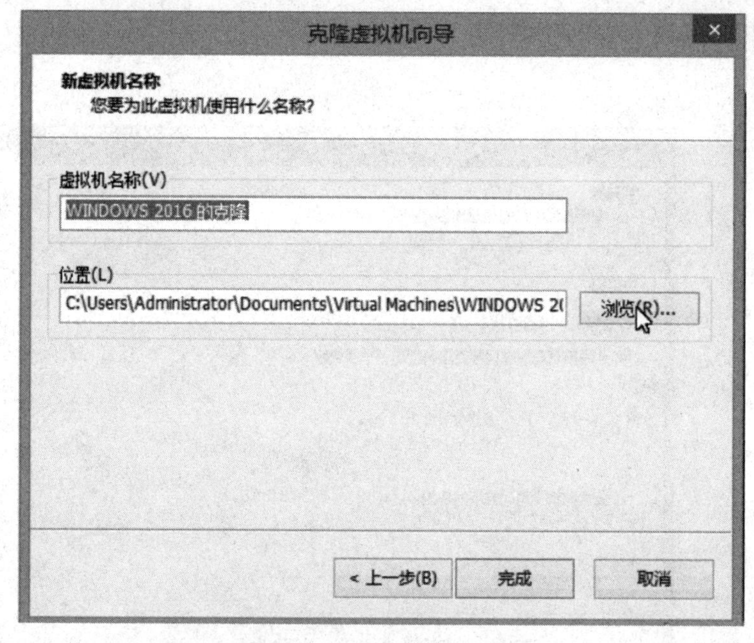

图 2-29　设置新虚拟机的名称和位置

（6）出现“正在克隆虚拟机”界面，等待完成，如图 2-30 所示。

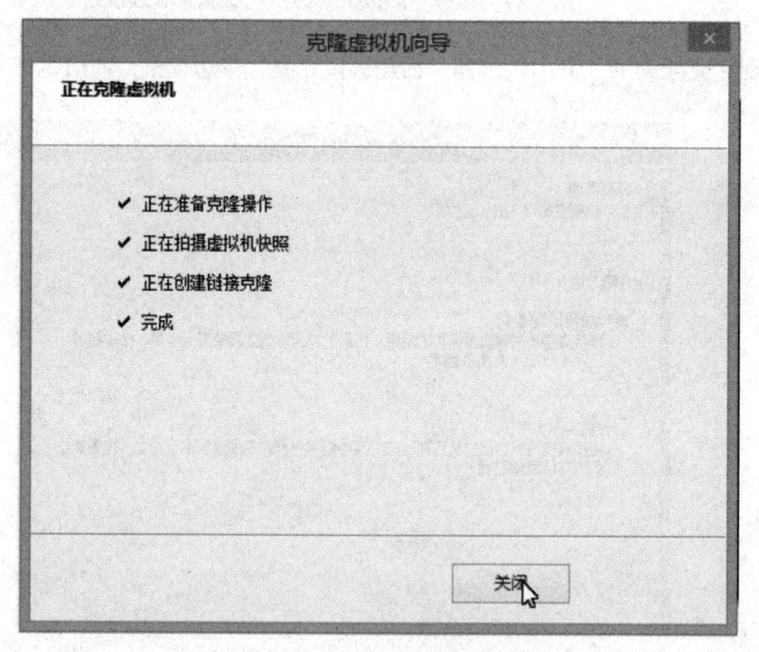

图 2-30　“正在克隆虚拟机”界面

视 频

域控制器的删除和降级

2. 域控制器的卸载

具体操作步骤如下：

（1）启动克隆好的虚拟机，如图 2-31 所示。

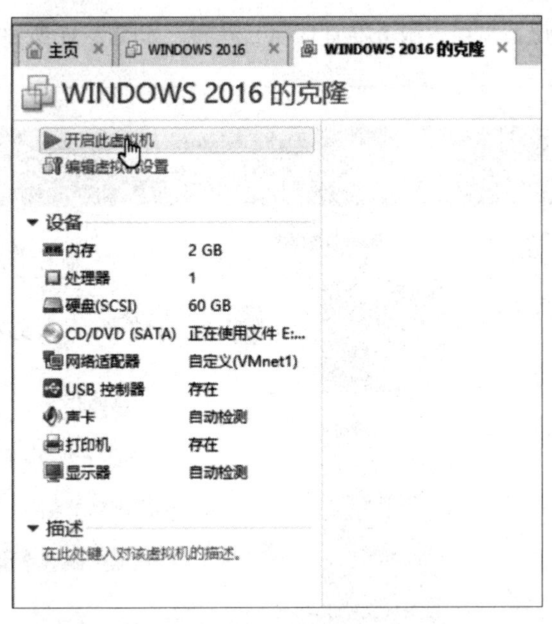

图 2-31　启动虚拟机

（2）进入到计算机操作界面，在“运行”对话框的“打开”文本框中输入“dcpromo”，如图 2-32 所示。

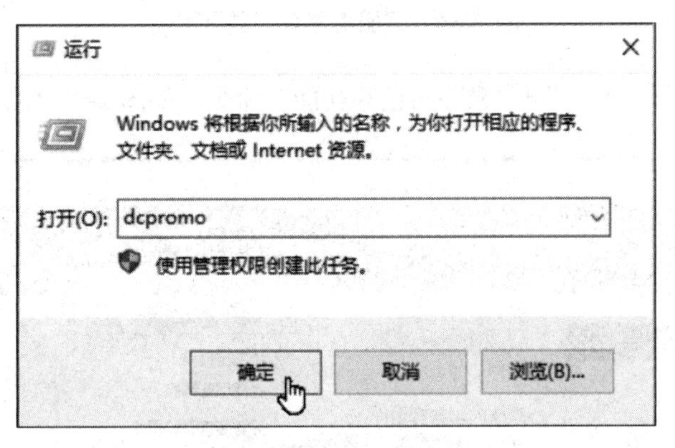

图 2-32　输入命令

（3）单击“确定”按钮后弹出“Active Directory 域服务安装程序”对话框，如图 2-33 所示。

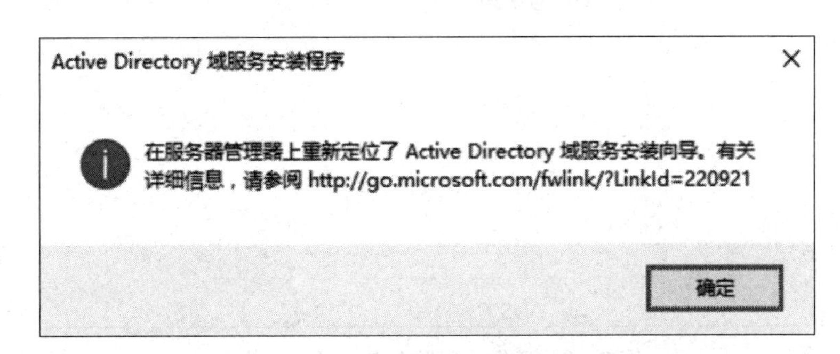

图 2-33　“Active Directory 域服务安装程序”对话框

（4）单击“确定”按钮，出现“服务器管理器”界面，如图 2-34 所示。

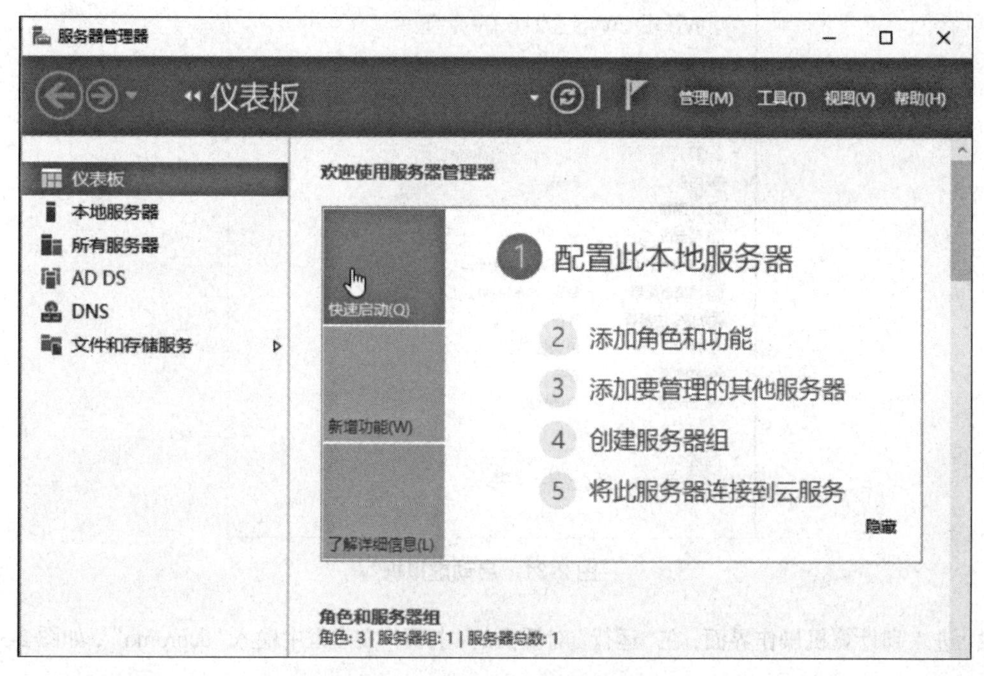

图 2-34 “服务器管理器”界面

（5）在菜单栏中选择“管理”|“删除角色和功能”命令，如图 2-35 所示。

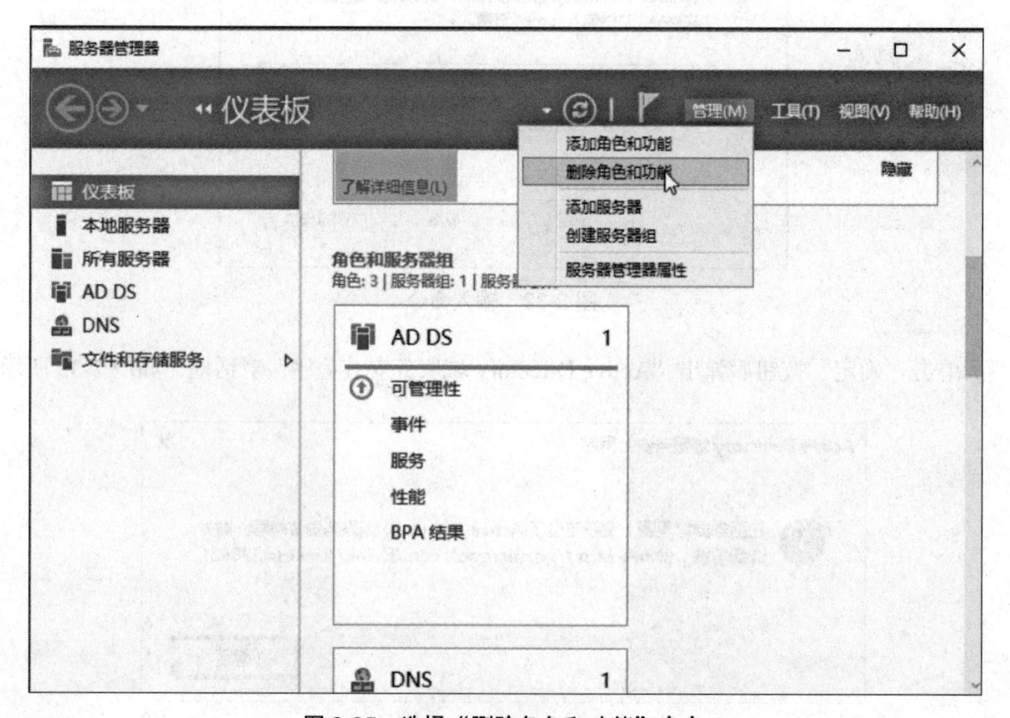

图 2-35 选择“删除角色和功能”命令

（6）出现“开始之前”界面，保持默认设置，单击“下一步”按钮，如图 2-36 所示。

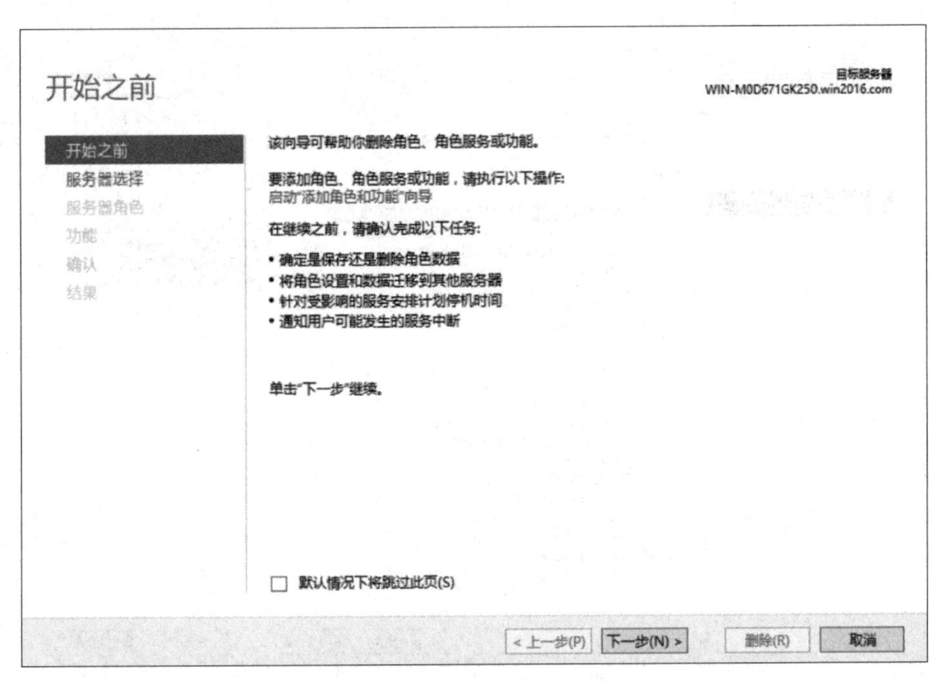

图 2-36　“开始之前”界面

（7）出现“选择目标服务器”界面，保持默认设置，单击“下一步”按钮，如图 2-37 所示。

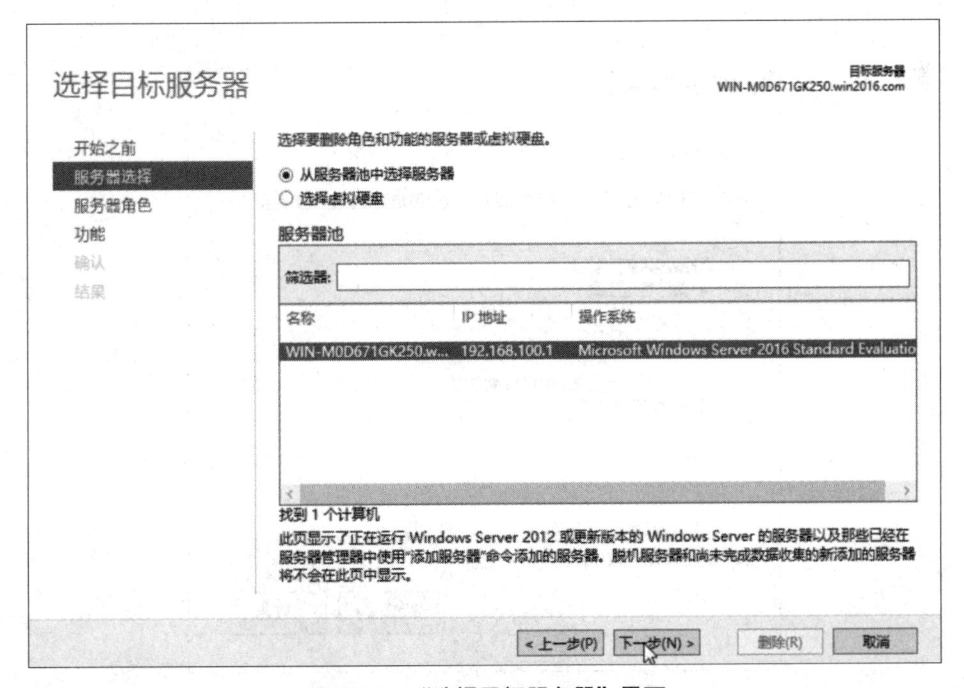

图 2-37　“选择目标服务器”界面

（8）出现“删除服务器角色”界面，选中“Active Directory 域服务”复选框，如图 2-38 所示。

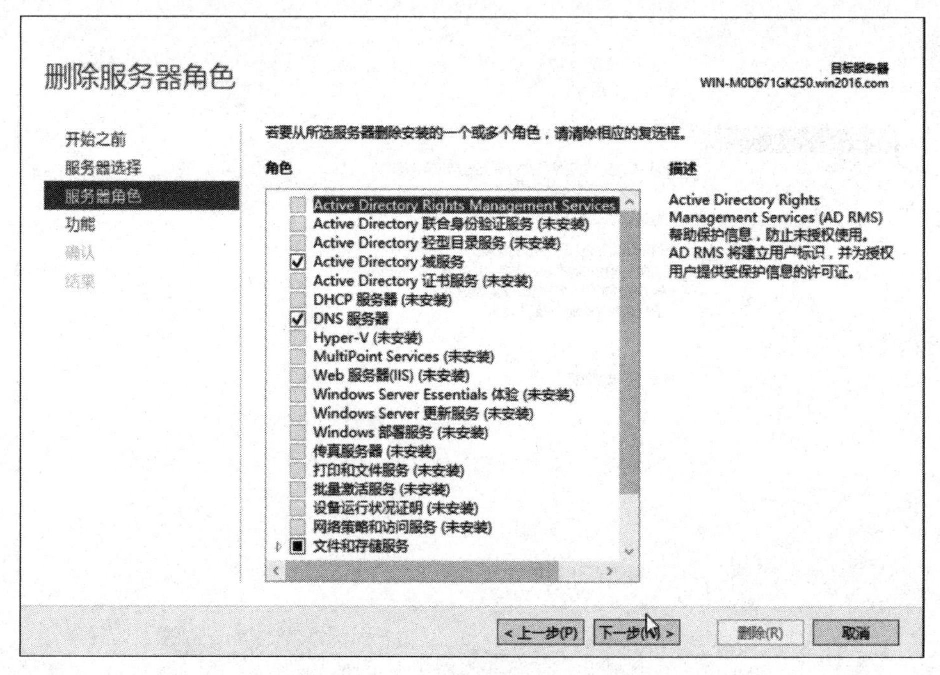

图 2-38 “删除服务器角色”界面

（9）单击“下一步”按钮，出现“删除角色和功能向导”对话框，如图 2-39 所示，单击“删除功能”按钮。

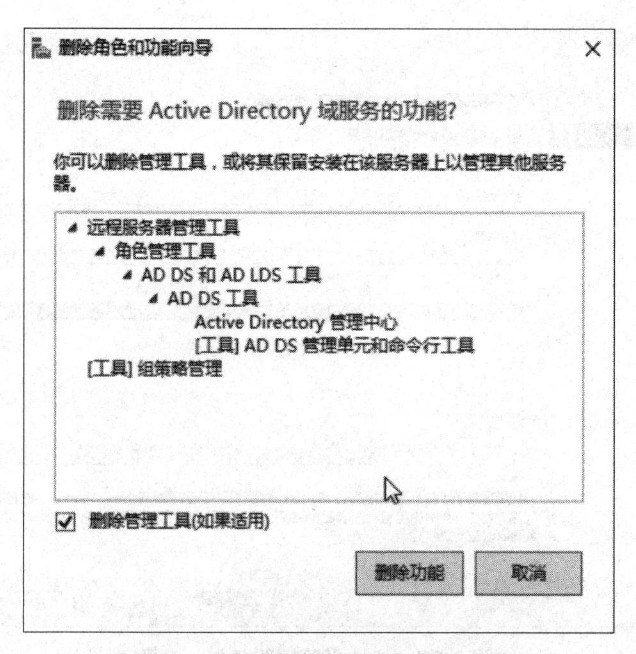

图 2-39 “删除角色和功能向导”对话框

（10）出现“验证结果”界面，提示需要先进行降级，单击“将此域控制器降级”超链接，如图 2-40 所示。

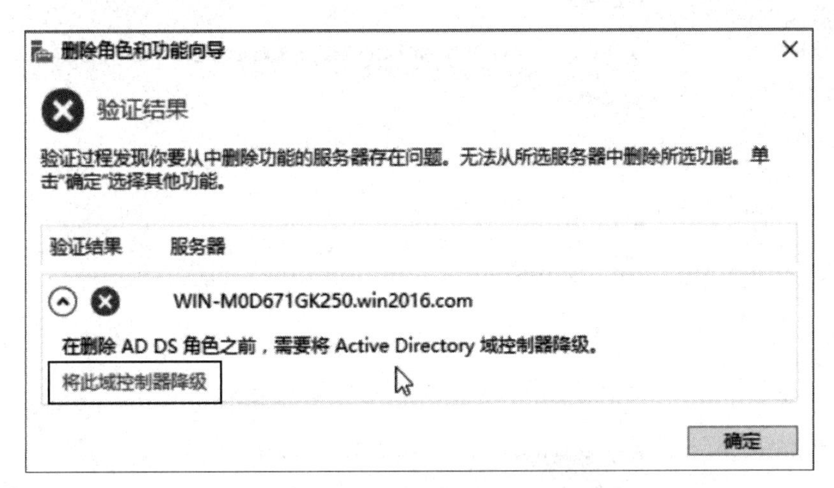

图 2-40　“验证结果”界面

（11）出现“凭据”界面，选中“域中的最后一个域控制器”复选框，单击“下一步”按钮，如图 2-41 所示。

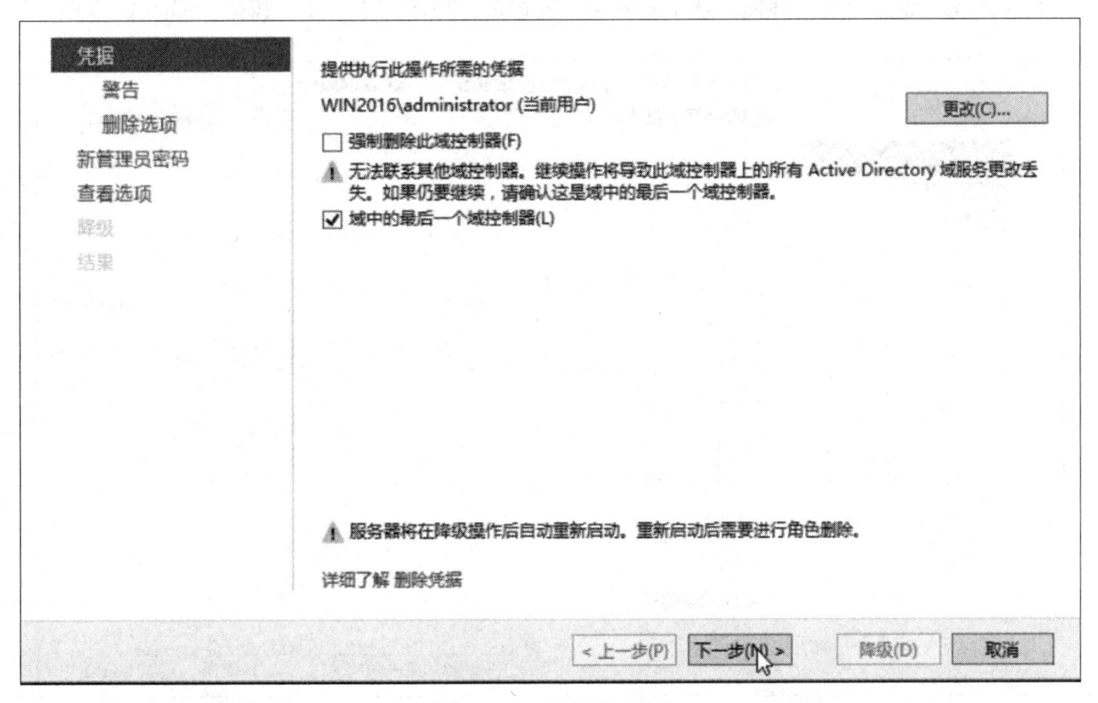

图 2-41　“凭据”界面

（12）出现“警告”界面，选中“继续删除”复选框，单击“下一步”按钮，如图 2-42 所示。

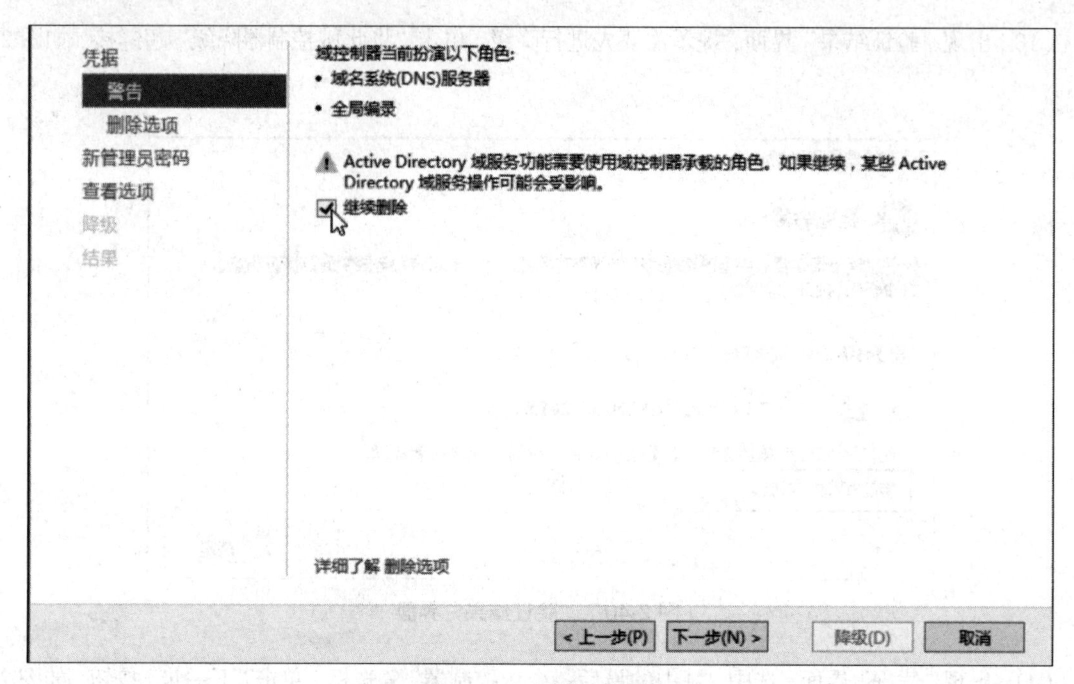

图 2-42 “警告”界面

（13）出现“删除选项”界面，选中右侧两个复选框，单击“下一步”按钮，如图 2-43 所示。

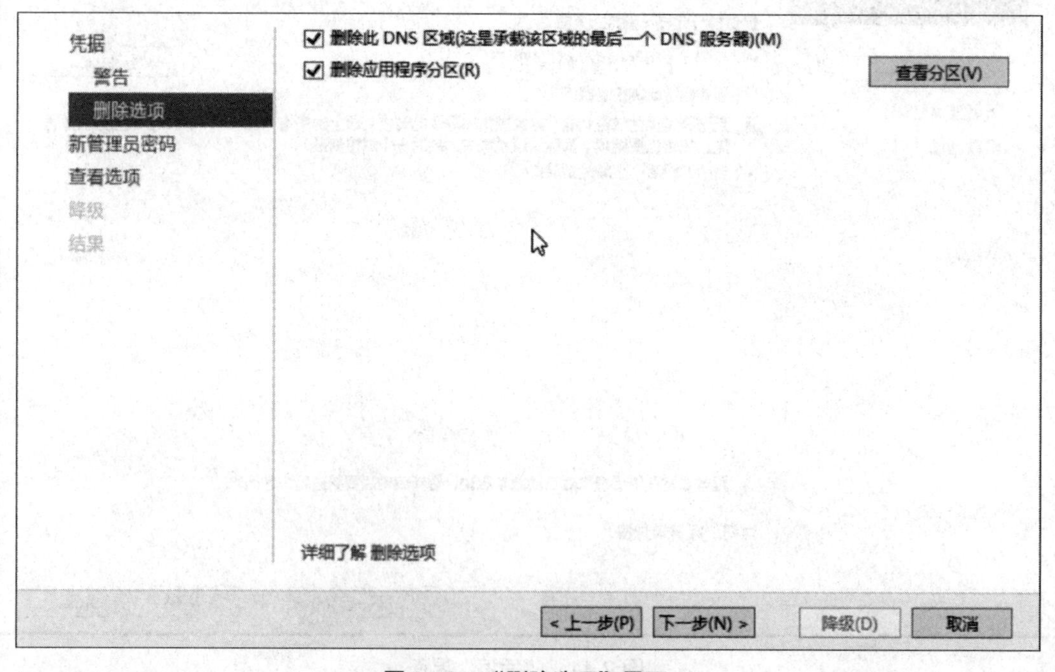

图 2-43 “删除选项”界面

（14）出现“新管理员密码”界面，设置管理员密码，单击“下一步”按钮，如图 2-44 所示。

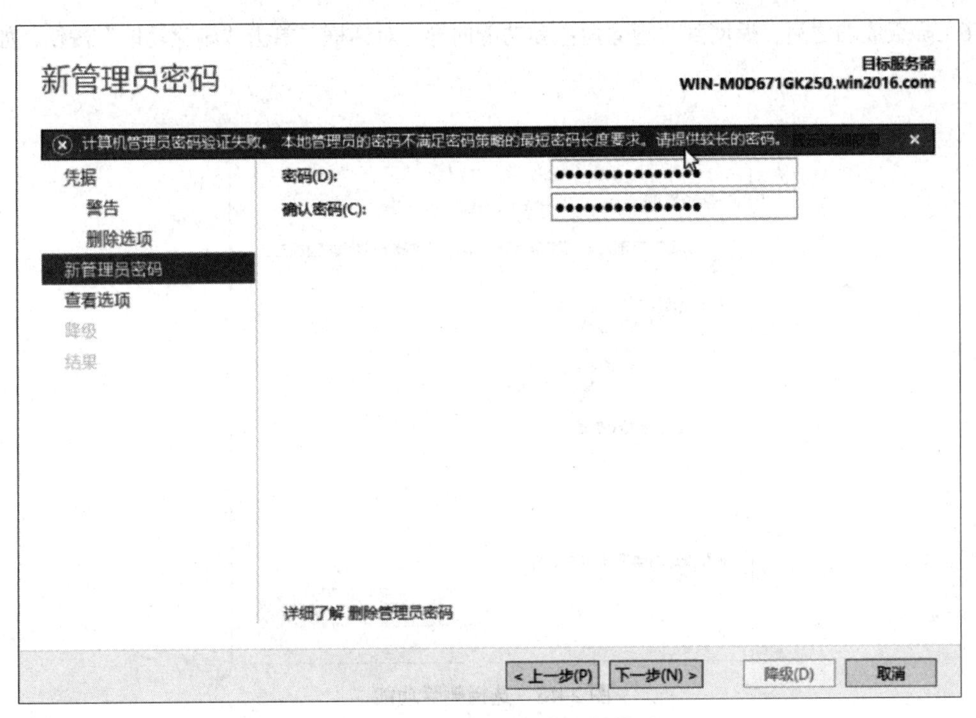

图 2-44　“新管理员密码”界面

（15）出现“查看选项”界面，单击“降级”按钮，如图 2-45 所示。

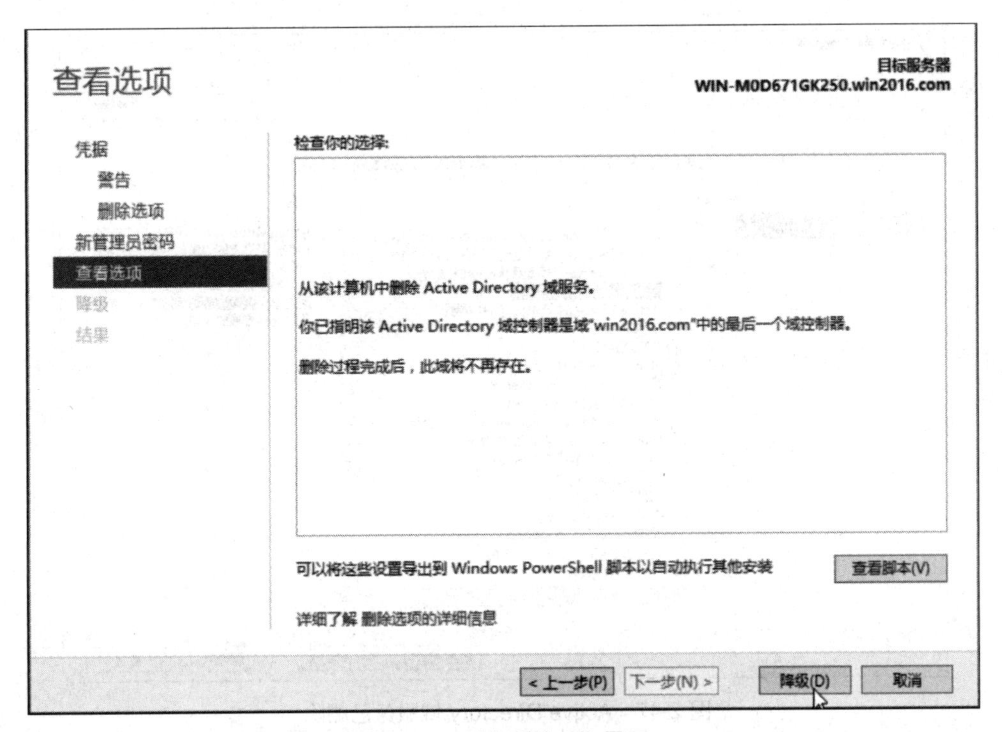

图 2-45　“查看选项”界面

（16）降级成功之后，返回到“删除角色和功能向导”对话框，单击“删除功能”按钮，如图 2-46 所示。

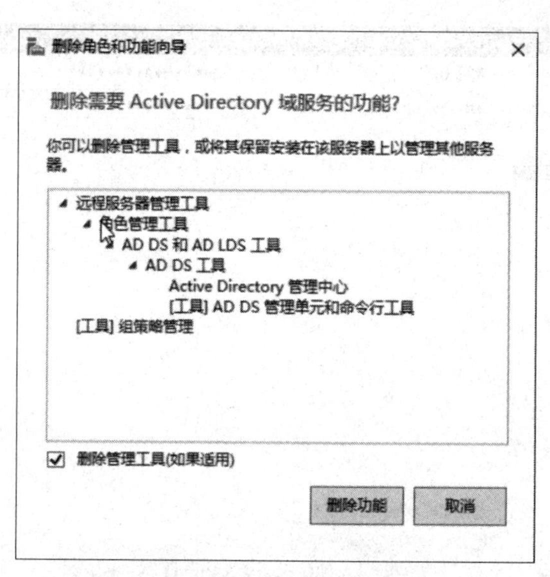

图 2-46　选择删除功能

（17）出现“删除服务器角色”界面，删除成功之后“Active Directory 域服务”复选框前面的√会去掉，单击“下一步”按钮，如图 2-47 所示。

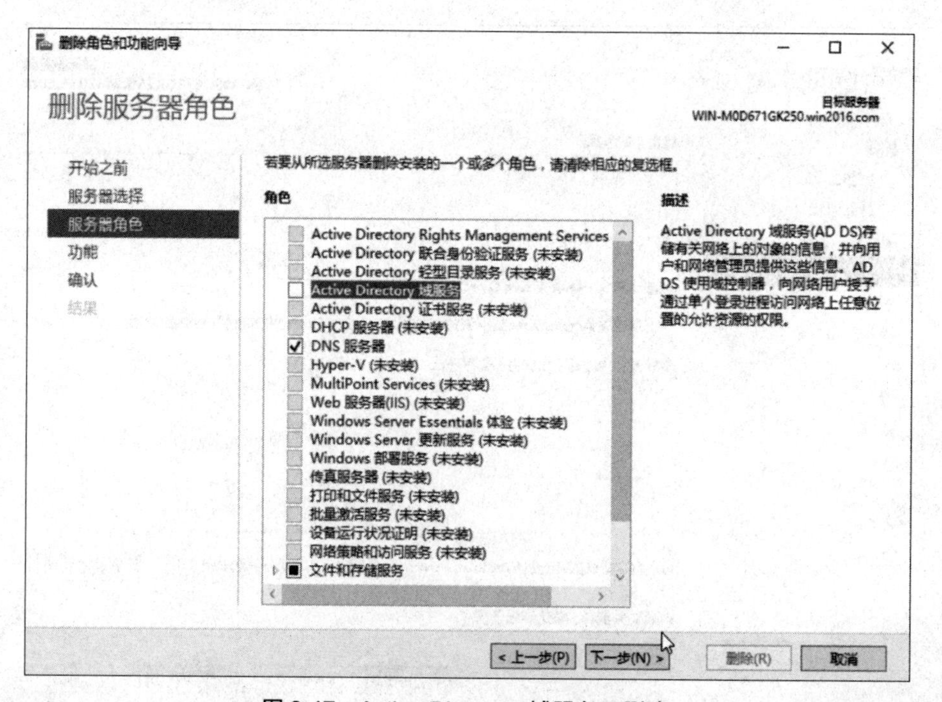

图 2-47　Active Directory 域服务已删除

（18）出现“删除功能”界面，单击“下一步”按钮，如图 2-48 所示。

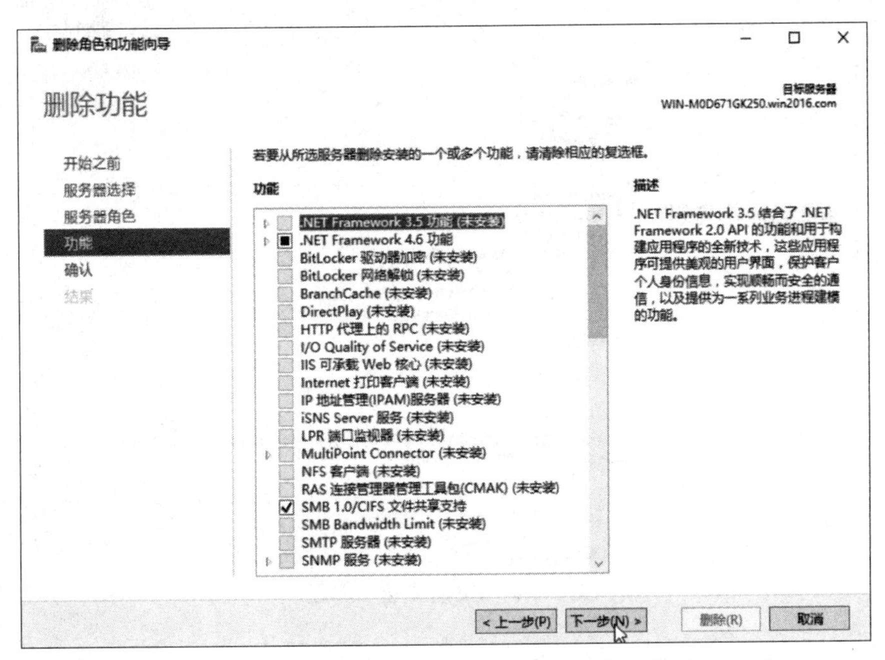

图 2-48　“删除功能”界面

（19）出现“确认删除所选内容”界面，单击“删除”按钮，如图 2-49 所示。

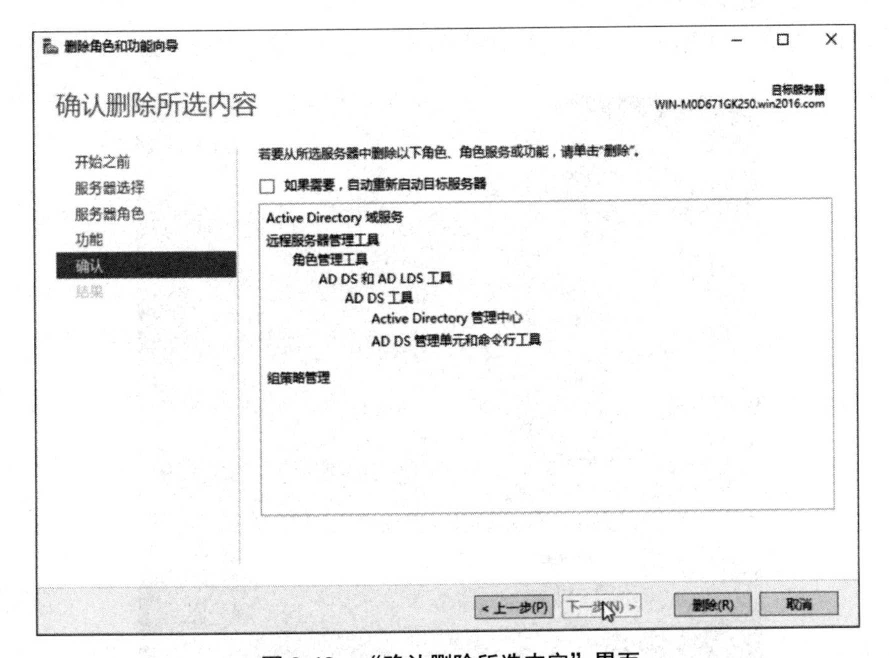

图 2-49　“确认删除所选内容”界面

（20）出现“删除进度”界面，删除完成后单击“关闭”按钮，域控制器删除成功，如图 2-50 所示。

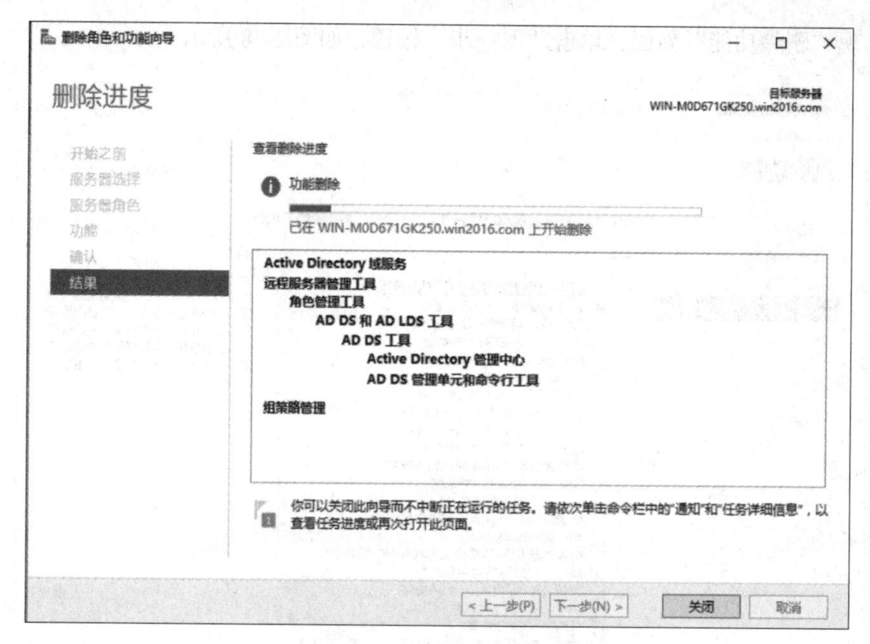

图 2-50　“删除进度”界面

视 频
域用户本地登录

三、域控制服务器本地用户登录

具体操作步骤如下：

1. 域用户的本地登录

（1）先尝试用之前在本地创建的用户在本地登录，输入账号、密码，如图 2-51 所示。

图 2-51　用户登录

（2）提示不允许本地登录，如图 2-52 所示。

图 2-52　不能登录

2. 给域用户本地登录的权限

（1）切换到管理员账号，设置给 cxp 账号在本地登录的权限，如图 2-53 所示。

图 2-53　切换到管理员账号

（2）在“管理工具”窗口中打开“本地安全策略”，如图 2-54 所示。

图 2-54　打开本地安全策略

（3）在“组策略管理”窗格中展开“林”|“域”|“win2016.com”|“组策略对象”选项，右击“Default Domain Controllers Policy”选项，在弹出的快捷菜单中选择“编辑”命令，如图 2-55 所示。

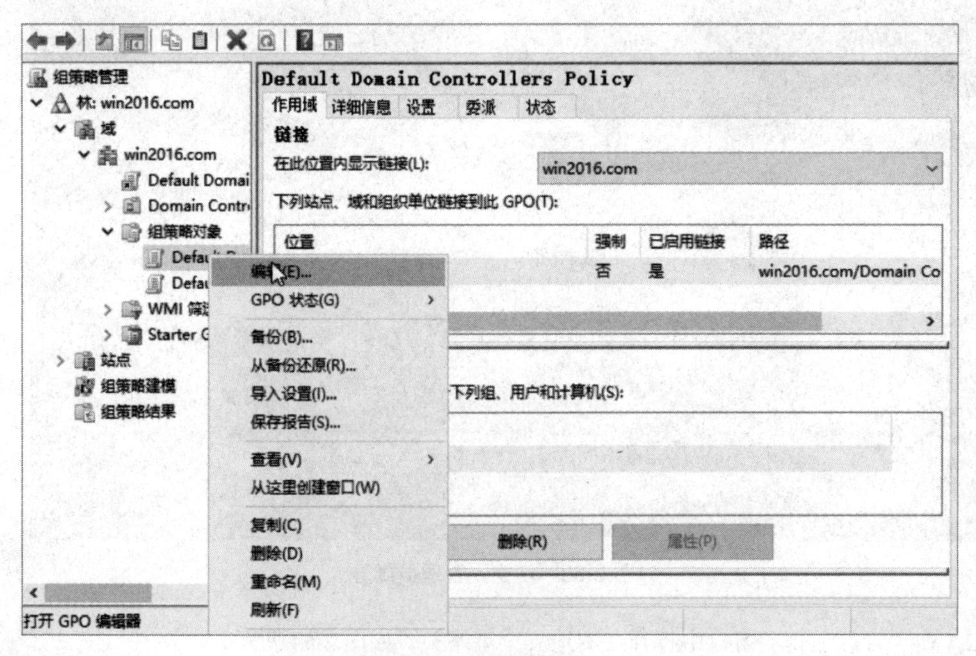

图 2-55　编辑组策略

（4）展开“策略”|“Windows 设置”|“安全设置”选项，如图 2-56 所示。

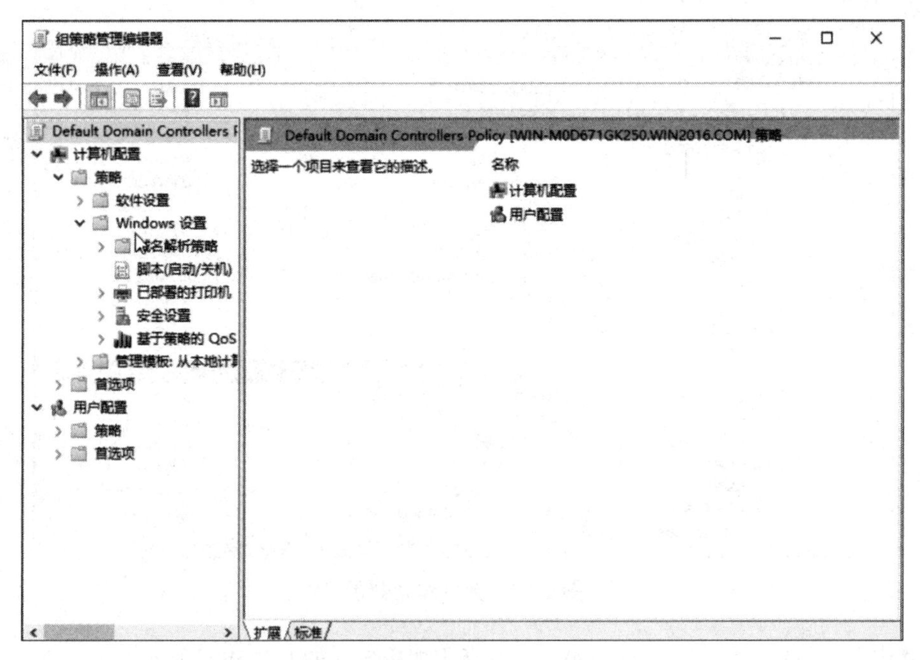

图 2-56　进行安全设置

（5）展开“本地策略”|“用户权限分配”选项，如图 2-57 所示。

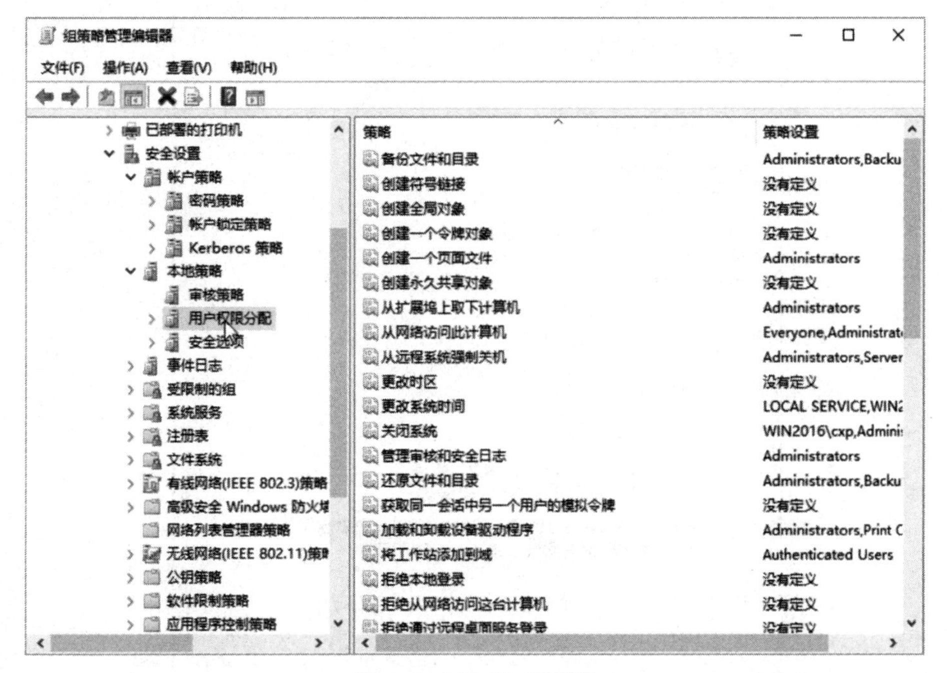

图 2-57　用户权限分配

（6）找到“允许本地登录”选项并右击，在弹出的快捷菜单中选择“属性”命令，如图 2-58 所示。

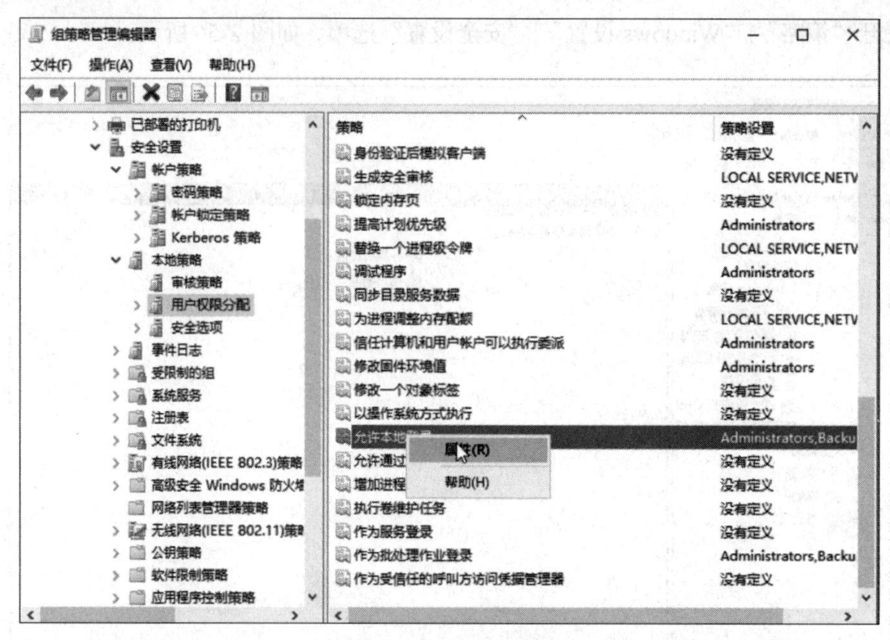

图 2-58 允许本地登录

（7）其中有一些用户是允许本地登录的，选择添加用户，如图 2-59 所示。

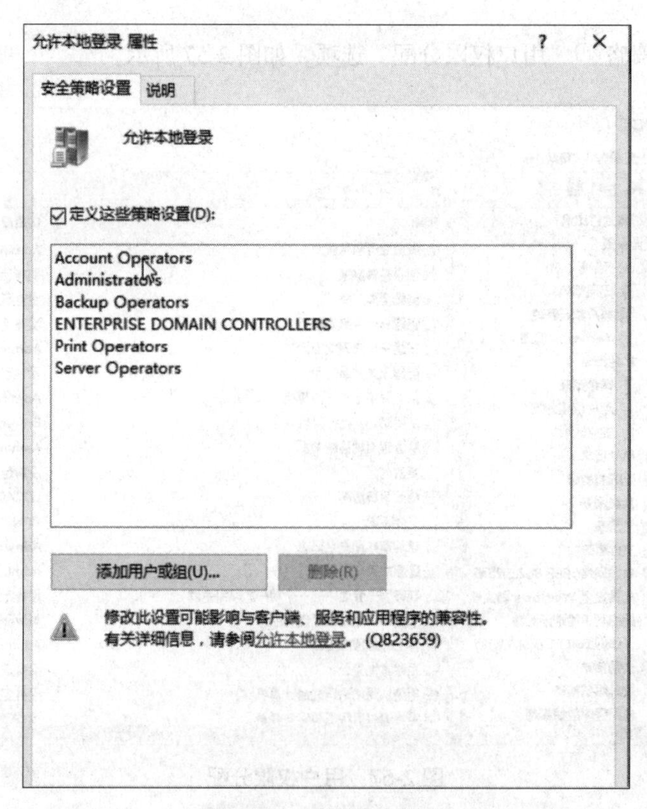

图 2-59 选择添加用户

（8）在图 2-60 所示“选择用户、计算机、服务账户或组”对话框中单击“高级”按钮。

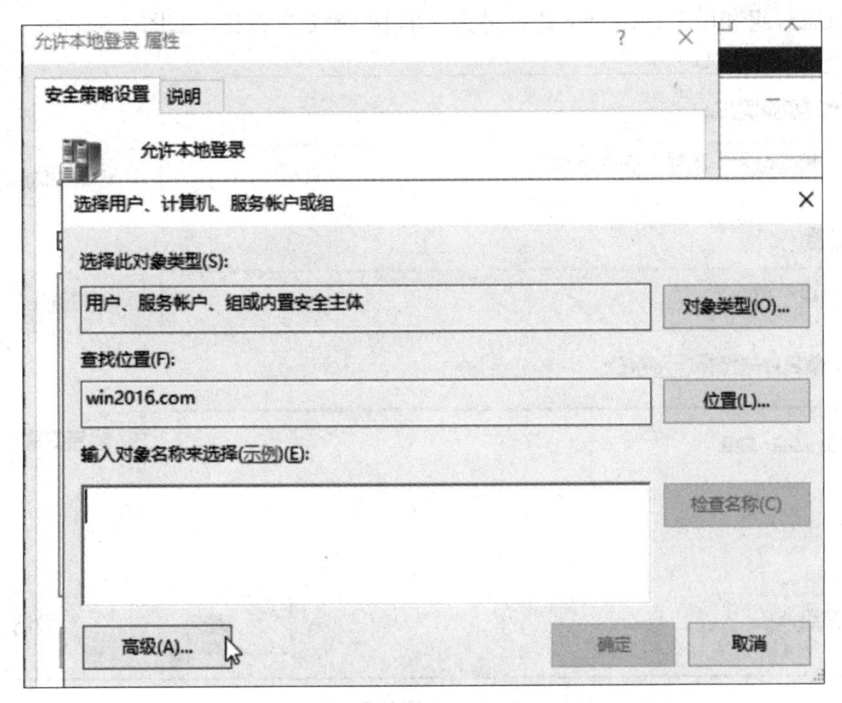

图 2-60　“选择用户、计算机、服务账户或组”对话框

（9）在图 2-61 所示界面中，单击“立即查找”按钮。

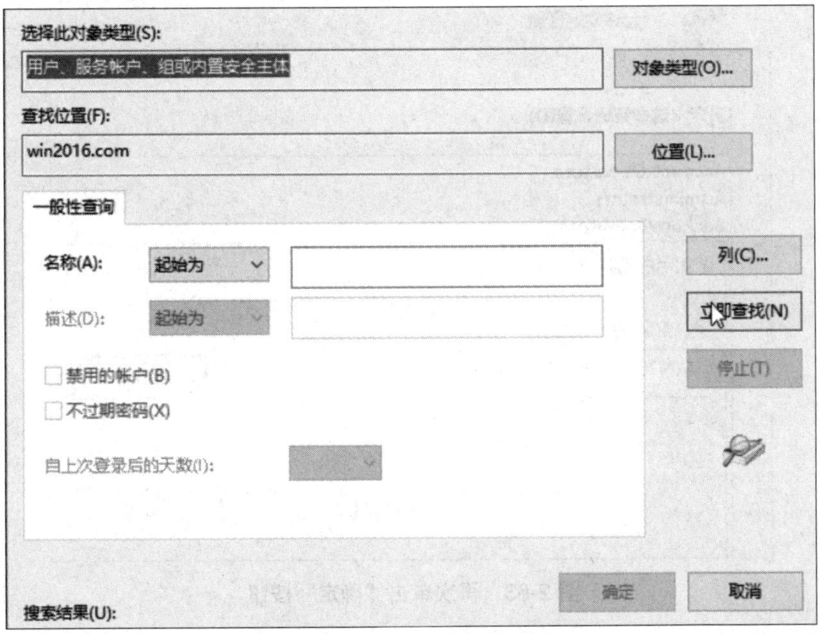

图 2-61　单击“立即查找”按钮

（10）把 Users 组和用户 cbq、cxp 添加进去，单击“确定”按钮，如图 2-62 所示。

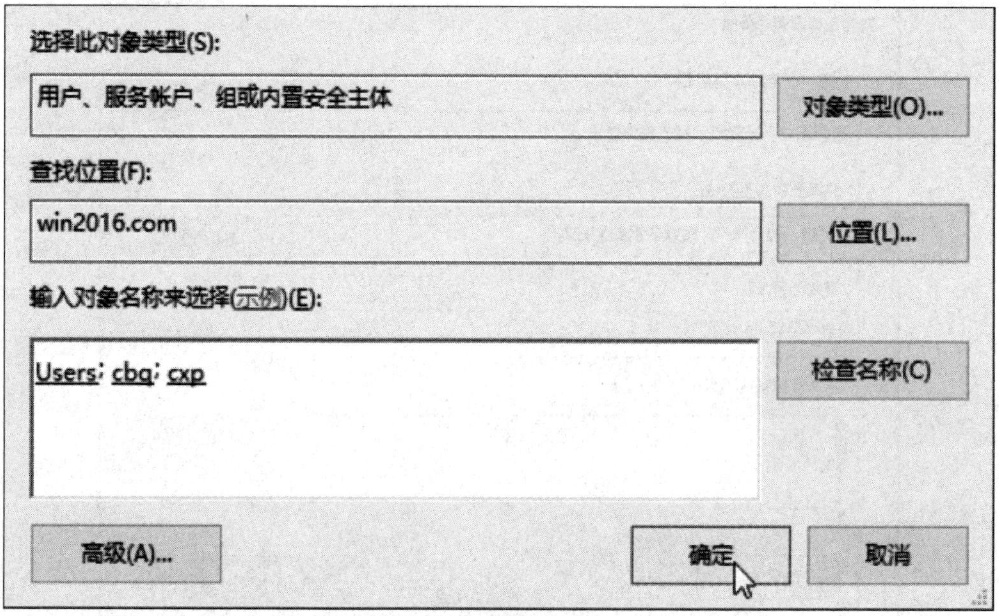

选择此对象类型(S):
用户、服务帐户、组或内置安全主体
对象类型(O)...
查找位置(F):
win2016.com
位置(L)...
输入对象名称来选择(示例)(E):
Users; cbq; cxp
检查名称(C)
高级(A)...
确定
取消

图 2-62　添加用户

（11）再次单击“确定”按钮，如图 2-63 所示。

允许本地登录
定义这些策略设置(D):
Account Operators
Administrators
Backup Operators
添加用户或组
用户和组名
WIN2016\cxp;WIN2016\cbq;Users
浏览(B)...
确定
取消

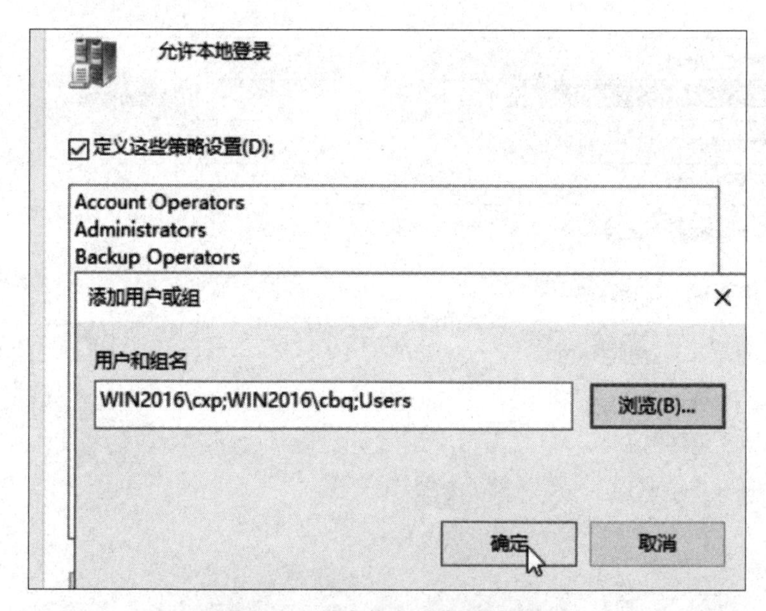

图 2-63　再次单击“确定”按钮

（12）依次单击“应用”“确定”按钮，如图 2-64 所示，用户添加成功。

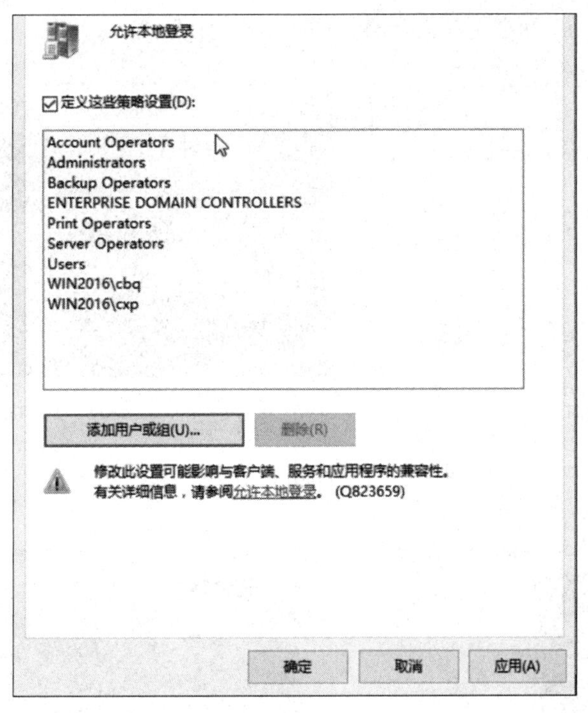

图 2-64　“允许本地登录”对话框

（13）找到“从网络访问此计算机”选项并右击，在弹出的快捷菜单中选择“属性”命令，把 cxp、cbq 用户添加进去，如图 2-65 所示。

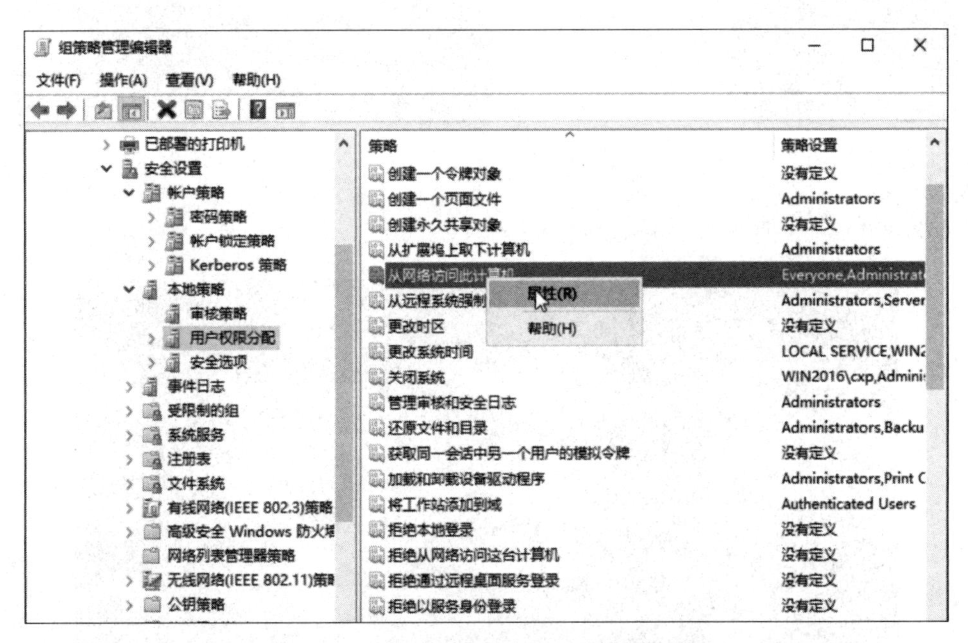

图 2-65　选择“从网络访问此计算机”选项

（14）在“运行”对话框中输入“cmd”命令，如图 2-66 所示。

（15）输入“gpupdate”命令更新组策略，如图 2-67 所示。

运行
Windows 将根据你所输入的名称，为你打开相应的程序、文件夹、文档或 Internet 资源。
打开(O): cmd
使用管理权限创建此任务。
确定
取消
浏览(B)...

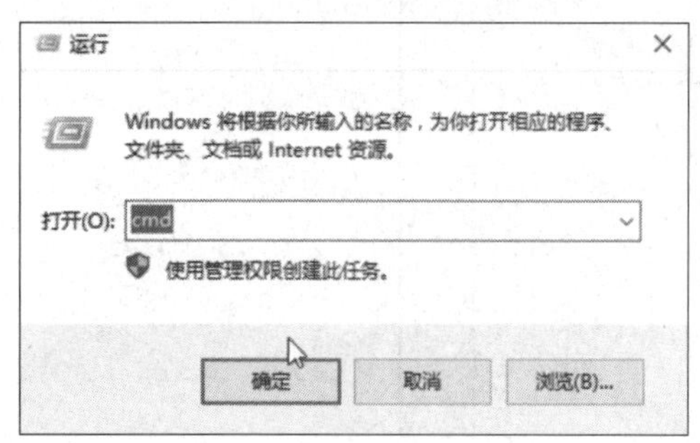

图 2-66　输入 cmd

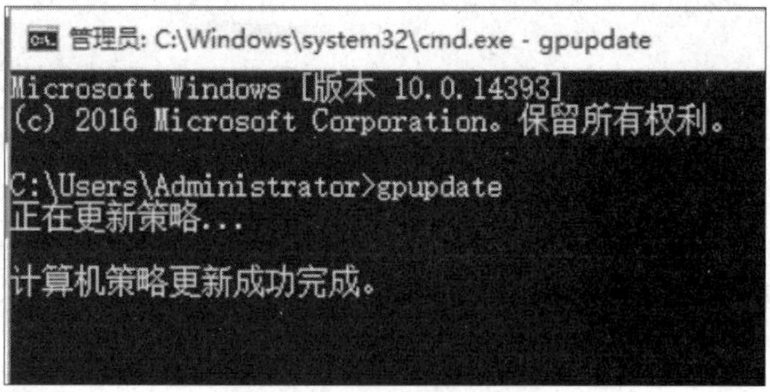

管理员: C:\Windows\system32\cmd.exe - gpupdate
Microsoft Windows [版本 10.0.14393]
(c) 2016 Microsoft Corporation。保留所有权利。
C:\Users\Administrator>gpupdate
正在更新策略...
计算机策略更新成功完成。

图 2-67　更新组策略

（16）再次测试，选择“注销”命令，如图 2-68 所示。

（17）用 cxp 用户登录，如图 2-69 所示。

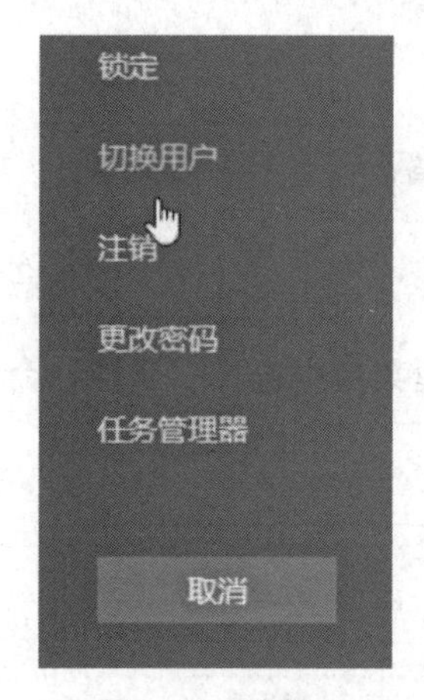

锁定
切换用户
注销
更改密码
任务管理器
取消

图 2-68　注销

其他用户
win2016\cxp
登录到: win2016
如何登录到其他域?

图 2-69　用户登录

（18）成功进行了本地登录，如图 2-70 所示。

回收站

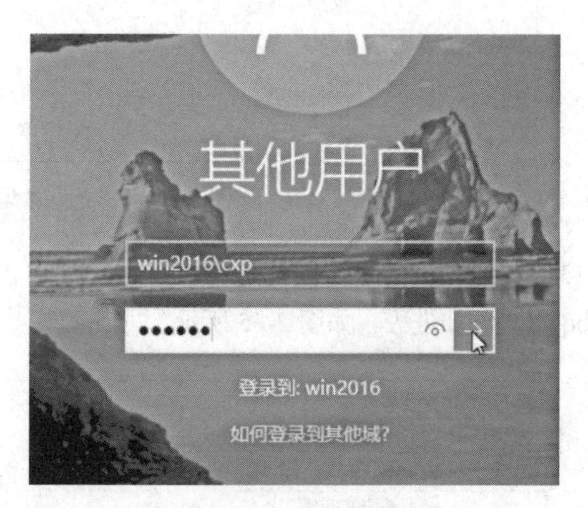

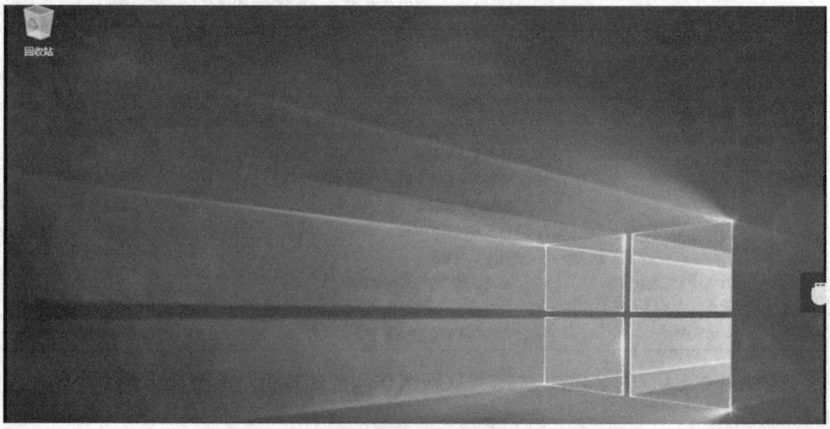

图 2-70　本地登录成功

四、客户机加入到域控制器，并用域用户登录到域控制器

说明：域控制器及客户端都是 VMware 虚拟机安装的 Windows Server 2016 企业版的操作系统。建议读者在练习时，也可以采用虚拟机完成。

（1）域控制器计算机名为 WIN-1HERN4IUB98，即项目实施一中安装的域控制器。

（2）主域控制器登录及客户机的域登录。

操作步骤如下：

1. 更改克隆机的 ID

（1）打开计算机本地磁盘，找到“Windows”|“System32”|“Sysprep”文件，如图 2-71 所示。

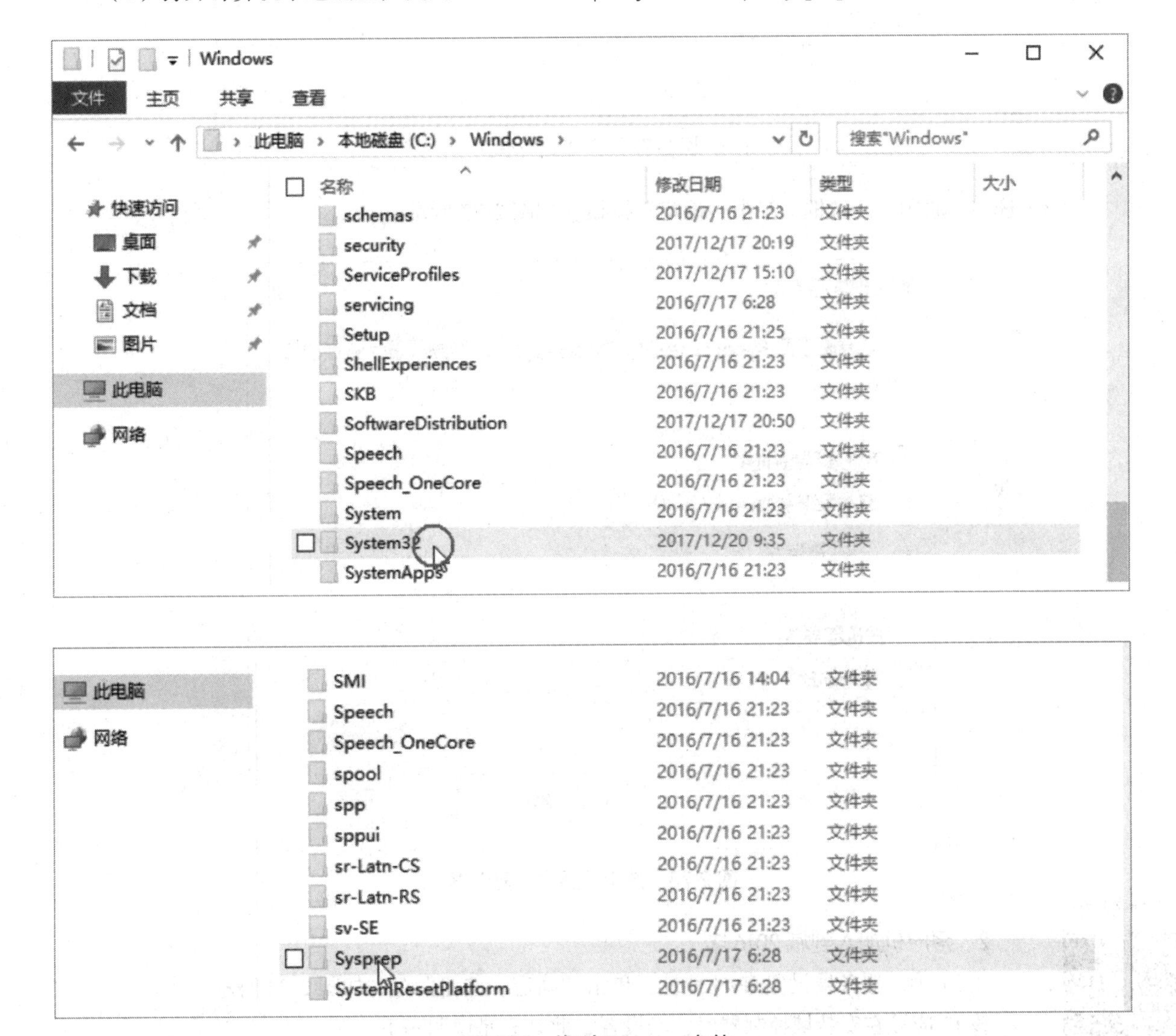

图 2-71　找到 Sysprep 文件

（2）打开运行程序，如图 2-72 所示。

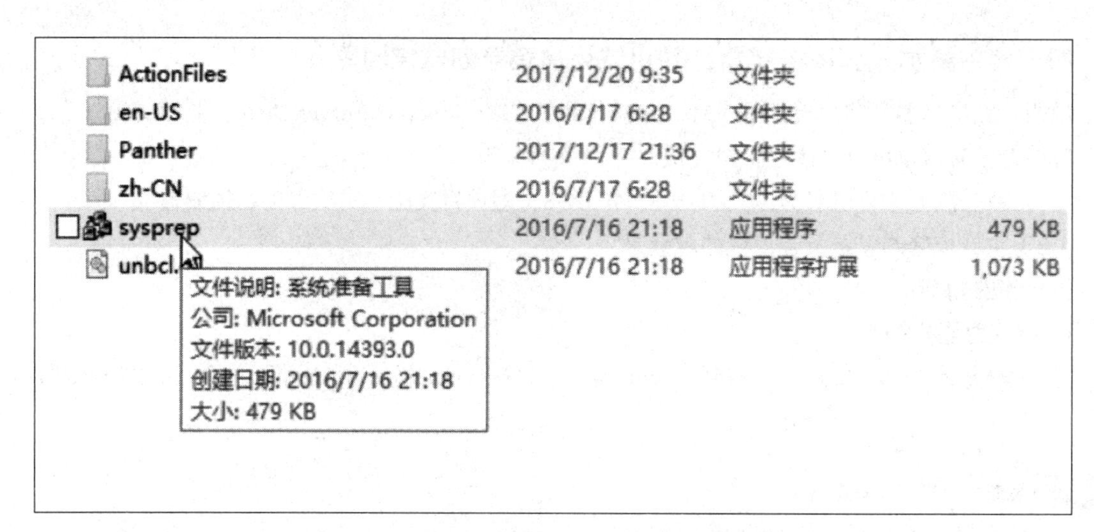

图 2-72 打开 sysprep

（3）选中“通用”复选框，单击“确定”按钮，如图 2-73 所示。

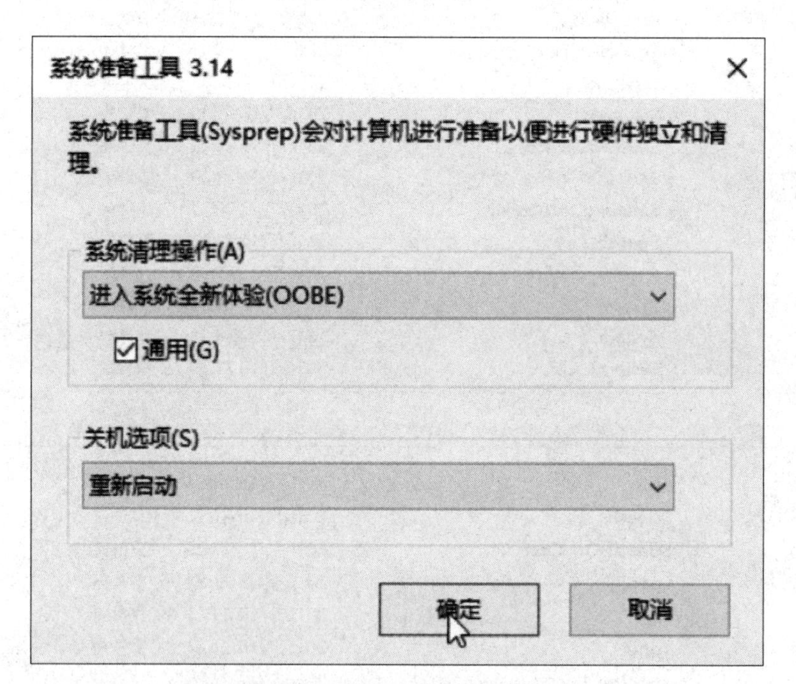

图 2-73 选中“通用”复选框

视 频

客户机加入到域2016中

2. 客户机加入到域 2016 中

（1）为域服务器设置 IPv4 地址，单击“确定”按钮保存，如图 2-74 所示。该 IP 应该在安装域控制器时已经设置，此处只是说明一下。

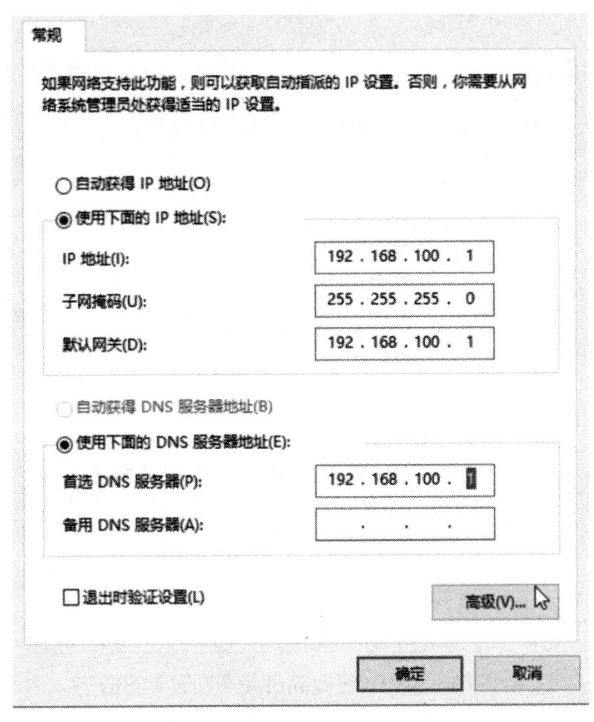

图 2-74　设置服务器的 IP

（2）为克隆出来的客户机设置 IPv4 地址，单击“确定”按钮保存，如图 2-75 所示。

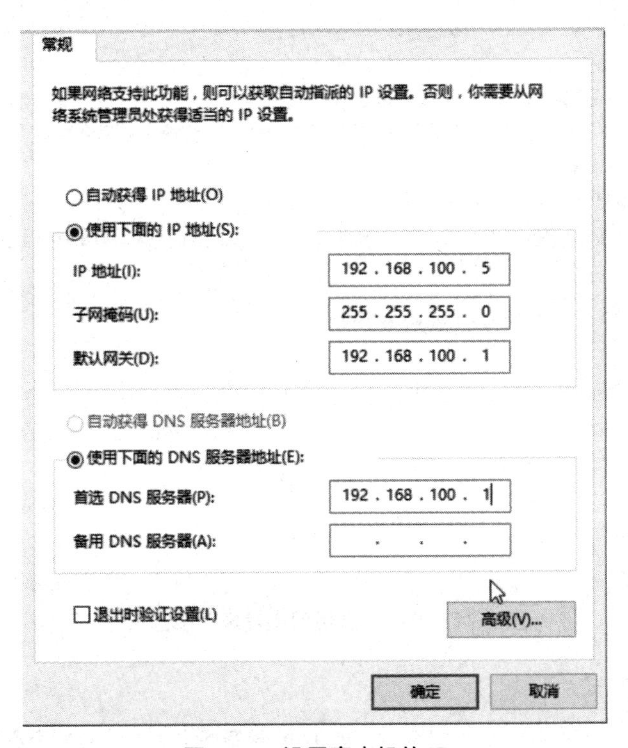

图 2-75　设置客户机的 IP

3. 启动网络发现

（1）在客户机的“网络和共享中心”窗口中单击“更改高级共享设置”超链接，如图 2-76 所示。

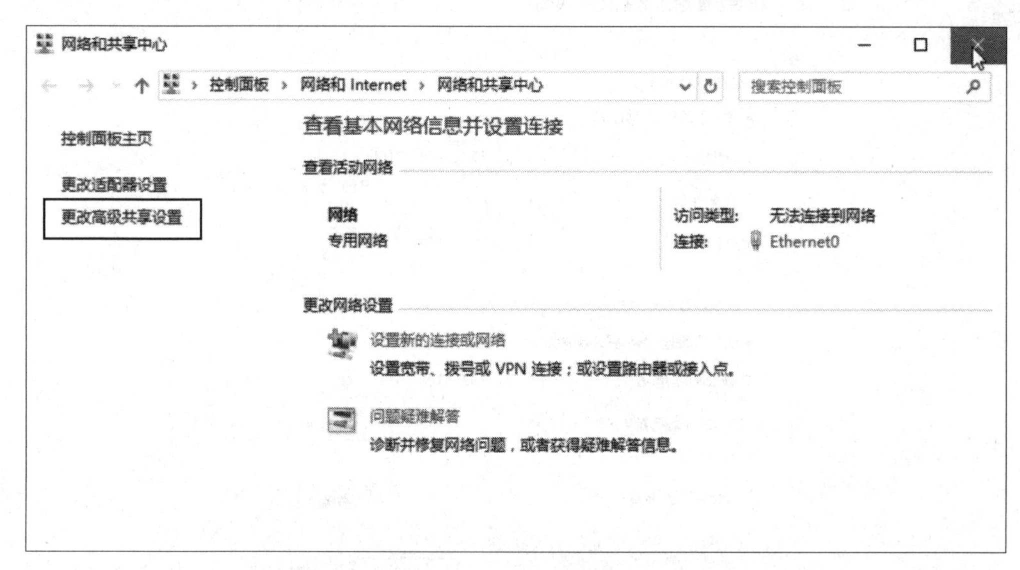

图 2-76 单击“更改高级共享设置”超链接

（2）选中“启用网络发现”单选按钮，保存更改，如图 2-77 所示。

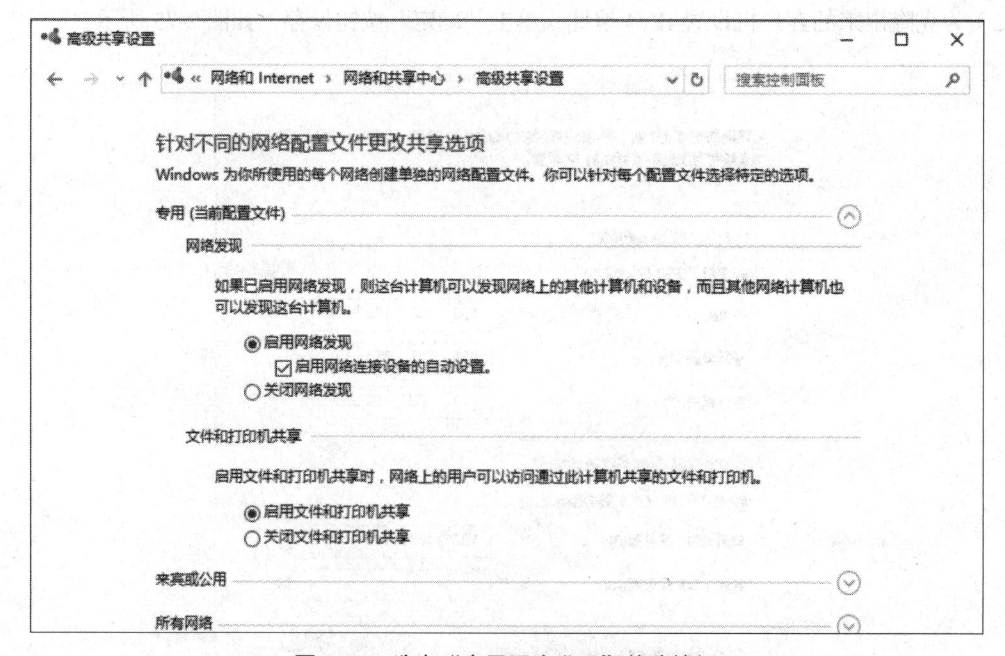

图 2-77 选中“启用网络发现”单选按钮

4. 设置网卡的连接方式

注意：两台计算机的网卡连接方式一定要一样：桥接对桥接、NAT 对 NAT，如图 2-78 所示。

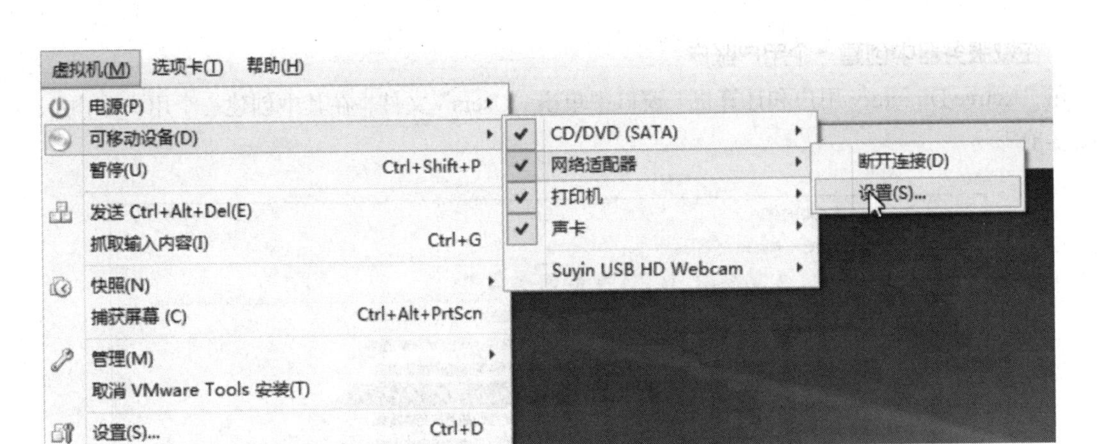

图 2-78　设置网络适配器

5. 运用 ping 命令测试两台计算机是否可以连通

（1）客户机 ping 域服务器，如图 2-79 所示。

```
C:\Users\Administrator.WIN-ONE5ALDA4LI>ping 192.168.100.1

正在 Ping 192.168.100.1 具有 32 字节的数据:
来自 192.168.100.1 的回复: 字节=32 时间<1ms TTL=128
来自 192.168.100.1 的回复: 字节=32 时间<1ms TTL=128
来自 192.168.100.1 的回复: 字节=32 时间=1ms TTL=128
来自 192.168.100.1 的回复: 字节=32 时间=1ms TTL=128

192.168.100.1 的 Ping 统计信息:
    数据包: 已发送 = 4，已接收 = 4，丢失 = 0 (0% 丢失)，
往返行程的估计时间(以毫秒为单位):
    最短 = 0ms，最长 = 1ms，平均 = 0ms
```

图 2-79　客户机 ping 域服务器

（2）域服务器 ping 客户机，如图 2-80 所示。

```
C:\Users\Administrator>ping 192.168.100.5

正在 Ping 192.168.100.5 具有 32 字节的数据:
来自 192.168.100.5 的回复: 字节=32 时间<1ms TTL=128
来自 192.168.100.5 的回复: 字节=32 时间<1ms TTL=128
来自 192.168.100.5 的回复: 字节=32 时间<1ms TTL=128
来自 192.168.100.5 的回复: 字节=32 时间<1ms TTL=128

192.168.100.5 的 Ping 统计信息:
    数据包: 已发送 = 4，已接收 = 4，丢失 = 0 (0% 丢失)，
往返行程的估计时间(以毫秒为单位):
    最短 = 0ms，最长 = 0ms，平均 = 0ms
```

图 2-80　域服务器 ping 客户机

（3）两台计算机都已经 ping 通。

6. 在域服务器中创建一个用户账户

在“Active Directory 用户和计算机”窗口中单击“Users”文件，在其中创建一个用户账户（cxp），如图 2-81 所示。

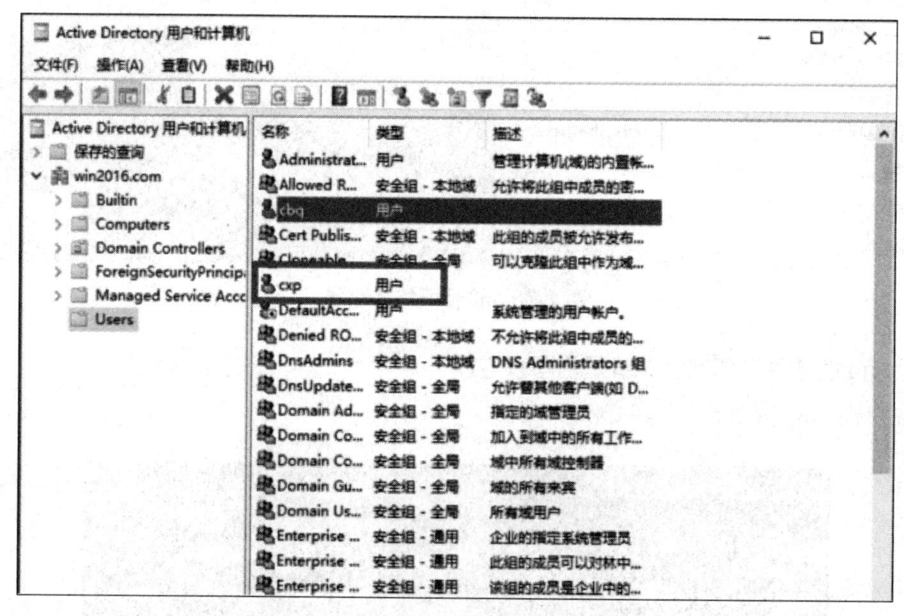

图 2-81 创建用户

7. 客户机加入到域控制器

（1）在客户机中打开计算机属性界面，单击“更改设置”按钮，如图 2-82 所示。

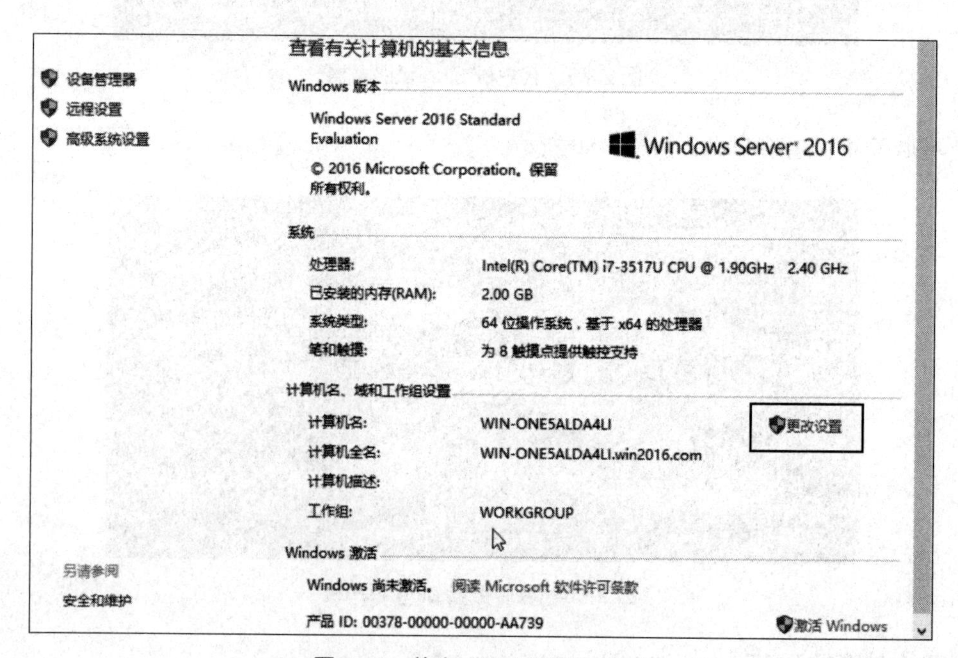

图 2-82 单击“更改设置”按钮

（2）单击“更改”按钮，如图 2-83 所示。

（3）在“隶属于”选项组中选择“域”单选按钮，输入域服务器的名称“win2016.com”，单击“确定”按钮，如图 2-84 所示。

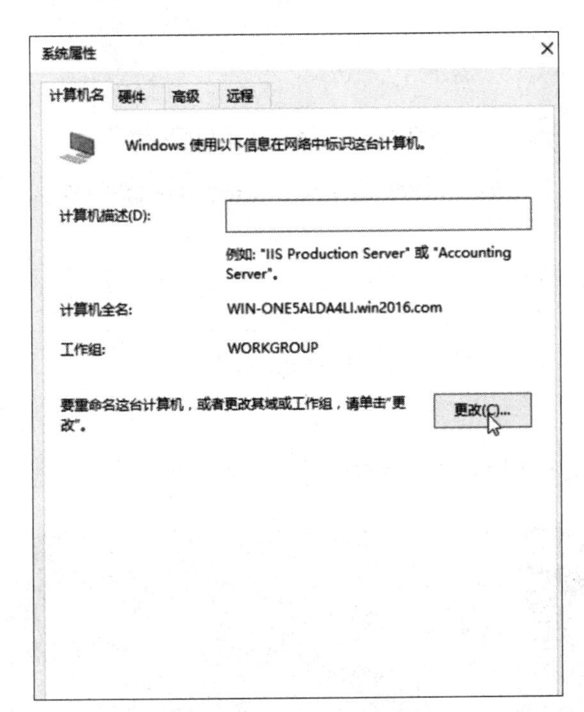

图 2-83　单击“更改”按钮

图 2-84　隶属于域

（4）输入有权限加入到该域的账户（前面创建的账户 cxp），单击“确定”按钮，如图 2-85 所示。

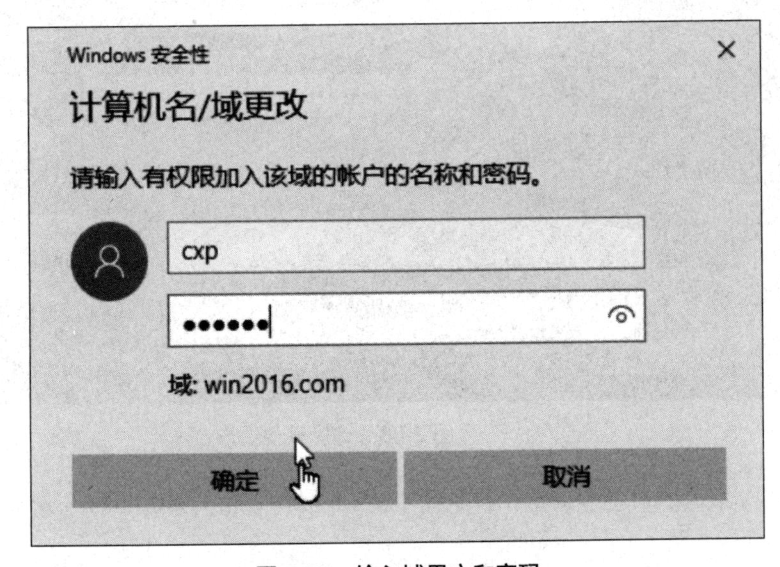

图 2-85　输入域用户和密码

（5）账户已经成功加入到了域服务器中，如图 2-86 所示。

（6）重新启动计算机，如图 2-87 所示。

图 2-86　加入到域

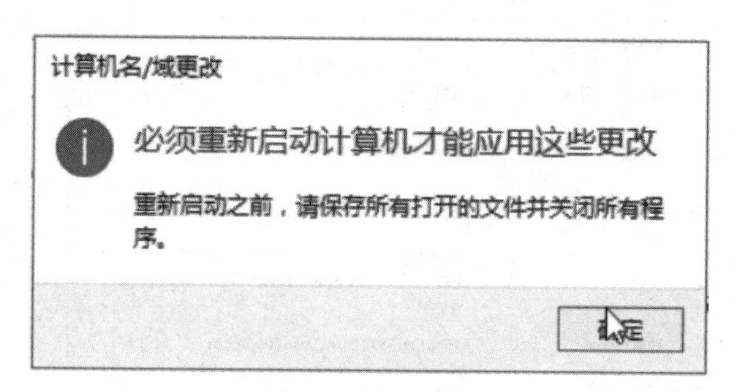

图 2-87　重新启动

视 频

客户机登录到域控制器

8. 客户机登录到域控制器

（1）客户机重新启动之后单击“其他用户”按钮，输入域用户的账号密码，如图 2-88 所示。

图 2-88　选择其他用户

（2）查看计算机属性，其已经从工作组变成了域 win2016.com，如图 2-89 所示。

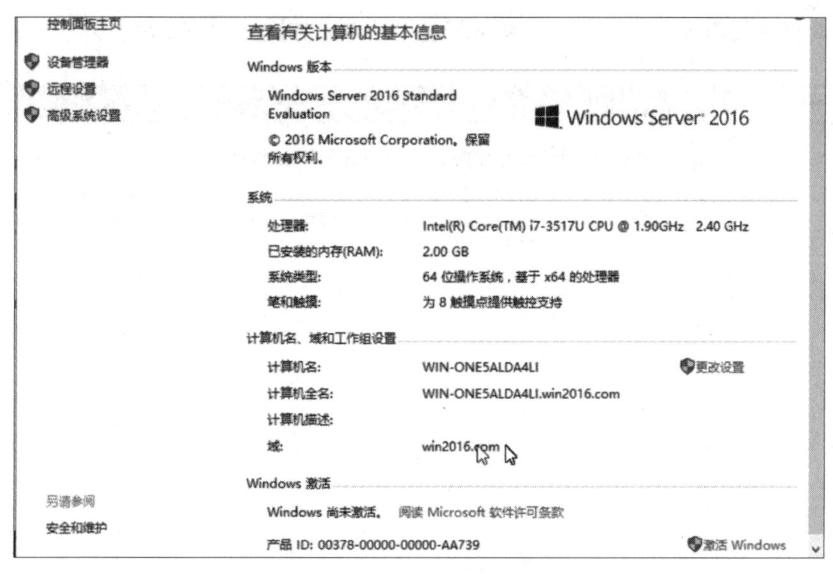

图 2-89　域身份

五、活动目录的备份与恢复

视 频

活动目录域控制器的备份

在域控制器环境中，用户进行域登录后，即可访问域中共享的所有资源。如果该域控制器损坏了，那用户登录时就无法获得令牌，没有令牌，用户就无法向成员服务器证明自己的身份，那用户就不能访问域中的资源，整个域的资源分配趋于崩溃。针对这个现象，可以通过额外域控制器实现挽救。除此之外，还可以通过使用 Windows Server Backup 工具软件实现备份，在发生故障时，选择本台计算机或其他成员计算机进行还原，即可恢复活动目录。

1. 活动目录域控制器的备份

（1）“管理工具”窗口中的“Windows Server Backup”工具，如图 2-90 所示。

图 2-90　Windows Server Backup 工具

（2）打开时提示没有安装，首先安装服务器备份功能，如图 2-91 所示。

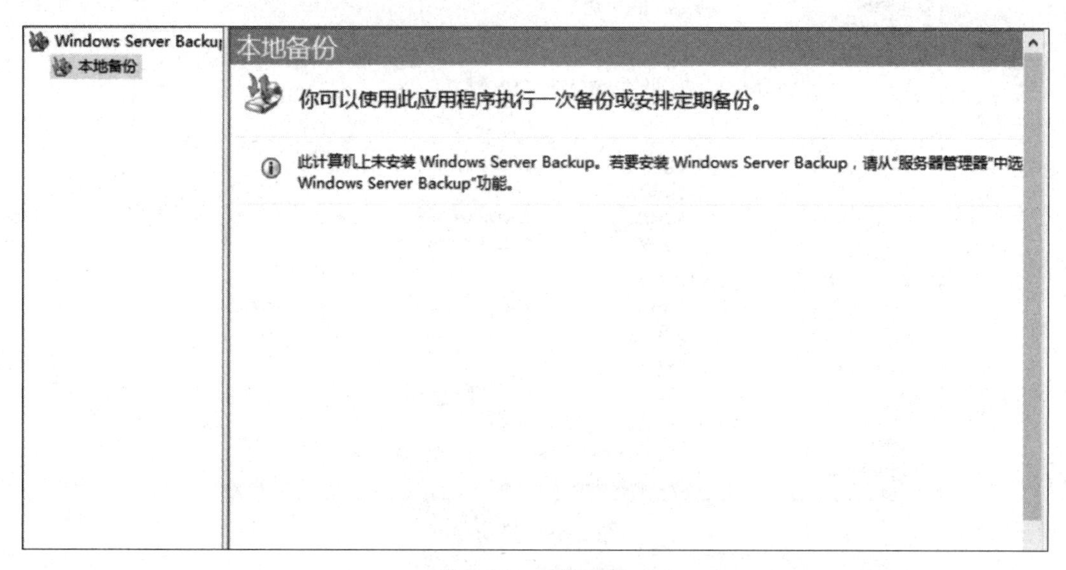

图 2-91　安装备份

（3）打开“开始”菜单，选择“服务器管理器”命令，如图 2-92 所示。

图 2-92　选择“服务器管理器”命令

（4）单击“添加角色和功能”超链接，如图 2-93 所示。

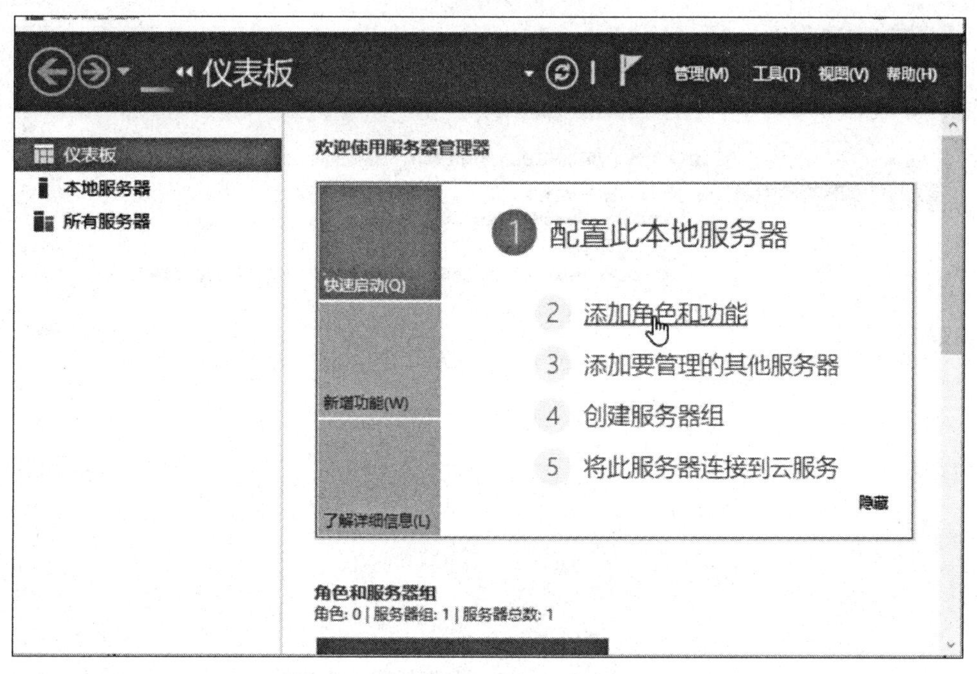

图 2-93　单击“添加角色和功能”超链接

（5）在“开始之前”界面中，单击“下一步”按钮，如图 2-94 所示。

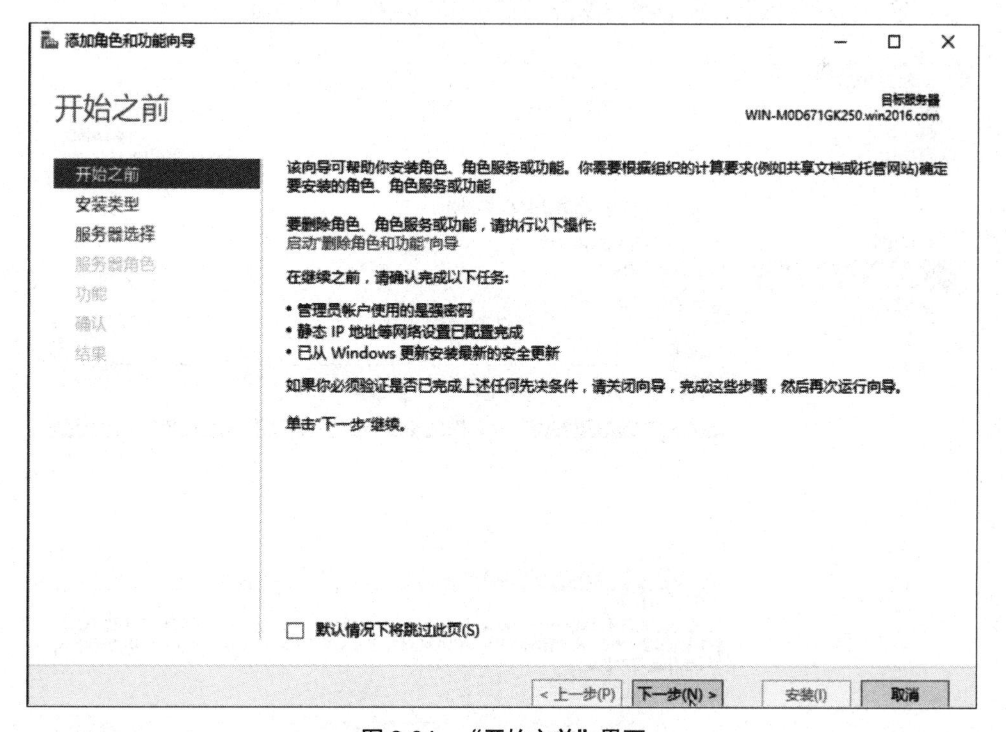

图 2-94　“开始之前”界面

（6）在“选择安装类型”界面中，单击“下一步”按钮，如图 2-95 所示。

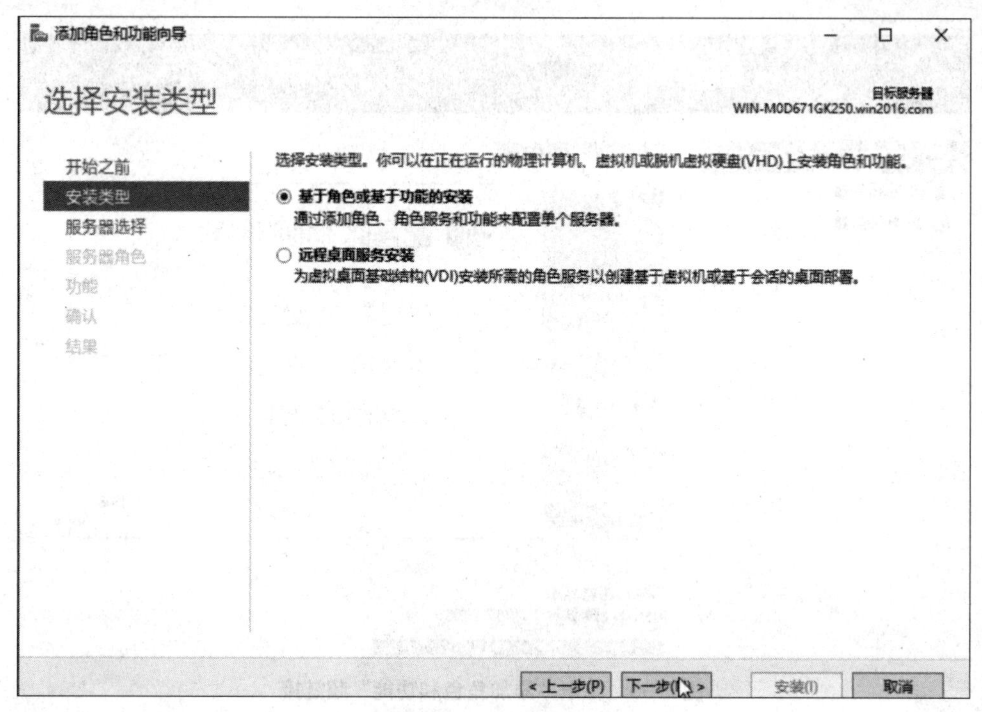

图 2-95　选择安装类型

（7）在“选择目标服务器”界面中，单击“下一步”按钮，如图 2-96 所示。

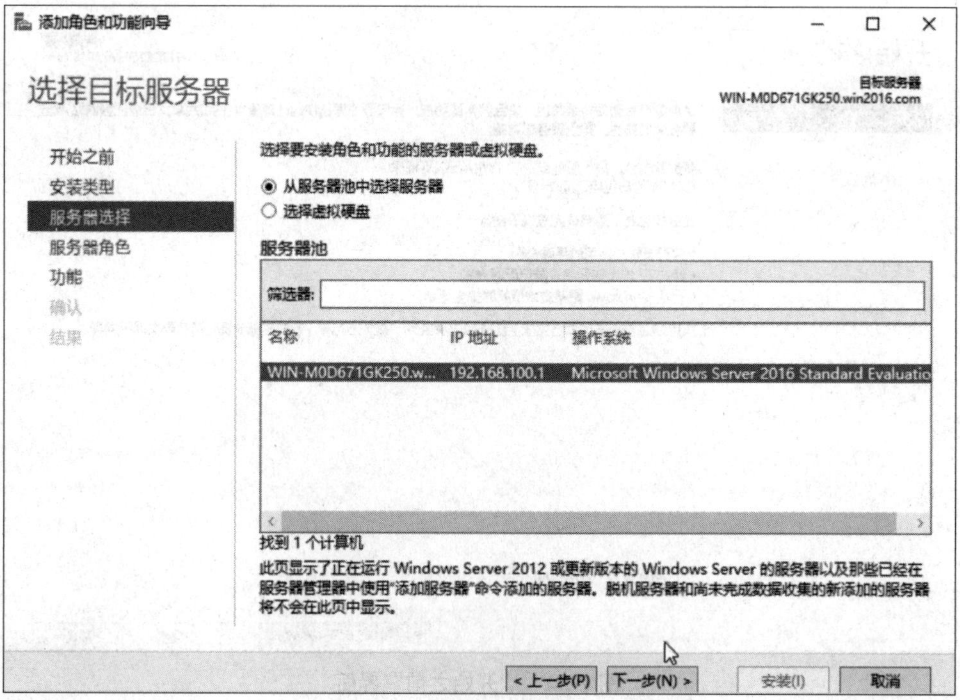

图 2-96　选择目标服务器

（8）在“选择服务器角色”界面中，单击“下一步”按钮，如图 2-97 所示。

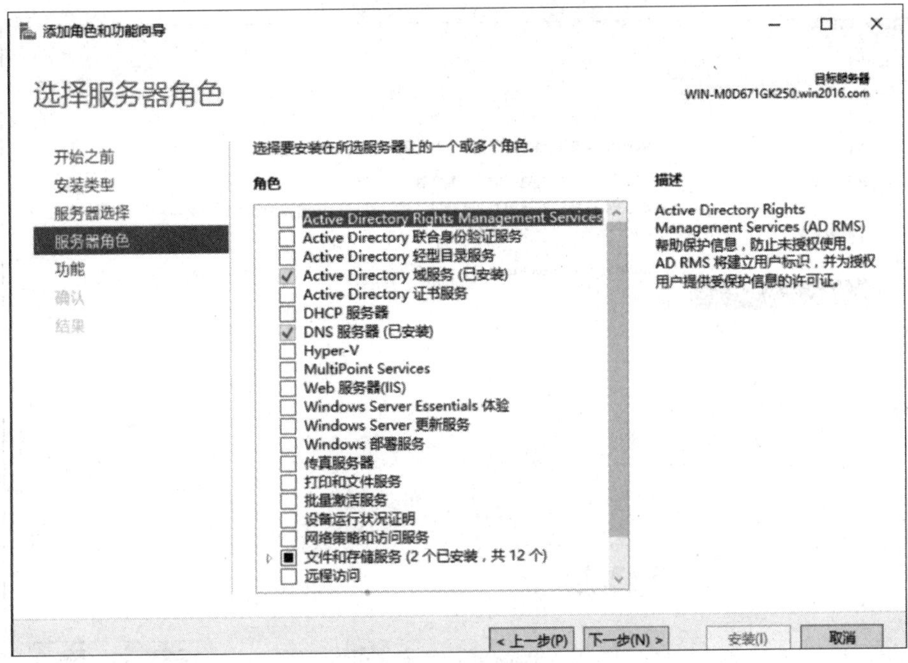

图 2-97　选择服务器角色

（9）在“选择功能”界面中选中 Windows Server Backup 复选框，单击“下一步”按钮进行安装，如图 2-98 所示。

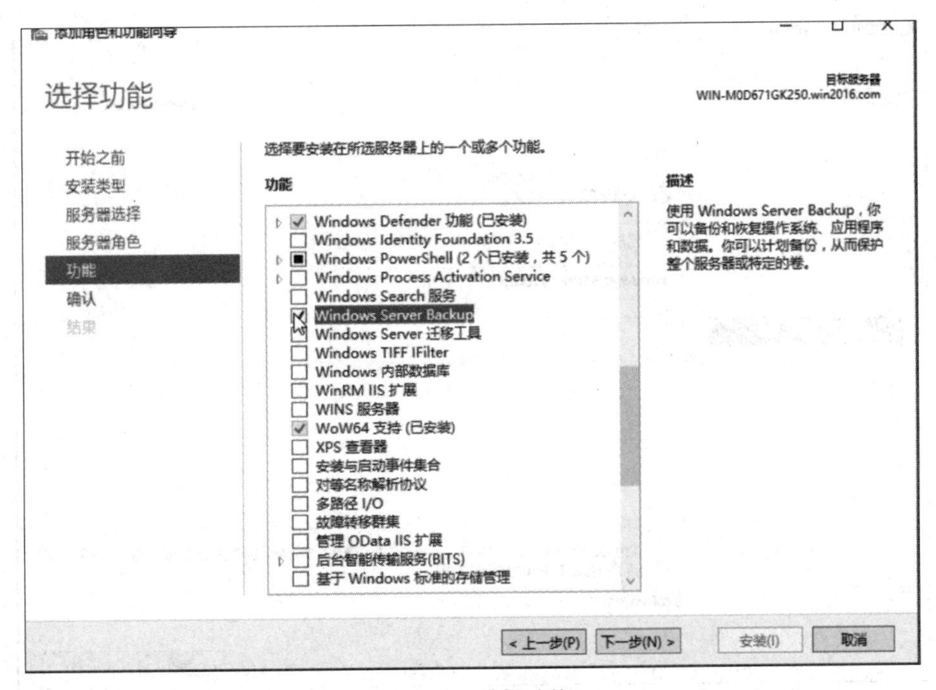

图 2-98　选择功能

（10）在“确认安装所选内容”界面中单击“安装”按钮，如图 2-99 所示。

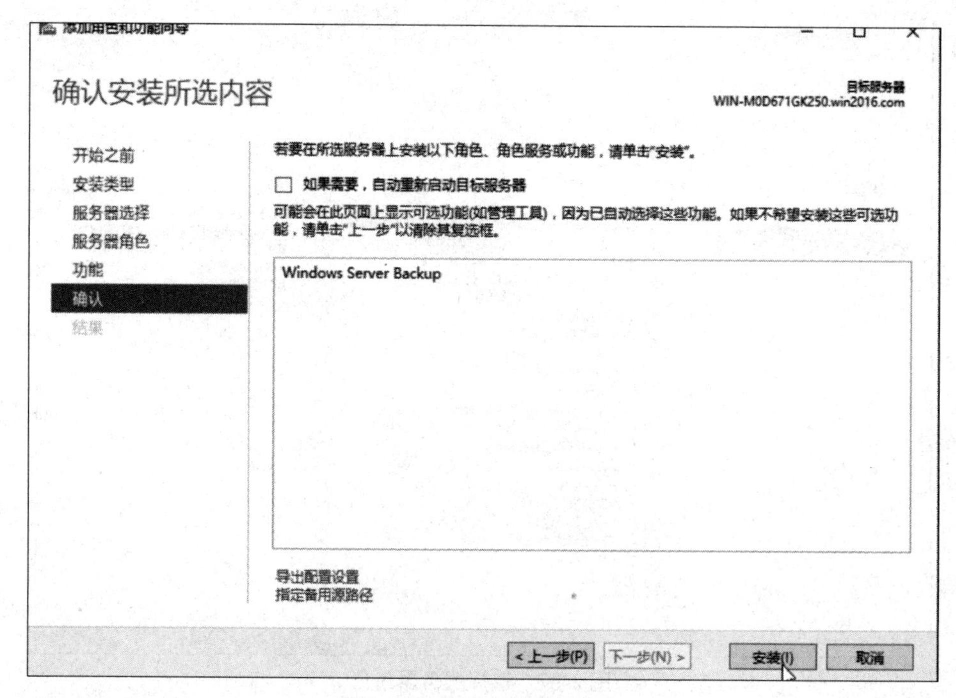

图 2-99　确认安装所选内容

（11）出现“安装进度”界面，如图 2-100 所示。

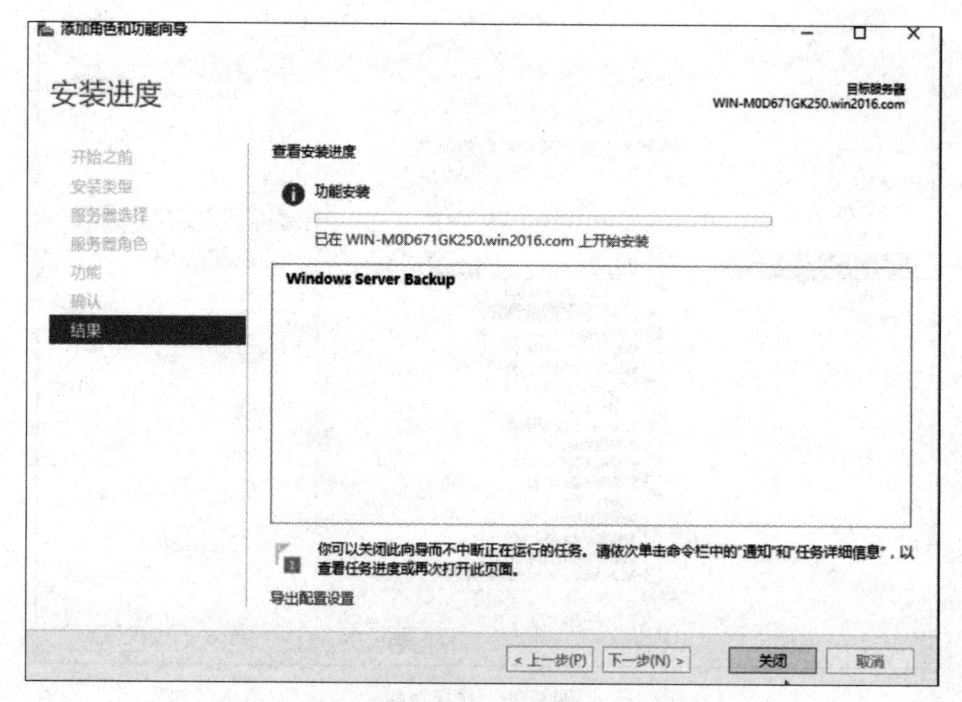

图 2-100　安装进度

（12）在“本地备份”窗口中单击“一次性备份”超链接，如图 2-101 所示。

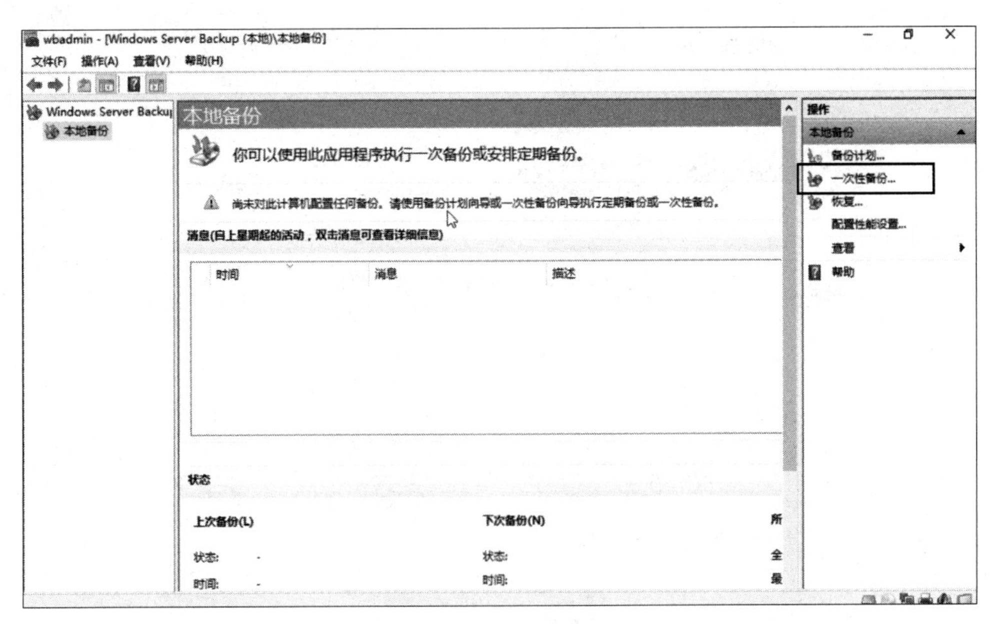

图 2-101　选择备份

（13）在“备份选项”界面中，单击“下一步”按钮，如图 2-102 所示。

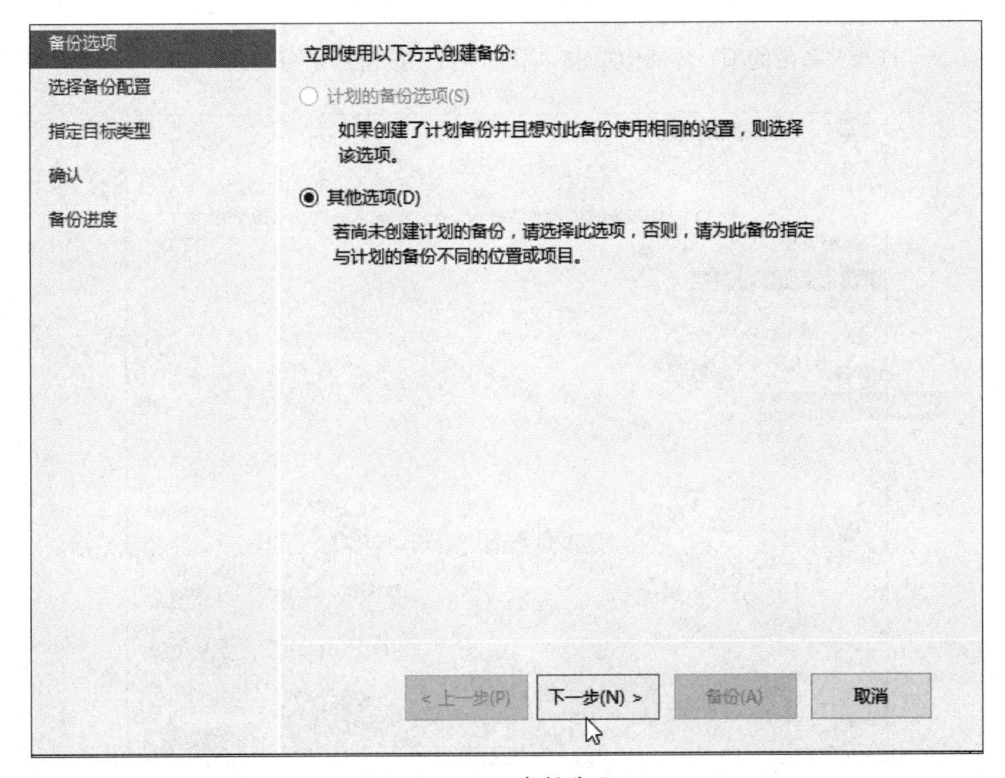

图 2-102　备份选项

（14）在“选择备份配置”界面中选择“自定义”单选按钮，如图 2-103 所示。

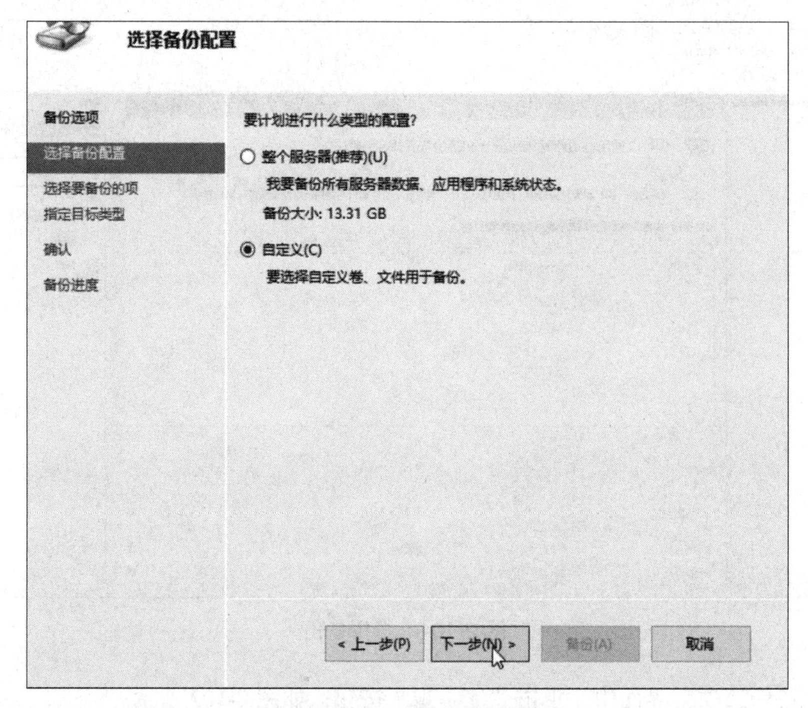

图 2-103　选择备份配置

（15）在“选择要备份的项”界面中单击“添加项目”按钮，如图 2-104 所示。

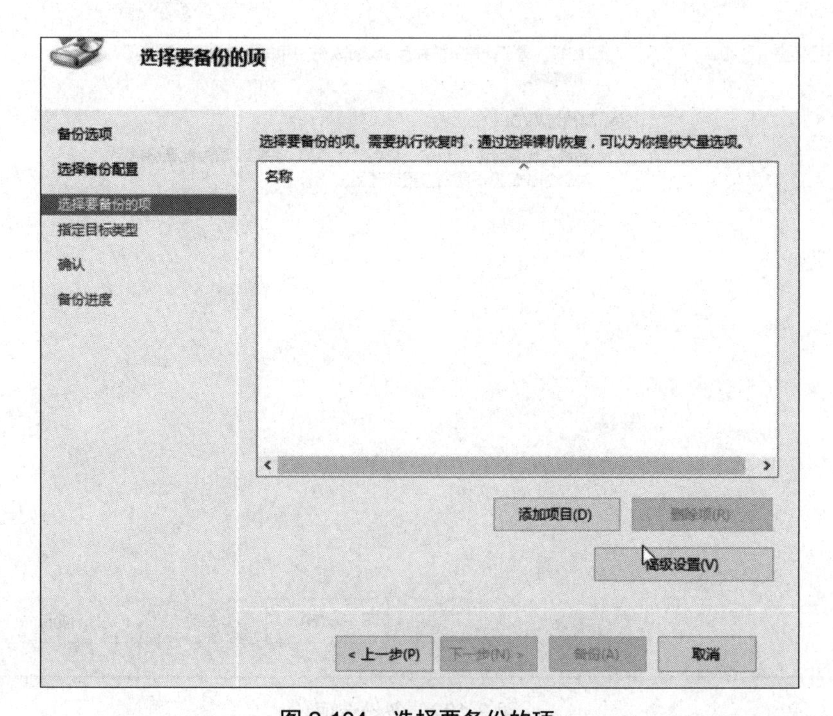

图 2-104　选择要备份的项

（16）出现“选择项”对话框，选择“本地磁盘 (C)”选项，单击“确定”按钮，如图 2-105 所示。

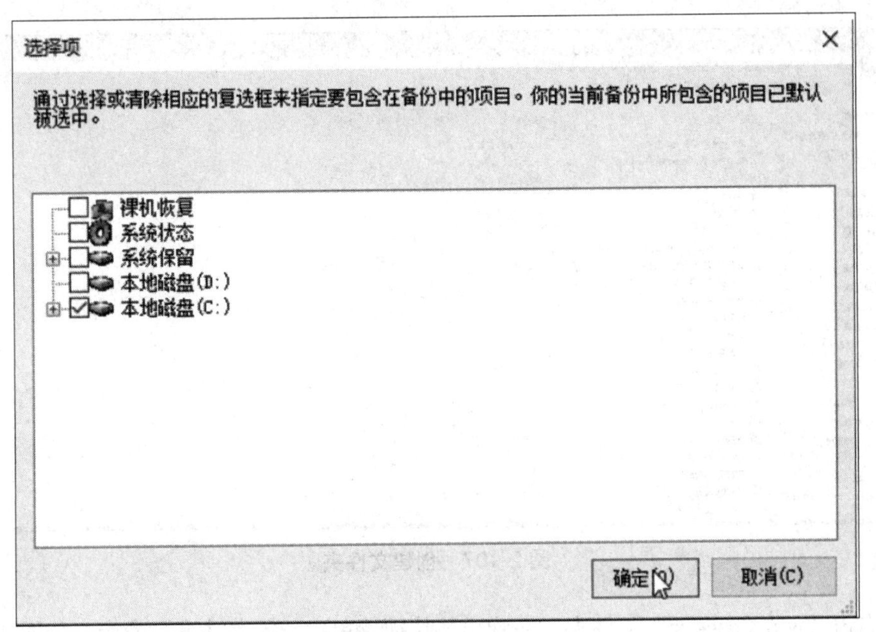

图 2-105　“选择项”对话框

（17）在“指定目标类型”界面中选择“远程共享文件夹”单选按钮，单击“下一步”按钮，如图 2-106 所示。

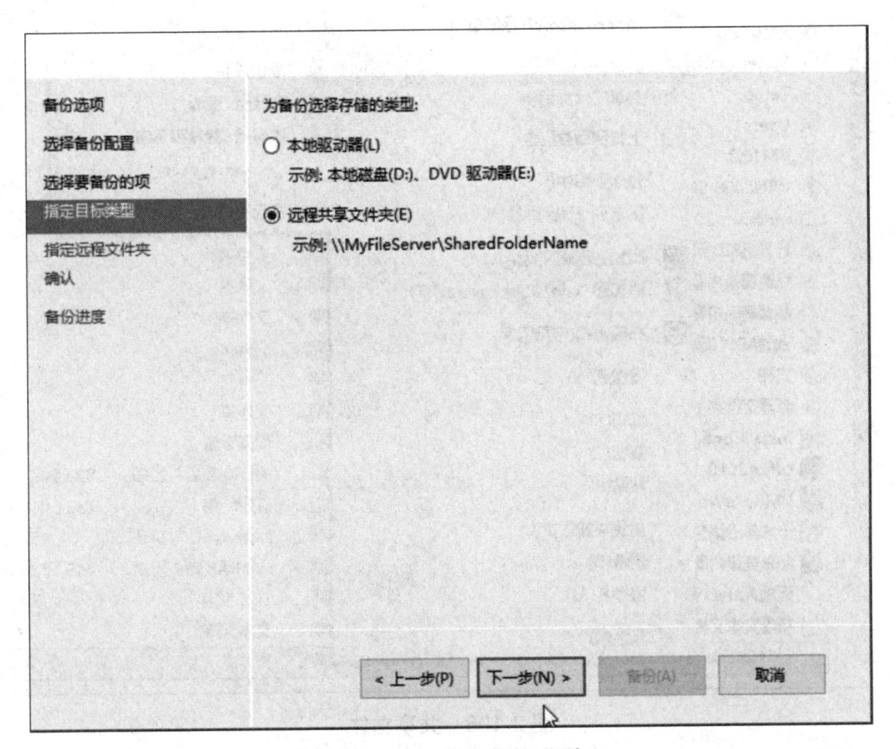

图 2-106　指定目标类型

（18）在外面真实主机磁盘上创建“win10backup”文件夹，如图 2-107 所示。

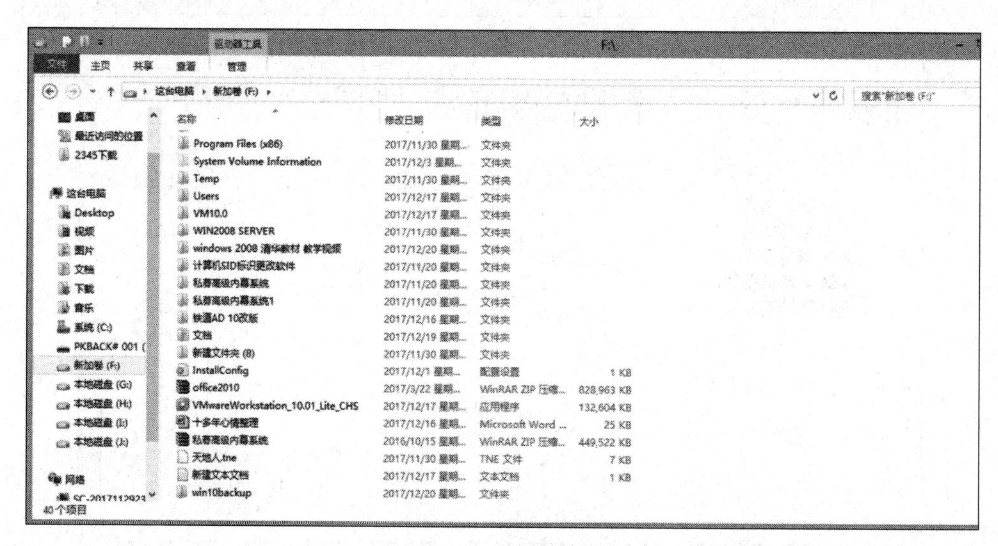

图 2-107 创建文件夹

（19）右击“win10backup”文件夹，在弹出的快捷菜单中选择“共享”命令，如图 2-108 所示。

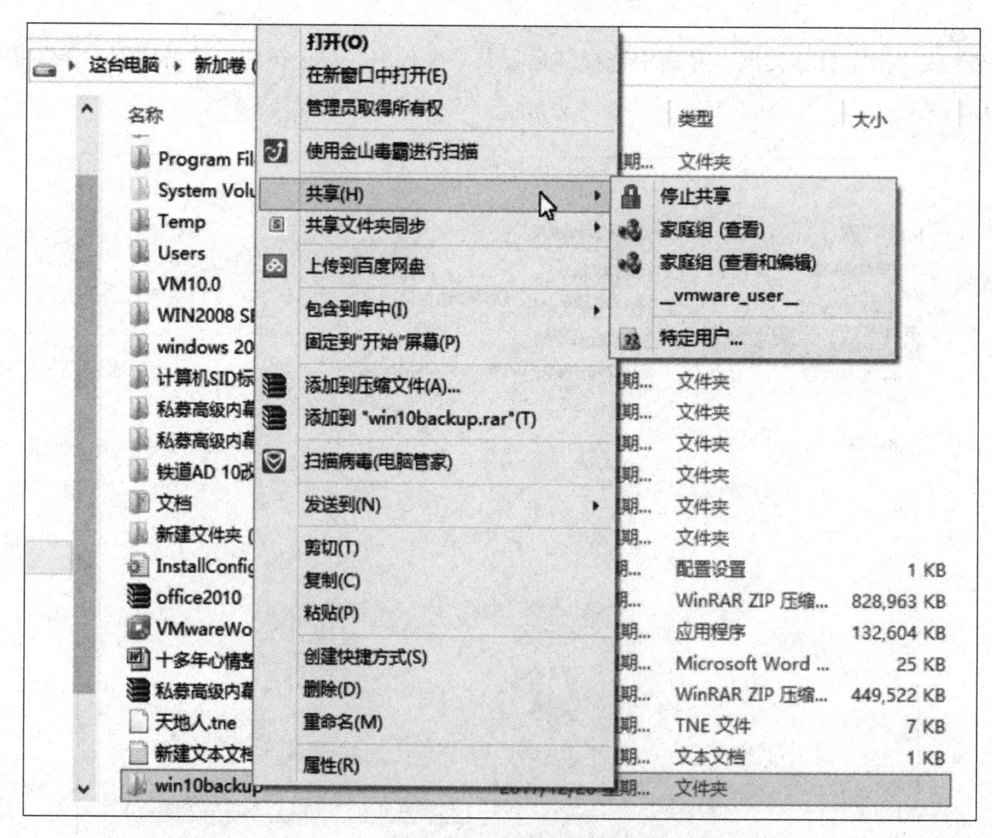

图 2-108 共享文件

（20）输入存储位置（IP 地址是虚拟机外面的真实主机的 IP 地址），如图 2-109 所示。

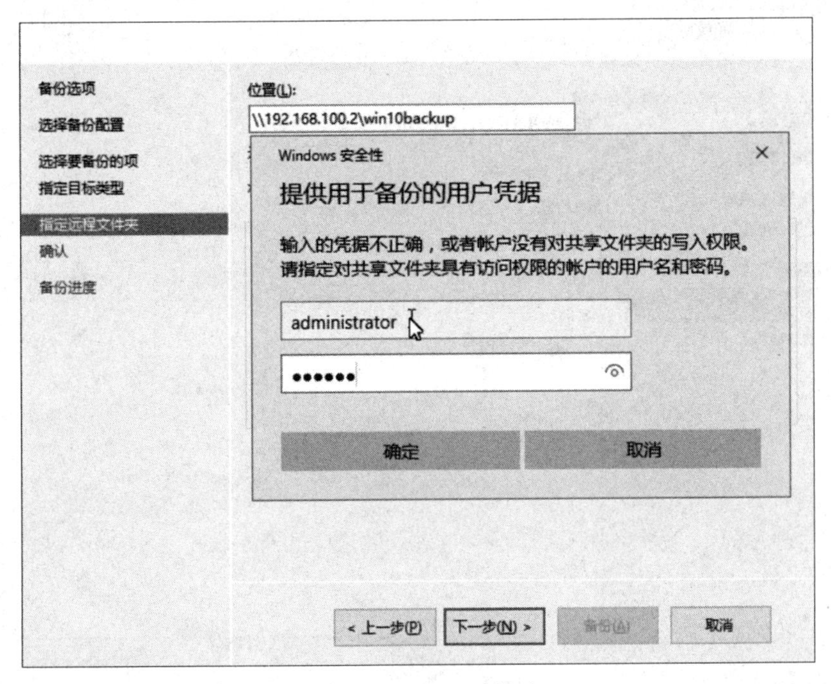

图 2-109　输入 IP 地址

（21）输入外面真实机的账户名及密码，如图 2-110 所示。

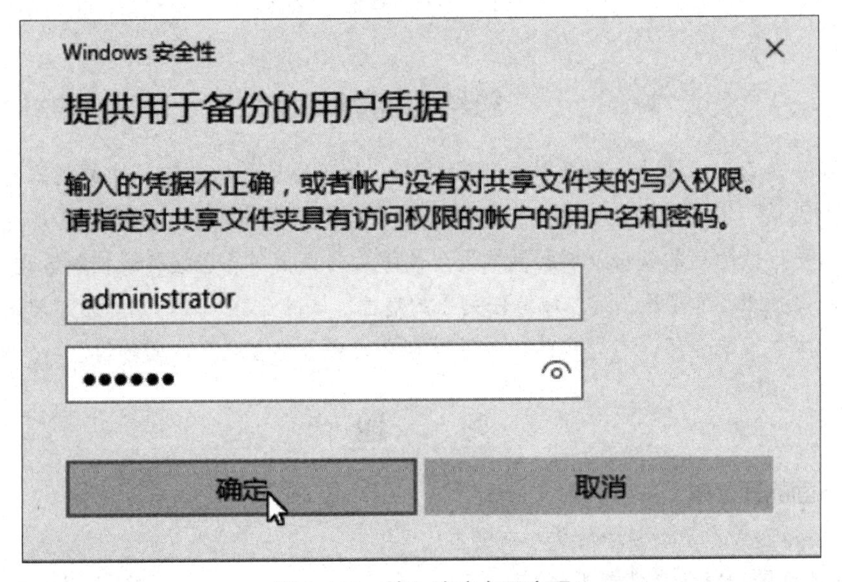

图 2-110　输入账户名及密码

（22）单击“备份”按钮，如图 2-111 所示。

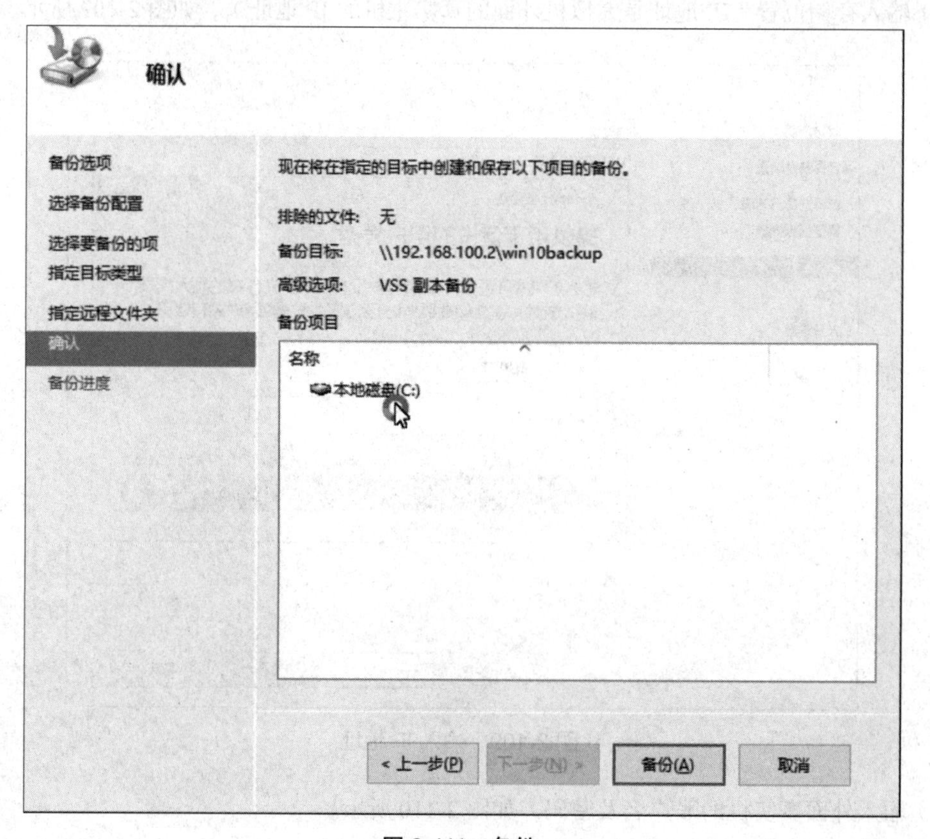

图 2-111　备份

总结与回顾

本项目介绍了活动目录中最为常见的知识和技能，如活动目录的安装、域控制器的登录、域控制器成员服务器加入域、额外域控制器的安装，以额外域控制器介绍了域控制器的常规卸载，同时，还介绍了域控制器发生故障前的备份及域控制器发生故障后用成员服务器接替域控制器进行工作的技巧，活动目录还有一些知识，如子域创建、域信任关系的建立、域的迁移、域的重命名、域的站点建立等，由于篇幅所限，本书没有介绍，有兴趣的读者可以自学或者与作者联系共同学习。

习　题

一、完成下面的理论题

1．什么是活动目录？活动目录的作用有哪些？

2．安装活动目录的准备条件有哪些？

3．安装活动目录的情形有哪些？

4．什么是域、域树、林和组织单元？

二、上机操作：完成下面的实训

1. 实训任务

Windows Server 2016 域结构网络的创建。

2. 实训目的

（1）学习 Windows Server 2016 中 Active Directory 的安装方法。

（2）掌握域、域树、域林的构建方法。

3. 实训环境

操作系统：Windows Server 2016；2～3 台计算机组成一个合作小组，可以通过网上邻居互相访问。在以下实例中以两台计算机为例构建不同的域结构。

4. 实训内容

1）创建完全独立的域

域规划：

域1

域2

由于一个网络中域名不允许重复，建议使用“你的名字 .com”的方式定义域名，本例中假设两人名为张三（zhangsan）和李四（lisi）。IP 地址建议使用 172.16.***.***，要保证同一个网络的各计算机 IP 地址不冲突。

域控制器	域名	本机 IP	DNS IP	信任关系
1	zhangsan.com			无
2	lisi.com			无

在两台计算机上分别安装 Active Directory，将它们升级为域控制器，域名按规划进行设置，域之间没有信任关系，在安装 Active Directory 的同时在本机上安装与之配套的 DNS 服务器。

2）创建具有多个域控制器的域

域规划：

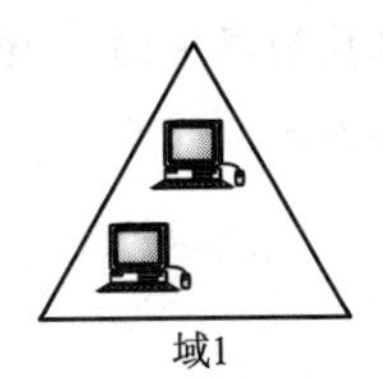

域1

域控制器	域名	本机 IP	DNS IP	信任关系
1	zhangsan.com			无
2	zhangsan.com			无

保留第一台域控制器不变，把第二台域控制器中的 Active Directory 删除，其中的 DNS 服务器也删除或禁用。

在第二台计算机上重新安装 Active Directory，使其成为该域的额外域控制器。

3）创建具有父子信任关系的域树（自己查资料解决）

域规划：

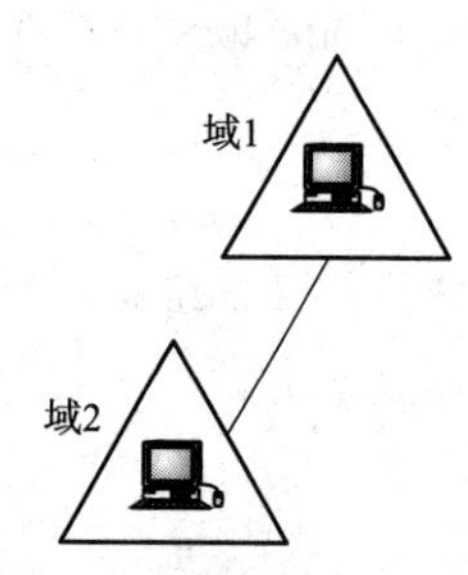

域控制器	域名	本机 IP	DNS IP	信任关系
1	zhangsan.com			父子（父域）
2	lisi.zhangsan.com			父子（子域）

保留第一台域控制器不变，把第二台域控制器中的 Active Directory 删除。

在第二台计算机上重新安装 Active Directory，创建一个新域并使其成为第一个域的子域。（两个域共用一个 DNS 服务器）

4）创建具有树根信任关系的域林（自己查资料解决）

域规划：

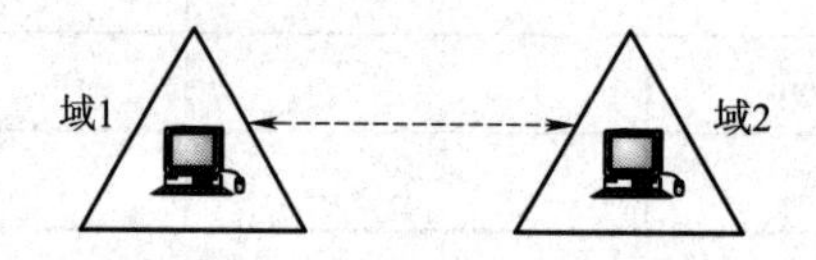

域控制器	域名	本机 IP	DNS IP	信任关系
1	zhangsan.com			树根（信任域 2 的根域）
2	lisi.com			树根（信任域 1 的根域）

保留第一台域控制器不变，把第二台域控制器中的 Active Directory 删除。

在第二台计算机上重新安装 Active Directory，创建一个新域并建立与第一个域的信任关系。

5. 结束实训

删除所有的域控制器和 DNS 服务器。

为本机设立两个 Administrators 组的账户 Administrator 和 001，Administrator 账户密码为空，001 账户密码为 a001@001。

6. 练习题

组织多台计算机建立一个复杂的域群，例如：

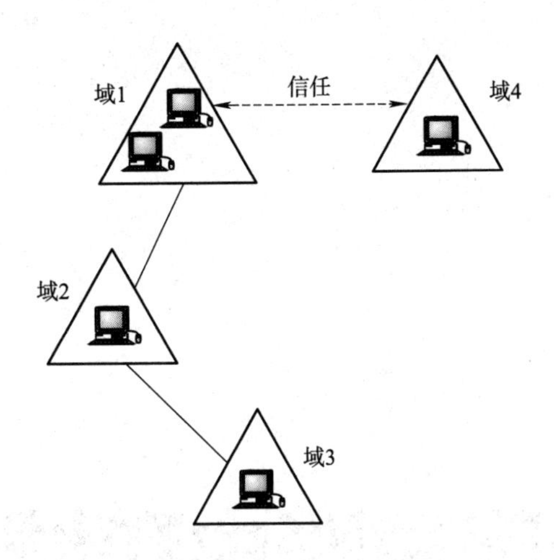

请自行规划各域，并按照规划建立各域控制器。

7. 思考题

（1）是否每台域控制器都需要分别建立一个 DNS 服务器与其配套？

（2）如果一台域控制器中配置有 DNS 服务器，则该域控制器的 DNS 服务器地址该如何设置？如果另一台域控制器中没有配置 DNS 服务器，它需要使用现有的 DNS 服务器，则该域控制器的 DNS 服务器地址该如何设置？

项目 3
域用户账户和域组的管理

学习目标：

（1）了解域用户的概念；

（2）了解域组的类型；

（3）掌握域用户和组的创建及管理方法。

项目描述

在项目2介绍活动目录时，提到工作组模式的计算机当用户数量庞大时，管理员的工作负担非常大，从而出现了域环境，即有了域控制器、成员服务器的说法，而成员服务器除了有在本地工作的本地用户和组外，为了能够访问网络中的资源，访问域环境下各个服务器共享出来的网络资源，就需要在域控制器上创建在整个域中通行的账户，该账户在域环境中的任意一台成员计算机上登录都可以使用网络资源。

项目分析

如果读者正在学习域用户的相关知识或者想了解这方面的知识，完成该项目的思路如下：首先要在创建域用户之前了解域用户类型、域组的类型，然后知道域用户和组的创建方法，知道组织单位就好比人们工作单位中的部门，了解用户的配置文件等。其次，进入域控制器的域用户管理控制台创建域用户和组，创建组织单位。再次，在了解配置文件的基础上，练习配置文件的创建方法。根据这个思路结合项目实施的步骤即可完成该项目。

知识链接

一、域用户账户的管理

域用户账户是用户访问域的唯一凭证，因此在域中必须是唯一的。域用户账户保存在AD（活动目录）数据库中，该数据库位于域控制器上的 \%systemroot%\NTDS 文件夹下。为了保证账户在域中的唯一性，每个账户都被 Windows Server 2016 签订唯一的 SID（Security Identifier，安全识别符）。SID 将成为一个账户的属性，不随账户的修改、更名而改动，并且一旦账户被删除，则 SID 也将不复存在，即便重新创建一个一模一样的账户，其 SID 也不会和原有的 SID 一样，对于 Windows Server 2016 而言，这就是两个不同的账户。在 Windows Server 2016 中，系统实际上利用 SID 来对应用户权限，因此，只要 SID 不同，新建的账户就不会继承原有账户的权限与组的隶属关系。与域用户账户一样，本地用户账户也有唯一的 SID 来标志账户，并记录账户的权限和组的隶属关系。这一点需要特别注意。当一台服务器一旦安装 AD 成为域控制器后，其本地组和本地账户是被禁用的。

二、创建域用户

创建域用户账户是在活动目录数据库中添加记录，所以一般是在域控制器中进行的，当然也可以使用相应的管理工具或命令通过网络在其他计算机上操作，但都需要有创建账户的权限。

三、域模式中的组管理

在域中有两种组的类型：安全组和通信组。

1）安全组（Security Groups）

顾名思义，安全组即实现与安全性有关的工作和功能，属于 Windows Server 2016 的安全主体。可以通过给安全组赋予访问资源的权限来限制安全组的成员对域中资源的访问。每个安全组都有一个唯一的 SID，在 AD 中不会重复。安全组也具有通信组的功能，可以组织属于该安全组的成员的 E-mail 地址以形成 E-mail 列表。

2）通信组（Distribution Groups）

通信组不是 Windows Server 2016 的安全实体，它没有 SID，因此，也不能被赋予访问资源的权限。通信组就其本质而言是一个用户账户列表，即通信组可以组织其成员的 E-mail 地址成为 E-mail 列表。利用该特性使基于 AD 的应用程序可以直接利用通信组发 E-mail 给多个用户以及实现其他和 E-mail 列表相关的功能。

如果应用程序想使用通信组，则其必须支持 AD。不支持 AD 的应用程序将不能使用通信组的所有功能。

四、组的作用域

组的作用域决定了组的作用范围、组中可以拥有的成员以及组之间的嵌套关系。在 Windows Server 2016 域模式下组有 3 种组作用域：全局组作用域、本地组作用域和通用组作用域。

1. 域功能级别和林功能级别

在详细了解全局组作用域、本地组作用域和通用组作用域之前，先来了解一下 Windows Server 2016 下的域功能级别。

在部署 AD DS 时，务必将域和林功能级别设置为环境可以支持的最高值。这样一来，就可以尽可能地使用多项 AD DS 功能。部署新的林时，系统会提示用户设置林功能级别，然后设置域功能级别。可以将域功能级别设置为高于林功能级别的值，但不能将域功能级别设置为低于林功能级别的值。

随着 Windows Server 2003、2008 和 2008 R2 生存期的结束，这些域控制器需要更新到 Windows Server 2012、2012 R2、2016 或 2019。因此，应从域中删除任何运行 Windows Server 2008 R2 及更低

版本的域控制器。

在 Windows Server 2008 及更高的域功能级别，分布式文件服务（DFS）复制用于在域控制器之间复制 SYSVOL 文件夹内容。如果在 Windows Server 2008 或更高的域功能级别创建新的域，系统会自动使用 DFS 复制来复制 SYSVOL。如果在较低的功能级别创建域，则在复制 SYSVOL 时，需从使用 FRS 复制迁移到使用 DFS 复制。

Windows Server 2016 RS1 是最后一个包含 FRS 的 Windows Server 版本。

1）Windows Server 2016 域功能级别功能

所有默认的 Active Directory 功能、所有来自 Windows Server 2012 R2 域功能级别的功能，以及下列功能：

（1）域控制器可以支持在已配置为需要 PKI 身份验证的用户账户上自动推出 NTLM 和其他基于密码的机密。此配置又称"交互式登录需要智能卡"。

（2）当用户只能使用特定的加入域的设备时，域控制器支持为其启用网络 NTLM。

（3）成功使用 PKInit Freshness Extension 进行身份验证的 Kerberos 客户端会获取新的公钥标识 SID。

2）Windows Server 2016 林功能级别功能

提供 Windows Server 2012 R2 林功能级别可用的所有功能，以及下列功能：

使用 Microsoft 标识管理器（MIM）的特权访问管理（PAM）：特权访问管理（PAM）可帮助减轻因凭据盗窃技术（如传递哈希、鱼叉式的网络钓鱼和类似类型的攻击）引起的 Active Directory 环境的安全问题。它提供了一个新的管理访问解决方案，该解决方案是通过使用 Microsoft Identity Manager（MIM）配置的。

2. 不同作用域

作用域组（不论是安全组还是通信组）都有一个作用域，用来确定在域树或林中该组的应用范围。有三类不同的组作用域：通用、全局和本地域。

通用组的成员可包括域树或林中任何域中的其他组和账户，而且可在该域树或林中的任何域中指派权限。

全局组的成员可包括只在其中定义该组的域中的其他组和账户，而且可在林中的任何域中指派权限。

本地域组的成员可包括 Windows Server 2016 域中的其他组和账户，而且只能在域内指派权限。

3. Windows Server 2016 组策略的变化

大多数 Windows 系统管理员都知道组策略管理是管理用户、安全和网络策略不可或缺的工具。

Windows Server 2016 对组策略进行了一些小的更改，并包含管理员应考虑的许多新策略设置。

对于管理移动设备的管理员而言，某些策略尤其值得注意。例如，Windows Server 2016 在 appprivacy.admx 模板中包含一套应用程序管理组策略。这些允许 Windows 应用程序访问本地工具，如日历、通话记录、联系人、相机、电子邮件、位置、消息、麦克风、动作、无线电、账户信息、可信设备和同步。

管理员可以将各种模板中的新组策略设置应用于：

（1）阻止使用 Windows 运行时 API 访问启动 Windows 应用商店应用（appxruntime.admx）；

（2）禁用 Microsoft 消费者体验报告（cloudcontent.admx）；

（3）允许输入个性化（globalization.admx）；

（4）阻止不受信任的字体（grouppolicy.admx）；

（5）切换用户对构建的控制并切换遥测的使用（datacollection.admx）；

（6）停止显示 Windows 提示（cloudcontent.admx）。

Windows Server 2016 还为组策略管理添加了许多安全策略和功能。例如，管理员可以：

（1）禁用预发布功能或设置（datacollection.admx）；

（2）关闭密钥管理服务客户端和在线地址验证系统验证（avsvalidationgp.admx）；

（3）使用增强的反欺骗技术（biometrics.admx）；

（4）分配默认凭据提供程序（credentialproviders.admx）。

某些新的组策略设置专用于加密操作。管理员可以使用 ciphersuiteorder.admx 模板设置椭圆曲线加密顺序，或使用 lanmanserver.admx 设置密码套件顺序或强制使用密码套件顺序。

这些新策略主要用于 Windows Server，Windows Nano Server 不直接支持组策略。但是，管理员可以将其他策略应用于核心应用程序，如 Internet Explorer 10、Microsoft Edge 等。

4. 采用复制创建新的域账号

采用复制的方式创建新的域用户，默认情况下，只有最常用的属性（如登录时间、工作站限制、账户过期限制、隶属于哪个组等）才传递给复制的用户。

5. 组织单位简介

包含在域中的特别有用的目录对象类型就是组织单位。组织单位是可将用户、组、计算机和其他组织单位放入其中的 Active Directory 容器。它不能容纳来自其他域的对象。组织单位中可包含其他组织单位。可使用组织单位创建可缩放到任意规模的管理模型。正因为如此，一般在企业中大量使用组织单元和企业的职能部门关联，然后将部门中的员工、小组、计算机以及其他设备统一在组织单位中管理。

用户可拥有对域中所有组织单位或对单个组织单位的管理权限。组织单位的管理员不需要具有域中任何其他组织单位的管理权限。组织单位对于管理委派和组策略的设置非常重要，这一点将在后面的章节中详细介绍。

视 频

域用户和组的创建与管理

一、创建域用户及管理

1. 创建域用户

创建域用户账户，具体操作步骤如下：

（1）选择“开始”|“程序”|“管理工具”|“Active Directory 用户和计算机”命令，弹出图 3-1 所示的“Active Directory 用户和计算机”窗口。也可以通过在“控制面板”中双击“管理工具”，然后在“管理工具”窗口中双击“Active Directory 用户和计算机”按钮，打开“Active Directory 用户和计算机”窗口。

视 频

不同用户权限设置

（2）右击“Users”选项，在弹出的快捷菜单中选择“新建”|“用户”命令，如图 3-1 所示，

弹出“新建对象 - 用户”对话框，在该对话框中输入用户信息，如图 3-2 所示。

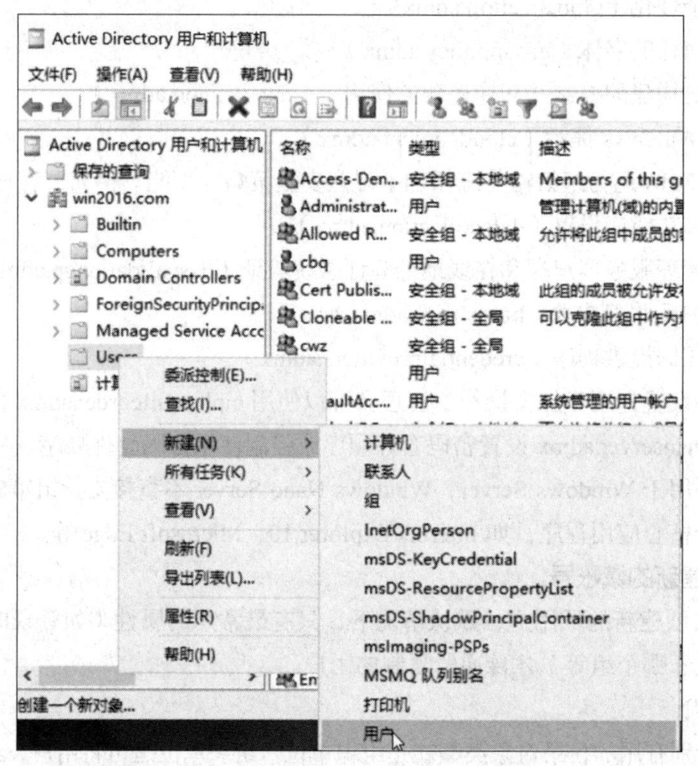

图 3-1 “Active Directory 用户和计算机”窗口

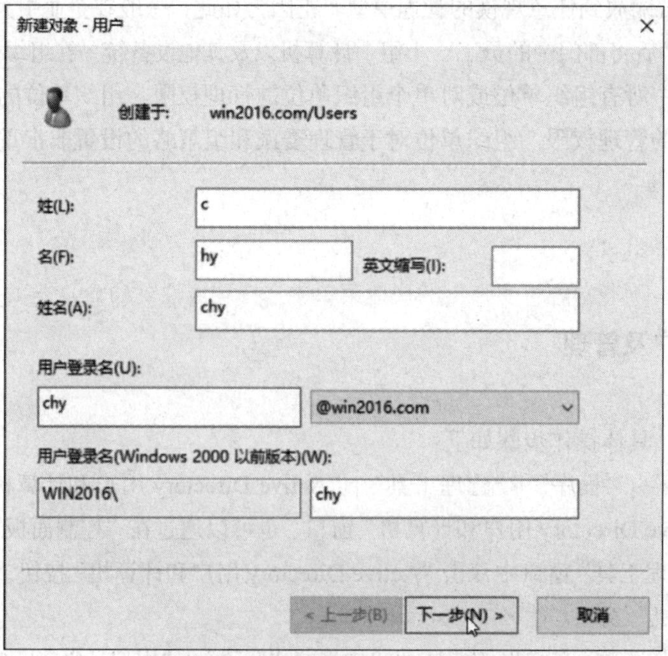

新建对象 - 用户

创建于: win2016.com/Users

姓(L): c

名(F): hy 英文缩写(I):

姓名(A): chy

用户登录名(U): chy @win2016.com

用户登录名(Windows 2000 以前版本)(W): WIN2016\ chy

< 上一步(B) 下一步(N) > 取消

图 3-2 “新建对象 - 用户”对话框

（3）单击“下一步”按钮，输入用户密码，如图 3-3 所示。

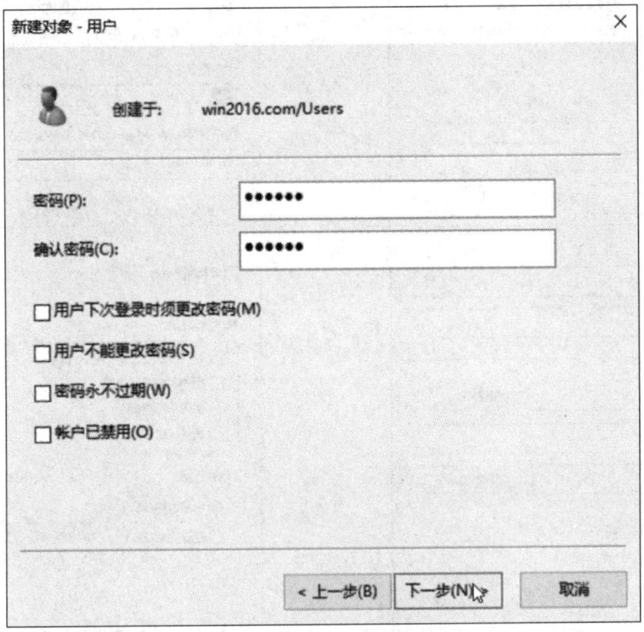

图 3-3　输入用户密码

为了域用户账户的安全，管理员在给每个用户设置初始化密码后，最好选中“用户下次登录时须更改密码”复选框，以便用户在第一次登录时更改自己的密码。此处没有选中该复选框。在服务器提升为域控制器后，Windows Server 2016 对域用户的密码复杂性要求比较高，如果不符合要求，就会弹出一个警告提示框，用户无法创建。在为用户设置好符合域控制器安全性密码设置条件的密码后，单击“下一步”按钮，然后单击“完成”按钮，至此，域用户账户已经建立好了。这个密码策略，我们将在后面进行介绍。

2. 设置域账户属性

对于域用户账户来说，其属性设置比本地账户复杂得多。以刚才创建的用户账户为例，来学习设置域账户属性。

（1）在账户“chy”上右击，在弹出的快捷菜单中选择“属性”命令，弹出“chy 属性”对话框，如图 3-4 所示。也可以通过选择“chy”这一用户后在菜单栏中选择“操作”|“属性”命令。或者直接在“chy”账户上双击，同样可以弹出图 3-4 所示对话框。

（2）在“常规”选项卡中输入用户信息，如图 3-4 所示。从图 3-4 可以看出，域用户账户的属性明显比本地用户复杂。

（3）在“地址”选项卡中输入用户的地址和邮编，在“电话”选项卡中输入用户的各种电话号码。

（4）在“账户”选项卡中可以更改用户登录名、密码策略和账户策略，如图 3-5 所示。在“账户”选项卡中，可以控制用户的登录时间和只能登录哪些服务器或计算机。单击“登录时间”按钮，可在图 3-6 所示对话框中设置登录时间。同时，单击“登录到”按钮，可控制用户只能登录哪些服务器或计算机，如图 3-7 所示。

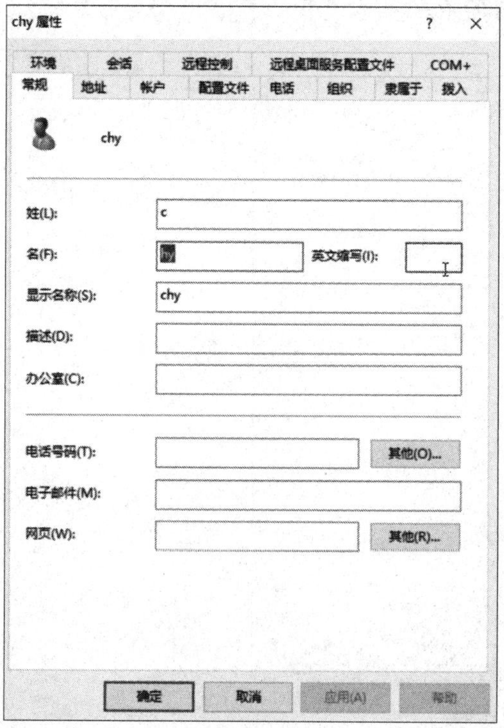

图 3-4 chy 属性的“常规”选项卡

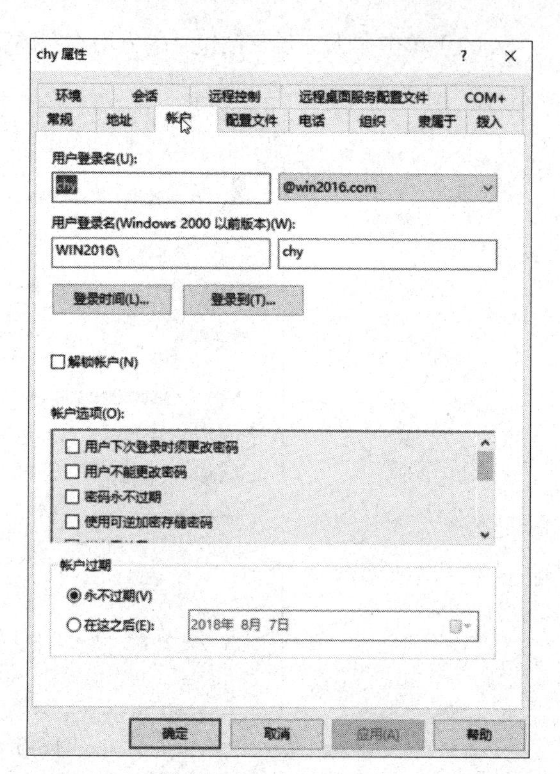

图 3-5 “账户”选项卡

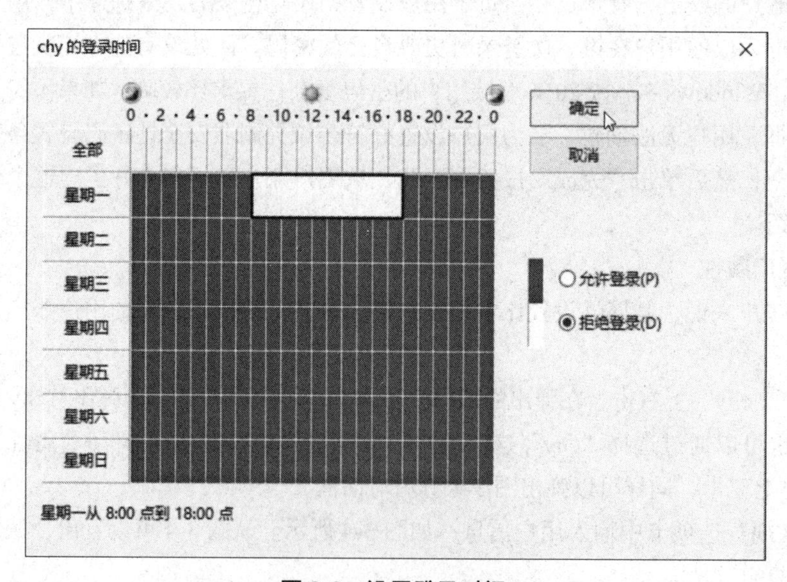

图 3-6 设置登录时间

特别说明：对于时间控制，如果已登录用户在域中的工作时间超过设定的“允许登录”时间，并不会断开与域的连接。但用户注销后重新登录时，便不能登录了，“登录时间”只是限定可以登录到域中的时间。对于控制用户可以登录到哪些计算机时，在“计算机名”文本框中只能输入计算机 NetBIOS 名，不能输入 DNS 名或 IP 地址。

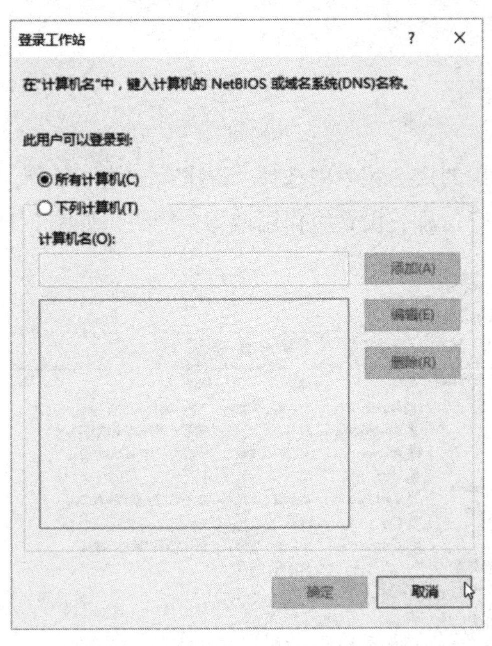

图 3-7　“登录工作站”对话框

（5）在“组织”选项卡中可以输入职务、部门、公司名称、直接下属等，如图 3-8 所示。

（6）在“隶属于”选项卡中，单击“添加”按钮，可以将该用户添加到组，如图 3-9 所示。用户属性对话框中的其他选项卡，将在后续内容中加以介绍。

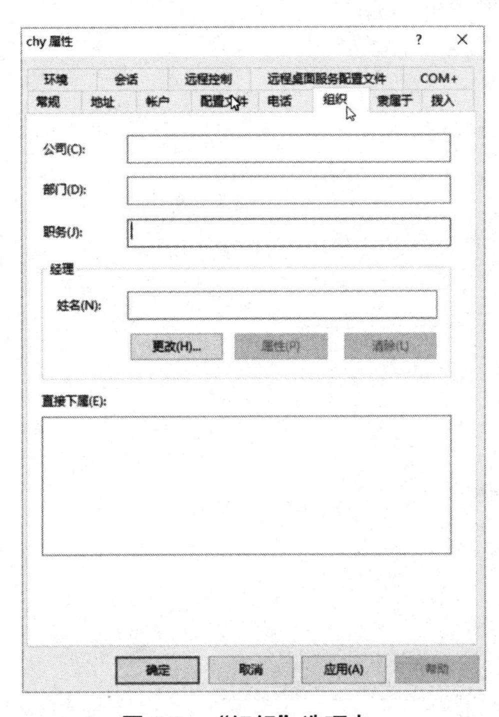

图 3-8　“组织”选项卡

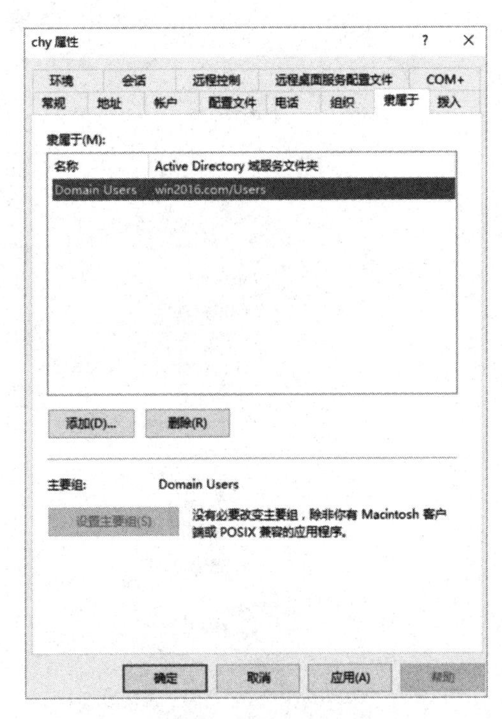

图 3-9　“隶属于”选项卡

二、创建域组

下面介绍创建域组的方法。

1. 创建全局组

右击“Users”选项，在弹出的快捷菜单中选择“新建”|“组”命令，如图 3-10 所示。在弹出的“新建对象 - 组”对话框中输入用户信息，设置组作用域为全局组，如图 3-11 所示。

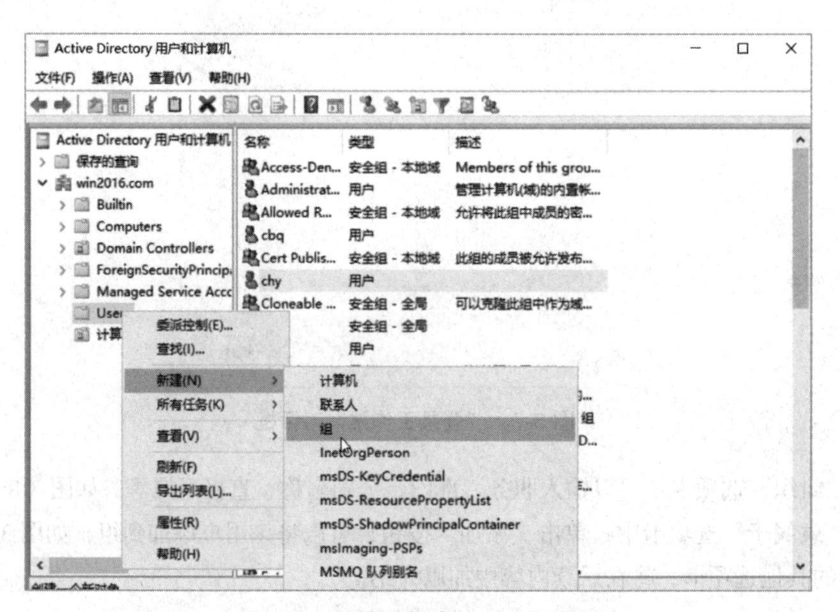

图 3-10 选择“新建”|“组”命令

图 3-11 “新建对象 - 组”对话框

2. 将网络教研室的用户添加到创建的组中

（1）在创建的“网络教研室”组上右击，在弹出的快捷菜单中选择“属性”命令，弹出图 3-12 所示的属性对话框，显示“常规”选项卡。

（2）选择“成员”选项卡，如图 3-13 所示。单击“添加”按钮。

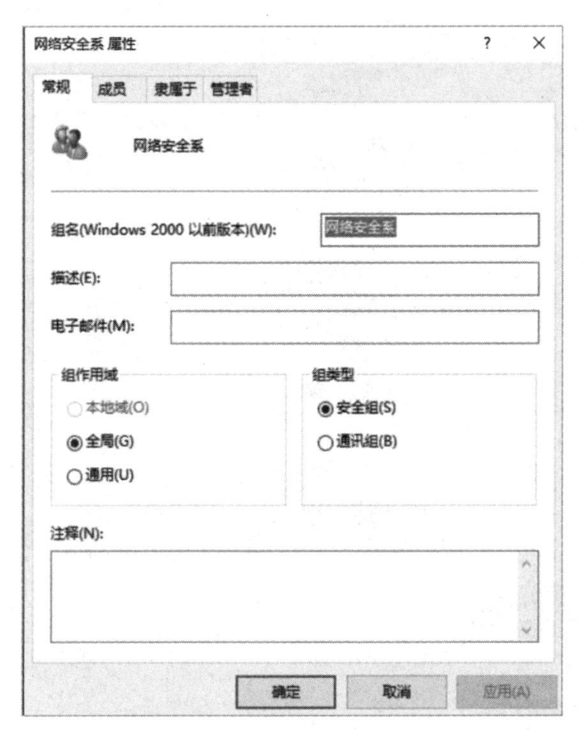

图 3-12　“常规”选项卡

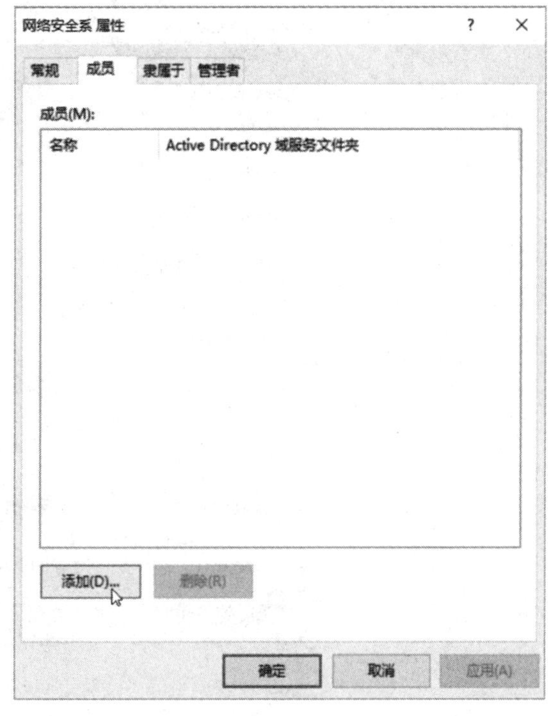

图 3-13　“成员”选项卡

（3）在弹出的“选择用户、联系人、计算机、服务账户或组”对话框中输入用户名称（如果需要添加多个用户，则用户之间用分号隔开），然后单击“确定”按钮，用户即可添加到全局组中，如图 3-14 所示。

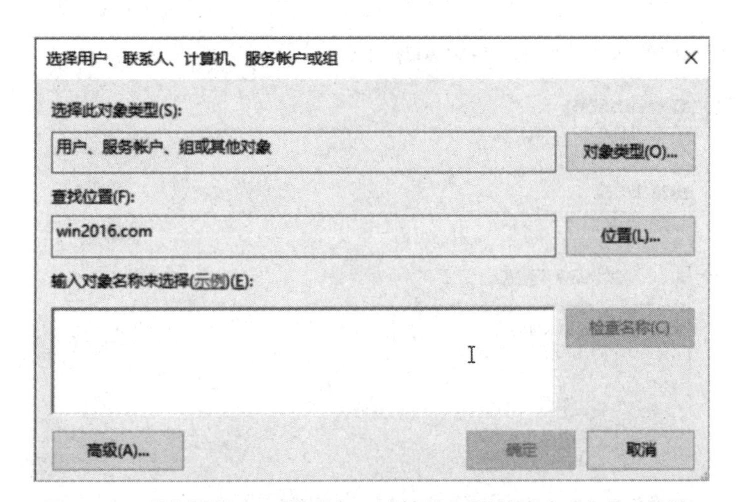

图 3-14　“选择用户、联系人、计算机、服务账户或组”对话框

（4）如果忘记需要添加的用户名称，可以单击“高级”按钮，在展开的对话框中单击“立即查找”按钮。计算机将域中所有的用户、联系人、计算机服务账户或组都显示在对话框中，从中选择需要添加的用户，单击“确定”按钮，如图 3-15 所示。

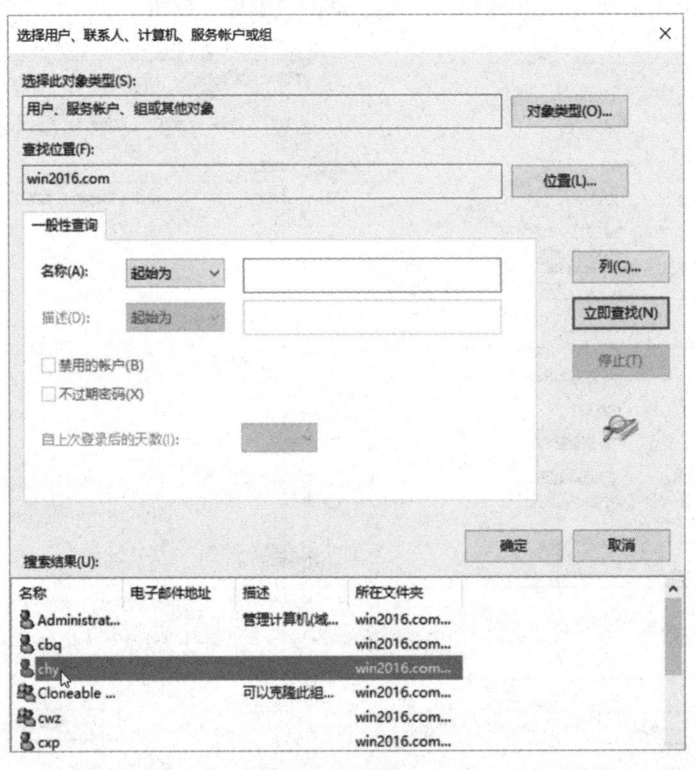

图 3-15 “选择用户、联系人、计算机、服务账户或组”搜索结果

（5）在返回的对话框中，已经选择的用户出现在其中，单击“确定”按钮，如图 3-16 所示。返回“成员”选项卡，如图 3-17 所示。单击“确定”按钮，用户添加完毕。

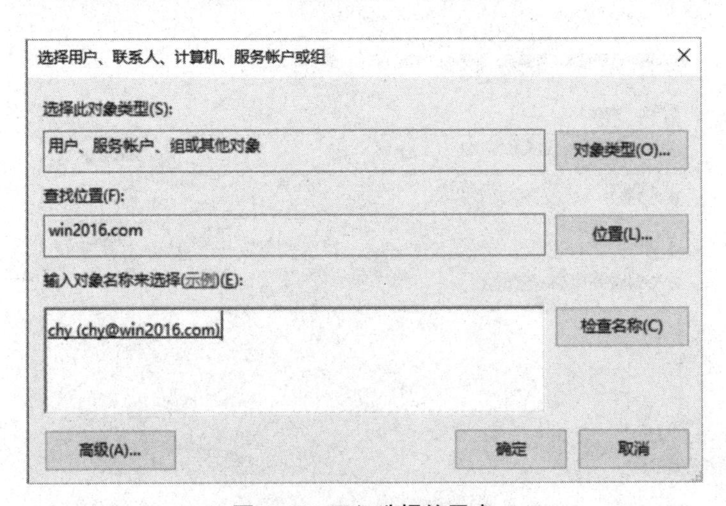

图 3-16 已经选择的用户

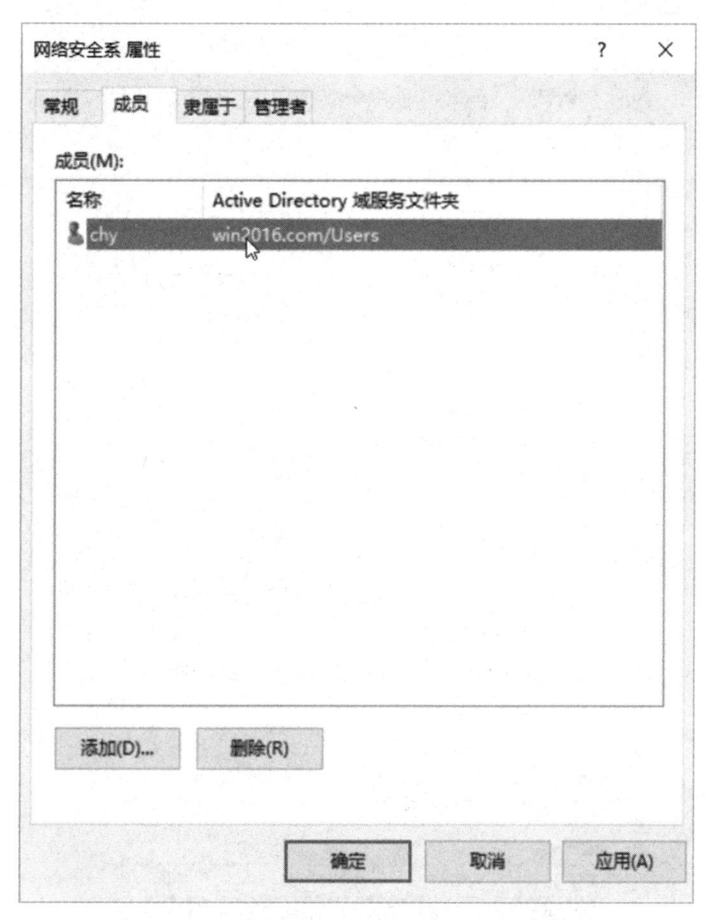

图 3-17　“成员”选项卡中增加了成员

三、采用复制创建新的域账号

采用复制的方式创建新的域用户，默认情况下，只有最常用的属性（如登录时间、工作站限制、账户过期限制、隶属于哪个组等）才传递给复制的用户。

采用复制创建新的域账号的操作步骤如下：

（1）打开“Active Directory 用户和计算机”窗口，右击要复制的用户账户，在弹出的快捷菜单中选择“复制”命令，如图 3-18 所示。

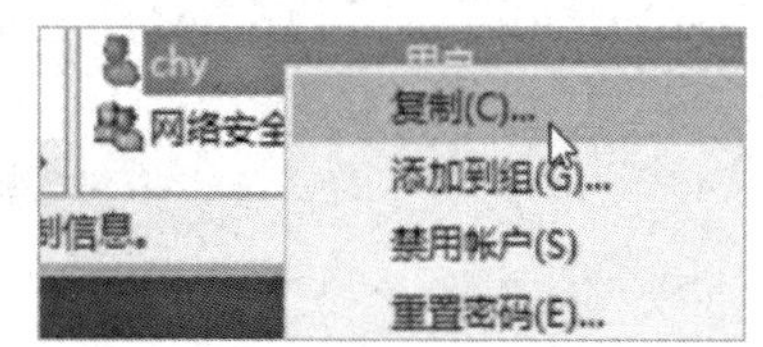

图 3-18　选择要复制的用户

（2）在弹出的“复制对象 - 用户”对话框中输入新建的用户信息，如图 3-19 所示。然后与新建用户一样，设置用户密码，完成用户的复制。

（3）打开通过复制创建的用户的“属性”窗口，选择“隶属于”选项卡，可以清楚地看到原来被复制的用户所隶属于的组出现在该新建用户属性中，如图 3-20 所示。

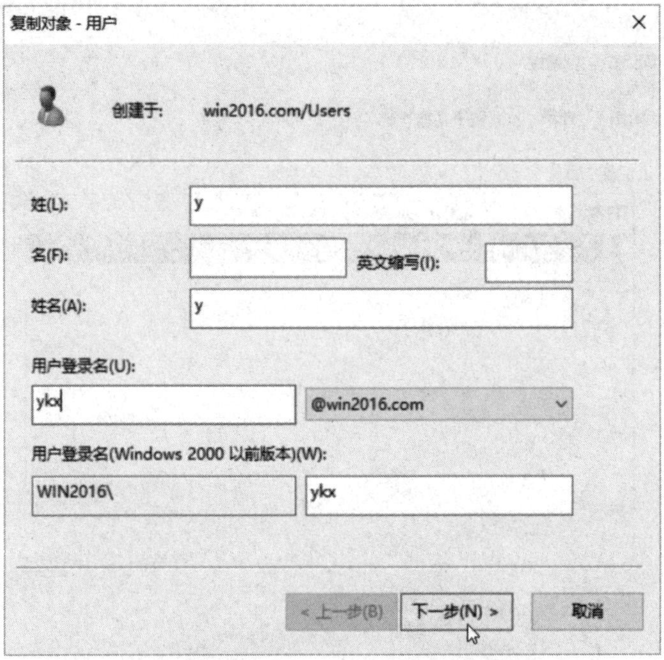

复制对象 - 用户
创建于: win2016.com/Users
姓(L): y
名(F):
英文缩写(I):
姓名(A): y
用户登录名(U):
ykx
@win2016.com
用户登录名(Windows 2000 以前版本)(W):
WIN2016\
ykx
< 上一步(B)
下一步(N) >
取消

图 3-19 “复制对象 - 用户”对话框

y 属性
环境
会话
远程控制
远程桌面服务配置文件
COM+
常规
地址
帐户
配置文件
电话
组织
隶属于
拨入
隶属于(M):
名称
Active Directory 域服务文件夹
Domain Users
win2016.com/Users
网络安全系
win2016.com/Users
添加(D)...
删除(R)
主要组:
Domain Users
设置主要组(S)
没有必要改变主要组，除非你有 Macintosh 客户端或 POSIX 兼容的应用程序。
确定
取消
应用(A)
帮助

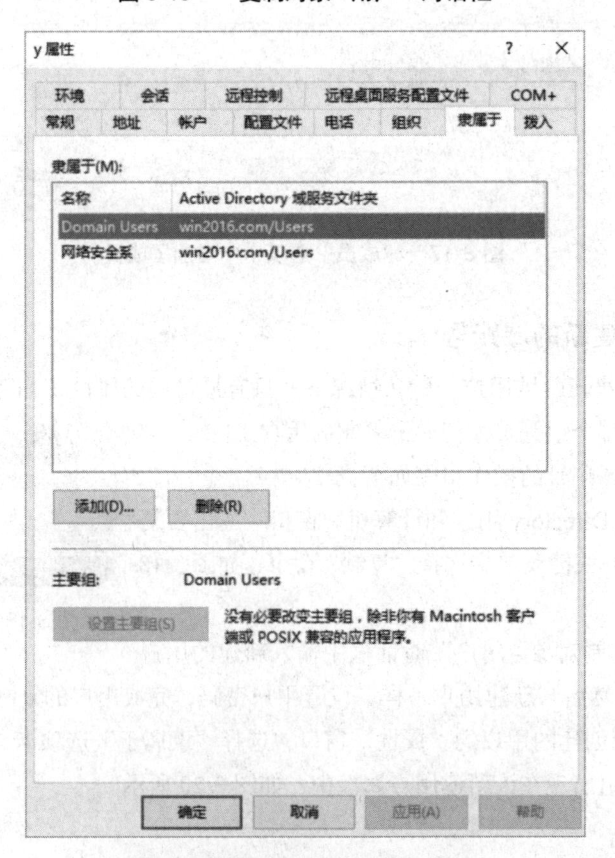

图 3-20 新用户的“隶属于”选项卡

四、组织单位创建及管理

1. 创建组织单位

（1）打开“Active Directory 用户和计算机”窗口，在需要创建组织单位的域中右击，在弹出的快捷菜单中选择“新建”|“组织单位”命令，如图 3-21 所示。

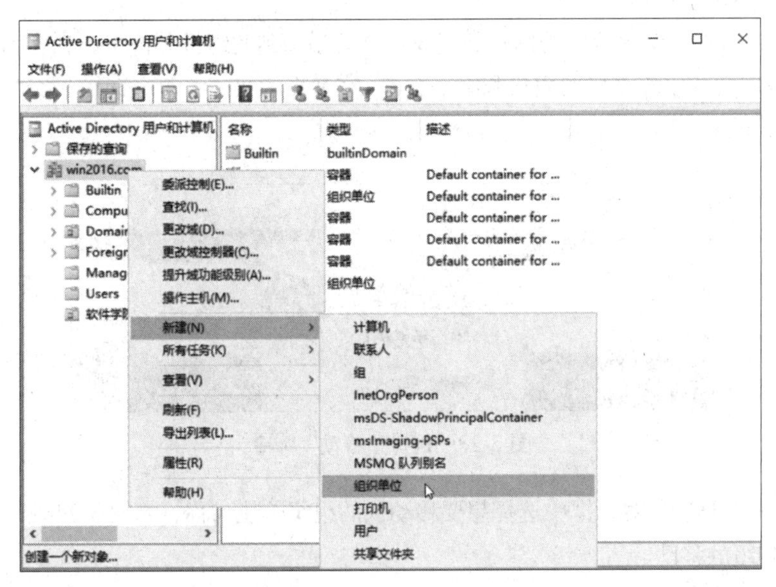

图 3-21 选择“新建”|“组织单位”命令

（2）弹出“新建对象-组织单位”对话框，如图 3-22 所示。输入想要创建的组织单位的名称，单击“确定”按钮。完成组织单位的创建。

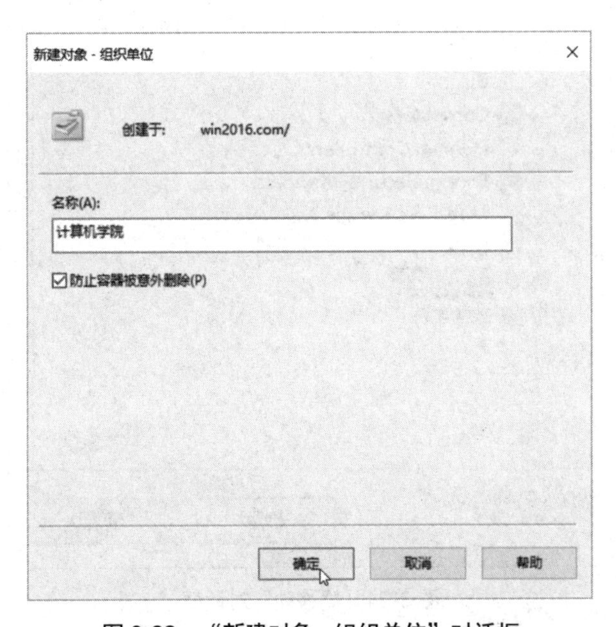

图 3-22 “新建对象-组织单位”对话框

2.向组织单位中添加组织单位、用户和组

可以向刚创建的组织单位中添加组织单位、用户和组。其操作方法同新建组织单位、用户和组一样。

（1）打开“Active Directory 用户和计算机”窗口，在菜单栏中选择“新建”|“组织单位”命令。

（2）弹出“新建对象 - 组织单位”对话框，输入想要创建的组织单位的名称，单击“确定”按钮。即可在组织单位下添加组织单位、用户和组。

（3）还可以将其他组织单位中的用户和组通过移动添加到此组织单位中，在“Active Directory 用户和计算机”窗口中选择以前创建的用户和组并右击，在弹出的快捷菜单中选择“移动”命令，如图 3-23 所示。

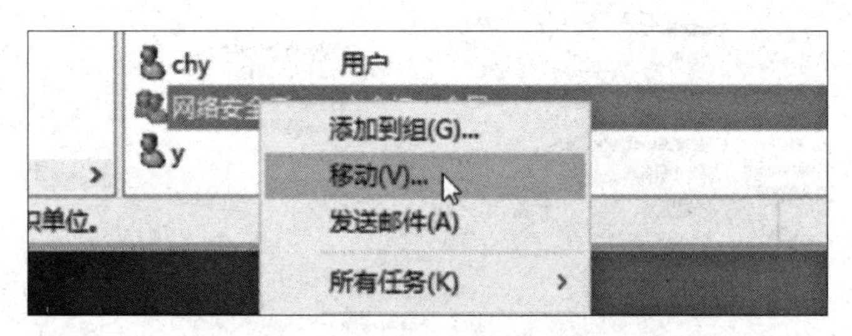

图 3-23　选择“移动”命令

（4）在弹出的“移动”对话框中选择想要移动到的组织单位名称，如图 3-24 所示，单击“确定”按钮，完成用户和组的移动。

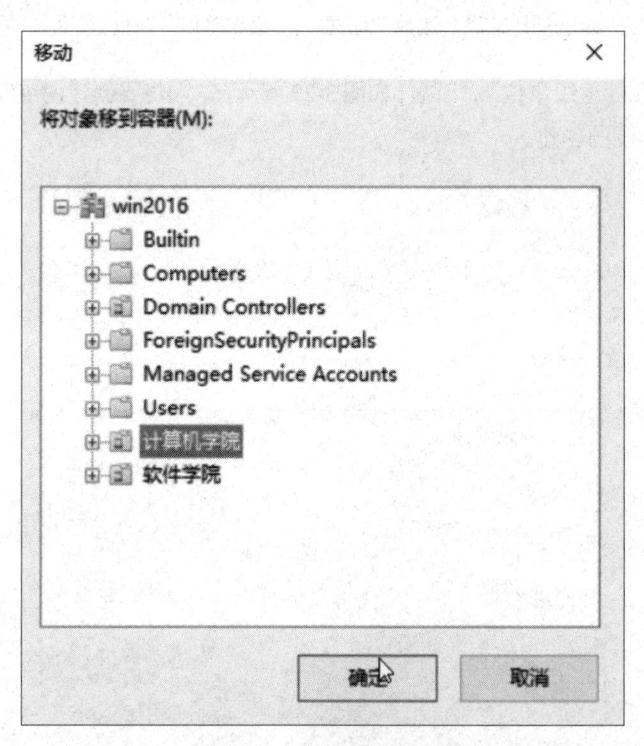

图 3-24　“移动”对话框

（5）移动完成后，可以发现“计算机学院”组织单位下面增加了组织单位，如图3-25所示。

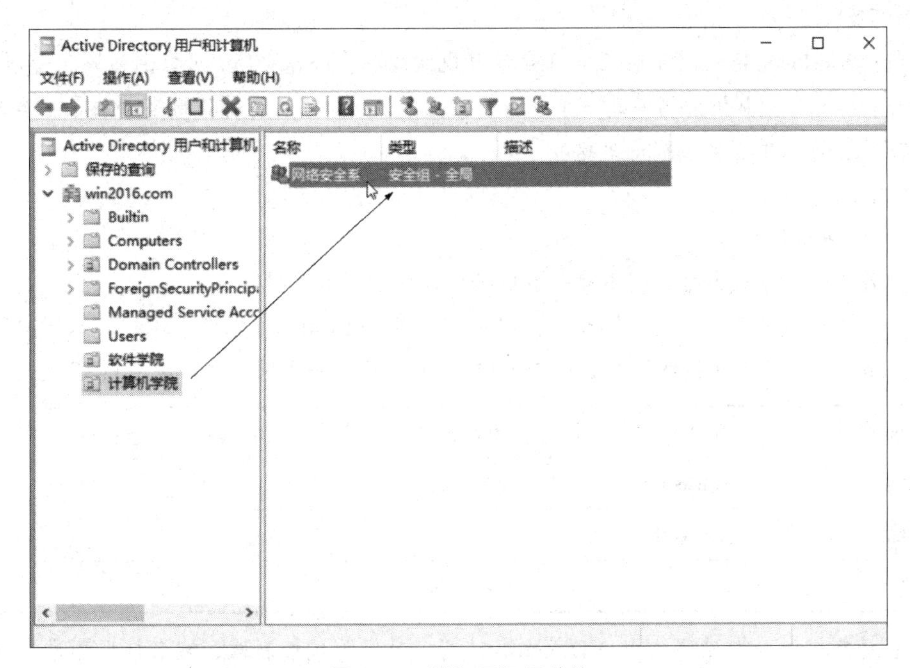

图3-25　增加了组织单位

总结与回顾

本项目介绍了域用户的创建、域组的创建、复制创建用户账户、组织单位的创建及管理、用户配置文件的创建及管理，其中最基本的是域组、域用户的创建，创建了域用户后，要想在域中的任意一台计算机上都可以登录，需要在域控制器的域安全策略中对域用户的安全性进行设置，让创建的域用户能够进行网络登录，也要让其能够在本地登录（这些请读者引起重视），除了这个以外，组织单位与人们实际工作单位中的部门类似，可以根据实际工作部门创建组织单位，从而方便域用户管理，还有就是用户配置文件的使用，可以让用户使用较为统一的工作环境。

习　　题

一、完成下面的理论练习

1．总结创建域用户和域组的方法。

2．如何设置域用户的密码策略？

二、上机操作：完成下面的实训

1.　实训任务

Windows Server 2016域账户管理。

2.　实训目的

（1）学习Windows Server 2016中域账户的创建和配置方法。

（2）学习域网络的使用方法。

3. 实训环境

操作系统：Windows Server 2016；2 ~ 3 台计算机组成一个合作小组，可以通过网上邻居互相访问。在以下实例中，以 3 台计算机为例搭建一个域结构的 C/S 网络（用 2 台计算机有些效果不容易看出）。如果没有真实机，可以用 3 台虚拟机组建。

4. 实训内容

1）搭建 C/S 域结构网络

域规划：建立一个单域网络，其中有一台域控制器和两台客户机。

由于一个网络中域名不允许重复，建议使用“你的名字 .local”方式定义域名，本例中假设人名为张三（zhangsan）。IP 地址建议使用 172.16.***.***，要保证同一个网络的各计算机 IP 地址不冲突。

计算机	所在域	计算机名	本机 IP	DNS IP
域控制器	zsan.local	zhangsan		
客户机 1	zsan.local	lisi		
客户机 2	zsan.local	wangwu		

在第一台计算机上分别安装 Active Directory，将其升级为域控制器，域名按规划进行设置，在安装 Active Directory 的同时在该机上安装与之配套的 DNS 服务器。

将第二台计算机和第三台计算机都加入该域中，作为域中的客户机。

2）创建域共享资源

资 源	位 置	共享名
共享文件夹	zhangsan	考勤
共享文件夹	lisi	工作表
打印机	wangwu	打印机

说明：在域控制器上创建一个文件夹，在其中随意放置一个文件，将该文件夹设置为共享，共享名设置为“考勤”；在“lisi”计算机上创建一个文件夹，在其中随意放置一个文件，将该文件夹设置为共享，共享名设置为“工作表”；在“wangwu”计算机上安装一个本地打印机，将其设置为共享，共享名设置为“打印机”。

把上面三个共享资源发布在域控制器上。

3）创建域账户

域使用人员：

网管	1 人（zhao）
主任	1 人（qian）
秘书	1 人（sun）
工作人员	2 人（li、zhou）

对资源的使用要求：

完全管理	网管
考勤表，完全控制	主任
考勤表，只读	网管、秘书、工作人员
工作表，读+写	秘书、工作人员中的li
打印机	主任、秘书

请按上面的情况规划组账户和用户账户，规划结果按下表的格式填写。

组账户规划：

组账户	组作用域	组类型	成员
Administrators	全局	安全组	Administrator 等

用户账户规划：

用户账户	密码	隶属于	说明
Administrator	空或 abc,123	Administrators	内置的最高管理员
zhao	abc,123	Domain Admins	赵网管
qian	abc,123		钱主任
sun	abc,123		孙秘书
li	abc,123		李
zhou	abc,123		周

按照账户规划在域控制器上创建组账户和用户账户。对共享资源设置相应访问权限。

4）访问域共享资源

在客户机上用域账户登录到域，用“网上邻居”访问各个共享资源。注意用不同账户登录在资源访问上有什么不同。

在客户机上用本地账户登录到本机，用“网上邻居”访问各个共享资源，注意它与登录到域上访问有什么区别？

5）创建和使用漫游用户配置文件

在域控制器上为“赵网管”创建一个漫游用户配置文件，位置在域控制器中。

分别在不同计算机上用“赵网管”的身份登录到域，修改配置（如更改桌面背景、在我的文档中建立一个文本文件等），查看配置是否在跟着用户变化。

5. 结束实训

删除所有域控制器和DNS服务器；

为本机设立两个Administrators组的账户Administrator和001，Administrator账户密码为空，001账户密码为abc,123。

项目 4
文件服务器的安装、配置与管理

学习目标：

（1）学会安装和配置文件服务器；

（2）学会服务器端共享文件夹的配置和管理；

（3）学会客户端访问共享文件夹的方法；

（4）学会 NTFS 文件系统权限的设置方法；

（5）学会磁盘配额的使用。

项目描述

本项目有两个任务，一个是文件共享与管理，另一个是 NTFS 文件系统权限的设置。

任务 1：

在某单位，一个公司经常会出现使用一些共同的文件和软件，原来都是自己到存放文件的计算机上去复制，现在，如果想使用一些共同的文件，则不需要自己去复制文件，而可以直接通过局域网的文件服务器实现资源共享，可以在本地计算机上连接到文件服务器来使用一个或多个文件，因此文件服务器的搭建就显得尤为重要。

任务 2：

用户的权限主要体现在用户对文件的访问权限，除了本项目第 1 个任务介绍的文件共享权限外，在服务器系统中，更多的是体现在 NTFS 安全访问权限上（在 FAT 和 FAT32 文件夹中只可以设置共享权限）。因此，对于 Windows Server 2016 系统还需要进一步学习 NTFS 文件和文件夹访问权限的配置。

项目分析

1. 任务 1 分析

文件共享与管理的思路如下：首先将服务器安装为文件服务器并配置作为文件服务器所需要的基

本功能，可通过“服务器管理器”安装和配置文件服务器。其次，文件服务器安装配置后，需要了解文件共享权限的方法和文件共享权限的种类，然后按照一些不同的方法实现文件和文件夹的共享。根据这个思路结合项目实施的步骤即可完成任务。

2. 任务 2 分析

NTFS 文件系统权限设置的思路如下：首先了解有哪些权限，有哪些属性，权限如何继承和叠加，然后进行 NTFS 权限的设置并在客户端进行测试。其次，要了解 NFS 文件系统，能够创建 NFS 文件，并根据几种不同的方法进行访问验证。根据这个思路结合项目实施的步骤即可完成任务。

知识链接

一、文件共享服务简介

计算机网络的基本功能是在计算机间共享信息，文件共享可以说是最基本、最普遍的一种网络服务。虽然越来越多的用户购置专用文件服务器（如 NAS），但是通用操作系统提供的文件服务器功能也非常实用，完全能满足一般的文件共享需求，下面主要介绍 Windows Server 2016 文件服务器的配置、管理和应用。

文件服务器负责共享资源的管理和传送接收，管理存储设备（硬盘、光盘、磁带）中的文件，为网络用户提供文件共享服务，又称文件共享服务器。除了文件管理功能之外，文件服务器还要提供配套的磁盘缓存、访问控制、容错等功能。部署文件服务器，需要考虑以下三个因素。

（1）存取速度：快速存取服务器上的文件，例如可提供磁盘缓存加速文件读取。

（2）存储容量：要有足够的存储空间以容纳众多网络用户的文件，可使用磁盘阵列。

（3）安全措施：实现网络用户访问控制，确保文件共享安全。

文件服务器主要有两类解决方案，一类是专用文件服务器，另一类是使用 PC 服务器或 PC 计算机组建的通用文件服务器。

专用文件服务器是专门设计成文件服务器的专用计算机，以前主要是运行操作系统、提供网络文件系统的大型机、小型机，现在的专用文件服务器则主要指具有文件服务器的网络存储系统，如 NAS 和 SAN。NAS 独立于操作系统平台，可支持多种操作系统和网络文件系统，提供集中化的网络文件服务器和存储环境，比一般文件服务器的功能更强大，可看作专用存储服务器，可为那些访问和共享大量文件系统数据的用户提供高效、性能价格比优异的解决方案。SAN（存储区域网络）是一种用户存储服务的特殊网络，通常由磁盘阵列、光盘库、磁带库和光纤交换机组成。NAS 可作为独立的文件服务器，提供文件级的数据访问功能，更适合文件共享。而 SAN 提供数据块级的数据访问功能，更适合数据库和海量数据。

目前一般用户使用 PC 服务器或 PC 计算机，通过网络操作系统提供文件服务，UNIX、Linux、Windows 等操作系统都可提供文件共享服务。Windows 网络操作系统，如 Windows Server 2008、Windows Server 2012 和 Windows Server 2016 由于操作管理简单、功能强大，在中小用户群中的普及率非常高，许多文件服务器都运行 Windows 网络操作系统。本项目以 Windows Server 2016 为例介绍文件服务器的配置、管理和应用。

二、NTFS 文件权限介绍

1. 文件和文件夹的权限

NTFS 文件夹安全访问权限包括“完全控制”“修改”“读取和运行”“列出文件夹目录”“读取”“写入”。这些权限中的每一个都由特殊权限组成，见表 4-1。

表 4-1 NTFS 文件和文件夹所具有的特殊权限

权　　限	描　　述
遍历文件夹 / 运行文件	对于文件夹，“遍历文件夹”允许或拒绝通过移动文件夹以到达其他文件或文件夹，即使用户没有禁止文件夹的权限（仅适用于文件夹）。只有当“组策略”管理单元中没有授予组或用户“忽略通过检查”用户权限时，禁止文件夹才起作用（默认情况下，授予 Everyone 组“忽略通过检查”用户权限）
	对于文件，“运行文件”允许或拒绝运行程序文件（仅适用于文件）
	设置文件夹的“遍历文件夹”权限不会自动设置该文件夹中所有文件的“运行文件”权限
列出文件夹 / 读取数据	“列出文件夹”允许或者拒绝查看文件夹内的文件名和子文件夹名。“列出文件夹”只影响该文件夹的内容，不影响是否列出正在设置其权限的文件夹（仅适用于文件夹）
	读取数据允许或拒绝查看文件中的数据（仅适用于文件）
读取属性	允许或拒绝查看文件或文件夹的属性，如只读和隐藏。属性由 NTFS 定义
读取扩展属性	允许或拒绝查看文件或文件夹的扩展属性。扩展属性由程序定义，可能因程序而变化
创建文件 / 写入数据	“创建文件”允许或拒绝在文件夹内创建文件（仅适用于文件夹）
	“写入数据”允许或拒绝对文件进行更改与覆盖现有内容（仅适用于文件）
创建文件夹 / 附加数据	“创建文件夹”允许或拒绝在文件夹内创建文件夹（仅适用于文件夹）
	“附加数据”允许或拒绝更改文件的末尾，而不是更改、删除或覆盖已有的数据（仅适用于文件）
写入属性	允许或拒绝更改文件或文件夹的属性，如只读或隐藏。属性由 NTFS 定义
	“写入属性”权限不表示可以创建或删除文件或文件夹，它只包括更改文件或文件夹属性的权限。要允许（或者拒绝）创建或删除操作，可以参阅“创建文件 / 写入数据”“创建文件夹 / 附加数据”“删除子文件夹及文件”“删除”等相关内容
允许或拒绝更改的扩展属性	允许或拒绝更改文件或文件夹的扩展属性。扩展属性由程序定义，可能因程序而变化
写入扩展属性	“写入扩展属性”权限不表示可以创建或者删除文件或文件夹，它只包括更改文件或文件夹属性的权限。要允许（或者拒绝）创建或删除操作，可参阅“创建文件 / 写入数据”“创建文件夹 / 附加数据”“删除子文件夹及文件”“删除”等相关内容
删除子文件夹及文件	允许或拒绝删除子文件夹和文件，即使尚未授予对子文件夹或文件的“删除”权限（适用于文件夹）
删除	允许或拒绝删除文件或文件夹。如果没有对文件或文件夹的“删除”权限，但是在父文件夹中已被授予“删除子文件夹及文件”权限，则仍然可以删除它
读取权限	允许或拒绝读取文件或文件夹的权限，如完全控制、读取和写入
更改权限	允许或拒绝更改文件或文件夹的权限，如完全控制、读取和写入
取得所有权	允许或拒绝取得文件或文件夹的所有权。文件或文件夹的所有者始终可以更改其权限，无论存在任何保护该文件或文件夹的权限
同步	允许或拒绝不同的线程等待文件或文件夹的句柄，并与另一个可能向它发信号的线程同步。该权限只应用于多线程或多进程程序

用户对文件和文件夹的访问权限由表 4-1 中所列出的特殊权限逻辑组成，具体见表 4-2。

表 4-2　文件和文件夹访问的特殊权限逻辑组成

特殊权限	完全控制	修　改	读取及执行	列出文件夹内容	读　取	写　入
遍历文件夹 / 执行文件	√	√	√	√		
列出文件夹 / 读取数据	√	√	√	√	√	
读取属性	√	√	√	√	√	
读取扩展属性	√	√	√	√	√	
创建文件 / 写入数据	√	√				√
创建文件夹 / 附加数据	√	√				√
写入属性	√	√				√
写入扩展属性	√	√				√
删除子文件夹及文件	√					
删除	√	√				
读取权限	√	√	√	√	√	√
更改权限	√					
取得所有权	√					
同步	√	√	√	√	√	√

特别提示：尽管表 4-2 中“列出文件夹内容”和“读取及执行”看起来有相同的特殊权限，但是这些权限在继承时却有所不同。“列出文件夹内容”可以被文件夹继承而不能被文件继承，并且它只在查看文件夹权限时才会显示。“读取及执行”可以同时被文件和文件夹继承，并且在查看文件和文件夹权限时始终会出现。

说明：在 Windows Server 2016 家族中，默认情况下，Everyone 用户组不包含 Anonymous 用户账户，因此，应用于 Everyone 组的权限不影响 Anonymous 用户。

2. NTFS 文件访问权限属性

Windows Server 2016 系统的安全性在本地网络中主要还是用设置各用户对文件和文件夹的访问权限来保证的。为了控制好服务器上用户的权限，同时也为了预防以后可能的入侵和溢出，必须安全有效地设置文件夹和文件的访问权限。NTFS 文件或文件夹的访问权限分为读取、写入、读取及执行、修改、列目录和完全控制。在默认情况下，大多数文件夹和文件对所有用户（Everyone 组）都是完全控制的（Full Control），这根本不能满足不同网络的权限设置需求，所以还需要根据应用的需求进行重新设置。

要正确有效地设置好系统文件或文件夹的访问权限，必须注意 NTFS 文件夹和文件权限具有的如下属性。

1）权限具有继承性

权限的继承性就是下级文件夹的权限设置在未重设之前是继承其上一级文件的权限设置的，更明确地说就是如果一个用户对某一文件夹具有“读取”权限，那么这个用户对这个文件夹的下级文件夹同样具有“读取”权限，除非打断这种继承关系，重新设置。但需要注意的是这仅是对静态文件权限来讲，对于文件或文件夹的移动或复制，其权限的继承性依照如下原则进行：

（1）在同一 NTFS 分区间复制或移动。

在同一 NTFS 分区间复制到不同文件夹时，其访问权限和原文件或文件夹的访问权限不一样。但在同一 NTFS 分区间移动一个文件或文件夹，其访问权限保持不变，继承原先未移动前的访问权限。

（2）在不同 NTFS 分区间复制或移动 。

在不同 NTFS 分区间复制文件或文件夹访问权限会随之改变，复制的文件不是继承原权限，而是继承目标（新）文件夹的访问权限。同样如果是在不同 NTFS 分区间移动文件或文件夹则访问权限随着移动而改变，也继承移动后所在文件夹的权限。

（3）从 NTFS 分区复制或移动到 FAT 格式分区。

因为 FAT 格式的文件或文件夹根本没有权限设置项，所以原有文件或文件夹也就不再有访问权限配置了。

2）权限具有累加性

NTFS 文件或文件夹权限的累加性具体表现在以下几个方面：

（1）工作组权限由组中各用户权限累加决定。

如 Group1 组中有 User1 和 User2 两个用户，他们同时对某文件或文件夹的访问权限分别为“只读”和“写入”，那么 Group1 组对该文件或文件夹的访问权限就为 User1 和 User2 的访问权限之和，实际上是取其最大的那个，即“只读”+“写入”=“写入”。

（2）用户权限由所属组权限的累加决定 。

如 User1 用户同属于 Group1 和 Group2 组，而 Group1 组对某一文件或文件夹的访问权限为“只读”，而 Group2 组对这一文件或文件夹的访问权限为“完全控制”，则 User1 用户对该文件或文件夹的访问权限为两个组权限累加所得，即“只读”+“完全控制”=“完全控制”。

3）权限的优先性

权限的优先性包含两种子特性，其一是文件的访问权限优先文件夹的权限，也就是说文件权限可以越过文件夹的权限，不顾上一级文件夹的设置。另一特性就是“拒绝”权限优先其他权限，也就是说“拒绝”权限可以越过所有其他权限，一旦选择了“拒绝”权限，则其他权限也就不能起任何作用，相当于没有设置。下面具体介绍一下这两种子特性。

（1）文件权限优先文件夹权限。

如果 USER1 用户对 Folder A 文件夹的访问权限为“只读”，在该文件夹中有一个 File1 文件，可以对 File1 文件设置权限为“完全控制”，而不顾其上一级文件 Folder A 的权限设置情况。

（2）“拒绝”权限优先其他权限 。

如果 User1 用户同属于 Group1 和 Group2 组，其中 Group1 组对 File1 文件（或文件夹）的访问权限为“完全控制”，而 Group2 组对 File1 文件的访问权限设置为“拒绝访问”，根据这个特性，User1 对文件 File1 的访问权限为“拒绝访问”，而不管 Group1 组对该文件设置的权限。

4）访问权限和共享权限的交叉性

当同一文件夹在为某一用户设置了共享权限的同时又为用户设置了该文件夹的访问权限，且所设权限不一致时，它的取舍原则是取两个权限的交集，即最严格、最小的那种权限。如文件夹 Folder A 为用户 User1 设置的共享权限为“只读”，同时文件夹 Folder A 为用户 User1 设置的访问权限为“完全控制”，那么用户 User1 的最终访问权限为“只读”。当然这个文件夹只能是在 NTFS 文件格式的分区中，如果是 FAT 格式的分区也就不存在“访问权限”了，因为 FAT 文件格式的文件夹没有本地访问权限的设置。

3. 分布式文件系统（DFS）

1）DFS 基础

视　频

DFS 文件操作复制

自 Windows 2000 系统以来，在 Windows 服务器操作系统中提供了 DFS 功能。DFS 是一种服务，它允许系统管理员将分布式的网络共享资源组织到一个逻辑名称空间中，从而使用户不用指定文件的物理位置和提供网络共享的负载就能访问文件。

（1）分布式文件系统概述。

使用 DFS 可以创建一个目录树，该树中包含一个组、部门或企业内的多个文件服务器和文件共享。这样可使用户很轻松地查找分布在网络上的文件或文件夹。DFS 共享还可以作为 Active Directory 中的卷对象来公布。

（2）使用 DFS 进行文件访问的情形。

如果有以下情形，则应考虑实施 DFS。

① 期望添加文件服务器或修改文件位置。

② 访问目标的用户分布在一个站点的多个位置或多个站点上。

③ 大多数用户都需要访问多个目标。

④ 通过重新分布目标可以改善服务器的负载平衡状况。

⑤ 用户需要连续地访问目标。

⑥ 组织中有供内部或外部使用的网站。

（3）DFS 的相关术语。

可以按下面两种方式中的任何一种来实施分布式文件系统：作为独立的根目录分布式文件系统，或者作为域的分布式文件系统。在这里首先需要明白以下几个与 DFS 有关的术语。

① DFS 名称空间：DFS 名称空间是由根和许多链接，以及目标组成的名称空间。该名称空间以映射到一个或多个根目标的根开始，根的下方是映射到其目标的链接。DFS 名称空间为用户提供分布式网络共享的逻辑视图。

② 独立的根目录：独立的根目录是一种 DFS 名称空间，其配置信息本地存储在主服务器上。访

问根或链接的路径以主服务器名开始。独立的根目录只具有一个根目标，没有根级别的容错。因此当根目标不可用时，整个 DFS 名称空间都不可访问。

③ 域 DFS：域 DFS 是 DFS 的一种实现方式。在这种实现中，DFS 拓扑信息被存储在 Active Directory 中。因为该信息对域中多个域控制器都可用，所以域 DFS 为域中的所有分布式文件系统都提供了容错。

④ DFS 根目录：DFS 根目录是 DFS 名称空间的起始点，通常用于表示整个名称空间。根目录映射到一个或多个根目标，每个根目标对应于服务器上的一个共享文件夹。DFS 根目录运行的是 Windows Server 2016 系统。

⑤ 根目标：根目标是 DFS 根目录的映射目标，与服务器上的某个共享文件夹相对应。它是为了确保在 DFS 根目录出现故障时，整个 DFS 系统仍然有效。当然也可以不添加根目标。根目标运行的是 Windows Server 2016 系统。

⑥ DFS 链接：DFS 链接是 DFS 名称空间中的一个元素，位于根下面，并映射到一个或多个目标，每个根对应一个共享文件夹或另一个 DFS 根目录。根目标可以没有 DFS 链接。

对于系统管理员，DFS 映射是单独的 DNS 名称空间：通过域 DFS，DFS 根目标的 DNS 名称解析到 DFS 根目录的主服务器。通过向 DFS 根目录中添加 DFS 链接，可扩展 DFS 映射。Windows Server 2016 家族对 DFS 映射中分层结构的层数的唯一限制是对任何文件路径最多使用 260 个字符。新 DFS 链接可以引用具有或没有子文件夹的目标，或引用整个 Windows Server 2016 家族卷。如果用户有适当的权限，则也可以访问那些存在于或被添加到目标中的任何本地子文件夹。

（4）从其他计算机访问 DFS 目标。

除了 Windows Server 2016 家族中基于服务器的 DFS 组件外，还有基于客户端的 DFS 组件。DFS 客户端可以将对 DFS 根目录或 DFS 链接的引用缓存一段时间，该时间由管理员指定。DFS 客户端组件可以在许多不同的 Windows 平台上运行。

（5）分布式文件系统映射。

DFS 映射包括 DFS 根目录、一个或多个 DFS 链路和对一个或多个目标的参考。DFS 根目录所驻留的域服务器称为主服务器。通过在域中的其他服务器上创建“根目录目标”，可以复制 DFS 根目录。这将确保在主服务器不可用时，文件仍可使用，达到备份、冗余的目的。

DFS 映射为用户提供了对他们所需网络资源的统一和透明的访问。对于系统管理员，DFS 映射是单个 DNS 名称空间：具有域 DFS，DFS 根目录目标的 DNS 名称将解析为 DFS 根目录的主机服务器。

因为域分布式文件系统的主服务器是域中的成员服务器，所以默认情况下，DFS 映射将自动发布到 Active Directory 中，从而提供跨越主服务器的 DFS 拓扑同步。这反过来又对 DFS 根目录提供了容错性，并支持目标的可选复制。

通过向 DFS 根目录中添加 DFS 链路，用户可扩展 DFS 映射。Windows Server 2016 家族对 DFS 映射中分层结构的层数的唯一限制是对任何文件路径最多使用 260 个字符。一个新的 DFS 链路可以引用带有或不带有子文件夹的目标，或者引用整个 Windows Server 2016 家族卷。如果用户具有适当的权限，则也可以访问那些存在于或被添加到目标中的任何本地子文件夹。

（6）适用平台。

Windows Server 2016 家族系统支持以下平台上的 DFS 目标。这里所说的“目标”是指 DFS 根或链接的映射目标，与已在网上共享的某个物理文件夹相对应。Windows Server 2016 家族 DFS 系统可以支持的 DFS 根或链接的映射目标所适用的系统平台见表 4-3。

表 4-3 DFS 根或链接的映射目标所适用的系统平台

平　台	是否可做 DFS 客户端宿主	是否可做 DFS 根目录宿主
MS-DOS、Windows 5.x、Windows for Workgroups 和 NetWare 服务器	否	否
Windows 95	是，但需要下载客户端	否
Windows 98	是，包括独立的客户端；下载用于域的客户端	否
Windows NT 4.0 和 Service Pack 3	是，包括独立的客户端	是，只包括独立的根目录 DFS
Windows Server 2016 家族	是，包括客户端	是，独立的 DFS 和域 DFS

注意：为了支持目标的同步，用于目标的所引用资源必须位于 Windows Server 2016 家族的 NTFS 分区上。

2）DFS 特性和安全考虑

（1）DFS 主要特性。DFS 具有以下几个重要特性。

① 容易访问文件。DFS 在易访问文件方面提供的好处主要表现在：

分布式文件系统使用户可以更容易地访问文件。即使文件可能在物理上分布于多个服务器上，用户也只需转到网络上的一个位置即可访问文件。而且当用户更改目标的物理位置时，不会影响用户访问文件夹。因为文件的位置看起来相同，所以用户仍然以与之前相同的方式访问文件夹。

用户不再需要多个驱动器映射即可访问他们的文件。

计划的文件服务器维护、软件升级和其他任务（一般需要服务器脱机）可以在不中断用户访问的情况下完成，这对 Web 服务器特别有用。通过选择网站的根目录作为 DFS 根目录，用户可以在分布式文件系统中移动资源，而不会断开任何 HTML 链接。

② 可用性。在可用性方面，DFS 以两种方法确保用户可以保持对文件的访问。

首先，Windows Server 2016 操作系统自动将 DFS 映射发布到 Active Directory。这可确保 DFS 名称空间对于域中所有服务器上的用户是可见的。

其次，作为管理员还可以复制 DFS 根目录和目标。复制指用户可在域中的多个服务器上复制 DFS 根目录和目标。这样，即使在保存这些文件的某个物理服务器不可用的情况下，用户仍然可以访问他们的文件。

③ 服务器负载平衡。DFS 根目录可以支持物理上分布在网络中的多个目标。如果知道自己的某个文件将被用户频繁访问，这一点将很有用。与所有用户都在单个服务器上以物理方式访问此文件从而增加服务器负载的情况不同，DFS 可确保用户对该文件的访问分布于多个服务器，相当于负载均衡。

然而，在用户看来，该文件是驻留在网络的同一位置。

④ 文件和文件夹安全。因为共享的资源 DFS 管理使用标准 NTFS 和文件共享权限，所以用户可使用之前的安全组和用户账户以确保只有授权的用户才能访问敏感数据。

（2）使用 DFS 的安全考虑。

在使用 DFS 时，要确保除了授予必要的权限之外，DFS 服务不实施任何超出 Windows Server 2016 家族系统所提供的其他安全措施。指派到 DFS 根目录或 DFS 链接的权限决定可以添加新 DFS 链接的用户。

目标的权限与 DFS 拓扑无关。例如，假定有一个名为 MarketingDocs 的 DFS 链接，并且用户有适当的权限访问 MarketingDocs 所指向的特定目标。这种情况下，用户即可访问目标集中的所有其他目标，而不管用户是否有权限访问那些目标。然而，具有访问这些目标的权限决定用户是否可以访问目标中的任何信息。此访问由标准 Windows Server 2016 家族安全控制台决定。

总之，当用户尝试访问某个目标和它的内容时，底层文件系统将强制安全性。因此，FAT 卷提供文件上的共享级安全，而 NTFS 卷提供了完整的 Windows Server 2016 安全性。为了维护安全性，应使用 NTFS 和文件共享权限，以保证 DFS 所使用的任何共享文件夹的安全，以便只有授权用户可以访问它们。

一、文件服务器的安装与配置

在项目实施阶段，将给出安装配置 Windows Server 2016 文件服务器的步骤，读者根据下面的介绍进行项目实施。

首先组成以下环境，在机房组成 C/S 模式的网络环境，包括一台 Windows 10 客户机和一台 Windows Server 2016 服务器。

两种可选的物理拓扑（交叉线连接或通过集线器 / 交换机用直连线连接）。

了解了任务环境后，按照以下步骤完成任务。

1. 服务器的基本网络配置

对服务器作基本网络配置，设置 IP 地址为“192.168.0.2”，网关为“192.168.0.1”，设置客户机的 IP 地址为“192.168.0.3”，网关为“192.168.0.1”。

2. 安装文件服务器

文件服务器提供网络上的中心位置，可供存储文件并通过网络与用户共享文件。当用户需要重要文件时，可以访问文件服务器上的文件，而不必在各自独立的计算机之间传送文件。如果网络用户需要对相同文件和可通过网络访问的应用程序的访问权限，就要将该计算机配置为文件服务器。默认情况下，在安装 Windows Server 2016 系统时，将自动安装“Microsoft 网络的文件和打印机共享”网络组件。如果没有该组件，可通过网络连接属性对话框安装。

在部署文件服务器之前，应当做好以下准备工作。

（1）划出专门的硬盘分区（卷）用于提供文件共享服务，而且要保证足够的存储空间，必要时使用磁盘阵列。

（2）磁盘分区（卷）使用 NTFS 文件系统，因为 FAT32 缺乏安全性，而且不支持文件和文件夹压缩、磁盘配额、文件加密或单个文件权限等重要特性。

提示：使用 Windows Server 2016 自带的工具即可将 FAT32 转换成 NTFS 格式。该工具名为 Convert.exe，位于 Windows 安装目录下的 System32 目录中。在命令行状态运行该工具即可，如 Convert E:/FS:NTFS。该命令即可将 E 盘从 FAT32 转变为 NTFS 格式。

（3）确定是否要启用磁盘配额，以限制用户使用的磁盘存储空间。

（4）确定是否要使用索引服务，以提供更快速、更便捷的搜索服务。

3. 配置文件服务器

第一种方法只要将 Windows Server 2016 计算机上的某个文件夹共享出来，就会自动安装文件服务器，也可通过“服务器管理器”工具安装文件服务器角色。这两种方法的差别是，第二种方法提供更多选项，并在程序菜单中提供文件服务器管理台工具。这里介绍采用第二种方法的基本步骤。

（1）启动“服务器向导”工具。默认情况下，登录 Windows Server 2016 时将自动启动“服务器管理器”(也可从控制面板中单击“管理工具”|“服务器管理器”按钮)，单击“添加角色和功能”超链接，如图 4-1 所示。

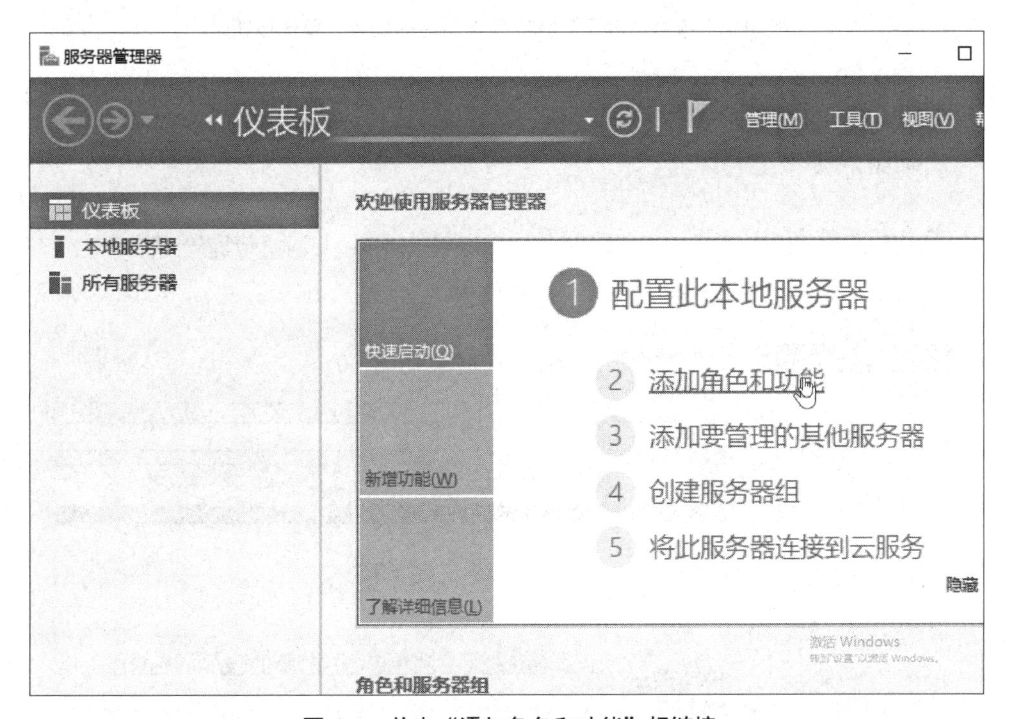

图 4-1 单击“添加角色和功能”超链接

（2）在“选择安装类型”界面中选中“基于角色或基于功能的安装”单选按钮，如图 4-2 所示。

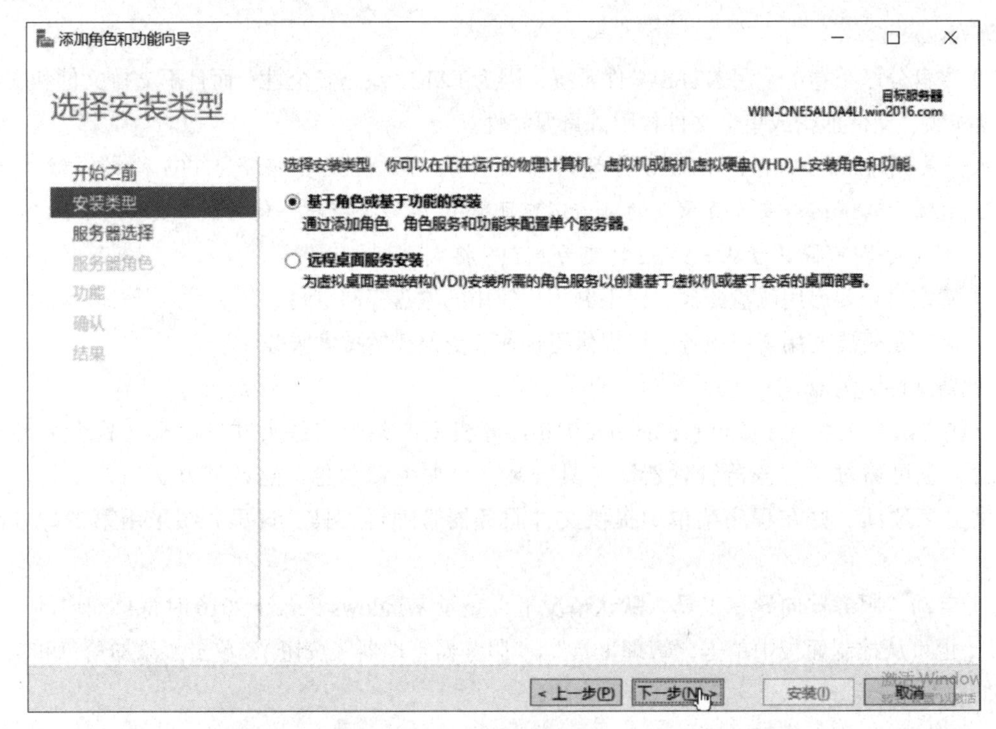

图 4-2　选中“基于角色或基于功能的安装”单选按钮

（3）在“选择目标服务器”界面中，选中“从服务器池中选择服务器”单选按钮，如图 4-3 所示。

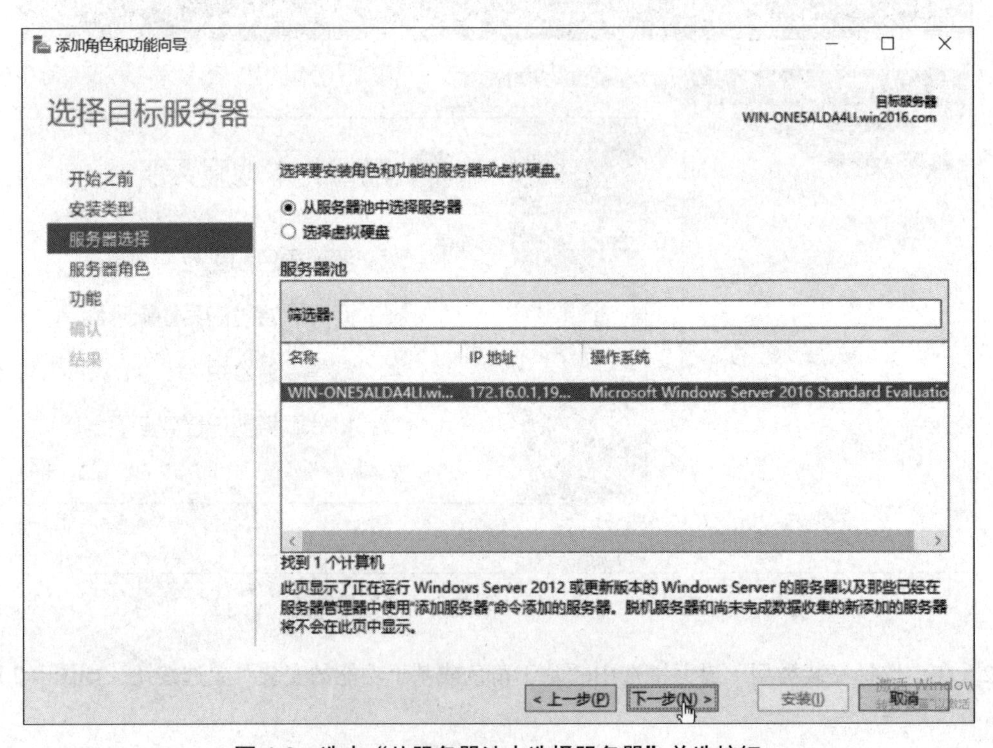

图 4-3　选中“从服务器池中选择服务器”单选按钮

（4）单击“下一步”按钮，出现“选择服务器角色”界面，如图 4-4 所示。

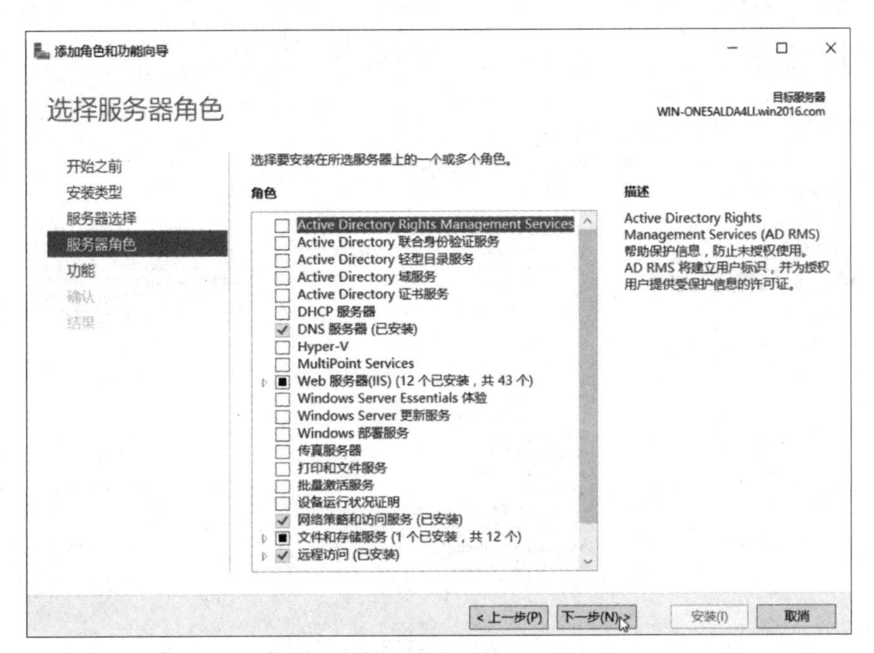

图 4-4　“选择服务器角色”界面

（5）在“选择服务器角色”界面中找到“文件和存储服务”复选框，然后展开“文件和 iSCSI 服务”复选框，选中“文件服务器”复选框，如图 4-5 所示。

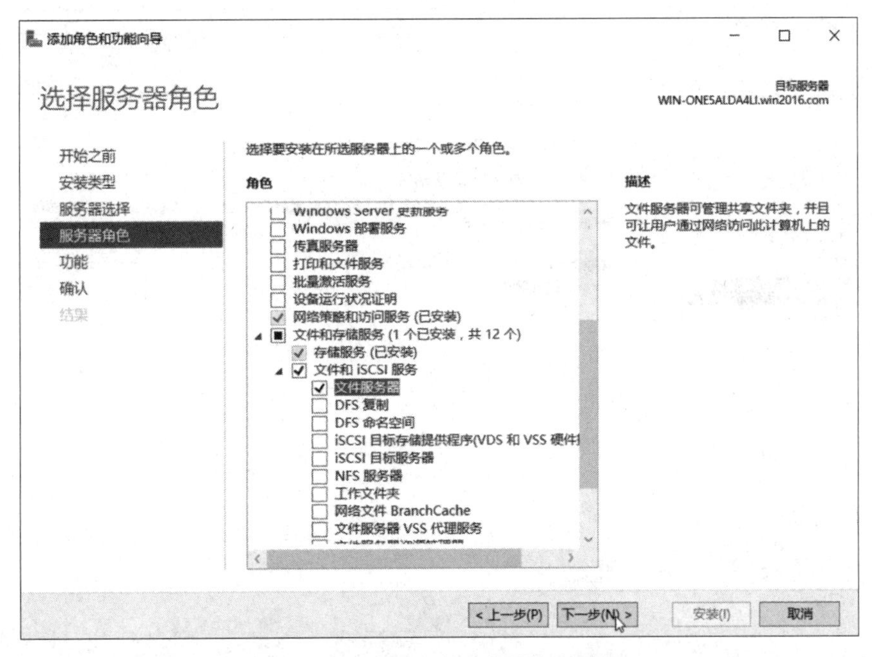

图 4-5　选中“文件服务器”复选框

（6）单击“下一步”按钮，出现“选择功能”界面，保持默认设置，如图 4-6 所示。

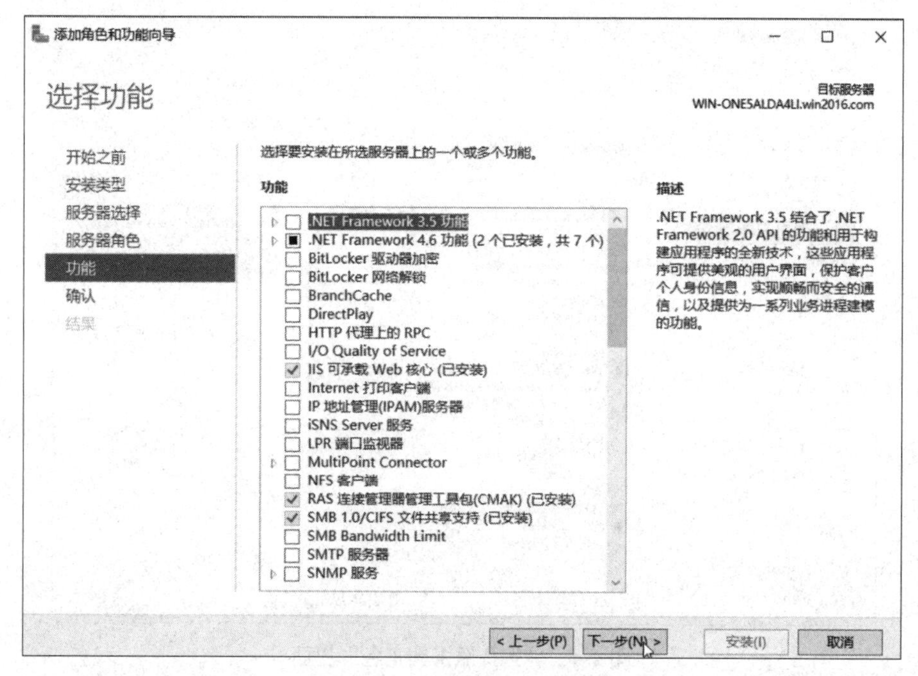

图 4-6 “选择功能”界面

（7）出现“确认安装所选内容”界面，单击“安装”按钮即可开始安装，如图 4-7 所示。

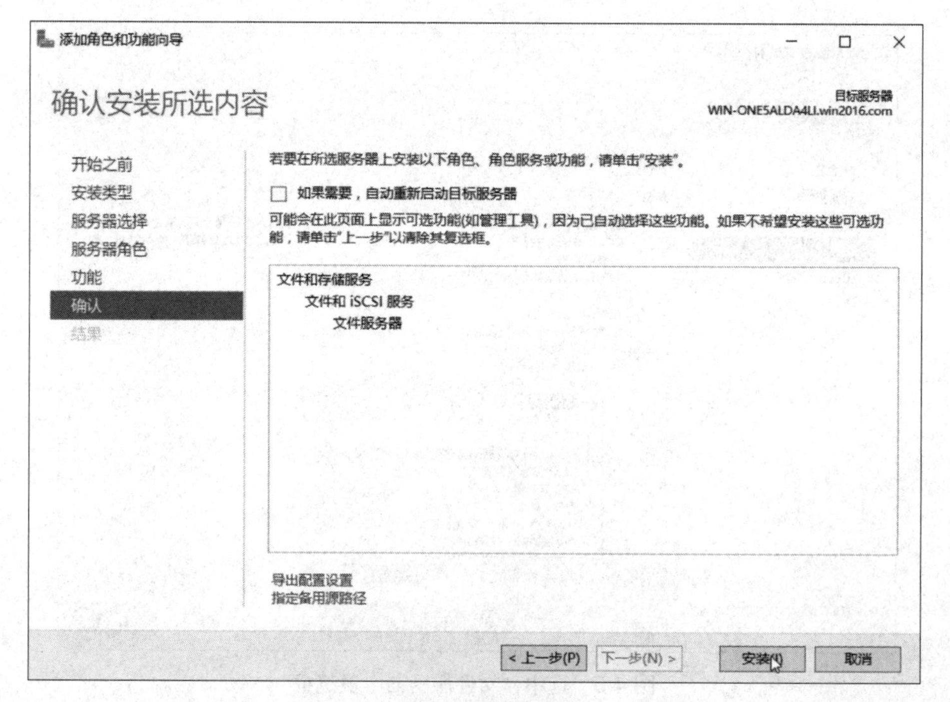

图 4-7 “确认安装所选内容”界面

（8）开始安装直到安装完成，如图 4-8 所示。

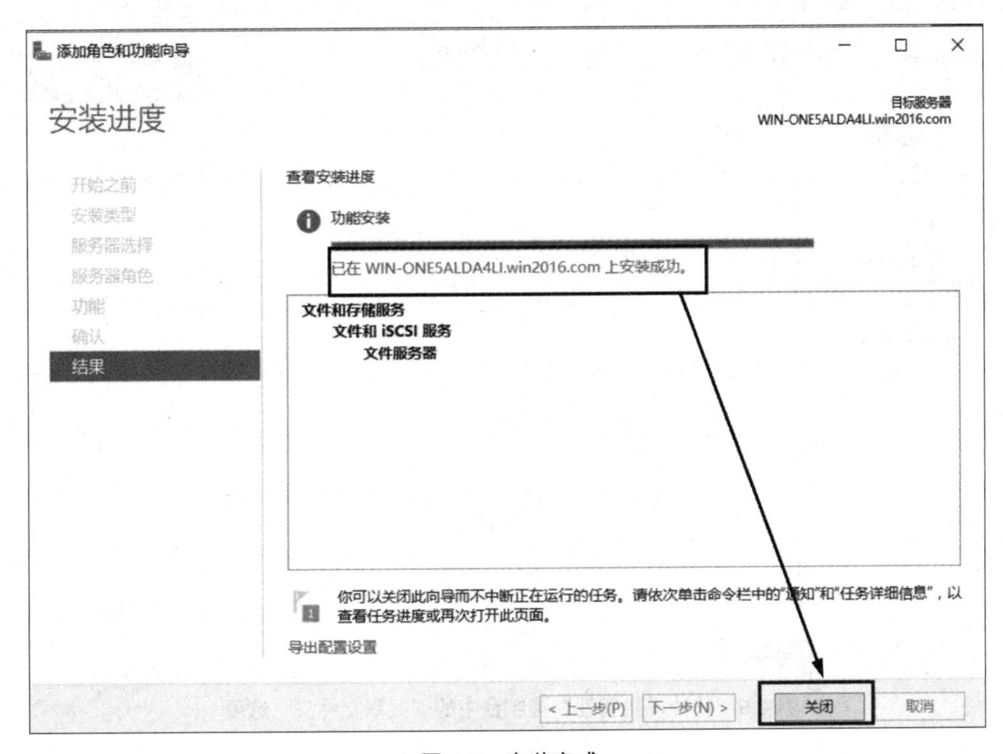

图 4-8　安装完成

至此文件服务器配置完成。接下来执行各项文件管理任务。

4. 文件夹共享

在对文件服务器进行管理之前，先简单说明一下文件服务器的管理方法。

文件服务器管理工具如下（以下方法要求读者至少掌握一种）：

Windows Server 2016 提供了用于文件服务器配置管理的多种工具。

（1）文件服务器管理控制台：打开“服务器管理器”窗口，单击“文件和存储服务”选项，管理文件。

（2）在 Windows 资源管理器中：可直接将文件夹配置为共享文件夹。

（3）命令行工具：如 net share 命令可显示有关本地计算机上全部共享资源的信息。

配置了文件服务器后，接下来就可以进行各项文件管理了，首先了解一下 Windows Server 2016 系统中的文件夹共享配置。

在介绍了文件服务器的管理工具后，下面介绍文件夹的共享操作。

在没有配置“文件服务器”的系统中，“共享文件夹”选项只是在“计算机管理”控制台中出现，如图 4-9 所示。而在配置了文件服务器后，也可以在“计算机管理”中找到，还可以在专门的文件服务器管理控制台中找到“共享”选项，如图 4-10 和图 4-11 所示。

说明：选择“开始”|“控制面板”|“管理工具”|“共享和存储管理”命令，打开“服务器管理器”窗口。

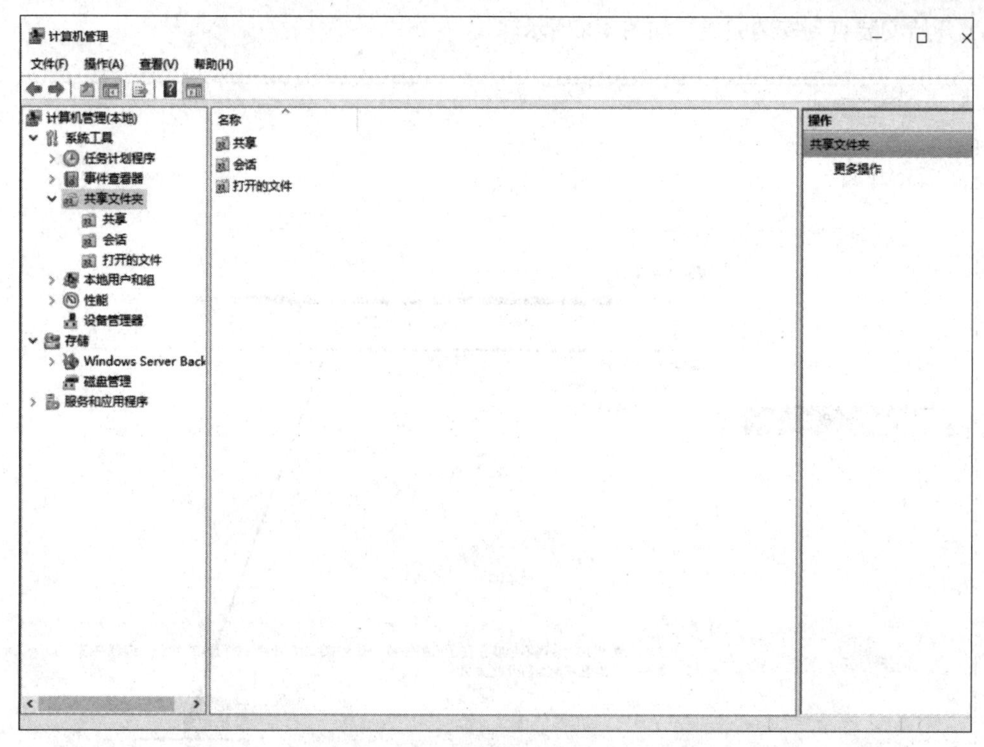

图 4-9 “计算机管理”控制台中的“共享文件夹”选项

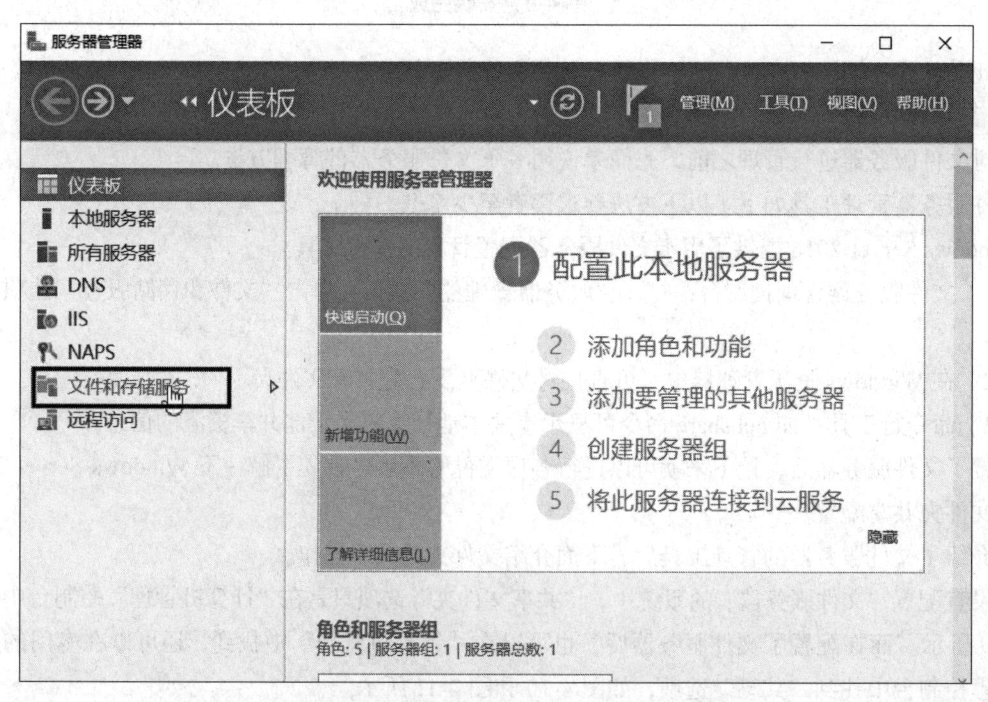

图 4-10 “服务器管理器”控制台中的“文件和存储服务”选项

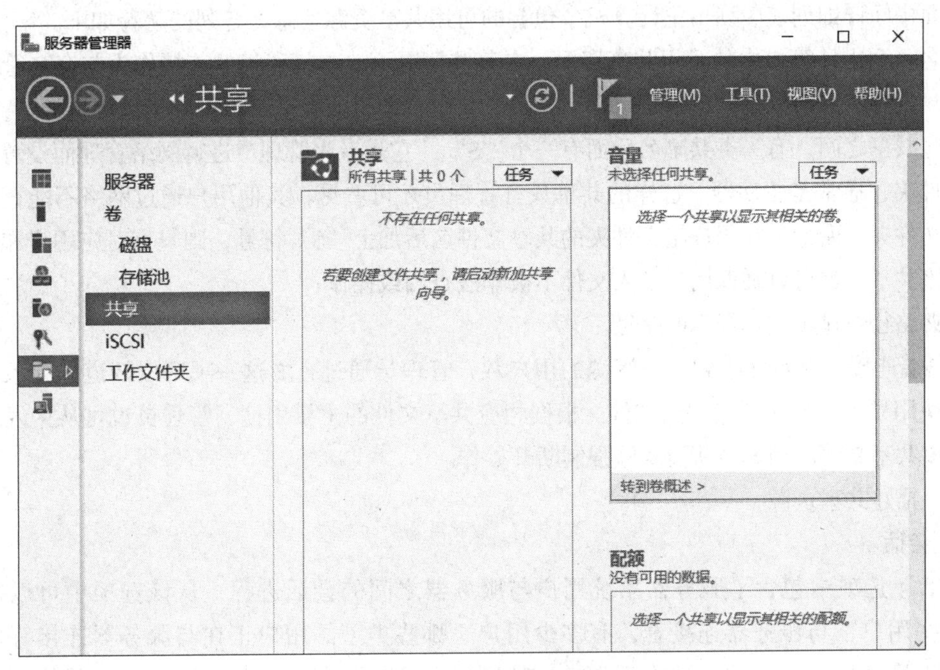

图 4-11　“共享”选项

“共享文件夹”包括以下三个方面的共享信息。

（1）共享。如果是本地共享，可直接在图 4-12 所示的“共享”界面查看。

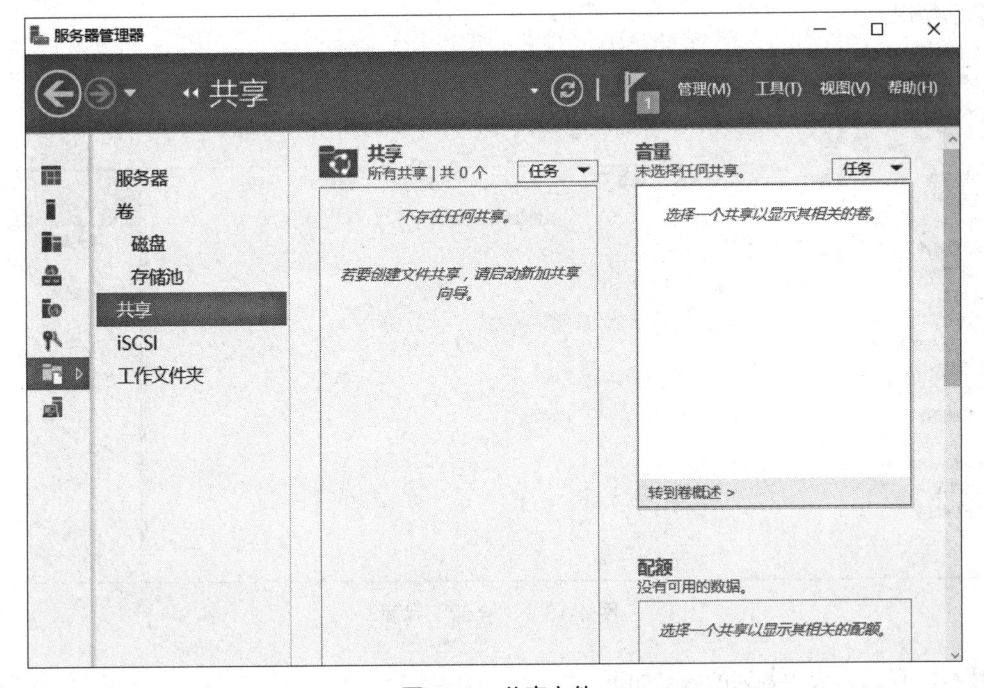

图 4-12　共享文件

在界面中间详细列表中列出了计算机中包含的可用共享资源信息，各列的解释如下。

共享名：列出计算机中的可用共享资源。在某些情况下，与打印机的连接作为与命名管道的连接进行监控。共享资源可以是共享目录、命名管道、共享打印机或者是不可识别类型的资源。

在这些共享之间，有一类共享名后面有一个“$”，它是专为管理员进行网络管理而设置的系统默认共享文件夹，通常是驱动器。这样的共享只有管理员才可看见，其他用户通过网络不能查看和使用这类共享文件夹。而如果在用户主文件夹的共享文件名后加上“$”符号，则只有对应用户和管理员才可以看到该共享，这可以确保用户私人文件不被非法查阅或操作。

文件夹路径：显示共享资源的路径。

客户端连接：显示连接到共享资源的用户数，管理员通过查看这一项可以知道当前系统有多少用户正在使用哪个共享文件夹中的文件。根据相应共享文件的主要用途，管理员也可从中发现一些没必要使用该共享文件的用户，从而实施强制断开操作。

描述：描述共享资源。

（2）会话。

“会话”选项中包含了服务器系统用户与服务器之间的会话进程，从该选项中可以得知当前系统中哪些用户正与服务器连接着，有多少用户、哪些类型的用户正在与服务器连接等信息。从中可以得出许多急需改进的文件管理举措，特别是文件权限配置方面，进一步完善整个系统的安全配置。

当然管理员也可通过此选项对当前与服务器连接的用户进行各种管理，如强制关闭某用户的会话。在图 4-13 所示“计算机管理台”左侧导航栏中选择“会话”选项，此时在右侧详细列表中显示当前网络中的会话情况。

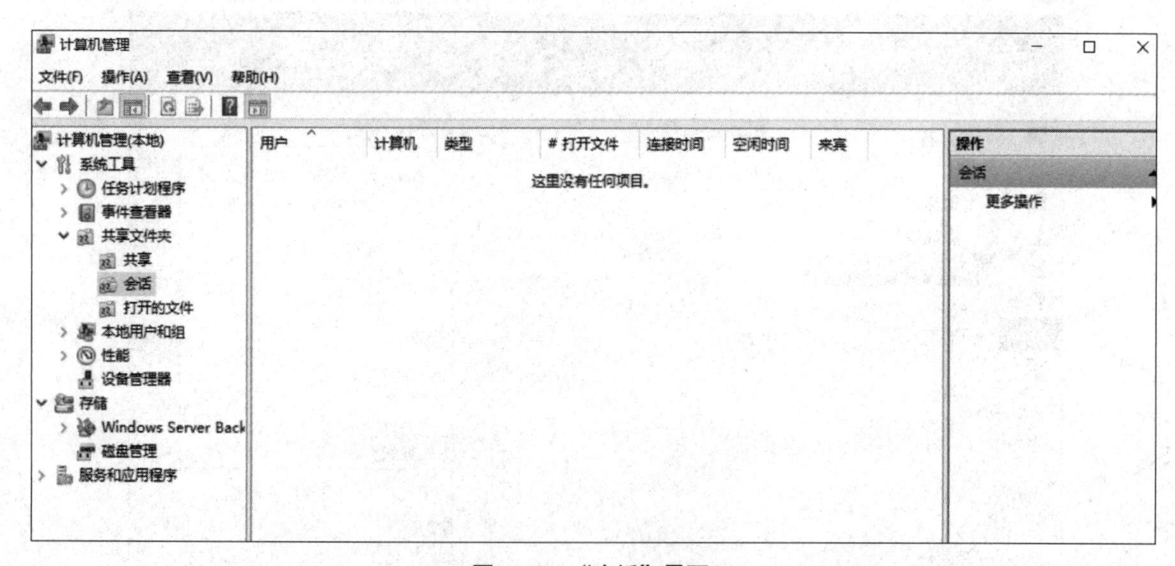

图 4-13 “会话”界面

对图 4-13 所示列表中各列的解释如下：

用户：列出当前与服务器连接的网络用户，管理员可强制中断。

计算机：显示连接用户的计算机名称。

打开文件：显示此服务器中由该用户打开的资源数，从中可以了解该用户目前正在进行的主要工作。

连接时间：显示从建立该会话开始，经过的小时和分钟数，从中可以了解该用户近一段时间以来的主要工作。

空闲时间：显示从该用户最后启动某个动作开始，经过的小时和分钟数。

来宾：指定该用户是否作为来宾连接到此计算机上（显示为“是”或“否”）。

从以上各项中均可得出当前服务器系统的安全状况，分析出该系统还可能存在的安全隐患，从而可以一步改进系统。

（3）打开的文件。

“打开的文件”选项所包含的是当前服务器系统中客户端正在使用服务器中文件的情况。从中可以清楚地看出当前系统中哪些用户正在打开哪些服务器中的文件。管理员可以通过这些信息有选择地中断某些用户的某些打开文件的操作。

在图 4-13 所示“计算机管理”控制台中单击控制台左边导航栏中的“打开的文件”选项，在右侧列表中显示当前服务器系统中用户打开服务器文件的情况列表，如图 4-14 所示。

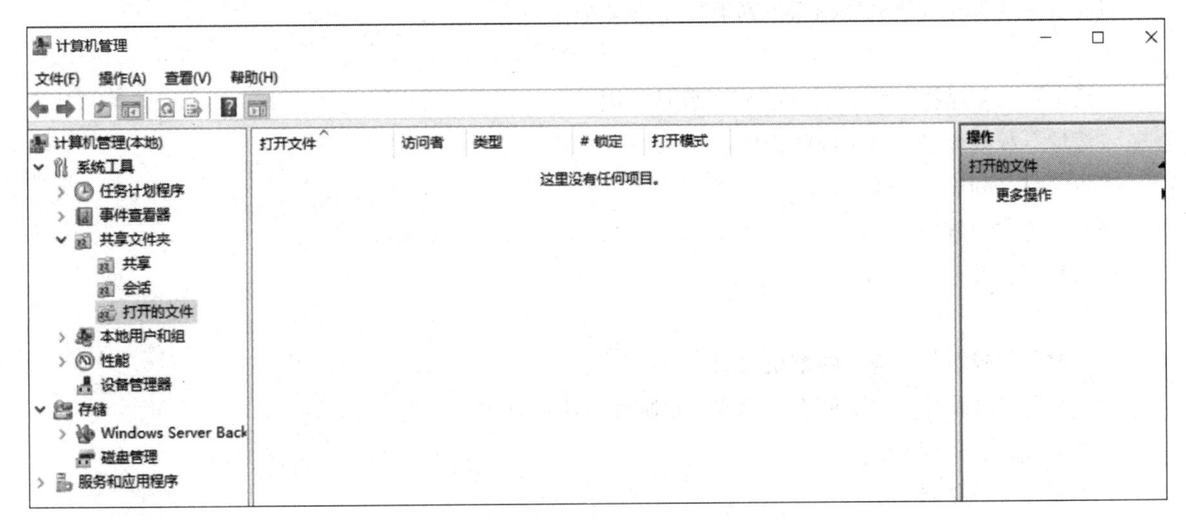

图 4-14　“打开的文件”界面

对图 4-14 所示列表中各列的解释如下：

打开文件：列出打开的文件名称。打开的文件可以是文件、命名管道、打印后台处理程序中的打印作业或是不可识别类型的资源。在某些情况下，打印作业在此处显示为打开的命名管道。

访问者：已经打开文件或访问资源的用户名。

锁定：显示资源上应用程序启动文件锁定的数量。

打开模式：显示打开资源时授予的权限。

以上管理项目，也可通过“文件和存储管理”控制台进行操作。此处不再赘述。

5. 文件夹共享权限

共享资源提供对应用程序、数据或用户个人数据的访问，可对每个共享资源指派或拒绝权限。可通过多种方法控制对共享资源的访问。可以使用共享权限，这样易于应用和管理。或者，可以使用NTFS文件系统上的访问控制，这样可以对共享资源及其内容进行更详细的控制，也可以将这些方法结合起来使用。如果将这些方法结合起来使用，将应用更为严格的权限。不必显式拒绝共享资源的权限。通常，只有在想要覆盖已指派的特定权限时，才有必要拒绝权限。

在 Windows Server 2016 家族中，当创建新的共享资源时，自动指派 Everyone 组为读取权限，这种权限是最受限制的权限。

共享权限的配置仅应用于通过网络访问资源的用户。这些权限不会应用到在本地登录的用户（如登录到终端服务器的用户），在这种情况下，可在 NTFS 上使用访问控制来设置权限。共享权限的配置将应用于共享资源中所有的文件和文件夹。如果要为共享文件夹中的子文件夹或对象提供更详细的安全性级别，也可使用 NTFS 的访问控制。

共享权限是保护 FAT 和 FAT32 卷上的网络资源的唯一方法，因为 NTFS 权限在 FAT 或 FAT32 卷上不可用。共享权限可指定允许通过网络访问共享资源的最大用户数目，这是 NTFS 文件系统提供的额外安全措施。

可对共享文件夹或驱动器指派下列类型的访问权限。

（1）读取。

“读取”权限是指派给 Everyone 组的默认权限。

“读取”权限允许进行下面的操作。

查看文件名和子文件夹名。

查看文件中的数据。

运行程序文件。

（2）更改。

“更改”权限不是任何组的默认权限。

“更改”权限除允许以上所有“读取”权限外，还具有如下权限。

添加文件和子文件夹。

更改文件中的数据。

删除子文件夹和文件。

（3）完全控制 。

“完全控制”权限是指派给本机上的 Administrators 组的默认权限。“完全控制”权限具有全部读取及更改权限。

6. 共享文件夹的创建与配置

在需要与网络中其他用户、计算机共享文件时，就需要创建共享文件夹

注意：共享资源只能共享文件夹，而不能只共享文件。

创建与配置共享文件夹的方法有以下几种：

（1）在“计算机管理”工具中创建。

（2）在“资源管理器”中创建。

（3）通过命令行方式创建。

下面分别予以介绍。因为在“计算机管理”和“文件服务器管理”中创建的方法完全一样，在此仅以在“文件服务器管理”中创建为例进行介绍。

（1）在“计算机管理”工具中创建。

Windows Server 2016 系统的共享资源都集中在“计算机管理”和“共享和存储管理”工具中的“共享”选项中。下面以在“计算机管理”中创建为例进行介绍。

方法很简单，只需在图 4-15 所示“计算机管理”控制台中右击“共享”选项，在弹出的快捷菜单中选择“新建共享”命令，弹出“创建共享文件夹向导”对话框。如图 4-15 所示，然后按照前面介绍的相应步骤操作即可，最后单击“完成”按钮完成新共享文件夹的创建。

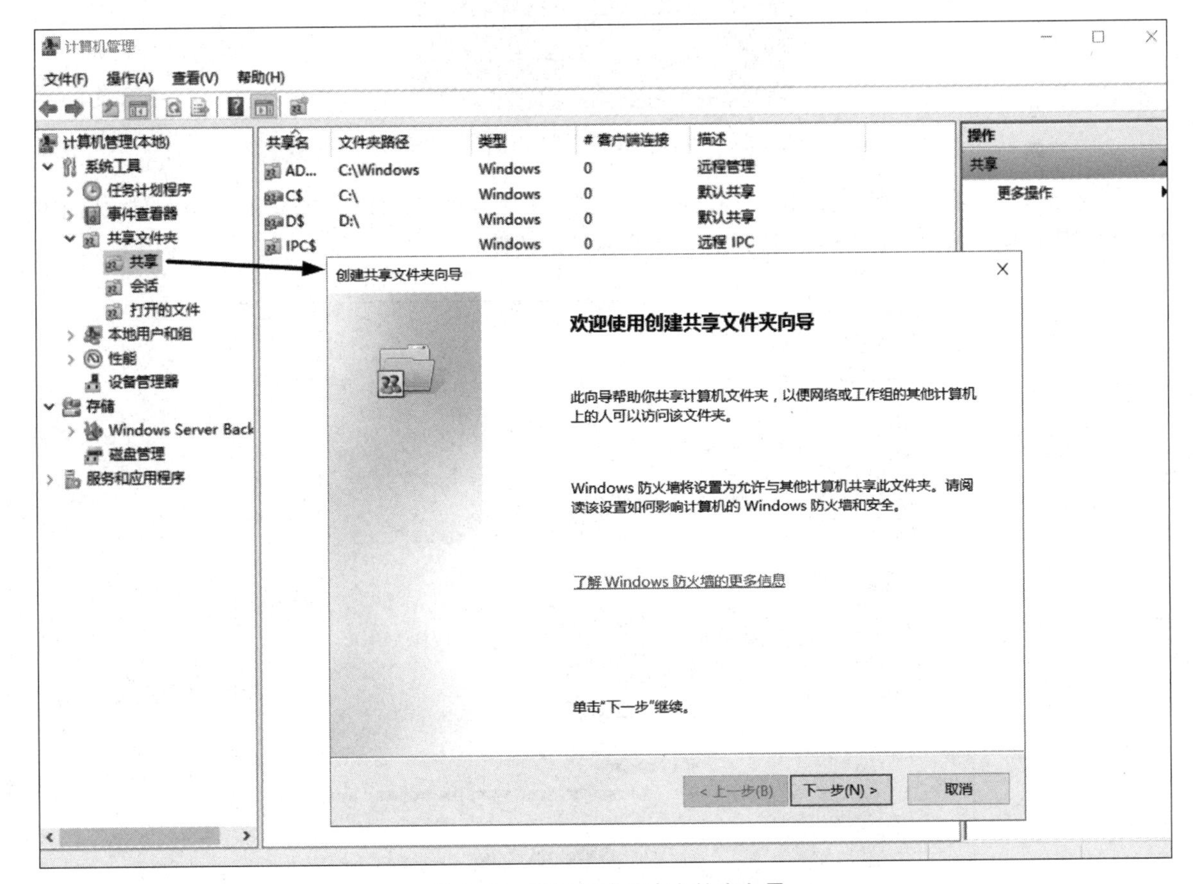

图 4-15　使用创建共享文件夹向导

（2）使用 Windows 资源管理器创建。下面介绍这种文件夹共享的创建方法。

网络共享文件夹的创建是目前在企业网络中使用最广泛的一种文件夹共享类型，它供网络中多用户通过网络共享资源。具体创建步骤如下：

① 右击“开始”按钮，在弹出的快捷菜单中选择“文件资源管理器”命令，打开 Windows 资源管理器，如图 4-16 所示。

图 4-16　选择“文件资源管理器”命令

② 右击要共享的文件夹或驱动器，在弹出的快捷菜单中选择“属性”命令，在弹出的对话框中单击“共享”按钮，如图 4-17 所示，打开图 4-18 所示的对话框。

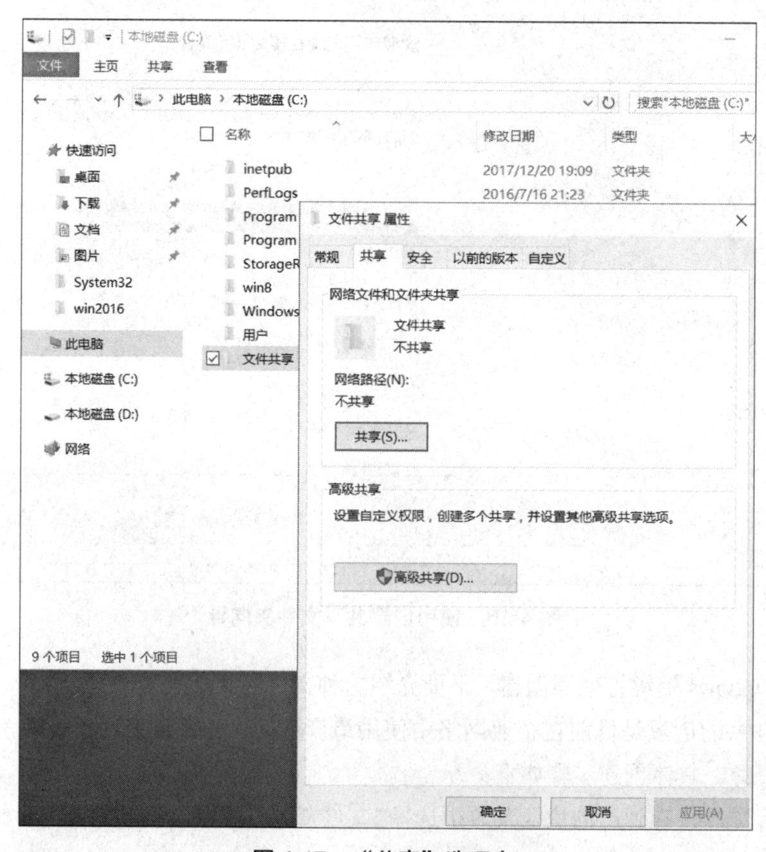

图 4-17　“共享”选项卡

弹出“文件共享”对话框，其中只有管理员账号，可单击“共享”按钮完成共享设置，如图 4-18 所示。

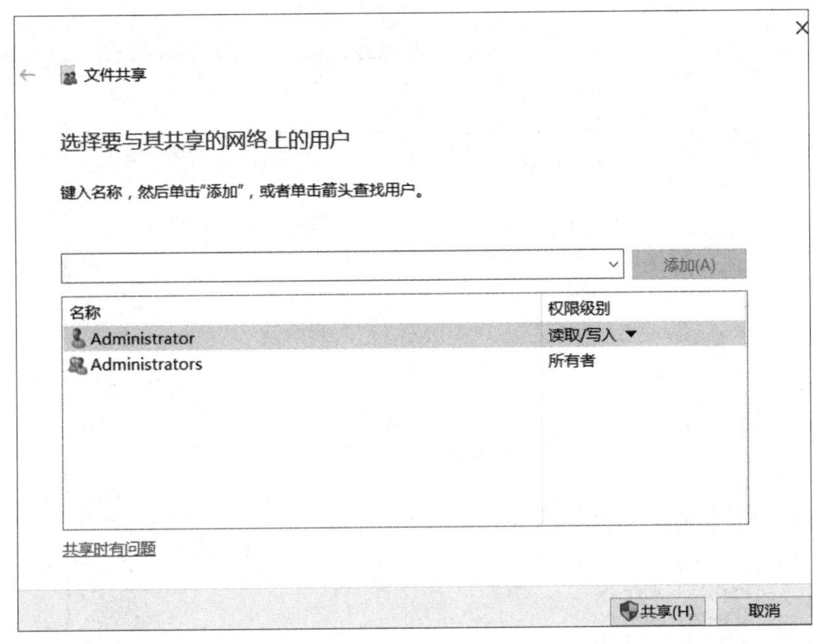

图 4-18　“文件共享”对话框

③ 如果要其他用户进行访问，则在图 4-18 所示“添加”按钮前面的下拉列表中选择“查找个人”命令进行添加，如图 4-19 所示。

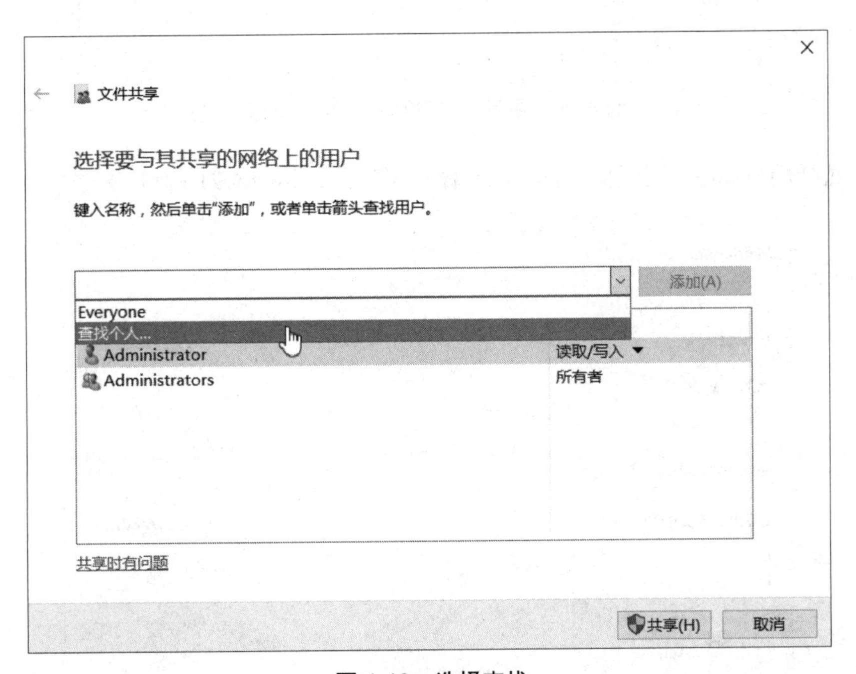

图 4-19　选择查找

出现要输入用户名和密码的对话框，输入后单击“立即查找”按钮，找到用户后单击即可，如图 4-20 所示。

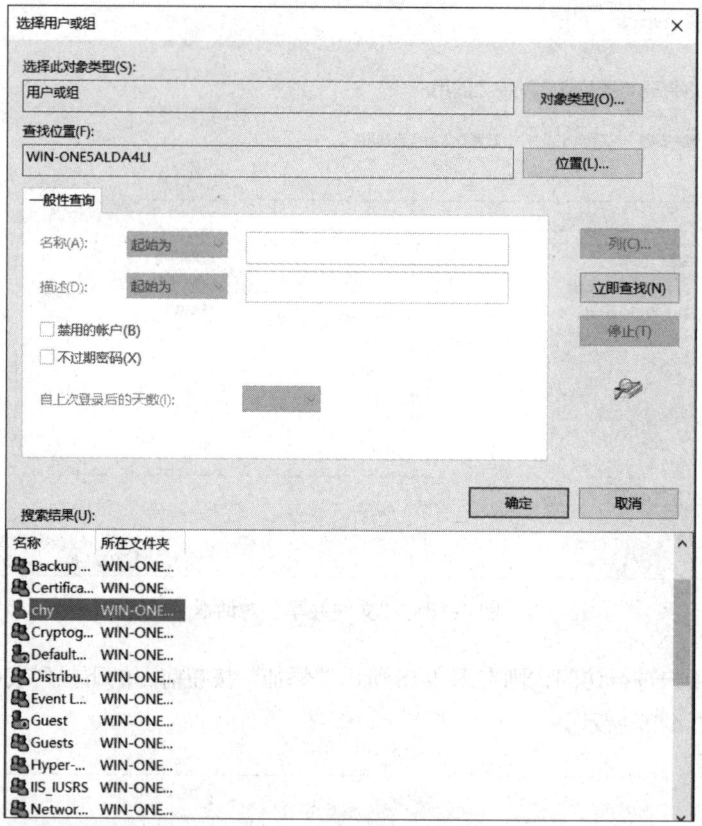

选择用户或组

选择此对象类型(S):

用户或组

对象类型(O)...

查找位置(F):

WIN-ONE5ALDA4LI

位置(L)...

一般性查询

名称(A): 起始为

描述(D): 起始为

列(C)...

立即查找(N)

停止(T)

禁用的帐户(B)

不过期密码(X)

自上次登录后的天数(I):

确定　取消

搜索结果(U):

名称	所在文件夹
Backup ...	WIN-ONE...
Certifica...	WIN-ONE...
chy	WIN-ONE...
Cryptog...	WIN-ONE...
Default...	WIN-ONE...
Distribu...	WIN-ONE...
Event L...	WIN-ONE...
Guest	WIN-ONE...
Guests	WIN-ONE...
Hyper-...	WIN-ONE...
IIS_IUSRS	WIN-ONE...
Networ...	WIN-ONE...

图 4-20　展开“选择用户或组”对话框

返回到“选择用户和组”对话框，其中已经添加了用户，如图 4-21 所示。

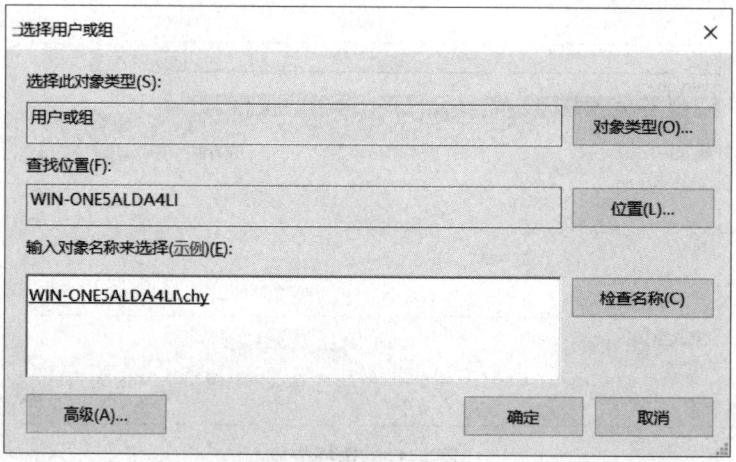

选择用户或组

选择此对象类型(S):

用户或组

对象类型(O)...

查找位置(F):

WIN-ONE5ALDA4LI

位置(L)...

输入对象名称来选择(示例)(E):

WIN-ONE5ALDA4LI\chy

检查名称(C)

高级(A)...　确定　取消

图 4-21　已经添加了用户

单击“确定”按钮，返回到“文件共享”对话框，已经多了一个用户，如图 4-22 所示。

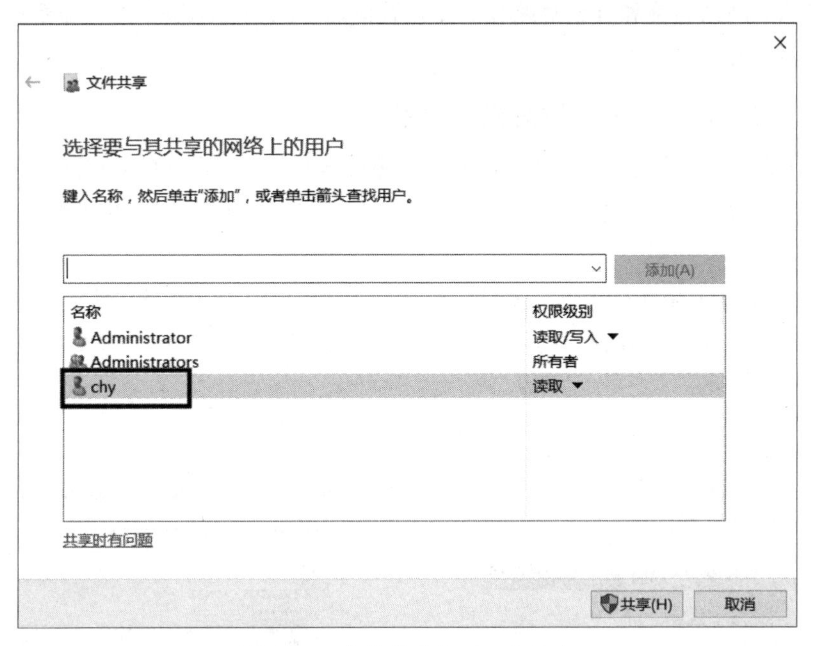

图 4-22　文件共享多了一个用户

单击“共享”按钮，设置完成，如图 4-23 所示。

图 4-23　设置共享完成

（3）使用命令行创建。命令行方式很简单，只需选择“开始”|“附件”|“命令提示符”命令，进入命令提示状态，输入 net share sharename=drive:path 命令即可。

视 频

Windows 8与 Windows Server 2016文件共享

其中，net share 用于创建、删除或显示共享资源，而 sharename=drive:path 参数用于指定共享资源的网络名称和其绝对路径。要查看该命令的完整语法，可在命令提示符下输入 net help share 命令。

二、NTFS 文件和文件夹权限设置

本任务主要是训练设置、查看、更改或删除 NTFS 文件和文件夹权限。

设置、查看、更改或删除NTFS文件和文件夹权限的方法很简单，在资源管理器中即可进行，具体方法如下。

（1）打开“Windows 资源管理器”窗口，在要为其设置权限的文件或文件夹上右击，在弹出的快捷菜单中选择“属性”命令，在弹出的对话框中选择“安全”选项卡，NTFS 文件访问权限配置界面如图 4-24 和图 4-25 所示。

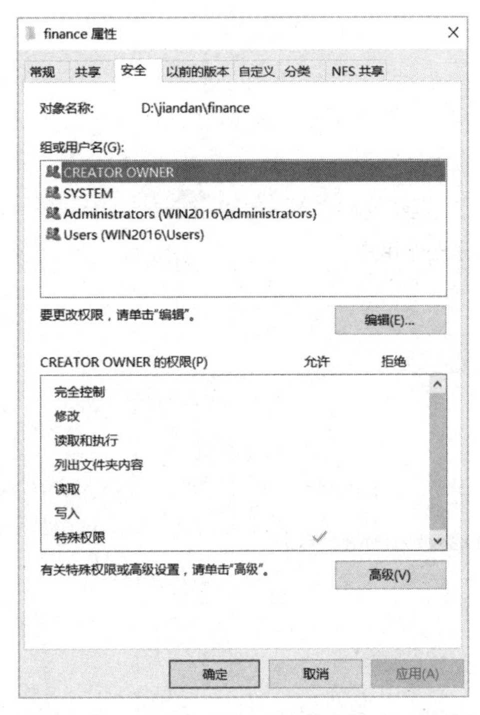

图 4-24　NTFS 文件访问权限配置界面（配置前）

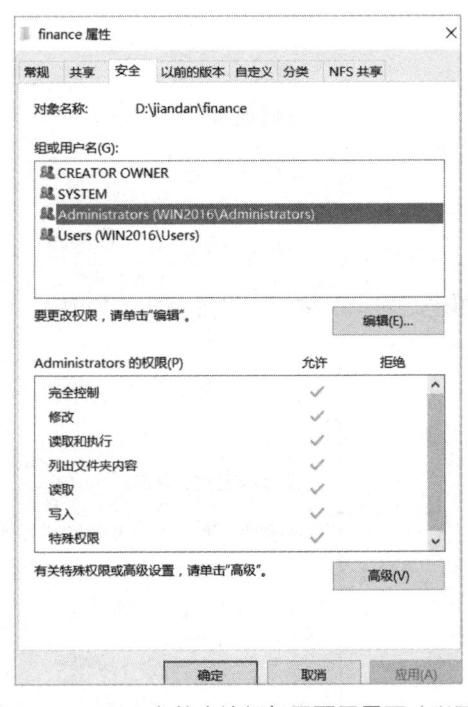

图 4-25　NTFS 文件夹访问权限配置界面（配置后）

（2）执行以下任一操作。

① 为没有显示于“组或用户名”列表中的组或用户设置权限。单击“编辑” | “添加”按钮，弹出“选择用户、计算机、服务账户或组”对话框，如图 4-26 所示，输入要添加的用户或组，单击“确定”按钮。然后在类似图 4-27 所示的对话框中为新添加用户设置对 NTFS 文件或 NTFS 文件夹进行权限配置。

② 更改现有的组或用户的权限。在图 4-27 所示对话框中选择该组或用户的名称，然后在下方的权限列表框中修改现有用户或组访问该文件或文件夹的权限。要允许或拒绝某一权限，则在权限列表框中，选中“允许”或“拒绝”复选框。

③ 删除现有用户对相应文件或文件夹原来所具有的访问权限。从“组或用户名”列表框中选择相

应组或用户，然后单击“删除”按钮。

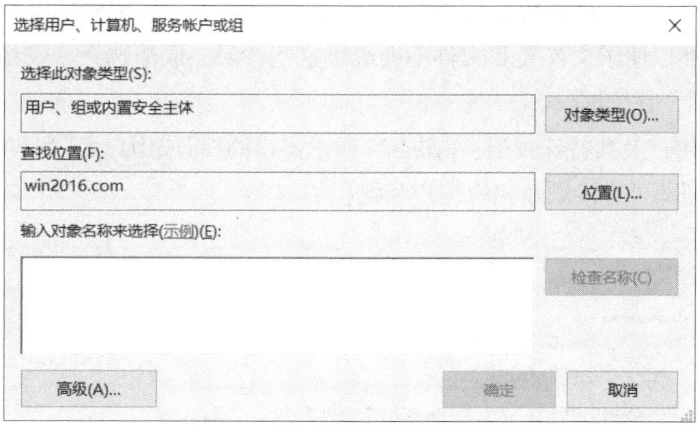

图 4-26 “选择用户、计算机、服务账户或组”对话框

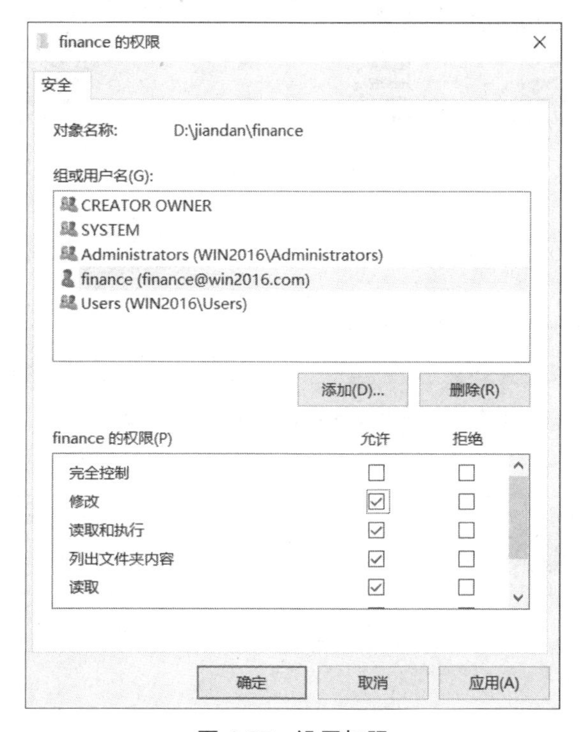

图 4-27 设置权限

（3）如果要设置其他高级权限配置，则可在图 4-26 所示对话框中单击“高级”按钮，打开图 4-28 所示窗口，然后执行以下操作之一。

① 查看或更改现有组或用户的特殊权限。在图 4-28 所示窗口的“权限条目”列表中选中相应用户或组，然后单击“编辑”按钮，如图 4-29 所示。

② 在图 4-29 所示窗口中重新为用户或组设置文件或文件夹的访问权限。可以对“基本权限”区域中的那些复选框中的权限进行设置，如果“基本权限”列表中的某些权限复选框显示为灰色，则表明这些权限是从父文件夹继承来的，不能直接修改这些权限，但可通过单击“全部清除”按钮清除原

来的所有权限配置，即可重新配置。

在“应用于”下拉列表中选择想要应用前面在“权限”列表中所配置的这些权限的文件夹或者子文件夹。要配置安全性以便子文件夹和文件不会继承这些权限，取消选择“仅将这些权限应用到此容器中的对象和/或容器”复选框。

③ 删除现有组或用户及其特殊权限。在图 4-27 所示窗口的“组或用户名”列表中选择相应用户和组，然后单击“删除”按钮即可直接删除相应用户和组。

图 4-28 高级安全设置中的“权限”选项卡

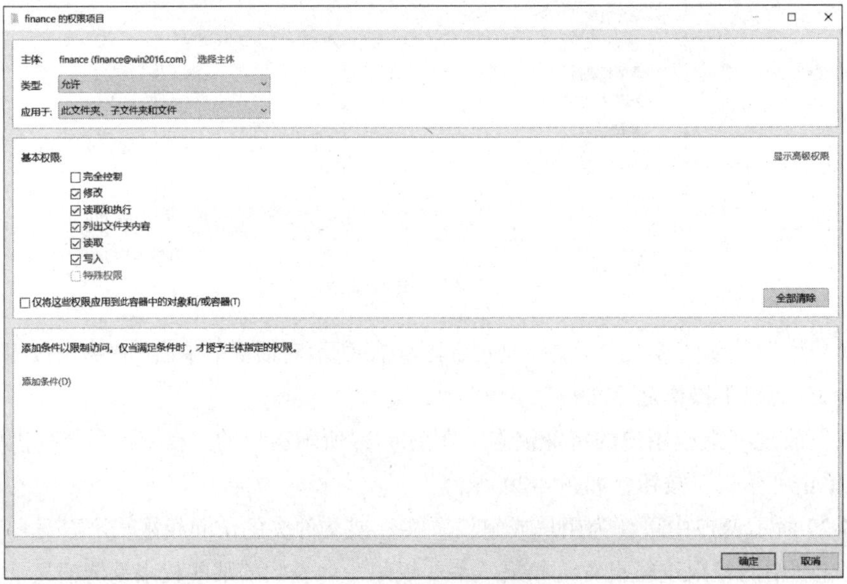

finance 的权限项目
主体: finance (finance@win2016.com) 选择主体
类型: 允许
应用于: 此文件夹、子文件夹和文件
基本权限: 显示高级权限
□完全控制
☑修改
☑读取和执行
☑列出文件夹内容
☑读取
☑写入
□特殊权限
□仅将这些权限应用到此容器中的对象和/或容器(T) 全部清除
添加条件以限制访问。仅当满足条件时，才授予主体指定的权限。
添加条件(D)
确定 取消

图 4-29 基本权限设置

总结与回顾

本项目介绍了两个任务，在第一个任务中主要学习了文件夹共享的建立和文件夹共享权限的设置，这是最基本的任务，这对于一般用户使用文件来说已经够用，但是对于某些特殊用户的文件使用，则需要在第二个任务中进一步学习。

第二个任务较为详细地介绍了NTFS文件夹的安全权限，这对Windows Server 2016来说，也是保证操作系统安全的一个非常重要的方面。

习　　题

一、理论练习

1．什么是文件服务器?

2．安装文件服务器的步骤是怎样的?

3．如何配置文件夹服务器?

4．如何设置文件夹的共享权限?

5．如何在其他计算机上使用共享文件夹?

6．NTFS文件夹和文件有哪些特殊权限?

7．NTFS文件夹和文件有哪些权限组合?

二、上机操作1：安装并配置文件服务器，然后进行文件的共享并使用文件

视频

简单共享实现

1. 实训任务

配置文件服务器。

2. 实训环境描述

公司网络采用工作组模式，网络中有一台系统为Windows Server 2016的文件服务器Filesvr，需要在该服务器上创建三个共享文件夹，其中software用于向全体员工提供常用软件，product用于存放研发部的相关资料，finance用于存放财务部的相关资料。

3. 实训拓扑及网络规划

（1）创建共享文件夹software并配置权限，使所有用户拥有读取权限，而管理部门拥有全部权限。

（2）创建共享文件夹product并配置权限，使用户product有修改权限，而其他用户无任何权限。

（3）创建共享文件夹finance并配置权限，使用户finance有修改权限，而其他用户无任何权限。

4. 实训操作过程及配置说明

（1）配置两台Windows Server 2016作为客户端，如图4-30所示。

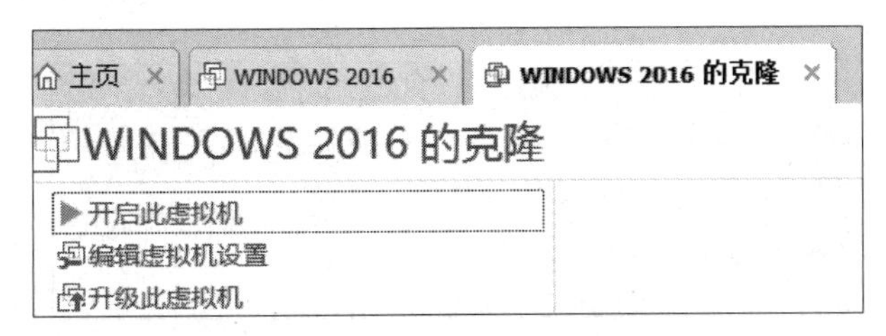

图4-30　建立两台虚拟机并安装操作系统

（2）将两台虚拟机的 IP 设在同一网段，让两台虚拟机的网络连通，如图 4-31 和图 4-32 所示。

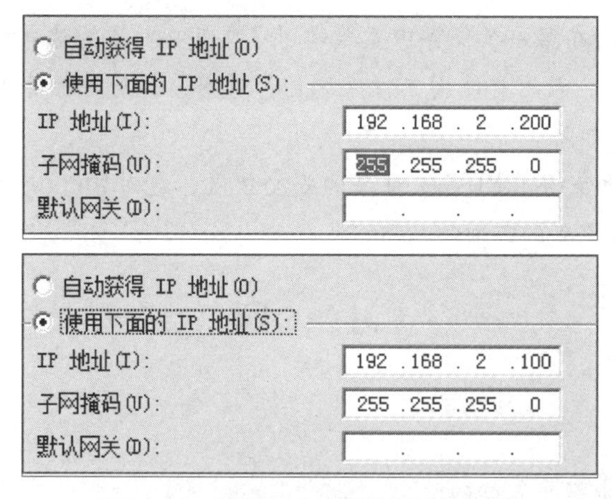

图 4-31　设置两台虚拟机的 IP 地址

```
C:\Documents and Settings\Administrator>ping 192.168.2.200

Pinging 192.168.2.200 with 32 bytes of data:

Reply from 192.168.2.200: bytes=32 time<1ms TTL=128
Reply from 192.168.2.200: bytes=32 time<1ms TTL=128
Reply from 192.168.2.200: bytes=32 time<1ms TTL=128
Reply from 192.168.2.200: bytes=32 time<1ms TTL=128

Ping statistics for 192.168.2.200:
    Packets: Sent = 4, Received = 4, Lost = 0 (0% loss),
Approximate round trip times in milli-seconds:
    Minimum = 0ms, Maximum = 0ms, Average = 0ms
```

```
C:\Users\Administrator>ping 192.168.2.100

正在 Ping 192.168.2.100 具有 32 字节的数据:
来自 192.168.2.100 的回复: 字节=32 时间<1ms TTL=128
来自 192.168.2.100 的回复: 字节=32 时间<1ms TTL=128
来自 192.168.2.100 的回复: 字节=32 时间<1ms TTL=128
来自 192.168.2.100 的回复: 字节=32 时间<1ms TTL=128

192.168.2.100 的 Ping 统计信息:
    数据包: 已发送 = 4, 已接收 = 4, 丢失 = 0 (0% 丢失),
往返行程的估计时间(以毫秒为单位):
    最短 = 0ms, 最长 = 0ms, 平均 = 0ms
```

图 4-32　ping IP 地址测试

（3）创建用户 product 和 finance 供研发部和财务部员工访问服务器时使用，如图 4-33 所示。

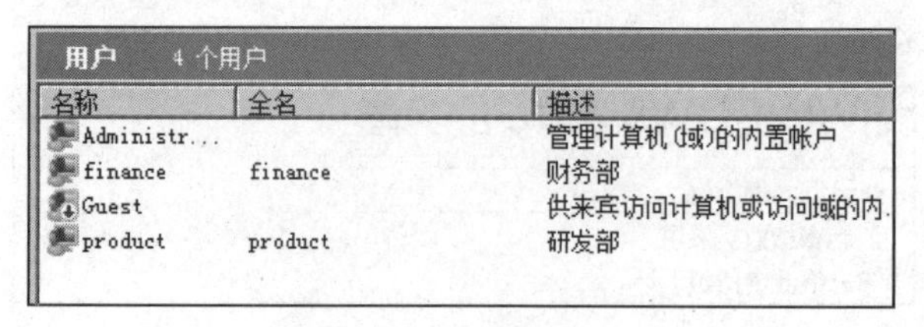

图 4-33　创建用户

（4）创建 software 文件夹，设置高级共享，默认其他共享选项，如图 4-34 所示。

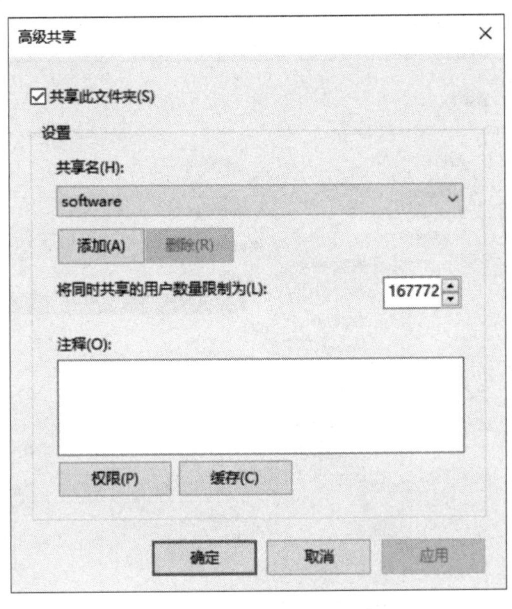

图 4-34　设置高级共享

（5）创建 product 文件夹，设置共享，删除 Everyone 的权限，添加 product 具有修改权限，如图 4-35 所示。

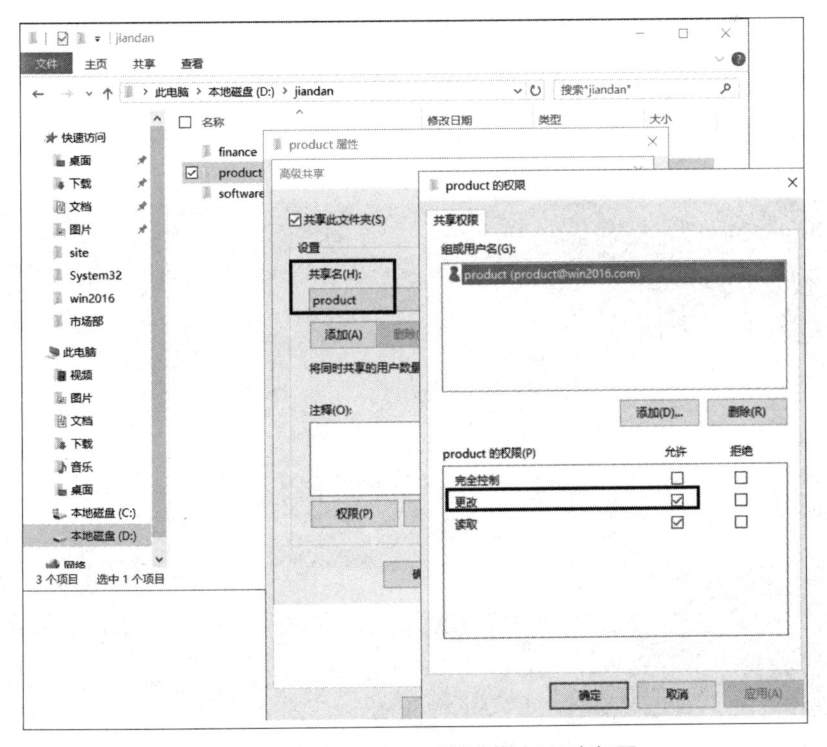

图 4-35　创建 product 文件夹设置共享权限

(6)创建 finance 文件夹，共享文件夹，删除 Everyone 的权限，添加 finance 具有修改权限，如图 4-36 所示。

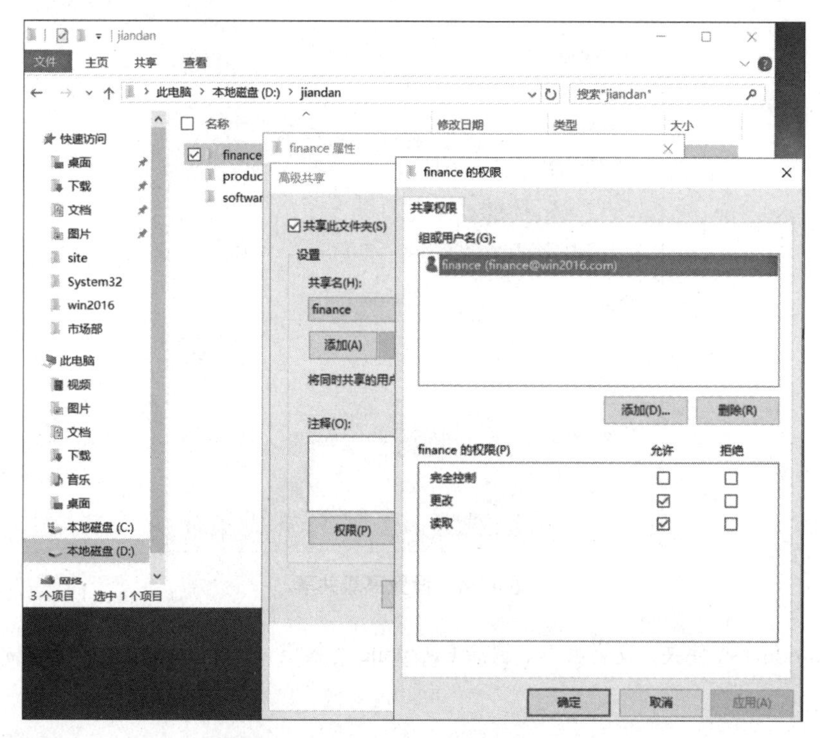

图 4-36 添加 finance 具有修改权限

(7)在客户端以用户 product 分别访问共享文件夹 finance、product、software，记录是否能打开文件夹执行读取和添加操作的访问结果，如图 4-37 至图 4-41 所示。

图 4-37 登录账号

首先测试“software”文件夹，如图 4-38 所示。

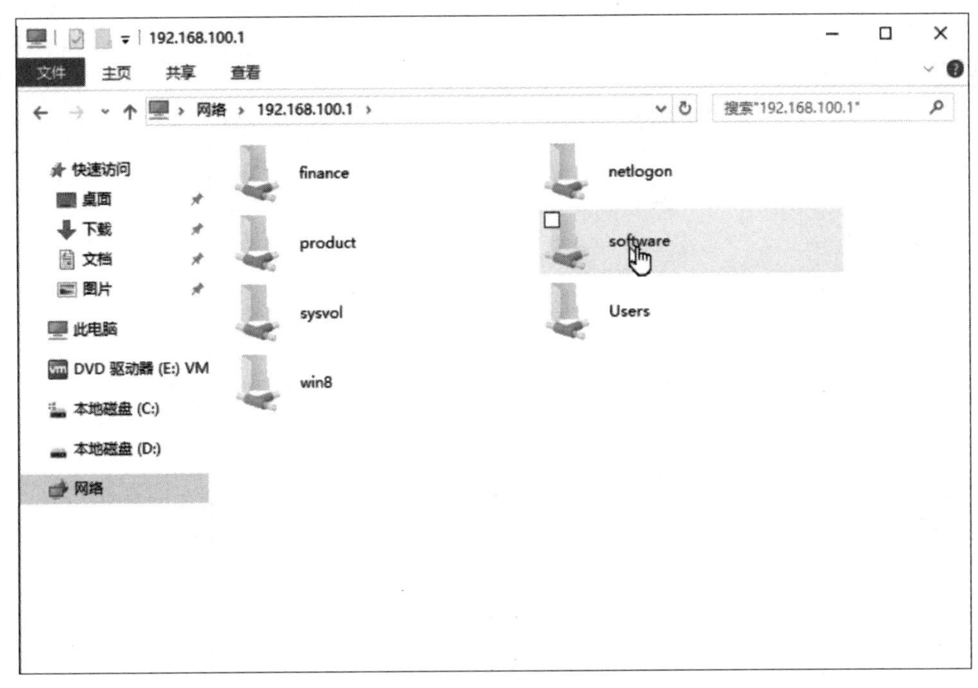

图 4-38　能够访问

经测试能访问“software”文件夹，但是不能对文件内容进行更改，如图 4-39 所示。

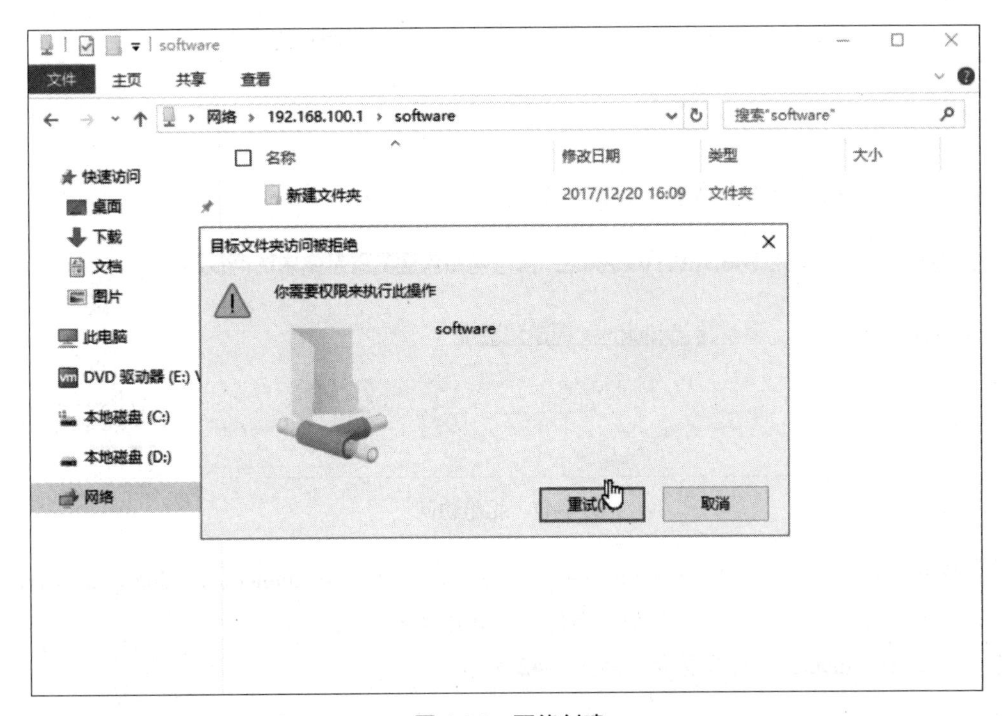

图 4-39　不能创建

打开“product”文件夹，能够创建文件夹，并能对文件进行更改，如图 4-40 所示。

图 4-40　可以创建文件

而对“finance”文件进行操作时提示：“无法访问”，如图 4-41 所示。

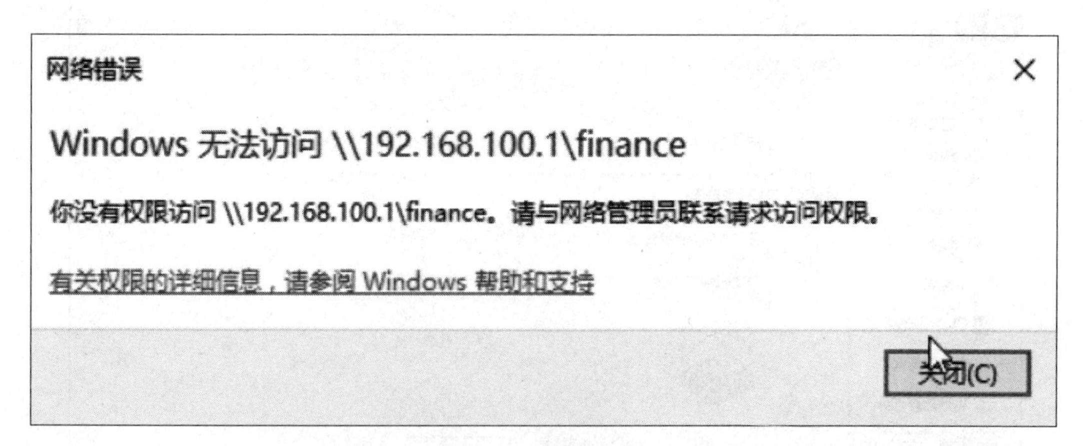

图 4-41　拒绝访问

（8）断开连接，在客户端以用户 finance 分别访问共享文件夹 finance、product、software，记录是否能打开文件夹执行读取和添加操作的访问结果，如图 4-42 至图 4-44 所示。

切换用户，用“finance”用户登录，如图 4-42 所示。

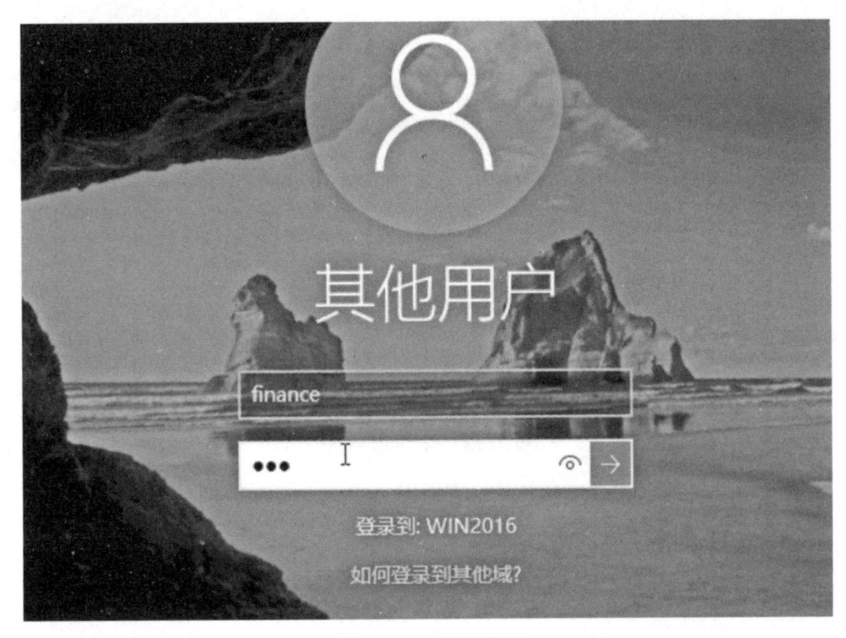

图 4-42　登录账号

选择“finance”文件夹，能够打开并且可以新建文件夹，如图 4-43 所示。

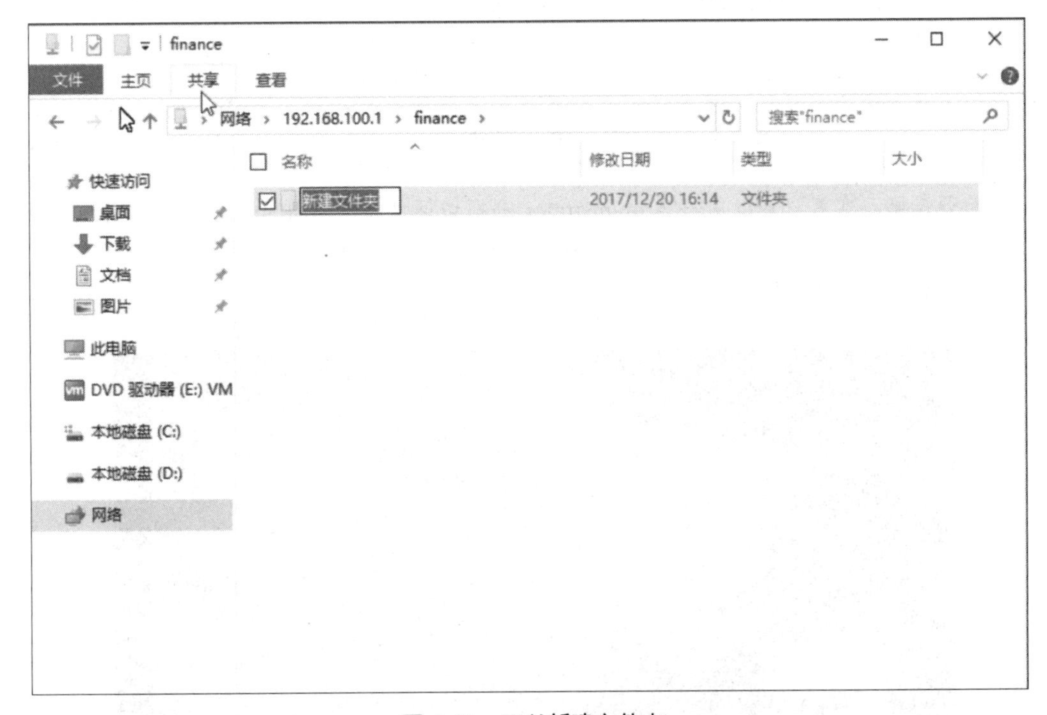

图 4-43　可以新建文件夹

在“software”文件中更改文件内容时，提示：“没有权限”，如图 4-44 所示。

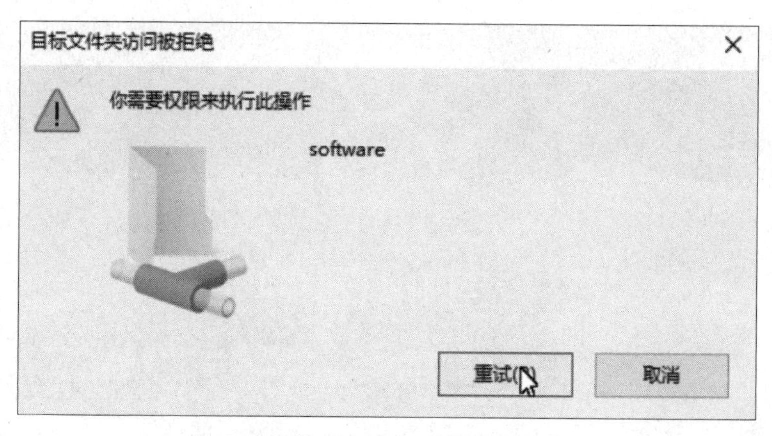

图 4-44　不可以修改

访问“product”文件时，提示无法访问，如图 4-45 所示。

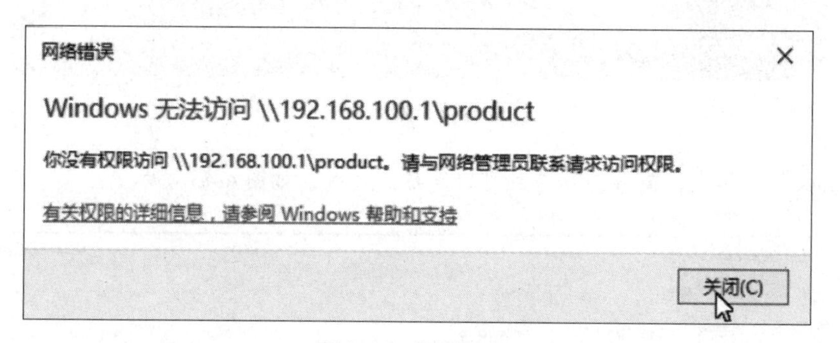

图 4-45　拒绝访问

（9）断开连接，在客户端以用户 Administrator 分别访问共享文件夹 finance、product、software，记录是否能打开文件夹执行读取和添加的操作的访问结果，如图 4-46 至图 4-50 所示。

用“Administraor”用户登录，如图 4-46 所示。

图 4-46　登录

打开“此电脑”，在搜索栏中输入第一台计算机的 IP 地址（\\192.168.100.1），如图 4-47 所示。

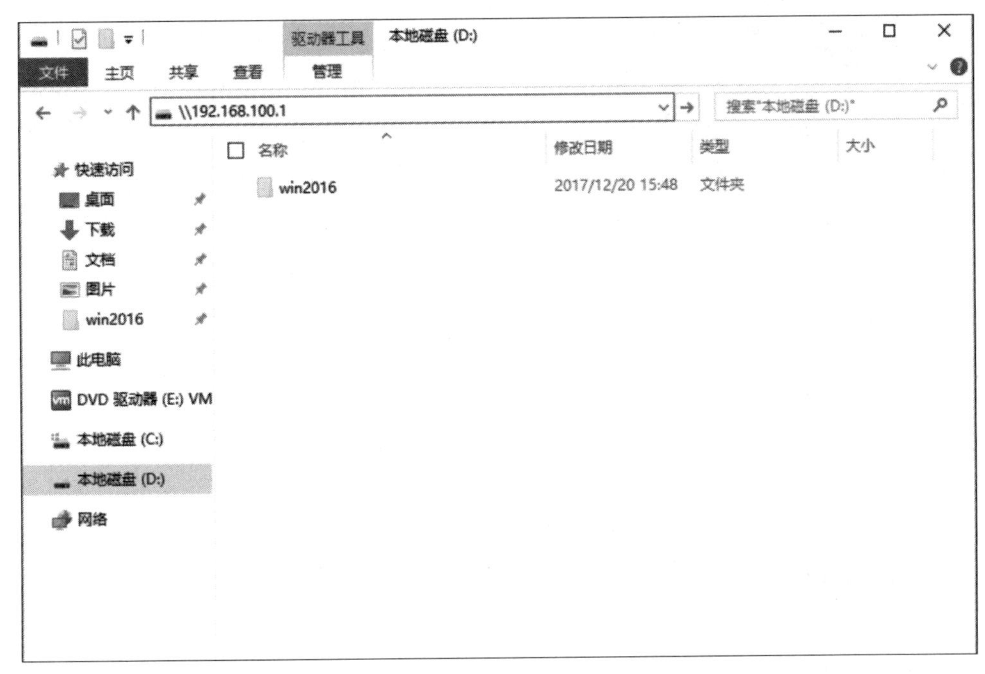

图 4-47　打开共享

测试创建的“software”文件夹，双击打开文件。

右击后选择“新建”|“文件夹”命令，查看能否成功，如图 4-48 所示。

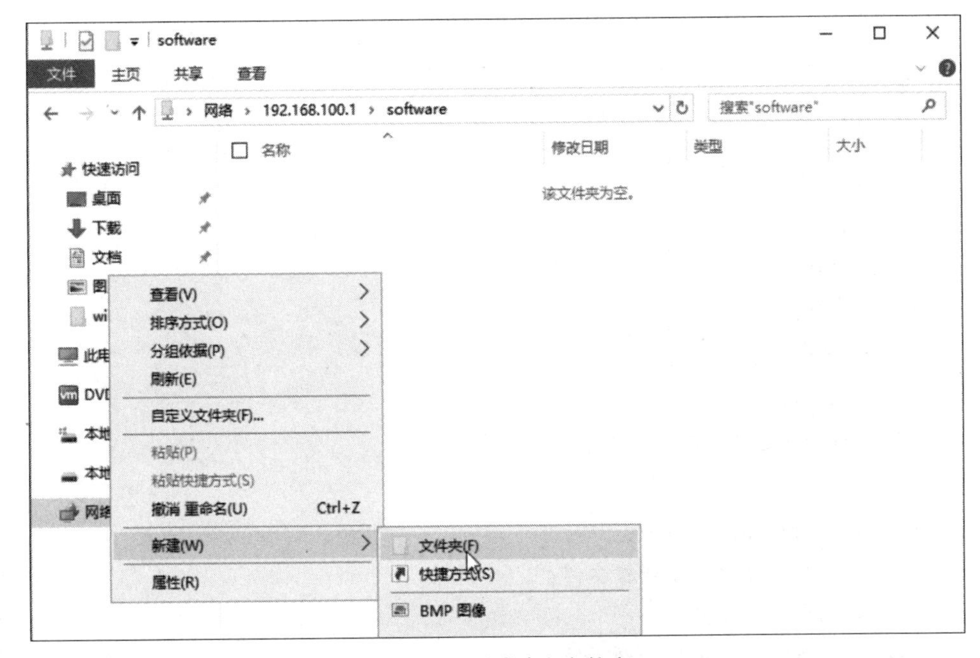

图 4-48　测试建立文件夹

测试结果成功，如图 4-49 所示。

图 4-49　测试成功

双击 product、finnace 文件夹时提示没有权限访问，如图 4-50 所示。

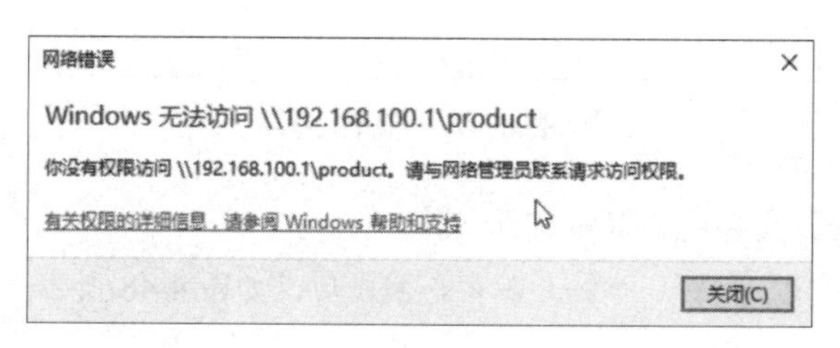

图 4-50　不能访问

5. 实训结果

用户 product 登录时：

（1）无法访问 finance 文件夹；

（2）可以访问 product 文件夹也可以新建文件；

（3）可以访问 software 文件夹但是不能新建文件。

用户 finance 登录时：

（1）可以访问 finance 文件夹也可以新建文件；

（2）无法访问 product 文件夹；

（3）可以访问 software 文件夹但是不能新建文件。

管理员 Administrator 登录时：

无法访问 finance 和 product 文件夹；

可以访问 software 文件夹也可以新建文件；

总结和分析：请读者自己填写。

三、上机操作 2：NTFS 文件权限设置训练

1. 实训任务

NTFS 文件服务器权限设置及训练。

2. 分析

分析案例要求需要搭建文件服务器以实现“企业信息的安全，各部门经理可以阅读本部门所有文件，公司员工只能读取和修改自己的文档，总经理只有自己能够修改和读取全公司文档。”组建局域网，通过局域网的文件服务器传输来避免通过 U 盘传输的弊端。Windows Sever 2016 易操作、易管理。配合使用 Windows 特有的 NTFS 文件系统实现文件夹的访问限制，能解决公司的数据交换问题并增强数据的交换安全，文件访问限制。

3. 规划

（1）根据公司的情况，制定出图 4-51 所示的拓扑图。

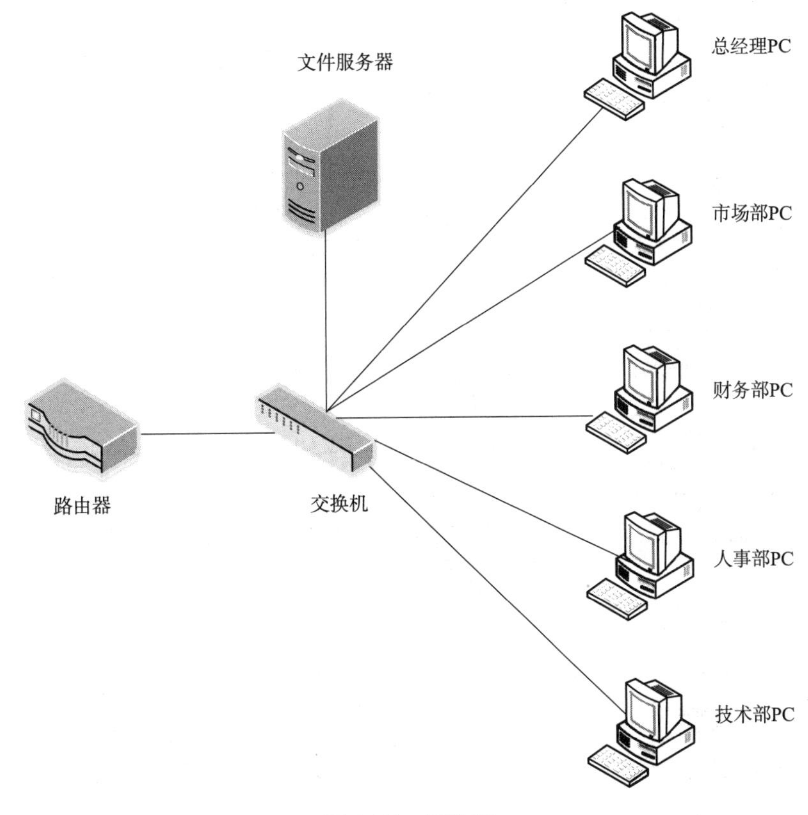

图 4-51　拓扑图

（2）确定目录结构为：

一级目录	二级目录
a．总经理文件夹	无
b．市场部文件夹	市场部员工文件夹
c．财务部文件夹	财务部员工文件夹
d．技术部文件夹	技术部员工文件夹
e．人事部文件夹	人事部员工文件夹
f．public 文件夹	无

相应的人员账号及其对共享文件夹的权限见表 4-4。

表 4-4　相应的人员账号及其对共享文件夹的权限

<table>
<tr><th colspan="2">文件夹</th><th>用户和组</th><th>NTFS 权限</th><th>共享权限</th><th>备注</th></tr>
<tr><td colspan="6">一级文件夹</td></tr>
<tr><td colspan="2">总经理</td><td>Administrator
巫江</td><td>默认权限
完全控制</td><td>Everyone 完全控制</td><td>该级目录需要取消继承后设置 - “复制”</td></tr>
<tr><td colspan="2">财务部</td><td>Administrator
财务组
巫江</td><td>默认权限
读取
除完全</td><td>Everyone 完全控制</td><td>该级目录需要取消继承后设置 - “复制”</td></tr>
<tr><td colspan="2">市场部</td><td>Administrator
市场组
巫江</td><td>默认权限
读取
除完全</td><td>Everyone 完全控制</td><td>同上</td></tr>
<tr><td colspan="2">人事部</td><td>Administrator
人事部
巫江</td><td>默认权限
读取
除完全</td><td>Everyone 完全控制</td><td>同上</td></tr>
<tr><td colspan="2">技术部</td><td>Administrator
技术组
巫江</td><td>默认权限
读取
除完全</td><td>Everyone 完全控制</td><td>同上</td></tr>
<tr><td colspan="2">Public</td><td>Administrator
Users</td><td>完全控制
除完全</td><td>Everyone 完全控制</td><td>同上</td></tr>
<tr><td colspan="6">二级文件夹</td></tr>
<tr><td rowspan="2">财务部</td><td>李媛</td><td>Administrator
李媛
巫江</td><td>默认
除完全
除完全</td><td rowspan="8"></td><td rowspan="2"></td></tr>
<tr><td>张静</td><td>Administrator
李媛
巫江
张静</td><td>默读
读取
除完全
除完全</td></tr>
<tr><td rowspan="2">人事部</td><td>陈奇法</td><td>Administrator
陈奇法
巫江</td><td>默认
除完全
除完全</td><td>同上</td></tr>
<tr><td>吴建忠</td><td>Administrator
陈奇法
巫江
吴建忠</td><td>默读
读取
除完全
除完全</td><td></td></tr>
<tr><td rowspan="2">市场部</td><td>冯爱军
齐彬
陆明
张辉
贾继蛇
刘立
徐春
廖国才
尹强
沈洪</td><td>Administrator
张巍
巫江
对应员工账号…</td><td>默读
读取
除完全
除完全</td><td>同上</td></tr>
<tr><td>张巍</td><td>Administrator
张巍
巫江</td><td>默认
除完全
除完全</td><td>同上</td></tr>
<tr><td rowspan="2">技术部</td><td>刘京
陈奕
张萌
金淮
刘万军
宋敏华
朱悦明</td><td>Administrator
杨秀仁
巫江
对应员工账号…</td><td>默读
读取
除完全
除完全</td><td>同上</td></tr>
<tr><td>杨秀仁</td><td>Administrator
杨秀仁
巫江</td><td>默认
除完全
除完全</td><td>同上</td></tr>
</table>

4. 部署

（1）根据案例提供信息，为了实现每个员工使用独立的用户名和密码登录服务器，需要在服务器上为每位员工建立独立的账户并设置密码。根据案例要求在服务器上为每位员工建立独立的账户，并且在服务器上为各个部门的人员建立用户分组。

（2）具体步骤如下：右击“此电脑”图标，在弹出的快捷菜单中选择“管理”→“本地用户和组”→“用户”，在右侧空白区域右击，在弹出的快捷菜单中选择“新用户”命令创建不同组；展开“组”，在右侧空白区域右击，在弹出的快捷菜单中选择“新建组”命令，图 4-52 和图 4-53 所示为已经创建好的用户和组。

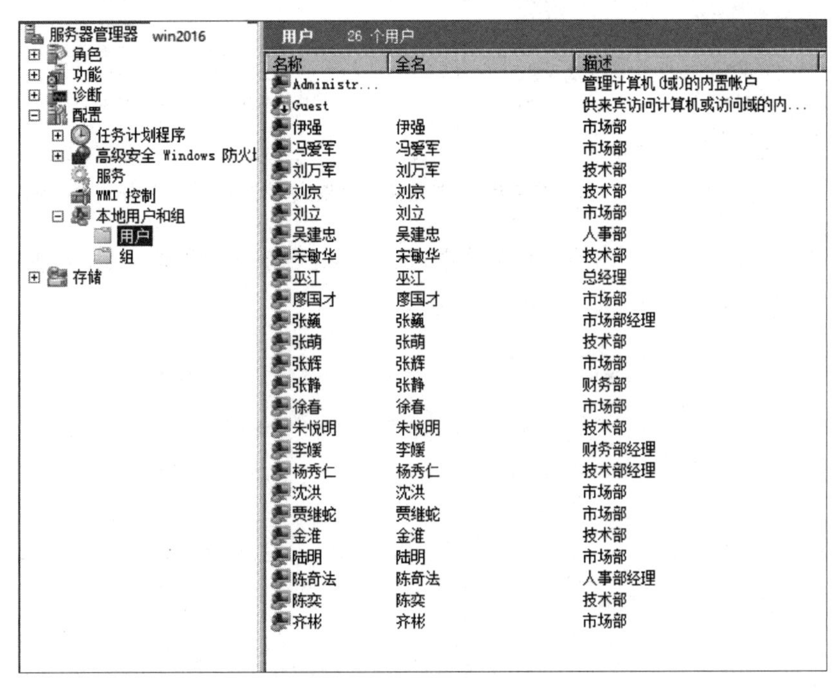

图 4-52　创建的用户

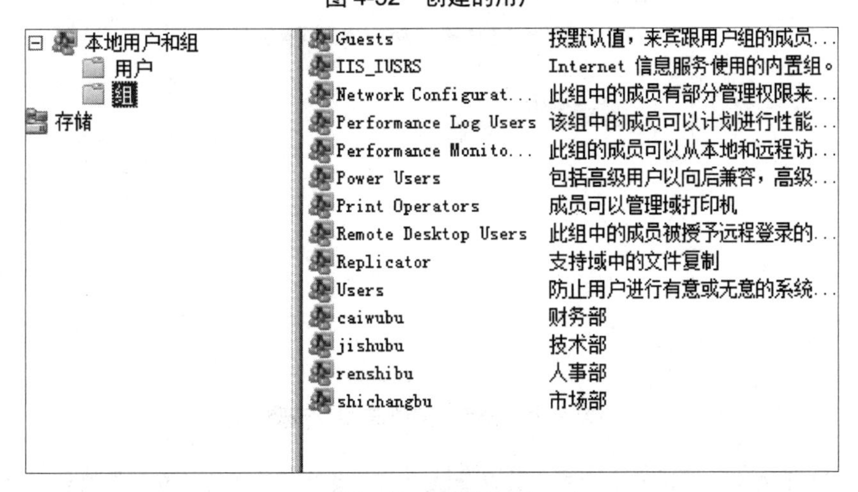

图 4-53　创建的组

（3）操作过程如下。

在文件服务器上建立一级共享文件夹（取消对上级的继承）并设置相应权限。下面分别介绍。先建立共享文件夹，如图 4-54 所示。

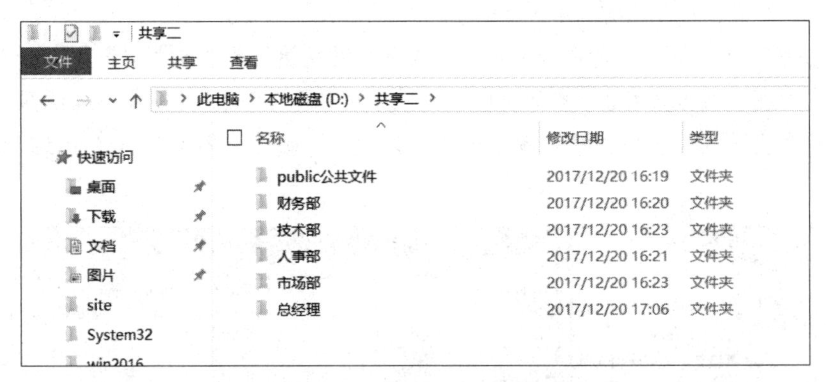

图 4-54　创建共享文件夹

右击“总经理”文件夹，在弹出的快捷菜单中选择“属性”命令，在弹出的对话框中选择“共享”选项卡，单击“高级共享”按钮，如图 4-55 所示。

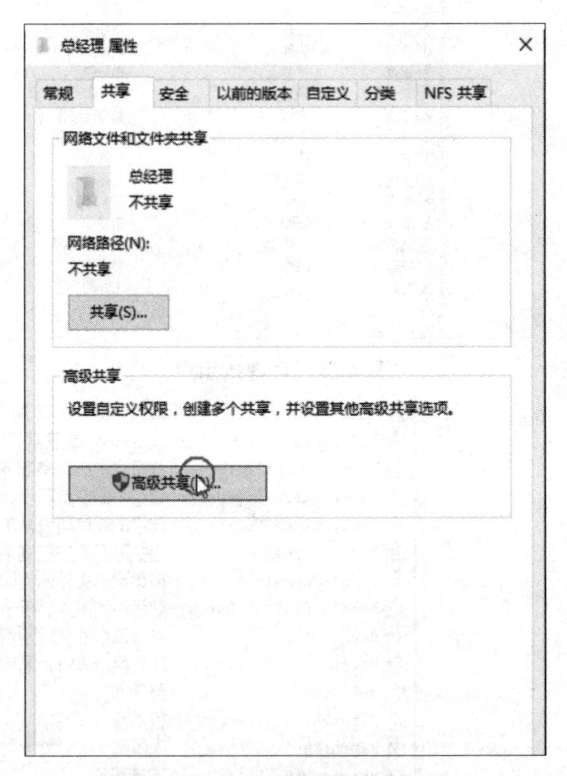

图 4-55　单击“高级共享”按钮

在弹出的“高级共享”对话框中选中“共享此文件夹”复选框，单击“权限”按钮，如图 4-56 所示。

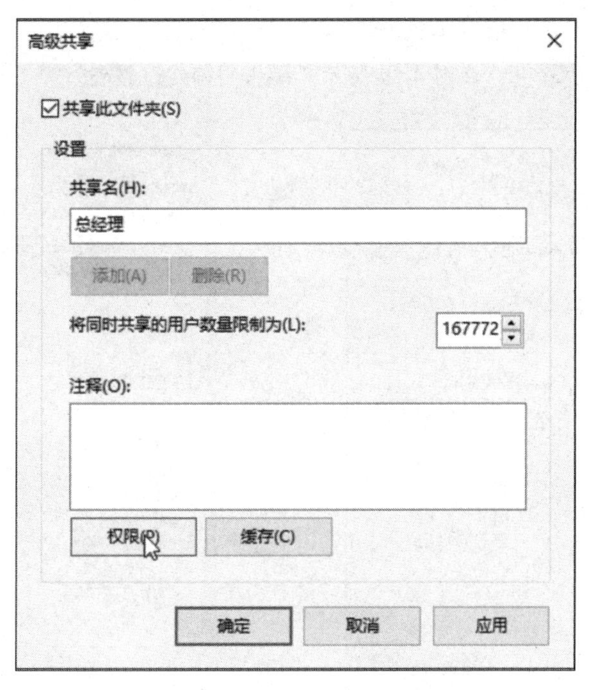

图 4-56　“高级共享”对话框

首先删除 Everyone 组或用户名，如图 4-57 所示。

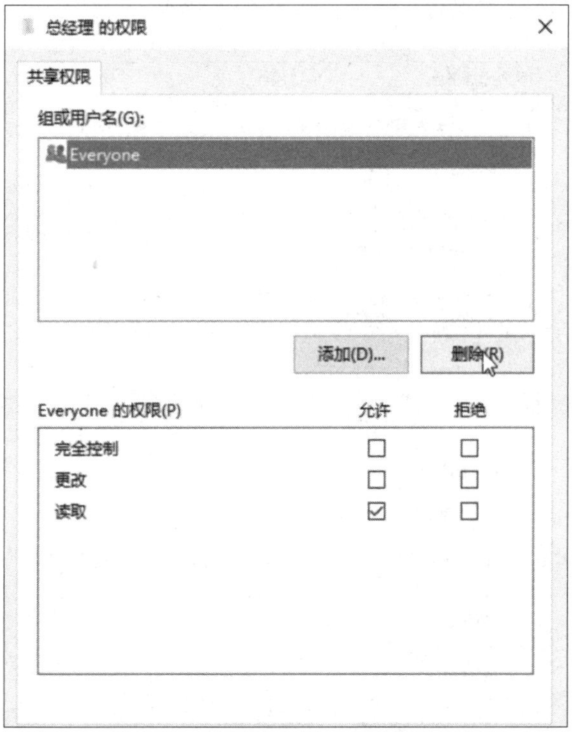

图 4-57　删除 Everyone 组或用户名

添加一个管理员默认权限，如图 4-58 所示。

给巫江“完全控制”的权限，如图 4-59 所示。单击“确定”按钮。

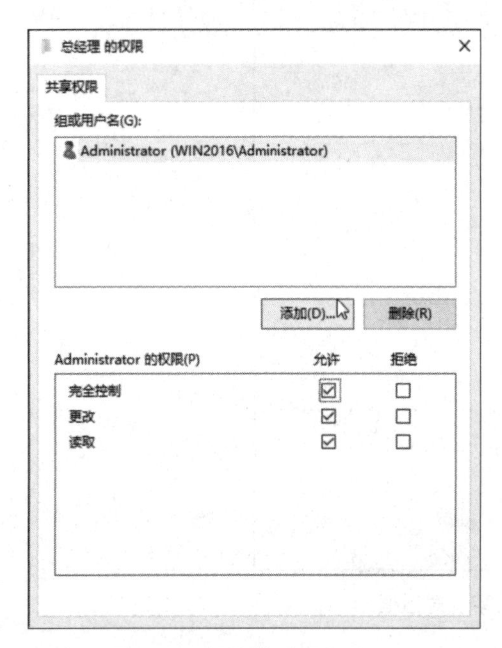

图 4-58　设置管理员权限

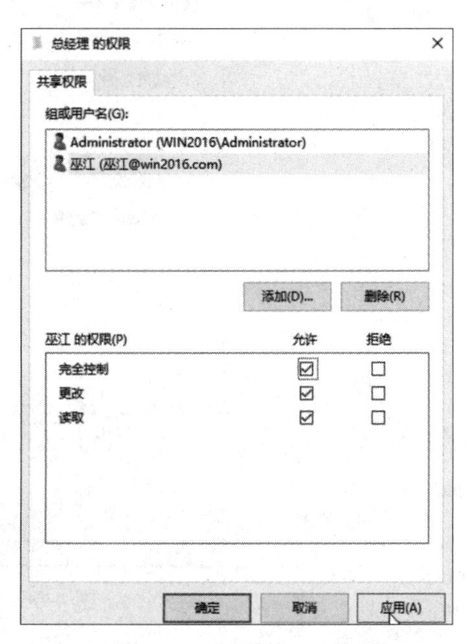

图 4-59　设置巫江的权限

选择“安全”选项卡，单击“编辑”按钮，如图 4-60 所示。

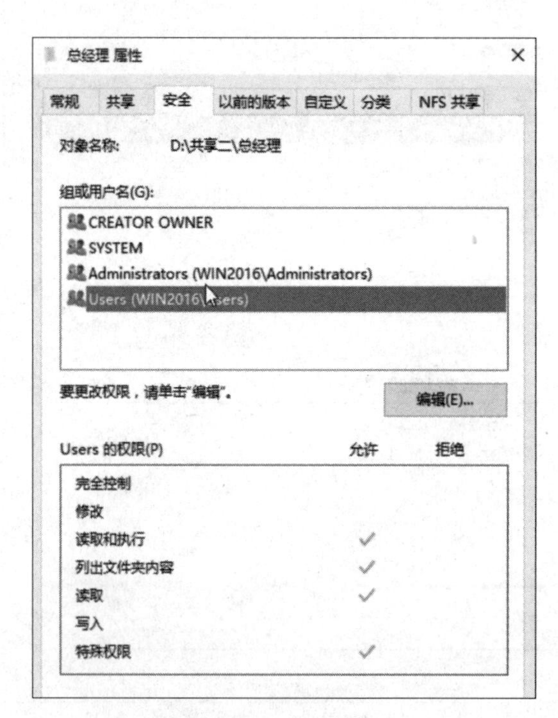

图 4-60　单击编辑

在“安全”选项卡中，删除全部不需要的用户。选择用户，单击“删除”按钮，如图 4-61 所示。

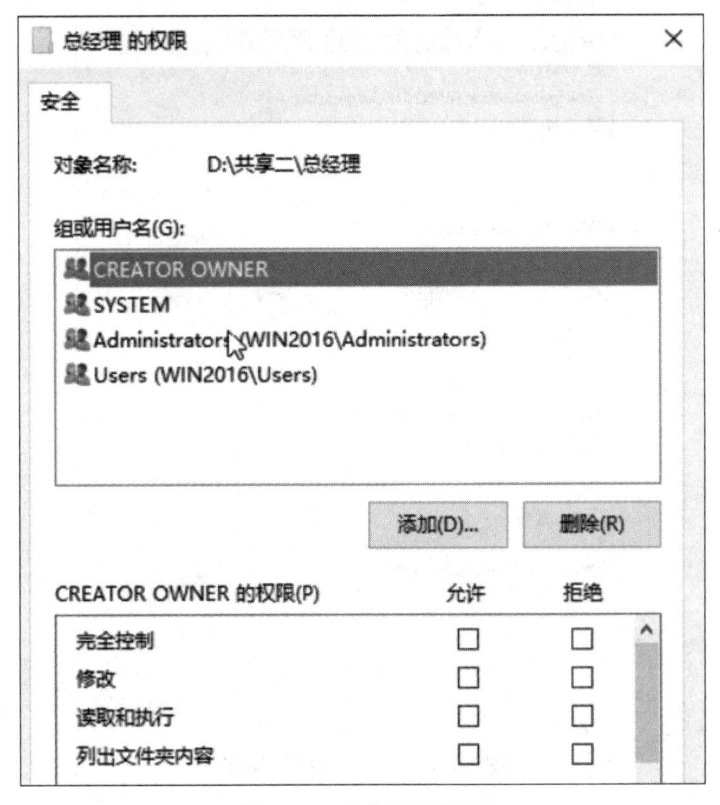

图 4-61　选择用户删除

提示删除不了，如图 4-62 所示。

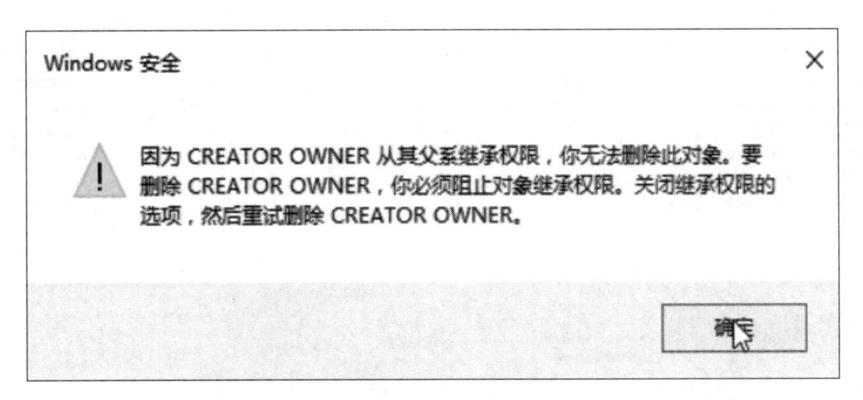

图 4-62　不能删除

返回图 4-63 所示对话框中，单击“高级”按钮。

选择相应“权限条目”，单击“禁用继承”按钮，如图 4-64 所示。

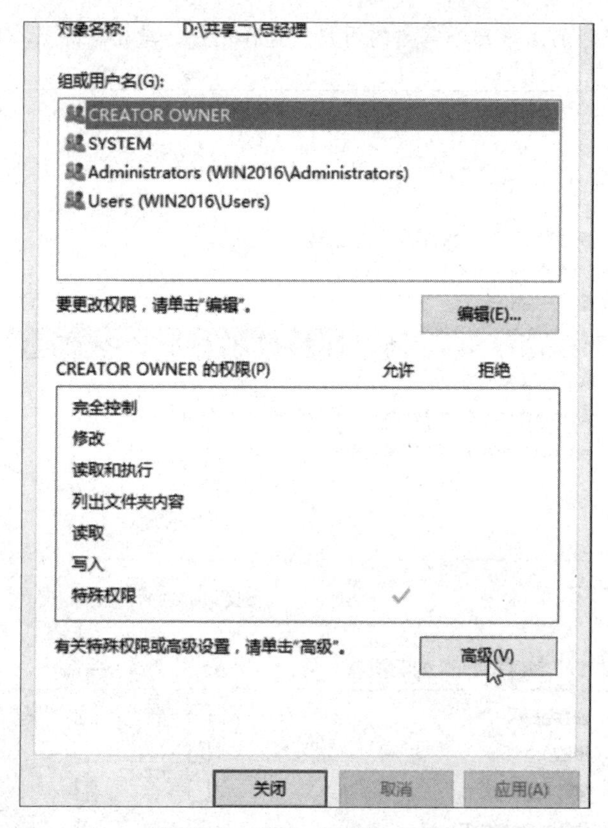

图 4-63　单击“高级”按钮

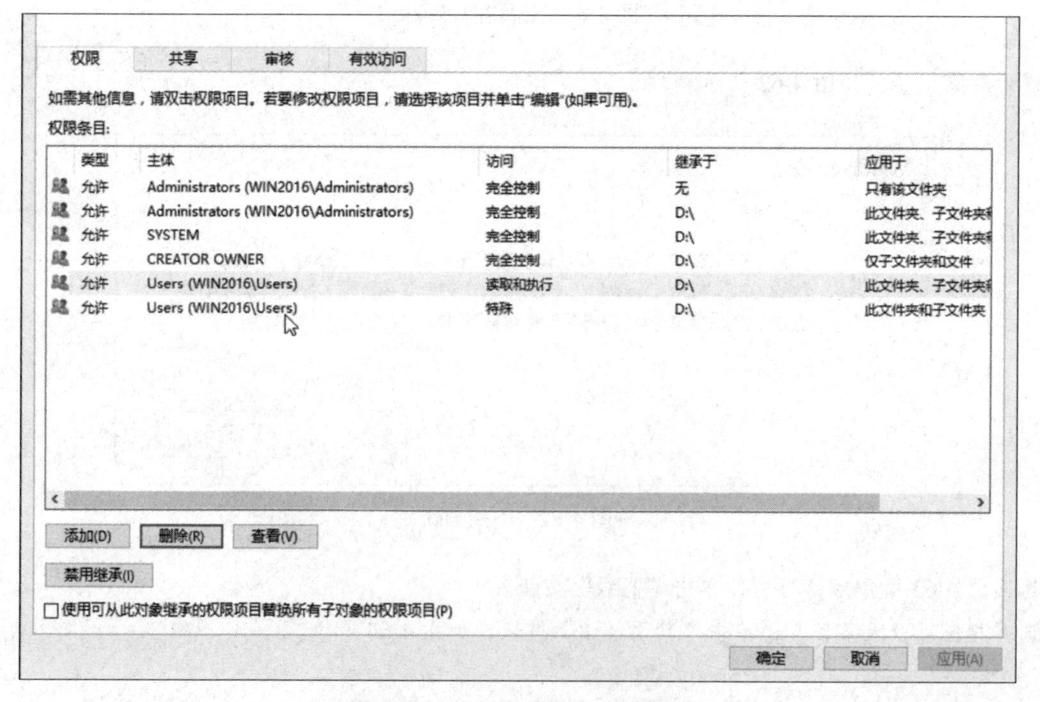

图 4-64　单击“禁用继承”按钮

弹出“阻止继承”对话框，选择第二项，如图 4-65 所示。

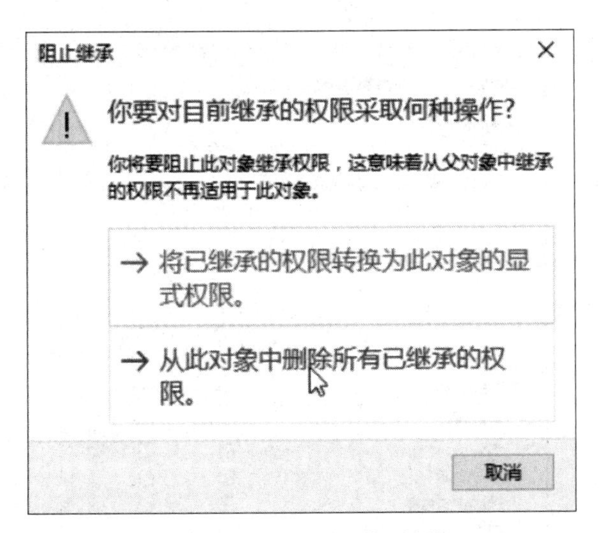

图 4-65 “阻止继承”对话框

然后在图 4-66 所示的对话框中只保留管理员。

权限 共享 审核 有效访问

如需其他信息，请双击权限项目。若要修改权限项目，请选择该项目并单击“编辑”(如果可用)。

权限条目:

类型	主体	访问	继承于	应用于
允许	Administrators (WIN2016\Administrators)	完全控制	无	只有该文件夹

添加(D) 删除(R) 编辑(E)

启用继承(I)

☐ 使用可从此对象继承的权限项目替换所有子对象的权限项目(P)

确定 取消 应用(A)

图 4-66 保留管理员

在“安全”选项卡中添加一个用户“巫江”，并给其“完全控制”权限，如图 4-67 所示，然后单击“确定”按钮。

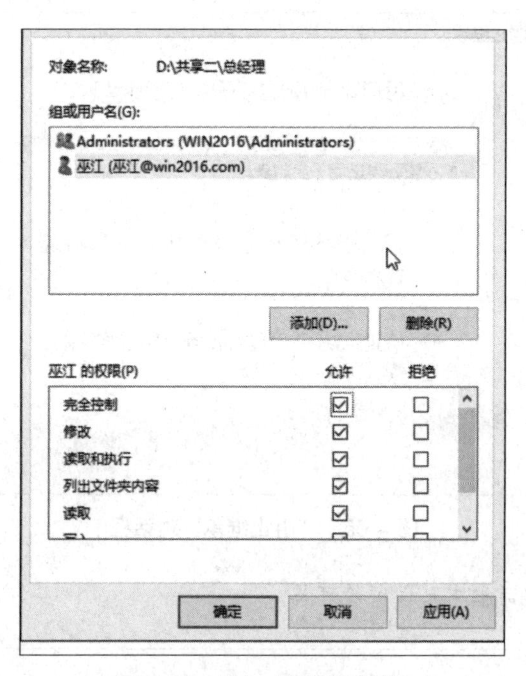

图 4-67　添加“巫江”权限

其他部门与员工的设置，此处不再赘述，读者可以参考教学视频进行权限设置，并进行测试。

经测试只有总经理自己能够修改和读取全公司文档，各部门经理可以阅读本部门所有文件，公司员工只能读取和修改自己的文档，结果与案例要求相符。

项目 5
DHCP 服务器的安装、配置与管理

学习目标：

（1）学会 Windows Server 2016 建立 DHCP 服务器的方法；

（2）了解 DHCP 服务器的构成；

（3）掌握 DHCP 服务器主要配置参数及作用；

（4）掌握 DHCP 服务器的配置管理。

项目描述

当企业计算机数量较多时（如 1 000 台），如果使用静态 IP 地址，那么网络管理员的工作量可想而知，那么如何解决此类问题呢？那么就需要一台能够自动给客户机分配 IP 地址的服务器，这台服务器就是 DHCP 服务器，它可以为客户机动态分配：IP 地址、子网掩码、默认网关、首选 DNS 服务器。通过分配这些信息，可以实现的功能大体有：减小管理员的工作量、减小输入错误的可能、避免 IP 冲突、当网络更改 IP 地址段时，不需要重新配置每台计算机的 IP、计算机移动不必重新配置 IP、提高了 IP 地址的利用率。

项目分析

如果读者正在学习 DHCP 的相关内容或者在工作中有需要 DHCP 服务器使用的工作环境，则可以按照以下思路完成项目：首先找到一台需要配置为 DHCP 服务器的计算机，然后安装并启用 DHCP 服务，安装启用 DHCP 服务后，在客户机上进行测试，看能否实现 DHCP 的动态分配功能。其次，当遇到一个较大型的网络环境时，不同的网段需要分配不同的 IP 地址，因为 IP 地址的资源是有限的，因此，当在网络环境中有一台 DHCP 服务器时，为了实现该功能，需要进行 DHCP 中继代理配置，这是 Windows Server 2016 所具有的功能，用户只要配置并启用即可，同时，为了避免 DHCP 服务器出现故障而重新配置，就需要对 DHCP 服务器进行备份与还原。根据这个思路结合项目实施的步骤即可完成该项目。

一、DHCP 的基本概念

1. DHCP 的含义

DHCP 是动态主机配置协议，是一个简化主机 IP 地址分配管理的 TCP/IP 标准协议。用户可以利用DHCP服务器管理动态的IP地址分配及其他相关的环境配置工作（如DNS、WINS、Gateway的设置）。

在使用 TCP/IP 协议的网络上，每台计算机都拥有唯一的计算机名和 IP 地址。IP 地址及其子网掩码用于鉴别它所连接的主机和子网，当用户将计算机从一个子网移动到另一个子网时，一定要改变该计算机的 IP 地址。如采用静态 IP 地址的分配方法将增加网络管理员的负担，而 DHCP 可以让用户将 DHCP 服务器中的 IP 地址数据库中的 IP 地址动态地分配给局域网中的客户机，从而减轻了网络管理员的负担。用户可以利用 Windows Server 2016 服务器提供的 DHCP 服务在网络上自动分配 IP 地址及相关环境的配置工作。

在使用 DHCP 时，整个网络至少有一台 Windows Server 2016 服务器上安装了 DHCP 服务，其他要使用 DHCP 功能的工作站也必须设置成利用 DHCP 自动获得 IP 地址。图 5-1 所示为一个支持 DHCP 的网络实例。

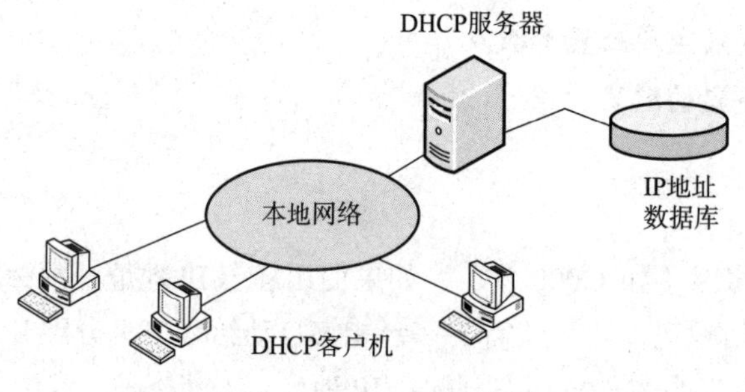

图 5-1 DHCP 分配实例

2. 使用 DHCP 的作用

DHCP 避免了因手工设置 IP 地址及子网掩码所产生的错误，同时也避免了把一个 IP 地址分配给多台工作站所造成的地址冲突。降低了管理 IP 地址设置的负担，使用 DHCP 服务器大大缩短了配置或重新配置网络中工作站所花费的时间，同时通过对 DHCP 服务器的设置可灵活地设置地址的租期。DHCP 地址租约的更新过程将有助于用户确定哪个客户的设置需要经常更新，如使用便携机的客户经常更换地点，且这些变更由客户机与 DHCP 服务器自动完成，无须网络管理员参与。

3. DHCP 的常用术语

（1）作用域：作用域是一个网络中所有可以分配的 IP 地址的连续范围。作用域主要用来定义网络中单一的物理子网的 IP 地址范围。作用域是服务器用来管理分配给网络客户的 IP 地址的主要手段。

（2）超级作用域：超级作用域是一组作用域的集合，它用来实现同一个物理子网中包含多个逻辑 IP 子网。

（3）排除范围：排除范围是不用于分配的IP地址范围，它所排除的IP地址不能被分配给客户机。

（4）地址池：在用户定义了DHCP范围及排除范围后，剩下的便是一个IP地址池，地址池中的IP地址可以动态分配给网络中的客户机使用。

（5）租约：租约是指客户机获得IP地址可以使用的时间，租约到期后，客户机需要更新IP地址的租约。

4. DHCP工具

DHCP控制台是管理DHCP服务器的主要工具，在安装DHCP服务时加入到管理工具中。在Windows Server 2016 服务器中，DHCP控制台被设计成微软管理控制台（MMC）的一个插件，它与其他网络管理工具结合得更为紧密。在安装DHCP服务器后，用户可以用DHCP控制台执行以下一些基本的服务器管理功能。

（1）创建范围、添加及设置主范围和多个范围、查看和修改范围的属性、激活范围或主范围、监视范围租约的活动。

（2）为需要固定IP的客户创建保留地址。

（3）添加自定义默认选项类型。

（4）添加和配制由用户或服务商定义的选项类型。

（5）DHCP控制台的新增功能包括：增强了性能监视器、更多的预定义DHCP选项类型、支持下层用户的DNS动态更新、监测网络上为授权的DHCP服务器等。

5. DHCP类别

用户可以在服务器、作用域，针对某些特定类别的计算机配置一些选项，当隶属于该类别的计算机租用IP地址时，DHCP服务器才会替这些计算机配置这些选项。DHCP的类别选项共分两类，一类是用户类别，另一类是供应商类别，这里主要介绍一下用户类别的功能。

用户类别：用户可以替某些特定的DHCP客户端配置一个“用户类别识别码”，这个识别码由用户自己定义，如“bj2q8051”，当这些客户端向DHCP服务器租用IP地址时，会将这个“用户类别识别码”一并传给DHCP服务器，而DHCP服务器会依据此类别识别码给予这些客户端相同的配置。当然前提是在DHCP的服务器上必须先添加与客户端相同的“用户类别识别码”，并针对这个识别码配置其中的选项配置。

具体的配置实例参见项目实施1的拓展练习。

二、DHCP中继代理

随着网络规模的不断扩大，可使用Windows服务器操作系统的“路由和远程访问”功能将网络划分为不同的子网。如何通过一台DHCP服务器在两台子网间同时提供服务呢？在这时，就需要使用到DHCP服务器的中继代理功能实现在两个子网之间同时提供DHCP服务。具体操作在项目实施中进行介绍。

三、DHCP备份与还原

有关DHCP服务器中的设置数据全部存放在名为dhcp.mdb的数据库文件中，该文件位于c:\

windows\system32\dhcp 文件夹内。其中，dhcp.mdb 是主要的数据库文件，其他文件是 dhcp.mdb 数据库文件的辅助文件。这些文件对DHCP服务器的正常运作起着关键作用，建议用户不要随意修改或删除。同时，还要注意对相关数据进行安全备份，以备系统出现故障时进行还原恢复。

1. DHCP 数据库的备份

在 c:\windows\system32\dhcp 文件夹内还存在一个名为 backup 的子文件夹，该文件夹中保存着对 DHCP 数据库及相关文件的备份。DHCP 服务器每隔 60 min 就会将 backup 文件夹内的数据更新一次，即进行一次备份操作。

出于安全的考虑，建议用户将 c:\windows\system32\dhcp\backup 文件夹内的所有内容进行备份，可以备份到其他磁盘、磁带机上，以备系统出现故障时还原。为了保证所备份数据的完事性以及备份过程的安全性，在对 c:\windows\system32\dhcp\backup 文件夹内的数据进行备份时，必须先将 DHCP 服务器停止。

2. DHCP 数据库的还原

当 DHCP 服务器在启动时，它会自动检查 DHCP 数据库是否损坏，如果发现损坏，将自动用 c:\windows\system32\dhcp\backup 文件夹内的数据进行还原。但当 backup 文件夹的数据被损坏时，系统将无法自动完成还原工作，将无法提供相关的服务。

当 backup 文件夹中的数据遭到损坏时，只有用手工的方法先将备份的文件复制到 c:\windows\system32\dhcp\backup 文件夹内，然后重新启动 DHCP 服务器，让 DHCP 服务器自动用新拷入的数据进行还原。

项目实施

视频

DHCP的保留

经过上面的知识铺垫，下面进行项目操作，本项目的内容如下：

（1）安装 DHCP 服务器。

（2）配置 DHCP 服务器。

（3）管理 DHCP 服务器。

（4）DHCP 客户端的配置。

（5）DHCP 的备份与还原

一、基于 Windows Server 2016 的 DHCP 的实现和应用

1. 实施环境

为了完成本项目，需要如下的实施环境：Windows Server 2016 服务器一台，Windows 2016 克隆机一台，计算机组成主从式网络。

2. 方案设计

部署 DHCP 之前应该进行规划，明确哪些 IP 地址用于分配给客户端（即作用域中包含的 IP 地址），哪些用于手工指定给特定的服务器。在一个私有 192.168.100.0 网段上，子网掩码为 255.255.255.0，IP 地址规划如下：

（1）DHCP 服务器 IP 地址为 192.168.100.1，名称为 DHCP，可分配的 IP 地址为 192.168.100.1~

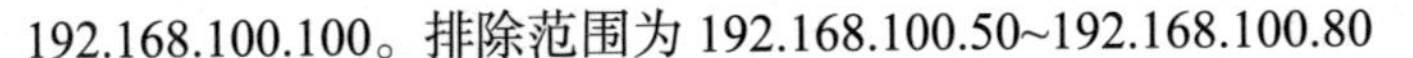

192.168.100.100。排除范围为 192.168.100.50~192.168.100.80

（2）默认网关地址为 192.168.100.1。

3. 具体步骤

1）安装 DHCP 服务

（1）登录目标服务器，打开“管理工具”｜“服务器管理器”窗口，展开“角色”｜“添加角色”选项，如图 5-2 所示。

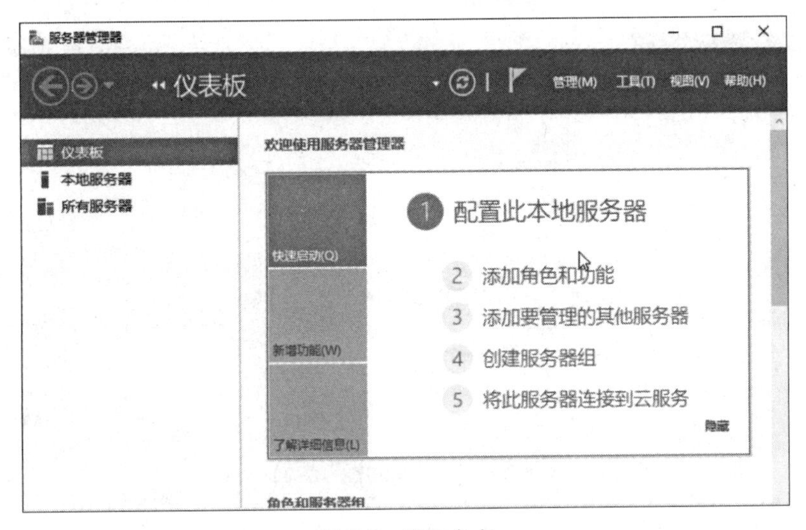

图 5-2　添加角色

（2）出现“添加角色和功能向导”界面，单击“下一步”按钮，出现“选择服务器角色”界面，如图 5-3 所示。

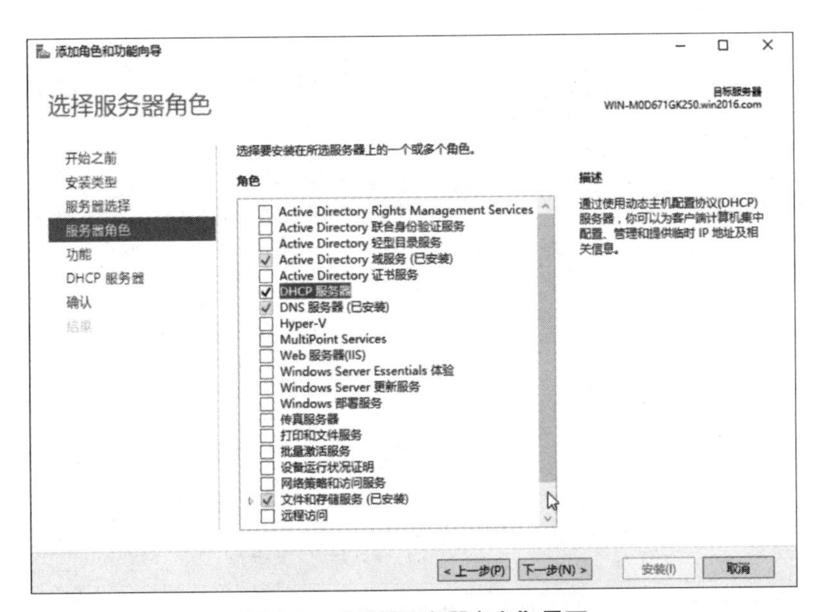

图 5-3　“选择服务器角色”界面

（3）出现“选择功能”界面，如图 5-4 所示。

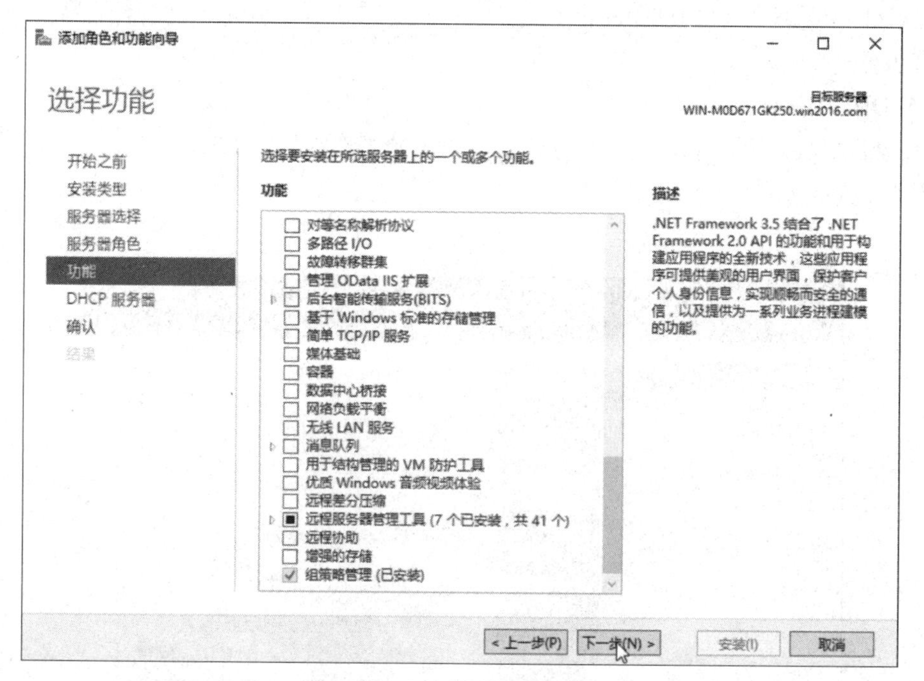

图 5-4 “选择功能”界面

（4）配置一个静态 IP 地址后，单击“下一步”按钮，如图 5-5 所示。

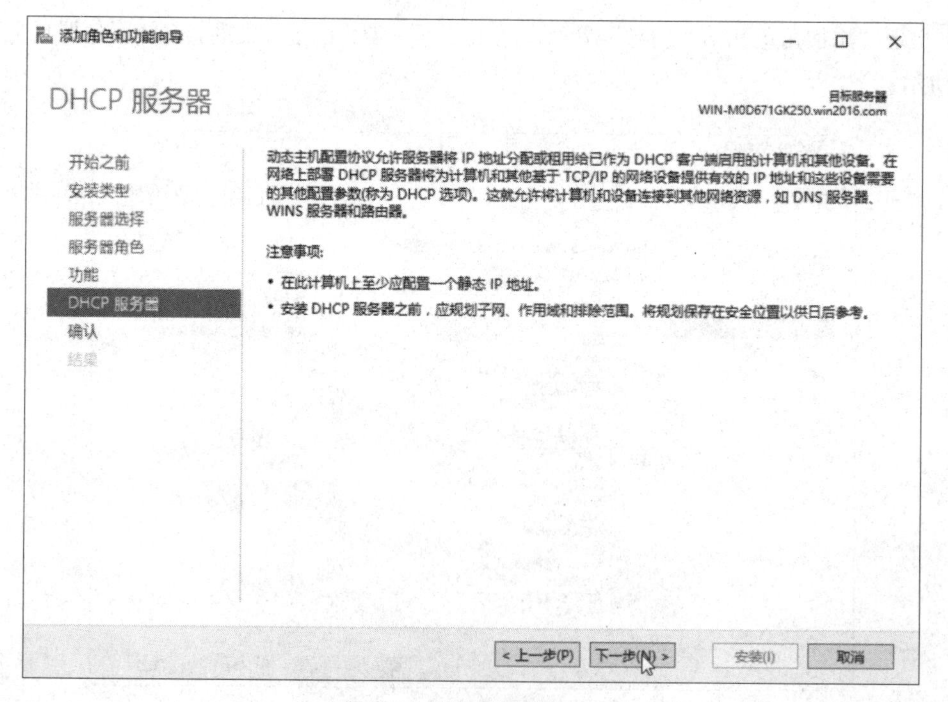

图 5-5 提示配置静态 IP

（5）出现“确认安装所选内容”界面，单击“安装”按钮，如图 5-6 所示。

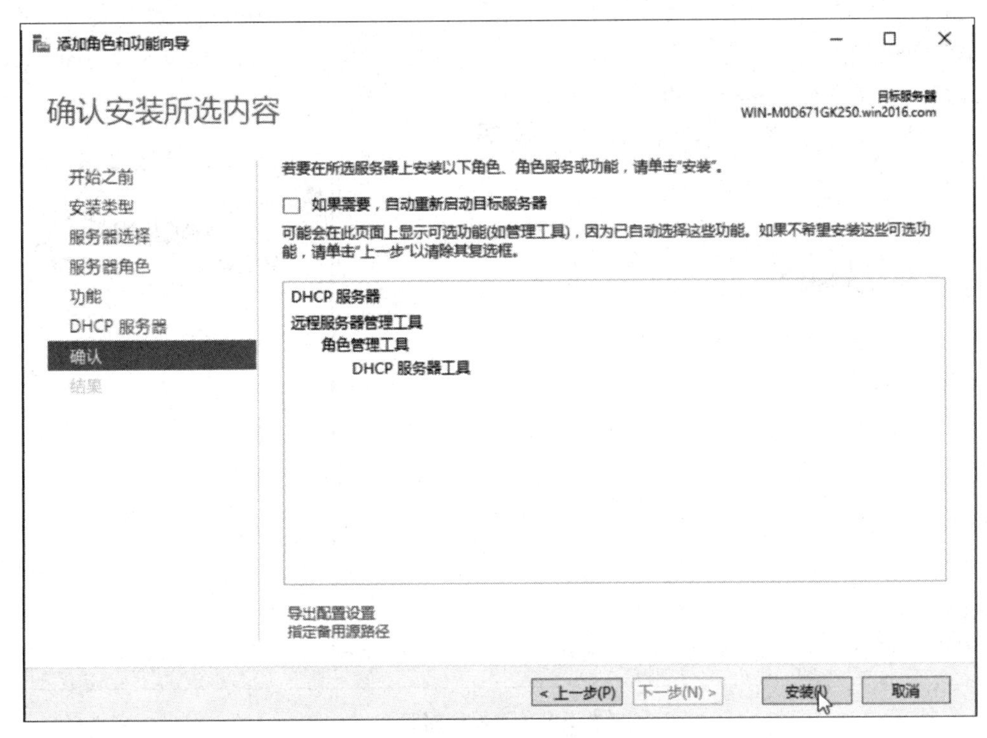

图 5-6　“确认安装所选内容”界面

2）配置 DHCP 服务器

（1）在第一台虚拟机的“管理工具”中找到 DHCP，如图 5-7 所示。

名称	修改日期	类型	大小
DFS Management	2016/7/16 21:19	快捷方式	2 KB
DHCP	2016/7/16 21:19	快捷方式	2 KB
DNS	2016/7/16 21:19	快捷方式	2 KB
iSCSI 发起程序	2016/7/16 21:18	快捷方式	2 KB
Microsoft Azure 服务	2016/7/16 21:19	快捷方式	2 KB
Network File System 服务(NFS)	2016/7/16 21:19	快捷方式	2 KB
ODBC 数据源(32 位)	2016/7/16 21:18	快捷方式	2 KB
ODBC 数据源(64 位)	2016/7/16 21:18	快捷方式	2 KB
Windows Server Backup	2016/7/16 21:20	快捷方式	2 KB
Windows 内存诊断	2016/7/16 21:19	快捷方式	2 KB
本地安全策略	2016/7/16 21:19	快捷方式	2 KB
磁盘清理	2016/7/16 21:19	快捷方式	2 KB
打印管理	2016/7/16 21:19	快捷方式	2 KB
服务	2016/7/16 21:18	快捷方式	2 KB
服务器管理器	2016/7/16 21:19	快捷方式	2 KB
高级安全 Windows 防火墙	2016/7/16 21:18	快捷方式	2 KB
计算机管理	2016/7/16 21:18	快捷方式	2 KB
任务计划程序	2016/7/16 21:18	快捷方式	2 KB

文档　图片　System32　win2016　此电脑　视频　图片　文档　下载　音乐　桌面　本地磁盘 (C:)　本地磁盘 (D:)　网络

34 个项目　选中 1 个项目 1.08 KB

图 5-7　打开 DHCP

（2）打开 DHCP 窗口，如图 5-8 所示。

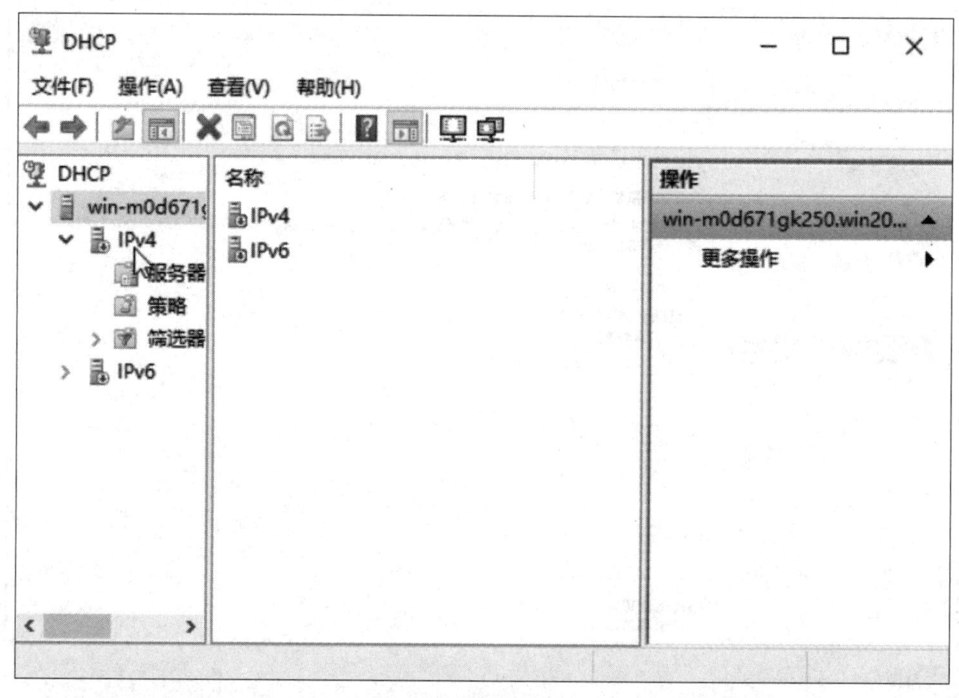

图 5-8　DHCP 窗口

（3）右击虚拟机，在弹出的快捷菜单中选择“授权”命令，如图 5-9 所示。

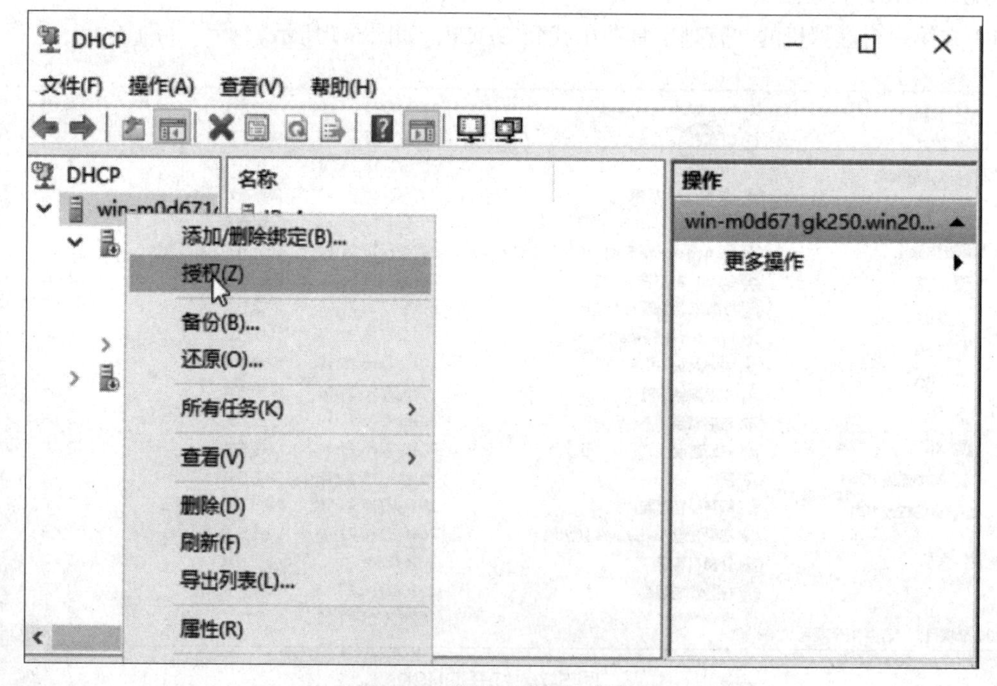

图 5-9　选择“授权”命令

（4）右击 IPv4 选项，在弹出的快捷菜单中选择“新建作用域”命令，如图 5-10 所示。

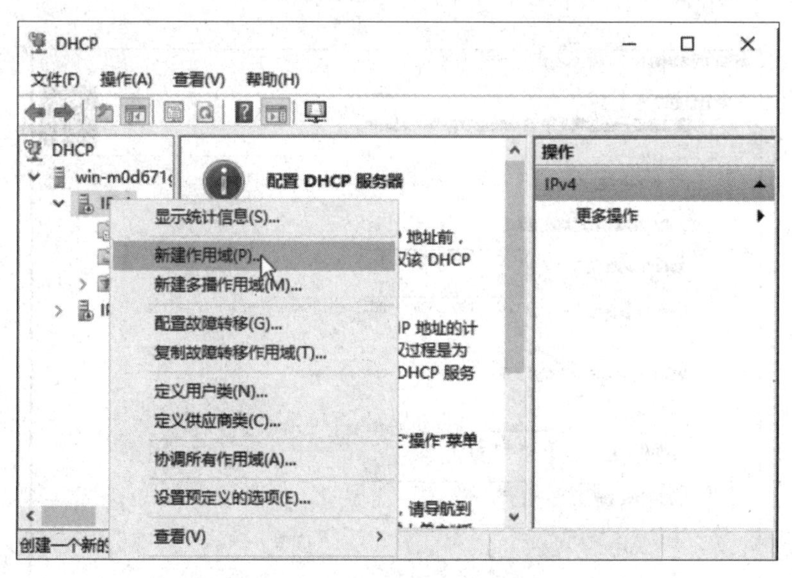

图 5-10　选择“新建作用域”命令

（5）出现“新建作用域向导”界面，单击“下一步”按钮，在“作用域名称”界面中输入作用域名称，如 mydhcp，如图 5-11 所示。

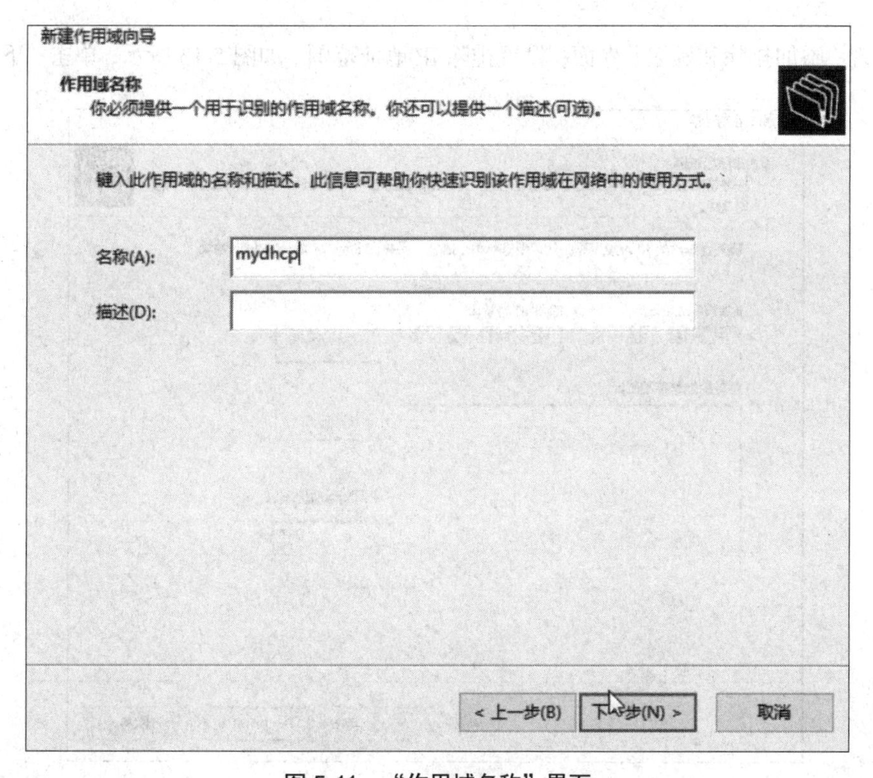

图 5-11　“作用域名称”界面

（6）出现“IP 地址范围”界面，设置起始 IP 地址和结束 IP 地址，如图 5-12 所示，单击“下一步”按钮。

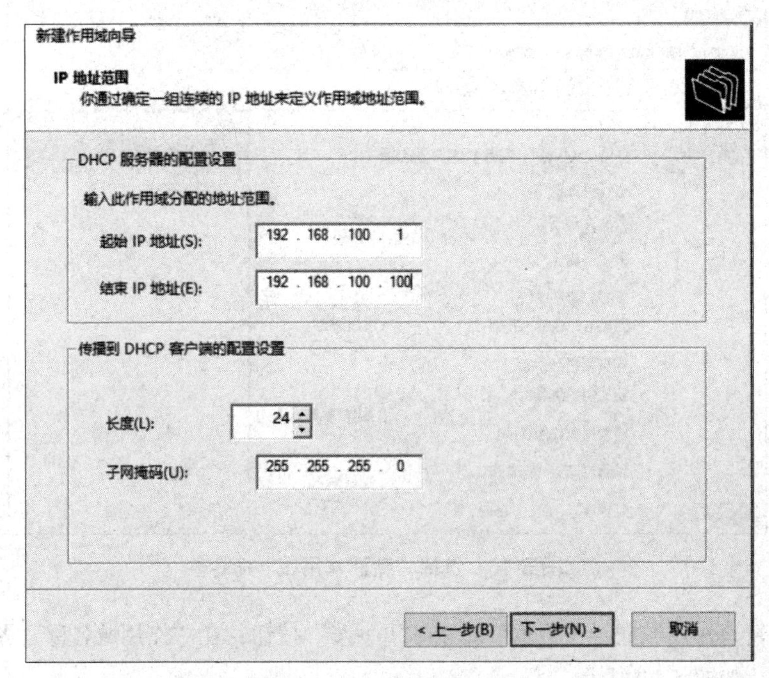

图 5-12　设置 IP 地址范围

（7）出现“添加排除和延迟”界面，设置排除 IP 地址范围，如图 5-13 所示，单击“下一步”按钮。

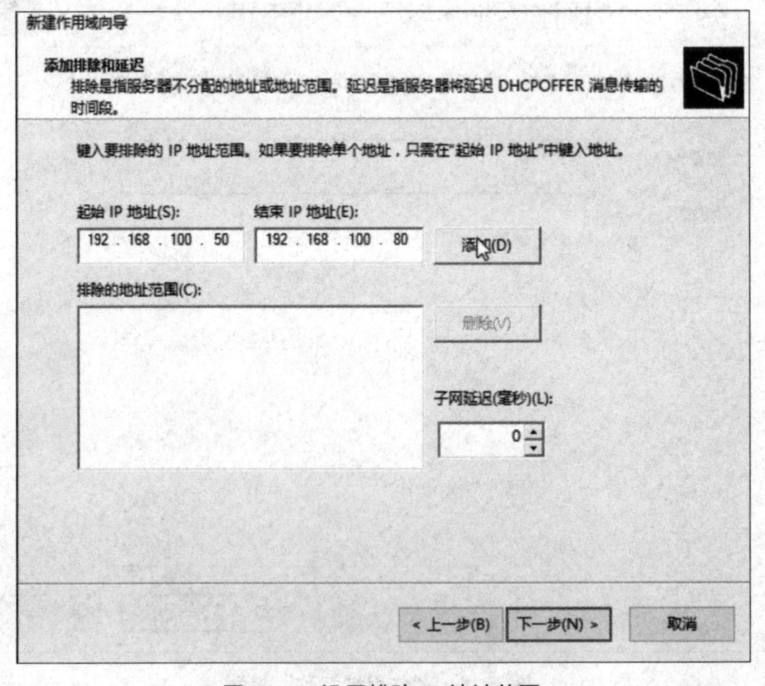

图 5-13　设置排除 IP 地址范围

（8）出现“租用期限”界面，设置租用期限，如图5-14所示，单击“下一步”按钮。

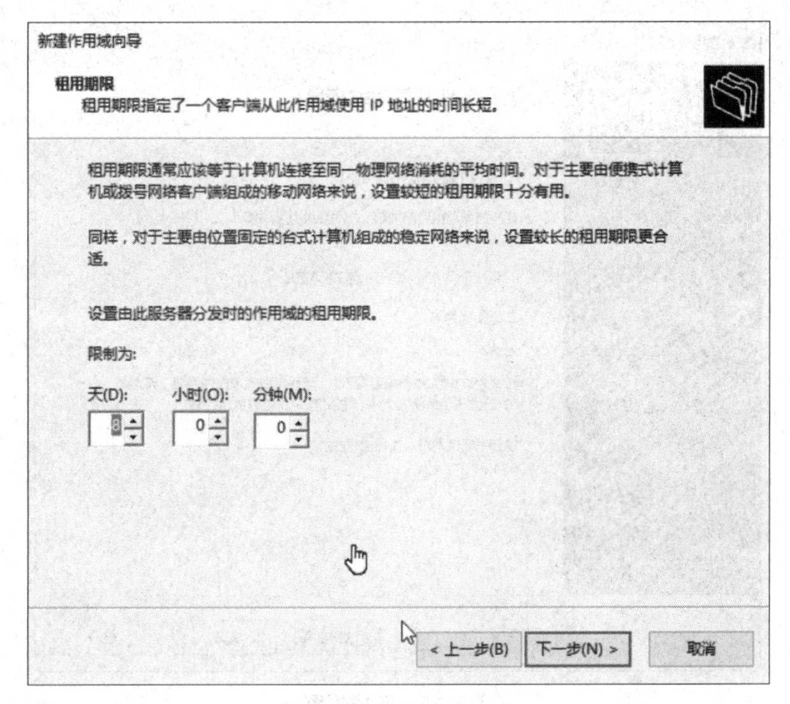

图5-14　设置租用期限

（9）出现“配置DHCP选项”界面，选择第二项，如图5-15所示，单击“下一步”按钮。

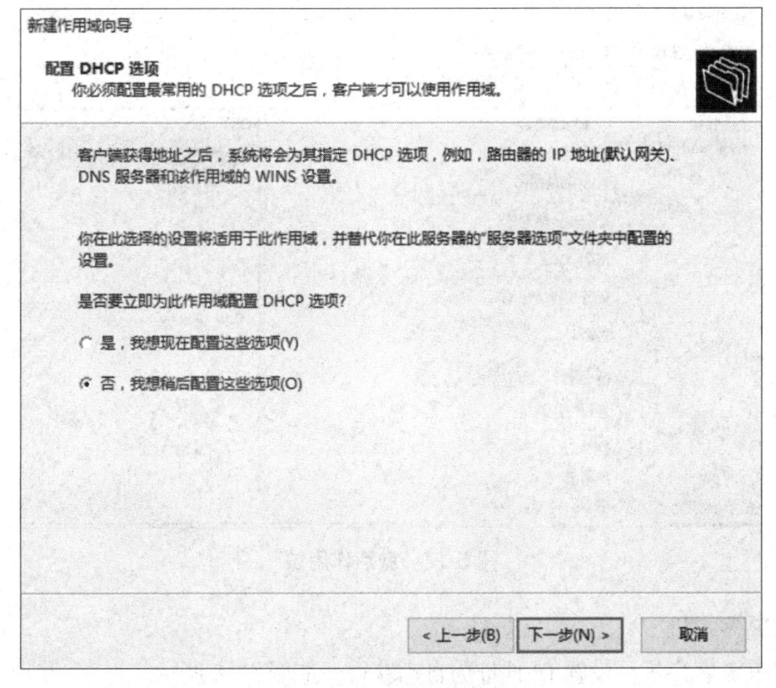

图5-15　选择稍后配置

（10）单击“完成”按钮，如图 5-16 所示。

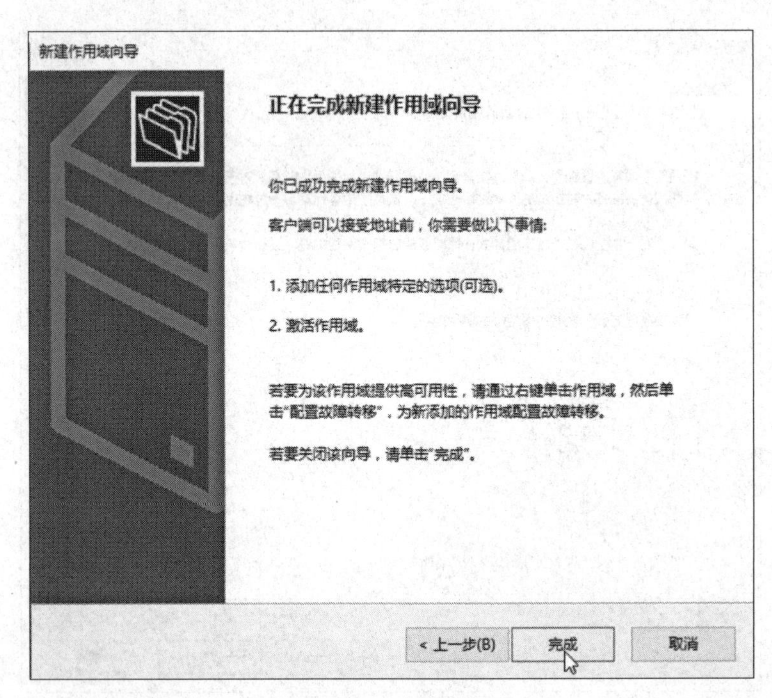

图 5-16　完成配置

（11）激活刚创建的作用域，如图 5-17 所示。

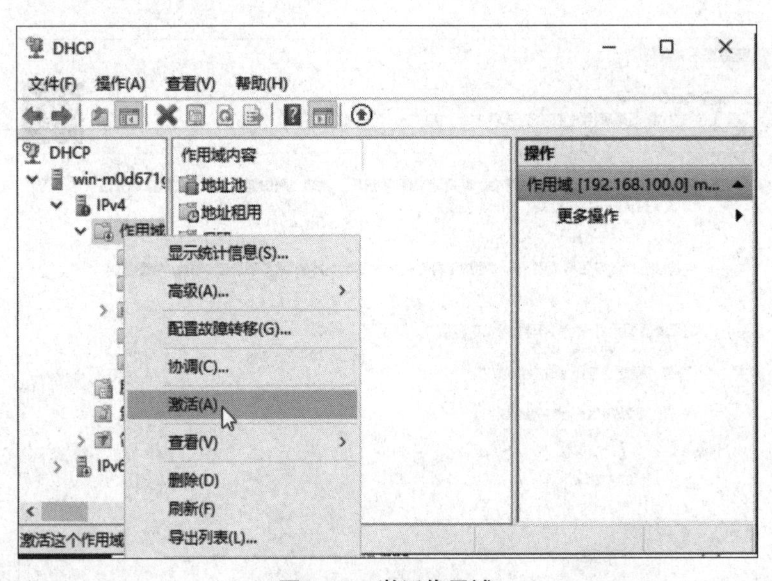

图 5-17　激活作用域

3）配置 DHCP 客户机

（1）配置 DHCP 客户机，设置 IP 地址为自动获得，如图 5-18 所示。

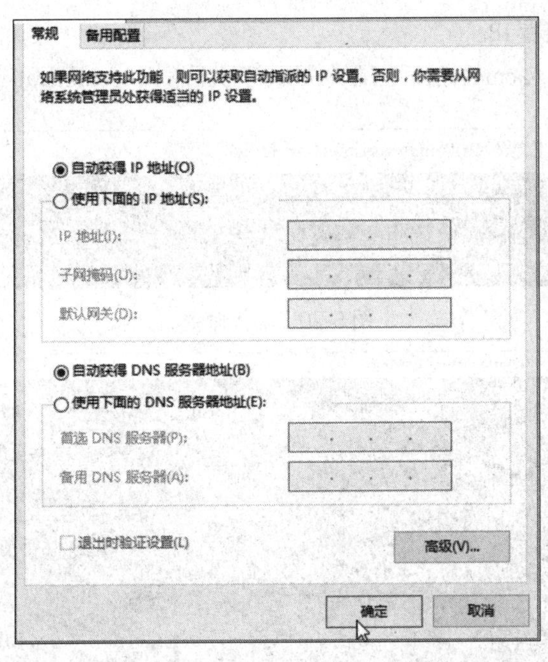

图 5-18　设置 IP 地址为自动获得

（2）将客户机的网卡先禁用，然后再启用，再查看 IP 地址，如图 5-19 所示。

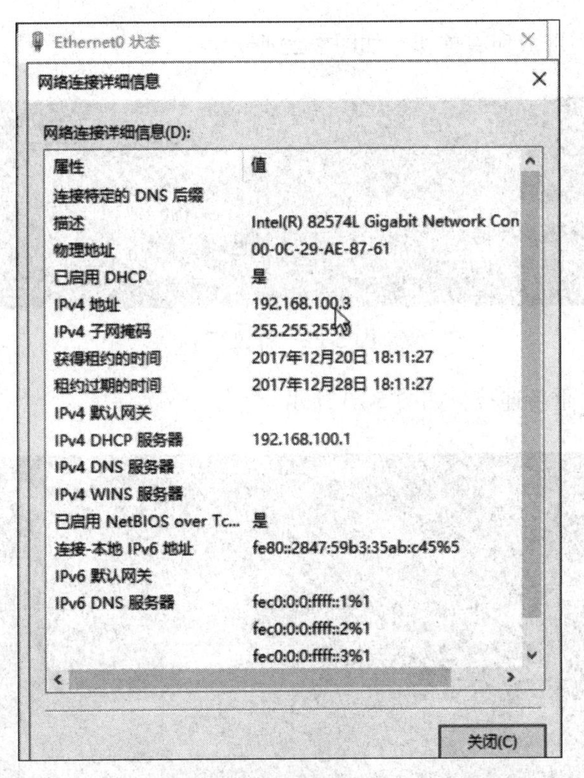

图 5-19　得到的 IP

（3）在 DOS 命令下查看 IP。

在“运行”对话框中输入 cmd，然后在命令提示符号下输入 ipconfig/all，如图 5-20 和图 5-21 所示。

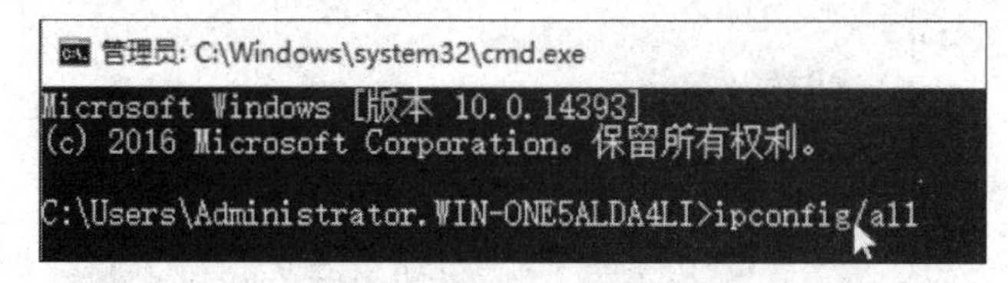

图 5-20　输入命令

```
管理员: C:\Windows\system32\cmd.exe

   连接特定的 DNS 后缀 . . . . . . . :
   描述. . . . . . . . . . . . . . . : Intel(R) 82574L Gigabit Network Connection
   物理地址. . . . . . . . . . . . . : 00-0C-29-AE-87-61
   DHCP 已启用 . . . . . . . . . . . : 是
   自动配置已启用. . . . . . . . . . : 是
   本地链接 IPv6 地址. . . . . . . . : fe80::2847:59b3:35ab:c45%5(首选)
   IPv4 地址 . . . . . . . . . . . . : 192.168.100.3(首选)
   子网掩码 . . . . . . . . . . . . : 255.255.255.0
   获得租约的时间 . . . . . . . . . : 2017年12月20日 18:11:27
   租约过期的时间 . . . . . . . . . : 2017年12月28日 18:11:27
   默认网关. . . . . . . . . . . . . :
   DHCP 服务器 . . . . . . . . . . . : 192.168.100.1
   DHCPv6 IAID . . . . . . . . . . . : 50334761
   DHCPv6 客户端 DUID . . . . . . . : 00-01-00-01-21-CB-78-B3-00-0C-29-AE-87-61
   DNS 服务器 . . . . . . . . . . . : fec0:0:0:ffff::1%1
                                       fec0:0:0:ffff::2%1
                                       fec0:0:0:ffff::3%1
   TCPIP 上的 NetBIOS . . . . . . . : 已启用

隧道适配器 isatap.{4C47FD05-8929-49E9-AECA-92622A127C67}:

   媒体状态 . . . . . . . . . . . . : 媒体已断开连接
   连接特定的 DNS 后缀 . . . . . . . :
```

图 5-21　得到的 IP

输入 ipconfig/release：释放所有连接，如图 5-22 所示。

```
C:\Users\Administrator.WIN-ONE5ALDA4LI>ipconfig/release

Windows IP 配置


以太网适配器 Ethernet0:

   连接特定的 DNS 后缀 . . . . . . . :
   本地链接 IPv6 地址. . . . . . . . : fe80::2847:59b3:35ab:c45%5
   默认网关. . . . . . . . . . . . . :
```

图 5-22　释放 IP

输入 ipconfig/renew：重新连接，如图 5-23 所示。

```
C:\Users\Administrator.WIN-ONE5ALDA4LI>ipconfig/renew

Windows IP 配置


以太网适配器 Ethernet0:

   连接特定的 DNS 后缀 . . . . . . . :
   本地链接 IPv6 地址. . . . . . . . : fe80::2847:59b3:35ab:c45%5
   IPv4 地址 . . . . . . . . . . . . : 192.168.100.3
   子网掩码 . . . . . . . . . . . . : 255.255.255.0
   默认网关. . . . . . . . . . . . . :

隧道适配器 isatap.{4C47FD05-8929-49E9-AECA-92622A127C67}:

   媒体状态 . . . . . . . . . . . . : 媒体已断开连接
   连接特定的 DNS 后缀 . . . . . . . :
```

图 5-23　重新获得 IP

二、保留 IP 地址

将一个 IP 地址永久分配给某一台计算机使用，其他计算机自动获得不了，此时需要新建保留。

（1）在第一台计算机的作用域中右击“保留”选项，在弹出的快捷菜单中选择“新建保留”命令，如图 5-24 所示。

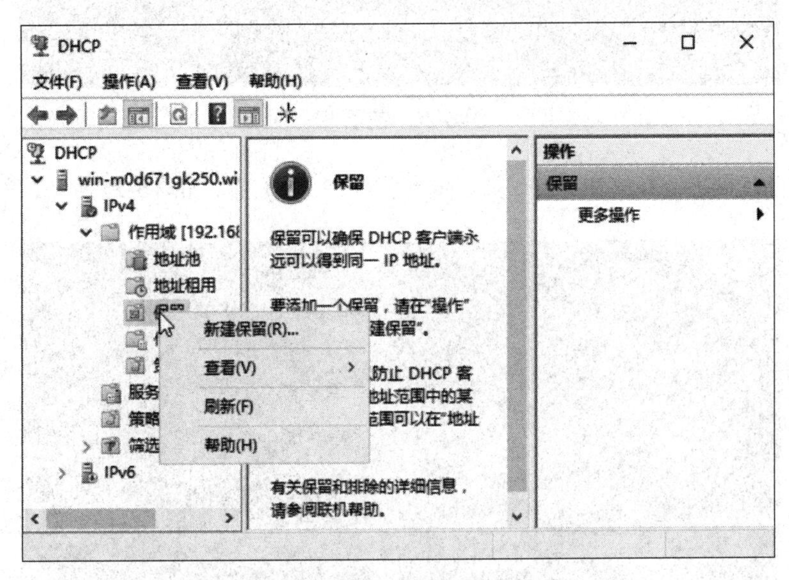

图 5-24　选择“新建保留”命令

（2）弹出“新建保留”对话框，输入保留名称和 IP 地址，在“MAC 地址”文本框中输入第二台计算机的 MAC 地址，如图 5-25 所示，单击“添加”按钮。

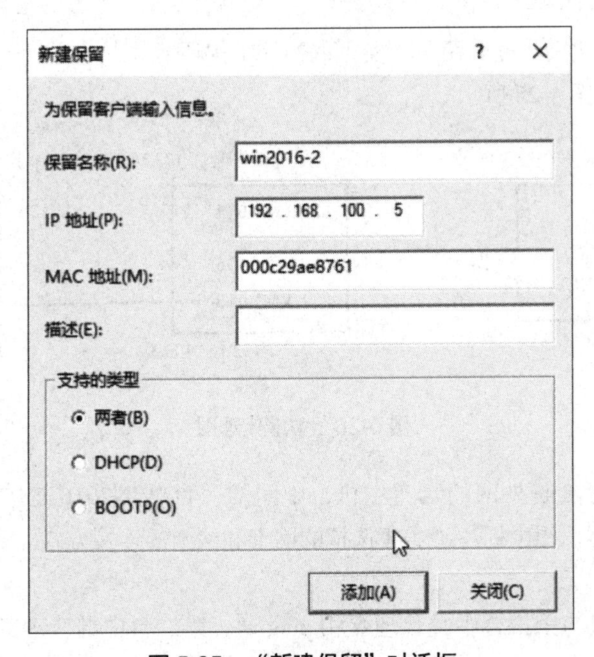

图 5-25　“新建保留”对话框

（3）通过 ipconfig/all 命令查看 IP，如图 5-26 所示。

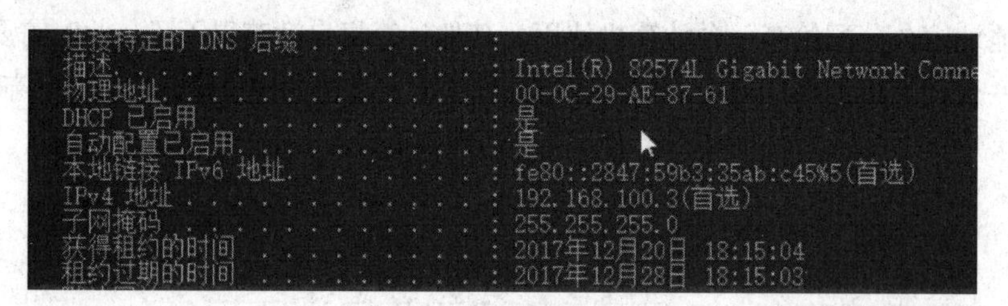

图 5-26　查看 IP

（4）在第二台计算机上释放 IP 地址，然后重新获得 IP，并查看，如图 5-27 所示，发现 IP 已经改变。

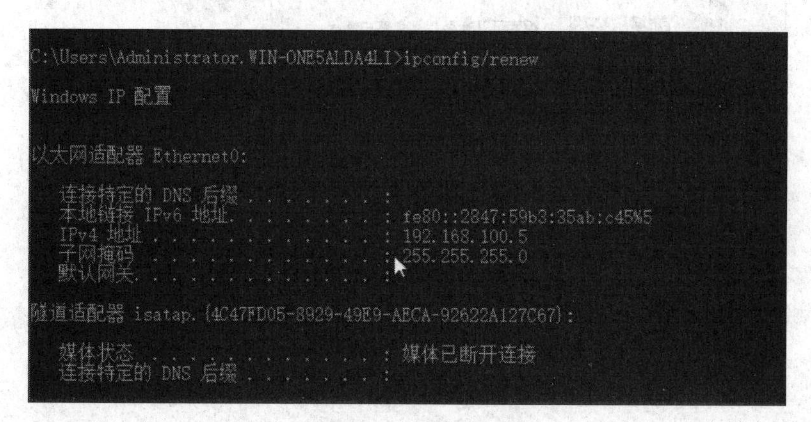

图 5-27　保留的 IP

三、DHCP 的中继代理

在进行这个实训操作之前，先介绍一下实训的拓扑结构环境。

实训的中继代理图如图 5-28 所示。

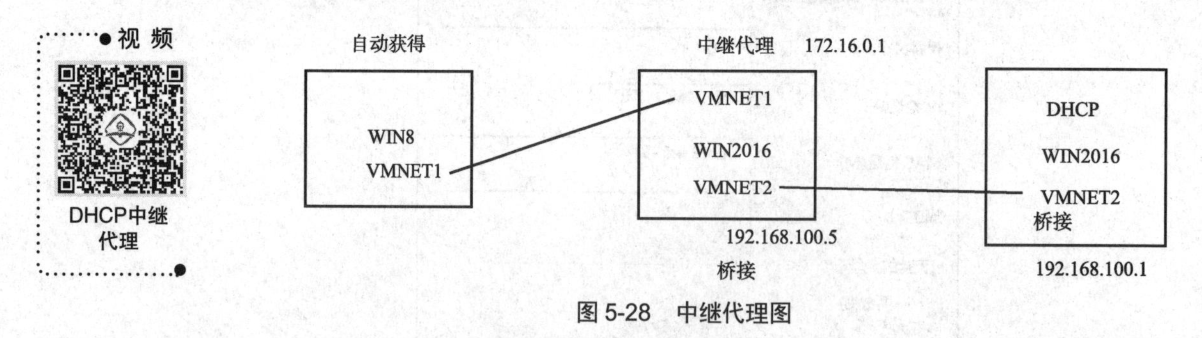

图 5-28　中继代理图

图 5-28 中左侧的 WIN8 是外网的真实主机，中间的一台 WIN2016 是中继代理服务器，右边的 WIN2016 是 DHCP 服务器。图中标注了需要选择的网卡和网卡的连接方式。

1. 实训准备

（1）让第一台 PC 机与第二台中继代理互相 ping 通，第二台中继代理又与第三台 DHCP 服务器互相ping通。

（2）DHCP服务器网络接口与中继代理的第二块网卡的网络接口都改成桥接，如图5-29所示。

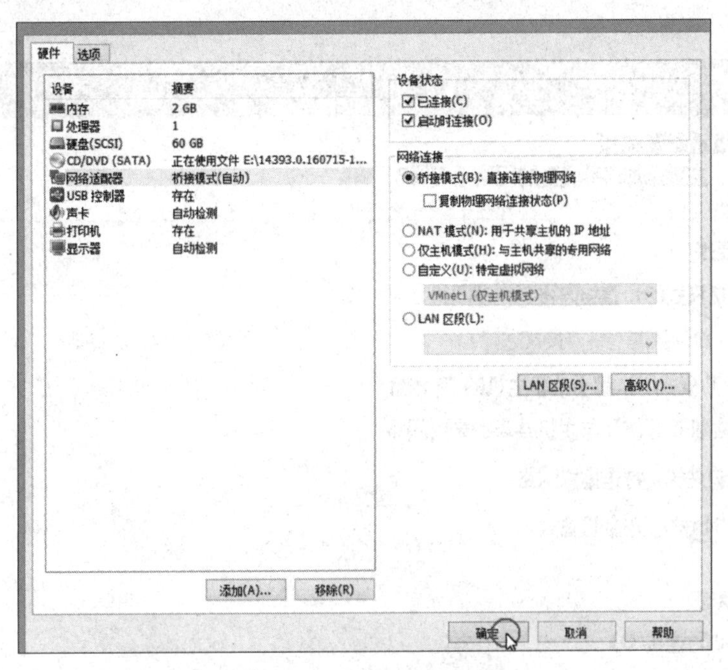

图5-29　选择网络适配器

（3）给中继器的计算机增加一块网卡，单击图5-29中的“添加”按钮。弹出图5-30所示的“添加硬件向导”对话框，选择“网络适配器”硬件类型，单击“下一步”按钮。

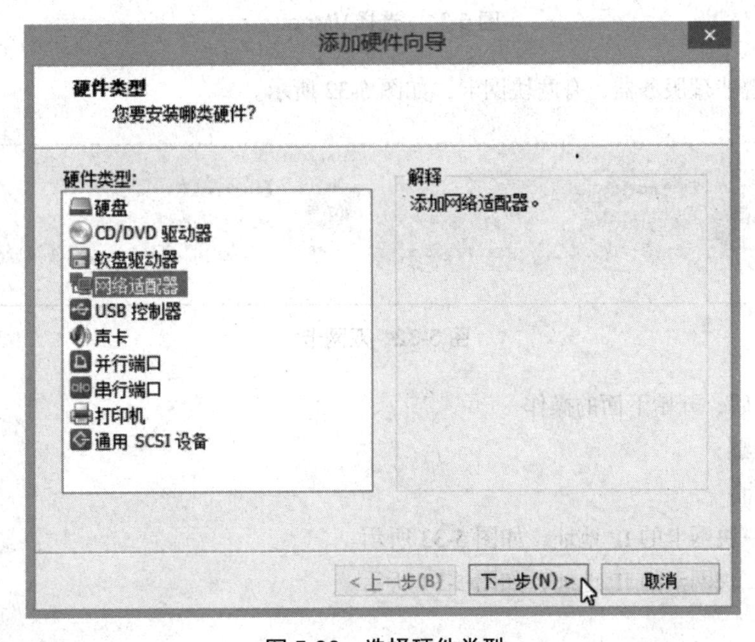

图5-30　选择硬件类型

（4）出现“网络适配器类型”界面，选择“自定义：特定虚拟网络→ VMnet1”，单击“完成”按钮。如图 5-31 所示。

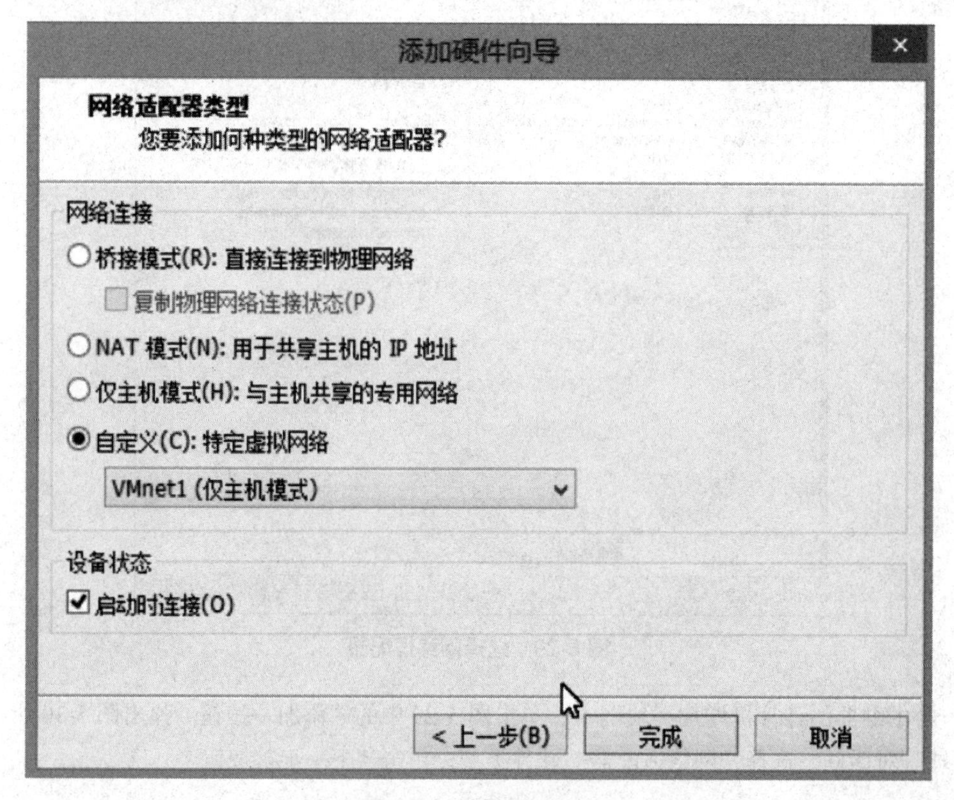

图 5-31　选择 VMnet1

（5）查看中继代理服务器，有两块网卡，如图 5-32 所示。

图 5-32　双网卡

准备工作做完后，开始下面的操作。

2. 实训操作步骤：

1）设置 IP 地址

（1）设置第一块网卡的 IP 地址，如图 5-33 所示。

（2）设置第二块网卡的 IP 地址，如图 5-34 所示。

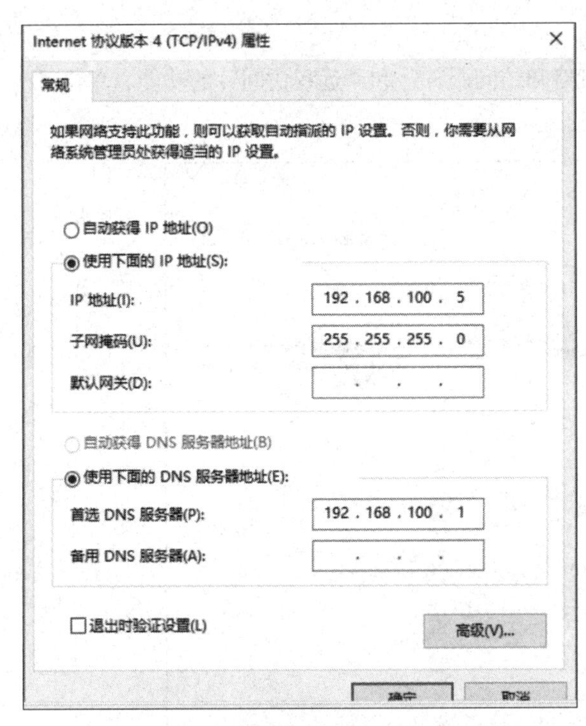

图 5-33　设置第一块网卡的 IP 地址

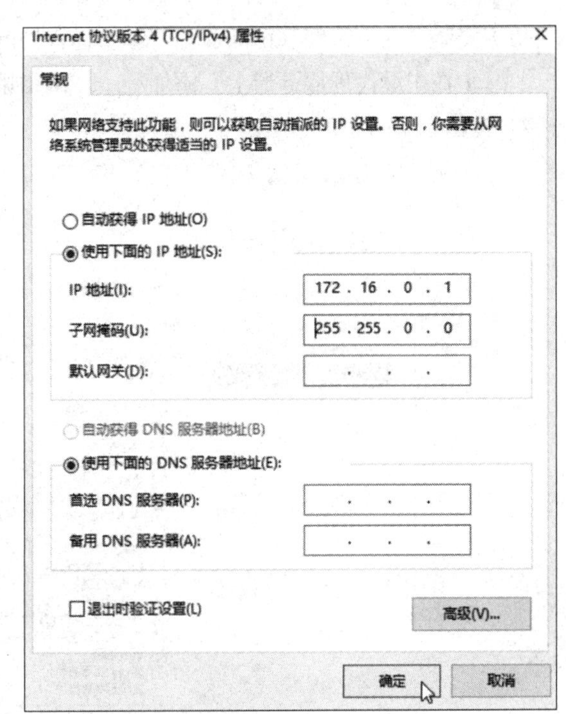

图 5-34　设置第二块网卡的 IP 地址

（3）外面真实主机的 IP 地址设置为“自动获得 IP 地址”，如图 5-35 所示。

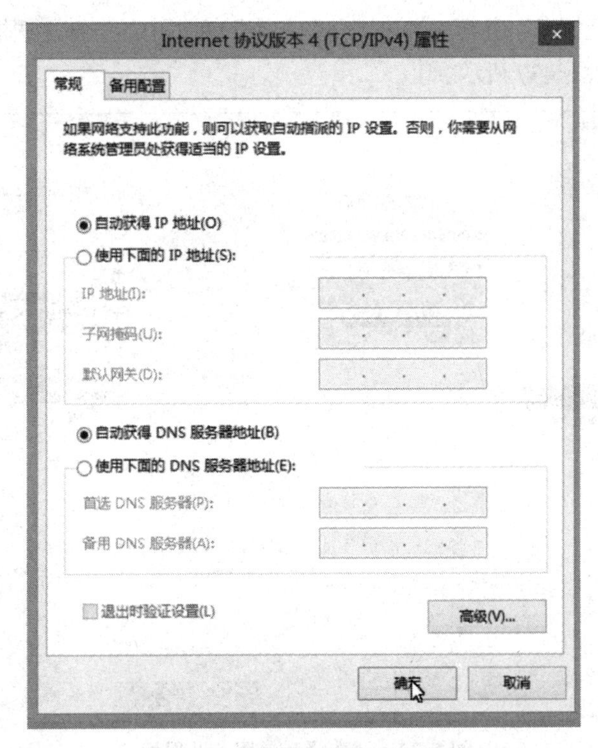

图 5-35　设置自动获得 IP 地址

2）安装“网络策略和访问服务”和“远程访问”

（1）在中继代理服务器上，添加一个“网络策略和访问服务”和“远程访问”的功能，单击“下一步”按钮，如图 5-36 所示。

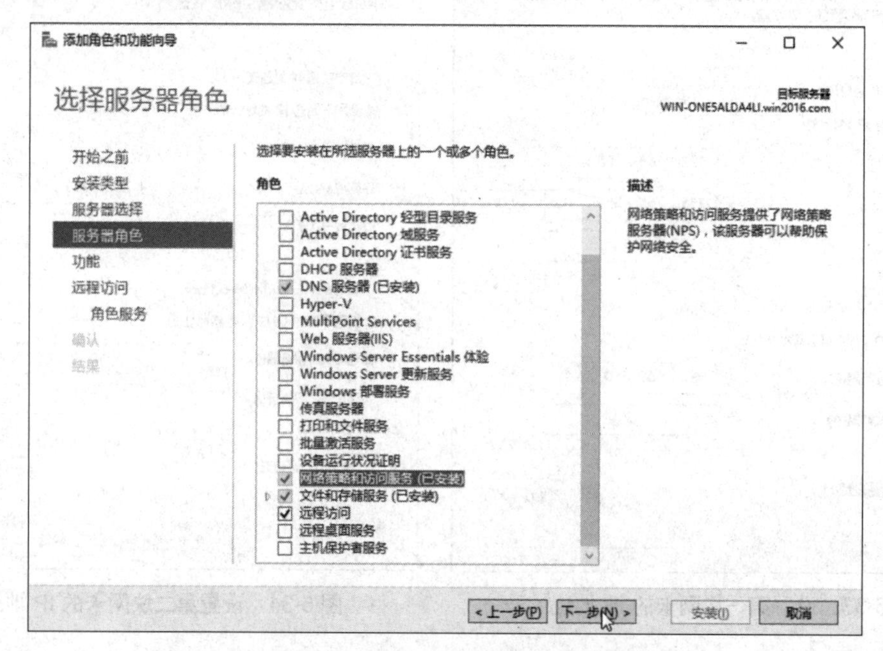

图 5-36 添加“网络策略和访问服务”和“远程访问”

（2）出现“选择角色服务”界面，选中“角色服务”列表中的全部复选框，连续单击“下一步”按钮，直到完成安装，如图 5-37 所示。

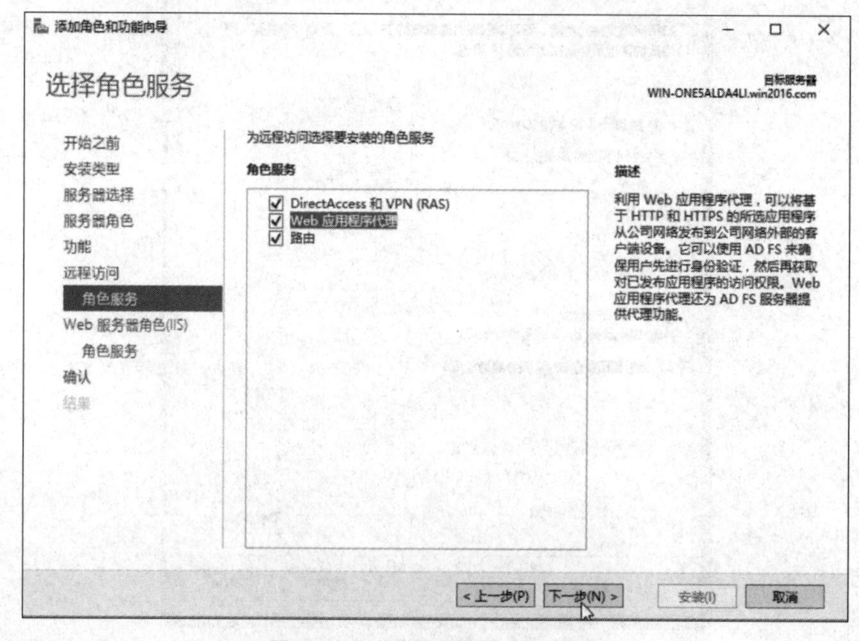

图 5-37 “选择角色服务”界面

（3）中续器与 DHCP 服务器 ping 通，如图 5-38 所示。注意 DHCP 服务器的 IP 地址设置为 192.168.100.1。

```
C:\Users\Administrator.WIN-ONE5ALDA4LI>ping 192.168.100.1

正在 Ping 192.168.100.1 具有 32 字节的数据:
来自 192.168.100.1 的回复: 字节=32 时间=1ms TTL=128
来自 192.168.100.1 的回复: 字节=32 时间<1ms TTL=128
来自 192.168.100.1 的回复: 字节=32 时间<1ms TTL=128
来自 192.168.100.1 的回复: 字节=32 时间<1ms TTL=128

192.168.100.1 的 Ping 统计信息:
    数据包: 已发送 = 4, 已接收 = 4, 丢失 = 0 (0% 丢失),
往返行程的估计时间(以毫秒为单位):
    最短 = 0ms, 最长 = 1ms, 平均 = 0ms
```

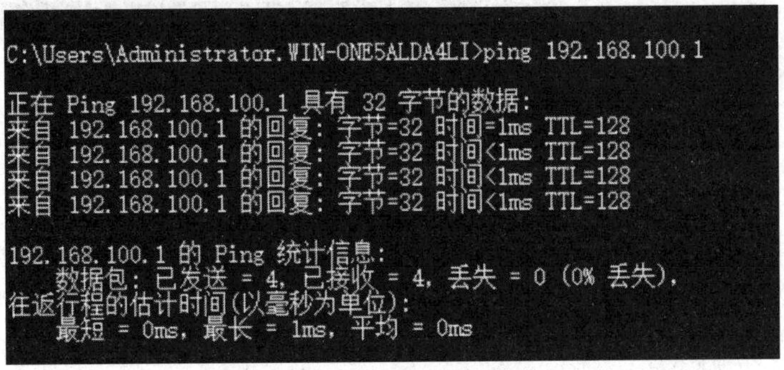

图 5-38　ping DHCP 服务器

3）配置路由和远程访问

（1）在“管理工具”窗口中打开“路由和远程访问”，如图 5-39 所示。

控制面板 › 系统和安全 › 管理工具　　搜索"管理工具"

快速访问：桌面、下载、文档、图片、win2016；此电脑；DVD 驱动器 (E:) VM；本地磁盘 (C:)；本地磁盘 (D:)；网络

名称	修改日期	类型	大小
磁盘清理	2016/7/16 21:19	快捷方式	2 KB
打印管理	2016/7/16 21:19	快捷方式	2 KB
服务	2016/7/16 21:18	快捷方式	2 KB
服务器管理器	2016/7/16 21:19	快捷方式	2 KB
高级安全 Windows 防火墙	2016/7/16 21:18	快捷方式	2 KB
计算机管理	2016/7/16 21:18	快捷方式	2 KB
连接管理器管理工具包	2016/7/16 21:19	快捷方式	2 KB
路由和远程访问	2016/7/16 21:19	快捷方式	2 KB
任务计划程序	2016/7/16 21:18	快捷方式	2 KB
事件查看器	2016/7/16 21:18	快捷方式	2 KB
碎片整理和优化驱动器	2016/7/16 21:18	快捷方式	2 KB
网络策略服务器	2016/7/16 21:20	快捷方式	2 KB
文件服务器资源管理器	2016/7/16 21:19	快捷方式	2 KB
系统配置	2016/7/16 21:18	快捷方式	2 KB
系统信息	2016/7/16 21:19	快捷方式	2 KB
性能监视器	2016/7/16 21:18	快捷方式	2 KB
用于 Windows PowerShell 的 Active...	2016/7/16 21:19	快捷方式	2 KB
远程访问管理	2016/7/16 21:20	快捷方式	2 KB
资源监视器	2016/7/16 21:18	快捷方式	2 KB
组策略管理	2016/7/16 21:19	快捷方式	2 KB
组件服务	2016/7/16 21:18	快捷方式	2 KB

34 个项目　选中 1 个项目 1.11 KB

图 5-39　选择“路由和远程访问”

（2）右击服务器名称，在弹出的快捷菜单中选择“配置并启用路由和远程访问”命令，如图 5-40 所示。

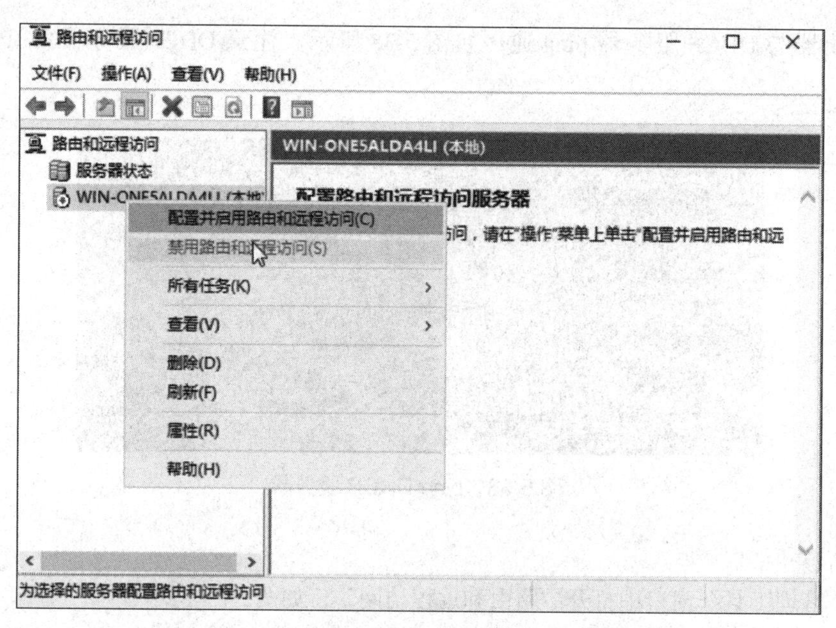

图 5-40 选择“配置并启用路由和远程访问”命令

（3）出现“路由和远程访问服务器安装向导”界面，单击“下一步”按钮，在“配置”界面中选择“自定义配置”单选按钮，如图 5-41 所示，单击“下一步”按钮。

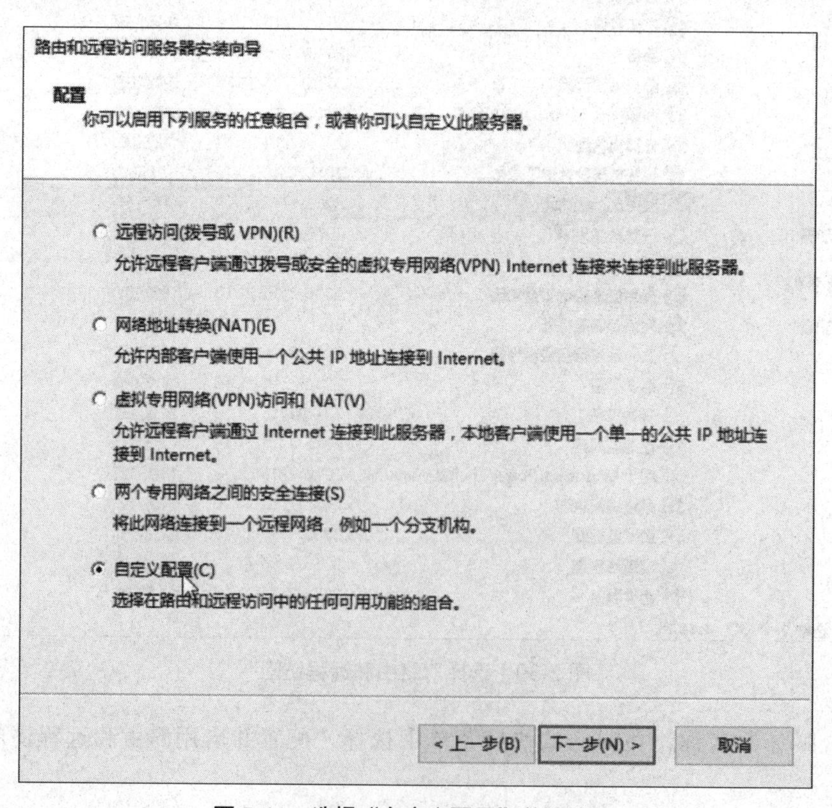

图 5-41 选择“自定义配置”单选按钮

（4）出现“自定义配置”界面，选中“LAN路由”复选框，如图5-42所示。连续单击“下一步”按钮，直至单击“完成”按钮。

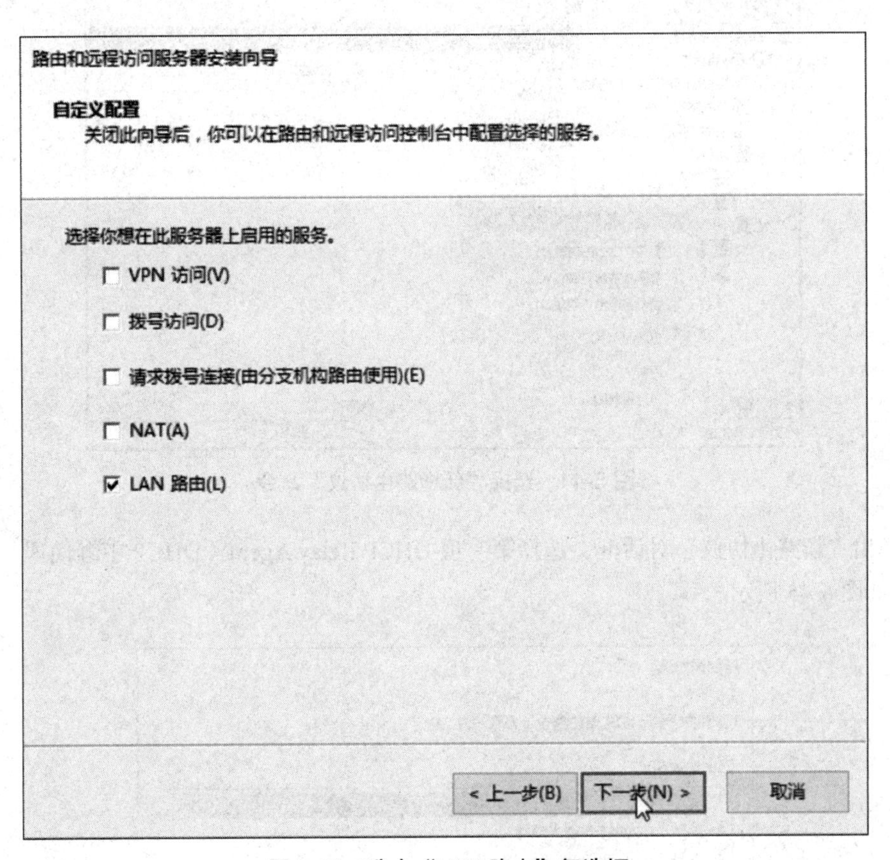

图5-42　选中“LAN路由”复选框

（5）弹出“路由和远程访问”对话框，单击“启动服务”按钮，如图5-43所示。

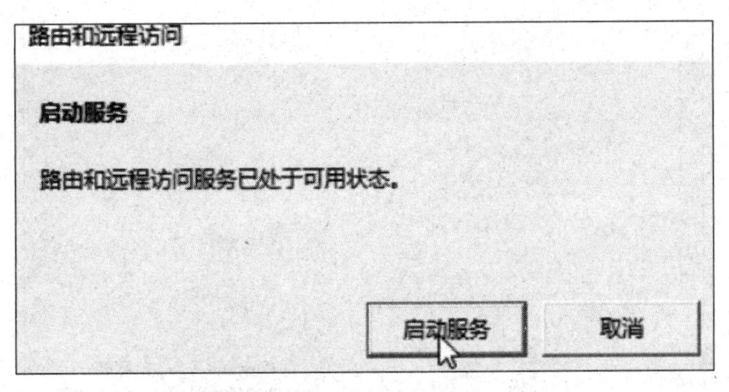

图5-43　“路由和远程访问”对话框

（6）打开“路由和远程访问”窗口，在IPv4的“常规”选项上右击，在弹出的快捷菜单中选择“新增路由协议”命令，如图5-44所示。

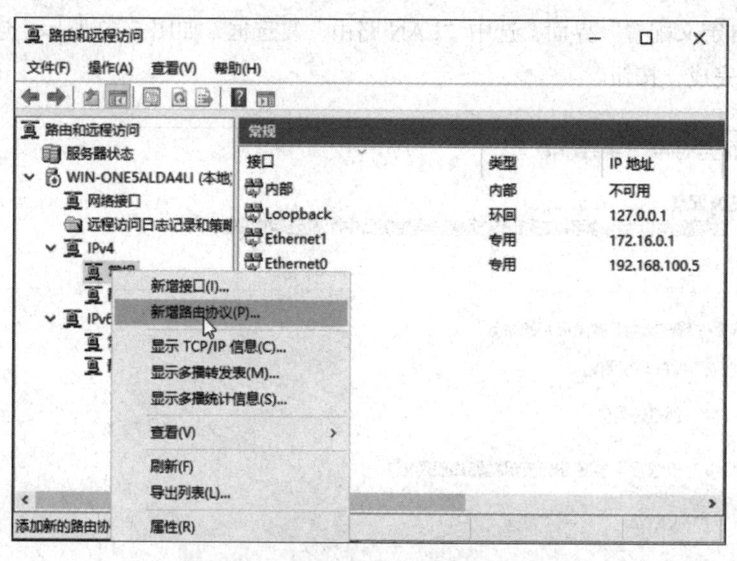

图 5-44　选择“新增路由协议”命令

（7）弹出“新路由协议”对话框，选择第一项 DHCP Relay Agent（DHCP 中继代理），单击“确定”按钮，如图 5-45 所示。

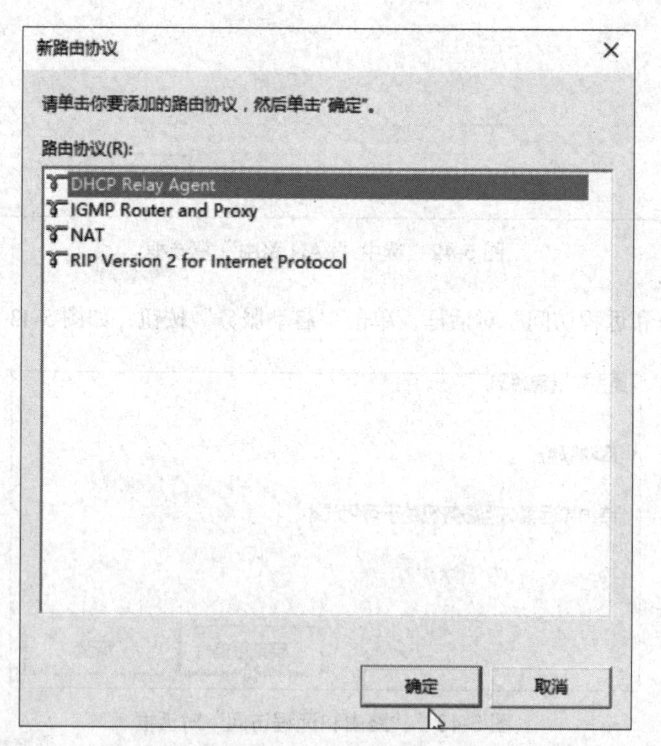

图 5-45　选择 DHCP Relay Agent 路由协议

（8）在 IPv4 的“DHCP 中继代理”选项上右击，在弹出的快捷菜单中选择“新增接口”命令，如图 5-46 所示。

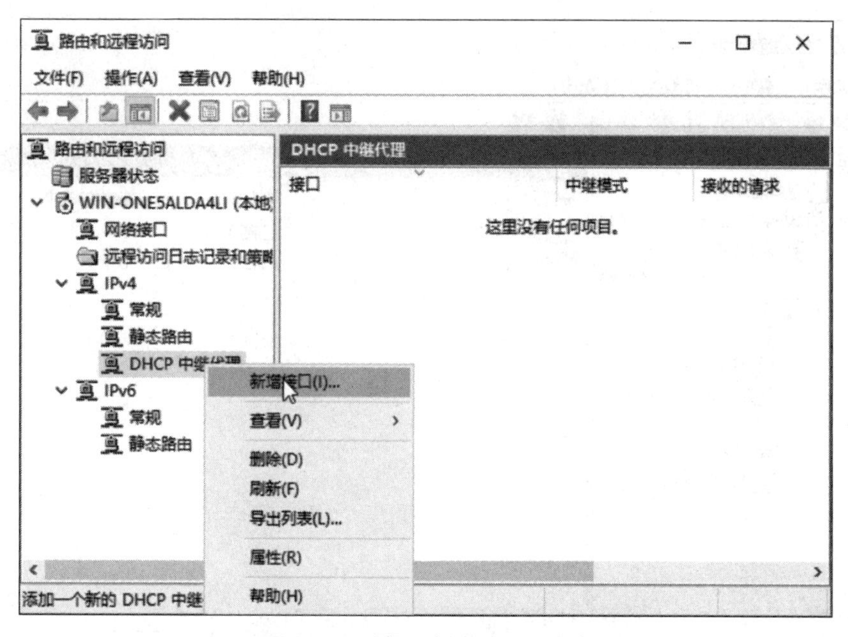

图 5-46　选择“新增接口”命令

（9）将两块网卡都加上，如图 5-47 和图 5-48 所示。

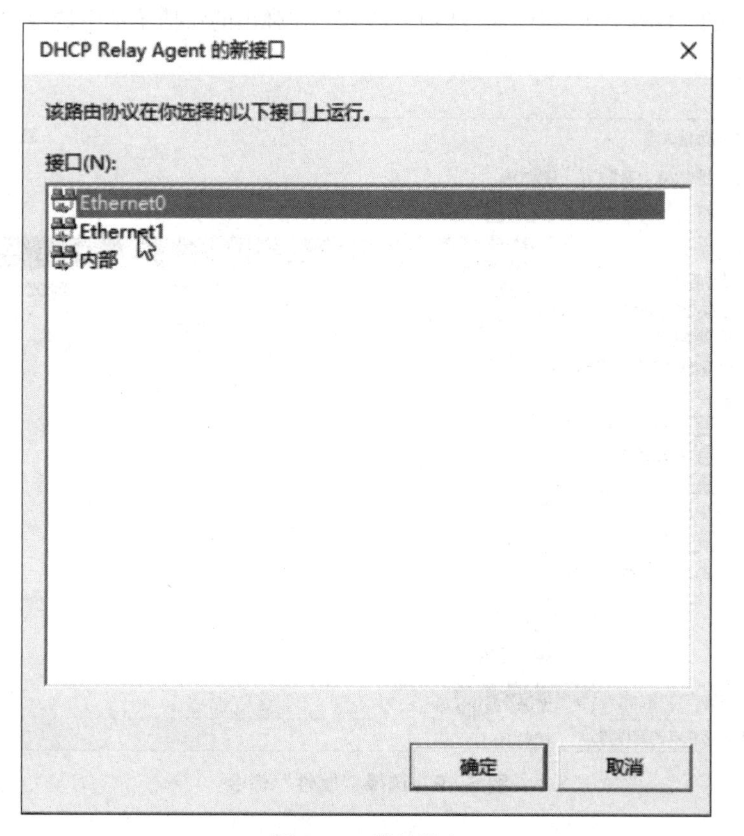

图 5-47　增加网卡

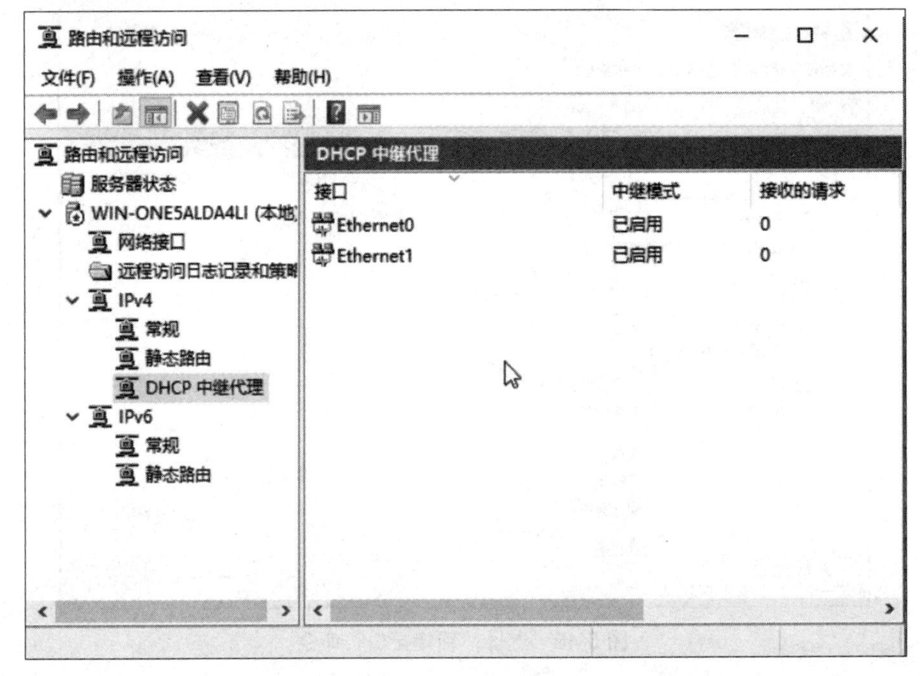

图 5-48 增加的网卡

（10）在 IPv4 的“DHCP 中继代理”选项上右击，在弹出的快捷菜单中选择“属性”命令，如图 5-49 所示。

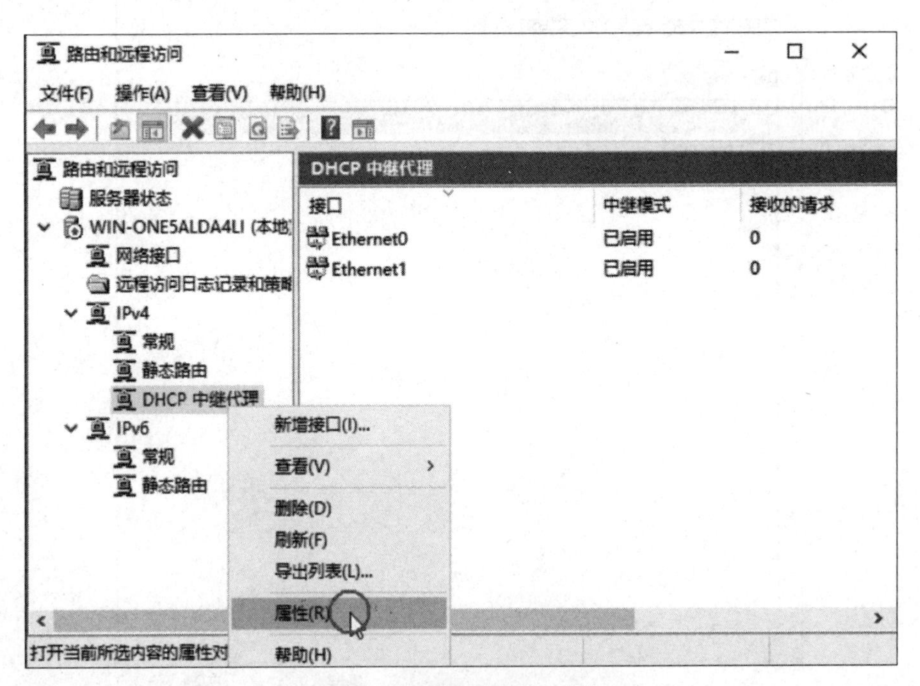

图 5-49 选择“属性”命令

（11）弹出“DHCP 中继代理属性”对话框，添加第一块网卡的 IP，如图 5-50 所示。

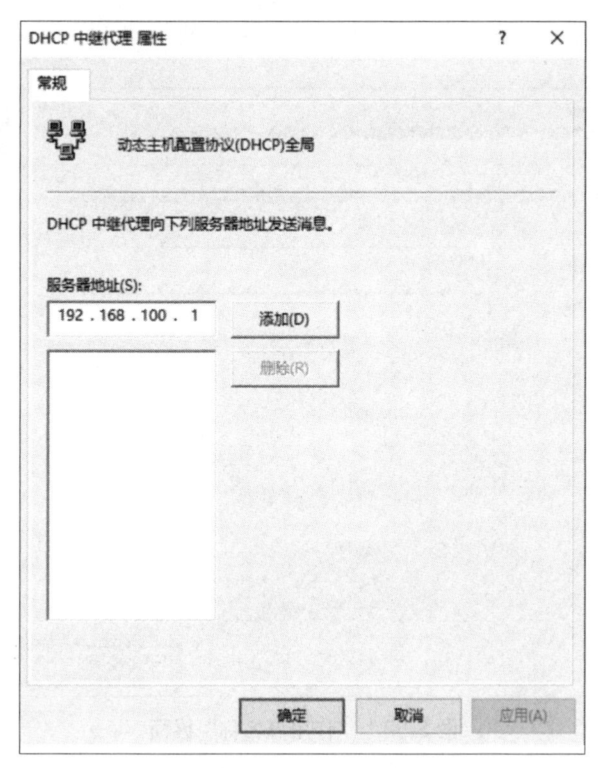

图 5-50　添加服务器的 IP

4）配置 DCHP 服务器

（1）在作用域中新建一个作用域，如图 5-51 所示。

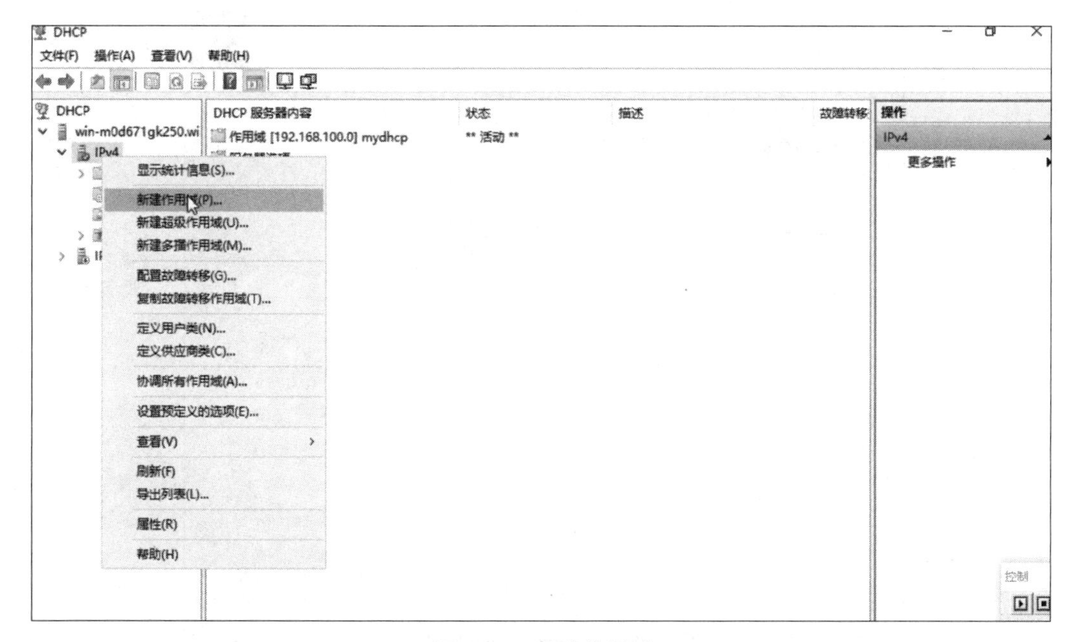

图 5-51　新建作用域

（2）出现“作用域名称”界面，输入 DHCP 的名字，如图 5-52 所示。单击“下一步”按钮。

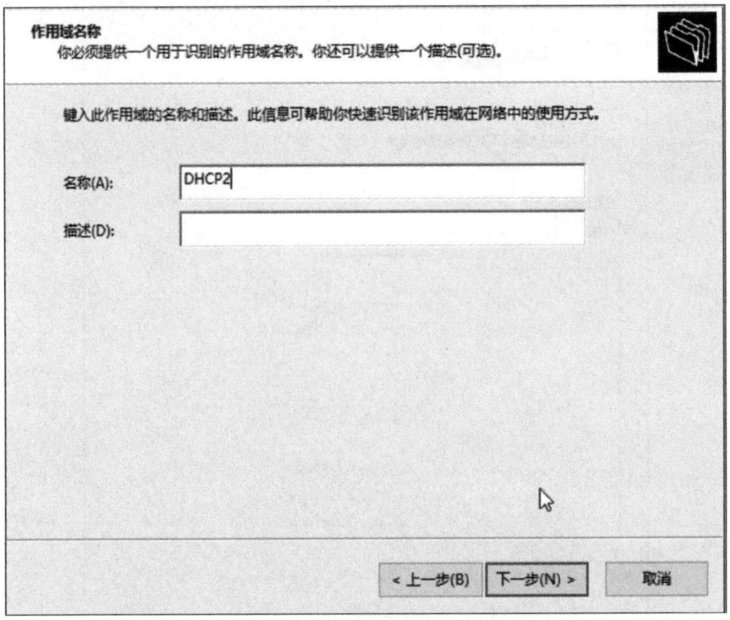

图 5-52　“作用域名称”界面

（3）出现“IP 地址范围”界面，输入 DHCP 作用域的分配范围，如图 5-53 所示。单击“下一步”按钮。

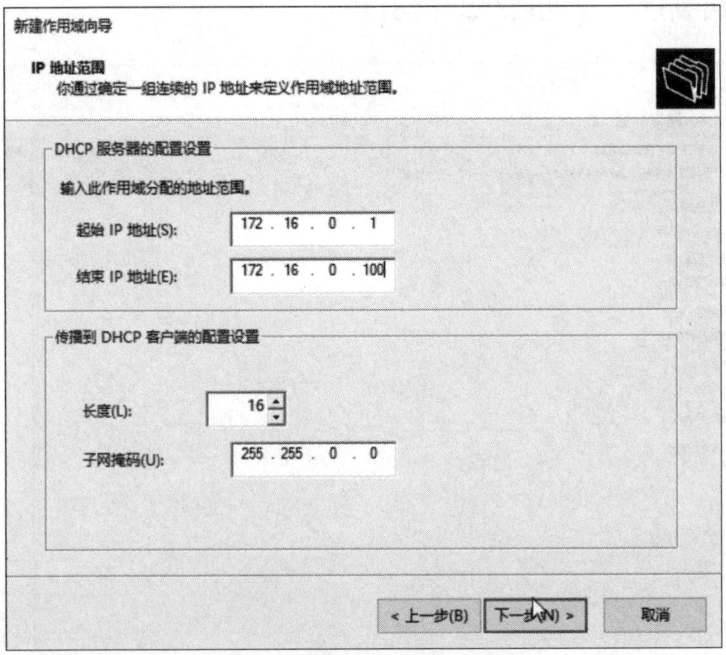

图 5-53　“IP 地址范围”界面

5）测试

（1）在外面的真实主机上把 VMnet1 网卡禁用，然后再启用。

（2）查看外面真实主机的网卡属性，显示通过中继代理成功从 DHCP 服务器上自动获得了 IP 地址，如图 5-54 所示。

图 5-54　已经取得了 IP 地址

总结与回顾

本项目中介绍了 DHCP 服务器的概念、DHCP 服务器的安装及配置方法、DHCP 的类别指定、DHCP 的中继代理、DHCP 的备份及还原。DHCP 服务器的功能在一个较大型的网络中会体现出来，平时，在一般的小型网络环境中，用户体会不到它的好处。DHCP 服务器的超级作用域的功能我们没有详细介绍，希望读者进行上机实训以便熟悉，DHCP 的超级作用域和路由器、交换机进行结合，可以让计算机得到几个不同网段的 IP 地址。这些都是读者要深入学习和了解的地方。相信通过本项目的学习，读者能够掌握 DHCP 的大部分功能。

习　题

一、完成下面的概念练习

1．DHCP 服务器的 IP 地址可以使用动态地址吗？为什么？

2．DHCP 使用域的含义是什么？如何配置使用域？

3．在 DHCP 服务器和客户机两者之间，应先启动哪一个？当客户机不能从 DHCP 服务器获得 IP 地址时，如何解决？

4．在“本地连接”窗口中，服务器端安装了哪些网络组件？

5．客户机重新获得的 IP 地址每次都不一样吗？

6．为了让 DHCP 服务器能够正常提供 IP 地址，而客户机又可以获得 IP 地址，应如何在客户机和服务器上进行配置？

二、上机操作：完成 DHCP 服务器的配置实训

1. 实训任务

DHCP 服务器的配置。

2. 实训目的

（1）学习 Windows Server 2016 下 DHCP 服务器的配置。

（2）了解 DHCP 服务器的使用方法。

3. 实训环境

操作系统：Windows Server 2016。

服务器软件：Windows 自带的 DHCP 服务器。

4. 实训内容

DHCP 服务器是为其他计算机提供配置信息的服务器，提供的信息包括：IP 地址、子网掩码、默认网关、DNS 服务器地址等。

（1）IP 规划：选择一个 IP 地址区段作为本 DHCP 服务器的地址池，请填写下面的表格（现在的内容是个例子，请根据情况进行修改，其中默认网关和 DNS 服务器地址都是假设的值）。

本机 IP 地址	分配的 IP 地址范围和子网掩码	排除的 IP 地址范围	租约期限	默认网关	DNS 服务器地址
172.15.10.10/16	172.15.10.1~172.15.10.255 子网掩码 255.255.0.0	172.15.10.10~172.15.10.50	2 天	172.17.0.1	172.15.10.10

（2）安装 DHCP 服务器：先为本机配置一个固定的 IP 地址，然后安装 DHCP 服务器组件。

（3）配置 DHCP 服务器：在 DHCP 服务器中创建一个作用域，作用域的各项参数按照规划的信息进行设置。

（4）测试 DHCP 服务器：选择网络中的一台计算机作为客户机，将其 IP 地址设置为“自动获得 IP 地址”。

在“命令提示符”下输入“ipconfig/all”命令，查看客户机能否从 DHCP 服务器上获得 IP 地址。（说明：由于客户机是用广播方式向 DHCP 服务器发出请求的，当网络中有多台 DHCP 服务器时，客户机可能从任一台 DHCP 服务器上获取配置信息。）

（5）配置保留：保留用于给指定的客户机分配固定的IP地址。

用“ipconfig/all”命令查看客户机的MAC地址；

在DHCP服务器上为该客户机配置保留，使它能从DHCP服务器上获取固定的IP地址。

（6）配置超级作用域：再选择一个地址区段创建一个作用域。将两个作用域组成一个超级作用域。

（7）配置服务器选项：当一个服务器中有多个作用域时，如果它们的选项值相同，可以用服务器选项代替多个作用域选项。

在服务器选项中配置路由器和DNS服务器地址，用它来代替上面两个作用域中相应的值。

回答问题：当服务器选项和作用域选项的相应项目都有值时，起作用的是哪个值？

5. 结束实训

（1）停用DHCP代理。

（2）停用DHCP服务器。

（3）卸载DHCP服务器。

（4）把Administrator账户的密码设置为空。

项目 6
DNS 服务器的安装、配置与管理

学习目标：

（1）学会用 Windows Server 2016 建立 DNS 服务器；

（2）了解使用工具软件测试 DNS 服务的方法；

（3）掌握 DNS 服务配置文件的存储位置和内容；

（4）掌握 DNS 服务器的配置参数和作用；

（5）掌握 DNS 服务器的配置及管理。

项目描述

DNS 服务器的概念可能读者比较陌生，平时只关注其功能，DNS 服务器的功能体现在用户上网时，不再输入不好记忆的 IP 地址来访问某个网站和网络资源，而直接使用 www.xx.com 之类的网址形式来访问站点。

绝大多数人在访问网站时不会直接输入 IP 地址，而是输入一串简单、容易记忆的字符，有数字的，如 www.163.com；也有纯字母的，如 www.qq.com，只要网络连接没问题，就可以直接访问对应的网站。但在理论上访问网址依然需要用到 IP 地址，只是字符转换为 IP 地址这部分工作由 DNS 服务器完成而已，而这个转换过程对于客户端来讲是完全透明的。这个功能的实现，读者可能也不太熟悉。

项目分析

如果读者正处在一个局域网环境中，需要完成内部网的服务器上的资源域名访问项目，则可以按照以下思路完成该项目：首先找到一台需要配置为 DNS 服务器的计算机，然后安装并启用 DNS 服务，安装启用 DNS 服务后，在服务器和客户机上进行测试，看能否实现 DNS 的基本解析功能。其次，当我们遇到一个较大型的网络环境时，有首选 DNS 服务器，还有辅助 DNS 服务器，这时，需要 DNS 服务器的区域复制和传输，可以通过虚拟机环境实现该功能，也可以在真机上实现，同时，为了防止 DNS 服务器出现故障，需要对 DNS 服务器的记录进行修复。再次，可能会经常遇到 DNS 记录的情况，在局域网环境会遇到，在广域网环境也会遇到，比如 A 记录、别名等，现在的互联网上的双线主机，有些就是通过别名功能实现双线解析，还有就是有子域的环境，还可以实现 DNS 的委派。根据这个思路结合项目实施步骤即可完成该项目。

知识链接

一、DNS 域名概念

首先介绍什么是 DNS？

简单地说，DNS 就是把域名解析成 IP 地址，把 IP 地址解析成域名；那么在 DNS 还没有出现之前，一些专业人员是通过“Hosts”文件来管理的。

Hosts 的工作原理：Hosts 工作时由一台计算机负责，它维护一份主机名称与 IP 地址对应的清单，即 Hosts 文件，每当主机要与其他网络中的主机通信前，来源主机都会先查询 Hosts 文件中目的主机的 IP 地址，等对应的目的主机 IP 地址解析出来后，即可进行通信。这种方法虽然简单，但是随着主机数目越来越多，便产生了一些错误：主机名称重复，因为 Hosts 文件是平面结构，多了就产生了错误，域名解析效率下降。因为 Hosts 文件的通信量都集中在一个计算机上，文件是平面的，所以会出现工作效率低、主机维护困难等情况。

DNS 的工作原理：为了解决 Hosts 所存在的问题，便引出了 DNS 服务，DNS 采用了层次结构划分许多较小的部分，把每一部分放在不同的计算机上，形成了层次性、分布式的特点。这样便提高了访问效率。DNS 的主要作用是把域名解析成 IP 地址（正向解析），把 IP 地址解析成域名（反向区域）；

二、DNS 技术术语

（1）DNS 域名称空间：指定了一个用于组织名称的结构化的阶层式域空间。

（2）资源记录：当在域名空间中注册或解析名称时，它将 DNS 域名称与指定的资源信息对应起来。

（3）DNS 名称服务器：用于保存和回答对资源记录的名称查询。

（4）DNS 客户：向服务器提出查询请求，要求服务器查找并将名称解析为查询中指定的资源记录类型。

三、DNS 查询

当在客户机的 Web 浏览器中输入一个 DNS 域名，则客户机产生一个查询并将查询传给 DNS 客户服务，利用本机的缓存信息进行解析，如果查询信息可以被解析则完成了查询。

本机解析所用的缓存信息可以通过两种方式获得：

（1）如果客户机配置了 host 文件，在客户机启动时 host 文件中的名称与地址映射将被加载到缓存中。以前查询时 DNS 服务器的回答信息将在缓存中保存一段时间。

（2）如果在本地无法获得查询信息，则将查询请求发送给 DNS 服务器。查询请求首先发送给主 DNS 服务器，当 DNS 服务器接到查询后，首先在服务器管理的区域记录中查找，如果找到相应的记录，则利用此记录进行解析。如果没有区域信息可以满足查询请求，服务器在本地的缓存中查找，如果找到相应的记录则查询过程结束。

如果在主 DNS 服务器中仍无法查找到答案，则利用递归查询进行名称的全面解析，这需要网络中的其他 DNS 服务器协助，默认情况下服务器支持递归查询。

四、安装 DNS 的必要条件

安装 DNS 有以下条件：

第一个：有固定的 IP 地址；

第二个：安装并启动 DNS 服务；

第三个：有区域文件，或者配置转发器，或者根提示。

五、区域传输

什么是区域传输？它是将一个区域文件复制到多个服务器上的过程，它是通过主机从服务器哪里将区域文件的信息复制到辅助服务的服务器来实现的。如果它有变化的时候，必须要通过区域传输机制复制到辅助服务器上。注意：主服务器可以是主要区域也可以是辅助区域。

六、DNS 控制台服务器属性

通过 DNS 控制台的各个属性，我们可以设置和查看 DNS 的接口、转发器、根提示、高级、事件日志、调试日志、安全、高级等选项。在后面的项目实施中将进行详细介绍。

七、DNS 记录

如果把 DNS 的体系结构比喻成一棵倒挂的大树，那么毫无疑问，每一条记录就是组成这棵大树必不可少的枝叶了。所谓的 DNS 记录，其实就是具有特殊功能的一个个数据条目。在 Windows 的 DNS 中，这些条目一旦被创建后，就可以实现各自的功能，比如创建一条 A 记录，就可以为客户端提供某个域名到 IP 的正向解析功能等。当然，DNS 记录分为很多种，各有各的用途。在后面的项目实施中将进行详细介绍。

项目实施

视 频

DNS的简单配置

架设单位内部 DNS 并提供域名解析服务项目实施内容如下：

（1）Windows Server 2016 服务器的安装。

（2）Windows Server 2016 服务器的配置。

（3）Windows Server 2016 服务器的管理。

（4）Windows Server 2016 服务器的测试。

实施环境：Windows Server 2016 服务器一台，Windows 7 或 Windows 10 一台，计算机组成主从式网络。（建议在 VMware 虚拟机中安装 Windows Server 2016 服务器和客户机进行操作。）

方案设计：××× 职业技术学院建立校园网后需要为单位的内部局域网提供 DNS 服务，使用户能够使用域名访问内部的计算机和网站。要求如下：

（1）服务器端：在一台计算机上安装 Windows Server 2016，设置 IP 地址为 192.168.1.100，子网掩码为 255.255.255.0；设置主机域名与 IP 地址的对应关系，www.a.com 对应 192.168.1.102，文件传输

服务器 ftp.a.com 对应的 IP 为 192.168.1.100，邮件服务器 mail.com 对应的 IP 为 192.168.1.100。

（2）客户端：设置 DNS 服务器为 192.168.1.100。

（3）在 DOS 环境下，通过“ping 域名”命令将域名解析为 IP 地址。使用 ping 解析主机对应的 IP 地址。

具体步骤如下：

一、配置 DNS 区域

添加 DNS 服务器角色，如图 6-1 所示。由于前面已经安装了活动目录，DNS 已经安装了，如图 6-2 所示。

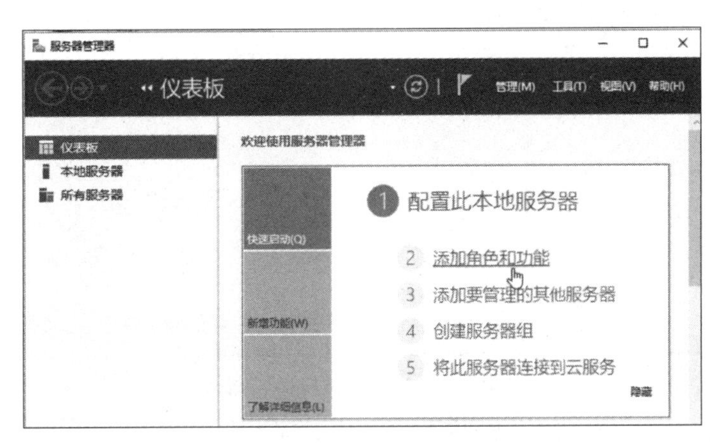

图 6-1　添加角色

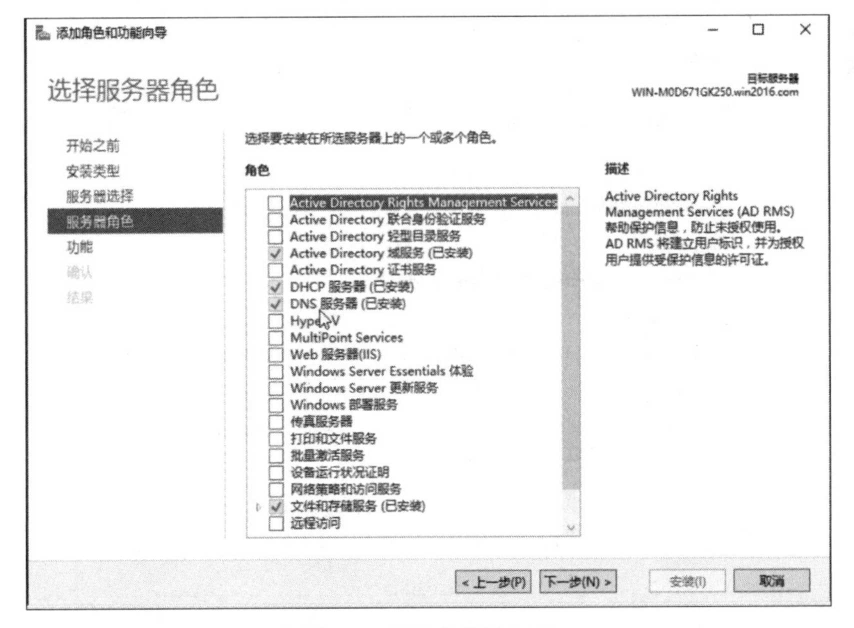

图 6-2　已经安装了 DNS

二、创建正向区域，添加主机记录

（1）进入到DNS控制台，右击“正向查找区域”选项，在弹出的快捷菜单中选择“新建区域”命令，如图6-3所示。

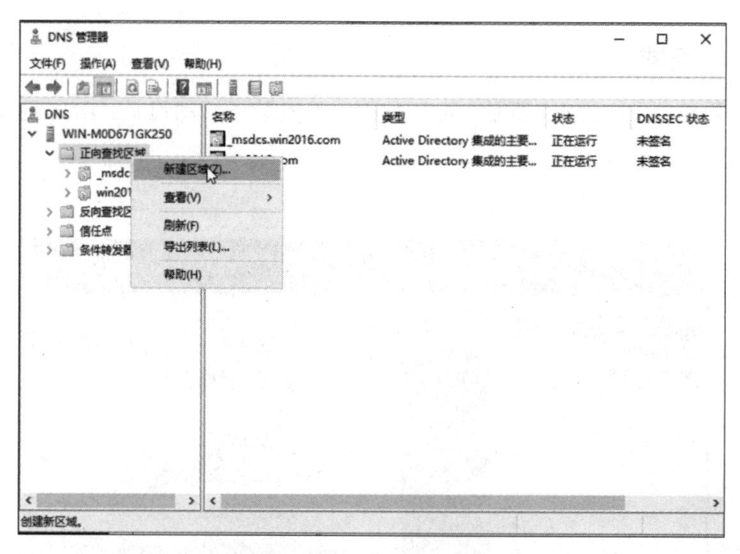

图6-3 选择“新建区域”命令

（2）弹出“欢迎使用新建区域向导”对话框，单击“下一步”按钮。

（3）出现“区域类型”界面，选择“主要区域”单选按钮，如图6-4所示。

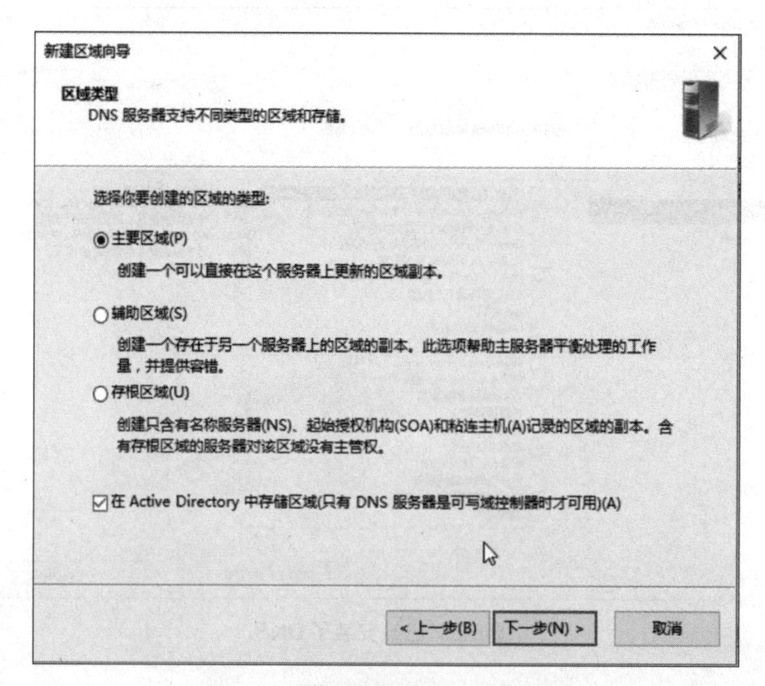

图6-4 选择“主要区域”单选按钮

（4）出现“Active Directory 区域传送作用域”界面，选择“至此域中域控制器上运行的所有 DNS 服务器”单选按钮，如图 6-5 所示。

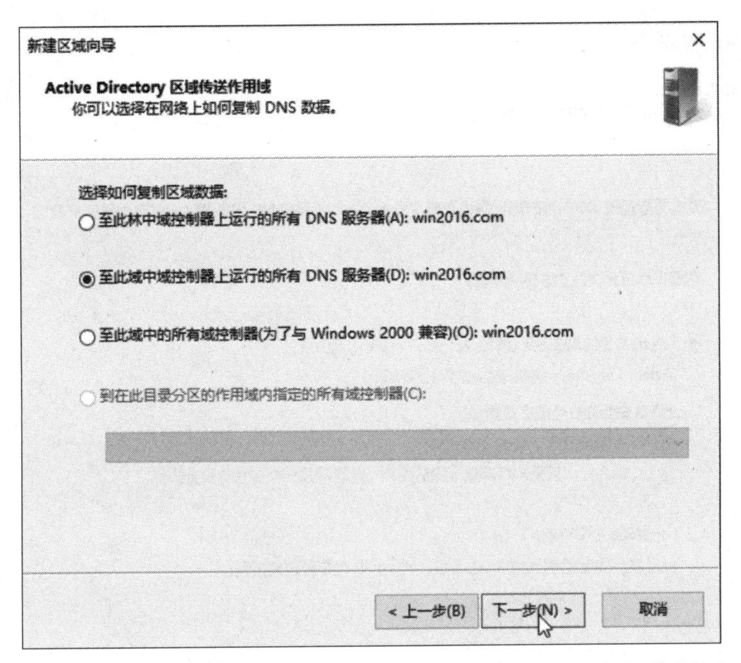

图 6-5　选择“至此域中域控制器上运行的所有 DNS 服务器”单选按钮

（5）出现“区域名称”界面，输入区域名称，如 a.com，如图 6-6 所示。

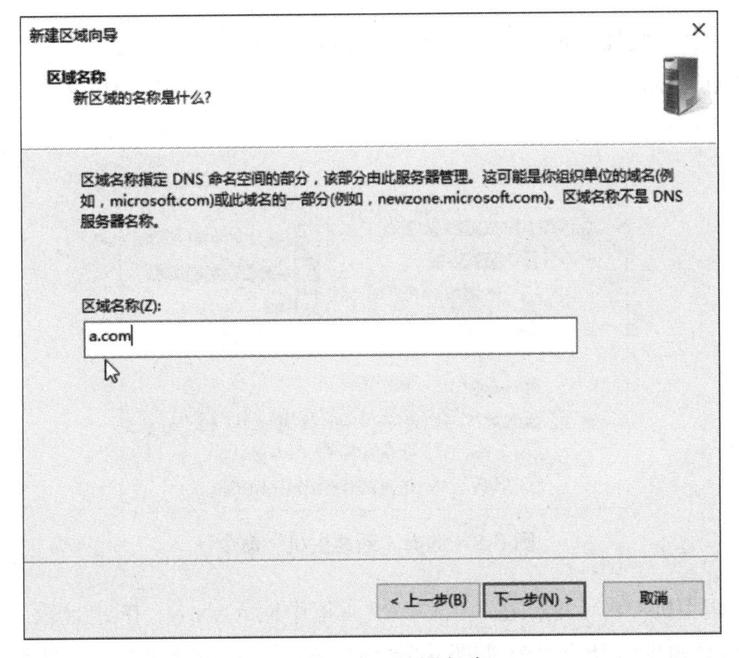

图 6-6　输入区域名称

（6）出现“动态更新”界面，选择“不允许动态更新”单选按钮，也可选择“只允许安全的动态更新”单选按钮，如图 6-7 所示。

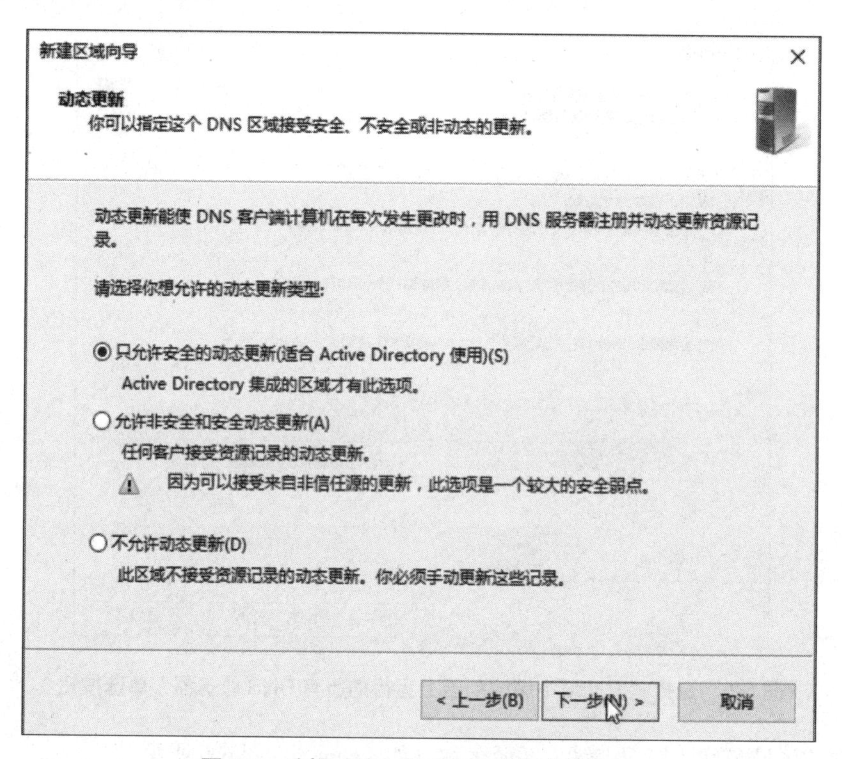

图 6-7　选择“不允许动态更新”单选按钮

（7）单击“下一步”按钮，出现“正在完成新建区域向导”界面，单击“完成”按钮即可。

（8）进入到 DNS 控制台，在 a.com 区域上右击，在弹出的快捷菜单中选择“新建主机”命令，如图 6-8 所示。

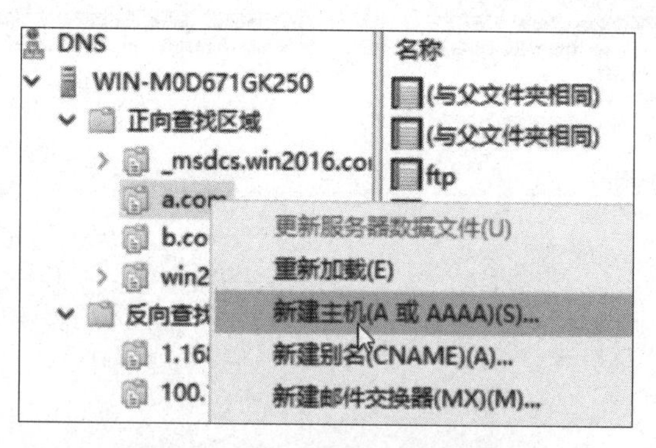

图 6-8　选择“新建主机”命令

（9）弹出“新建主机”对话框，在“名称”文本框中输入 www，IP 地址输入 192.168.1.102，该 192.168.1.102 是一台客户机的 IP 地址，如图 6-9 所示。然后单击“添加主机”按钮，提示成功创建了 www.a.com 主机记录，如图 6-10 所示。

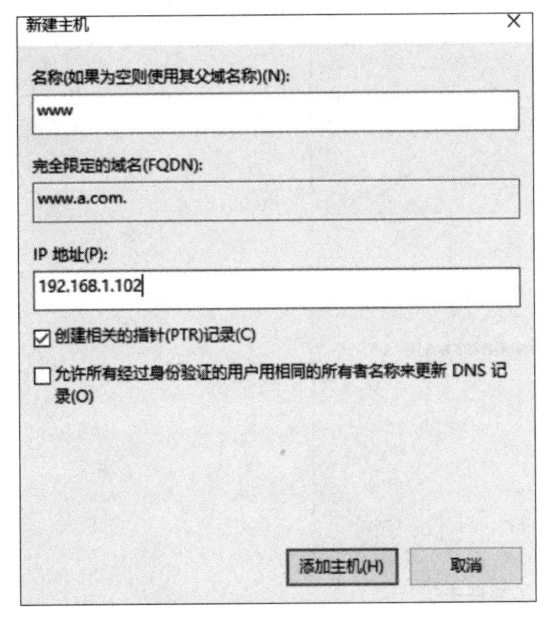

图 6-9　“新建主机”对话框

图 6-10　成功创建主机记录

（10）在“新建主机”对话框中，名称输入 ftp，IP 地址输入 192.168.1.100，如图 6-11 所示。单击“添加主机”按钮，提示成功创建了 ftp.a.com 主机记录。

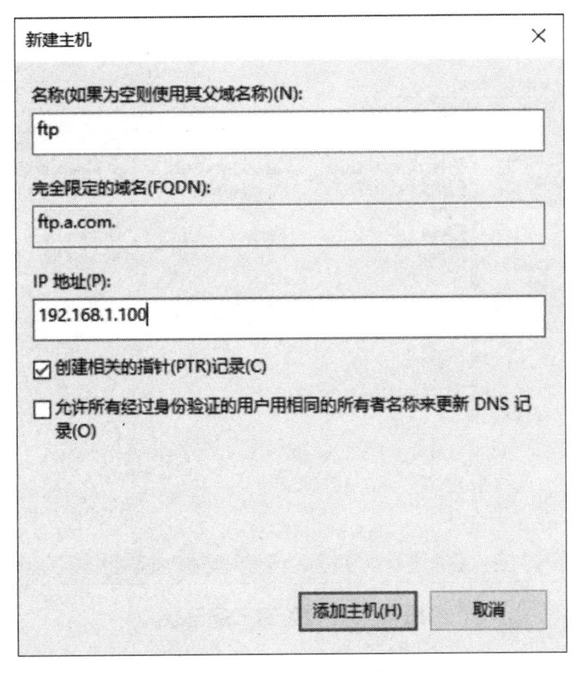

图 6-11　创建 FTP 主机

（12）在“新建主机”对话框中，名称输入 mail，IP 地址输入 192.168.1.100，如图 6-12 所示。单击“添加主机”按钮，提示成功创建了 mail.a.com 主机记录。

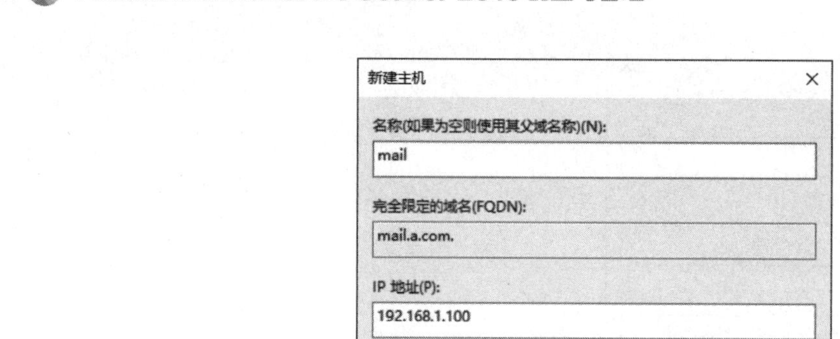

图 6-12　创建了邮件主机

三、检查设置

在控制台树中，展开“正向查找区域”|“a.com”选项，在右侧的详细资料中可看见有三条记录，如图 6-13 所示。

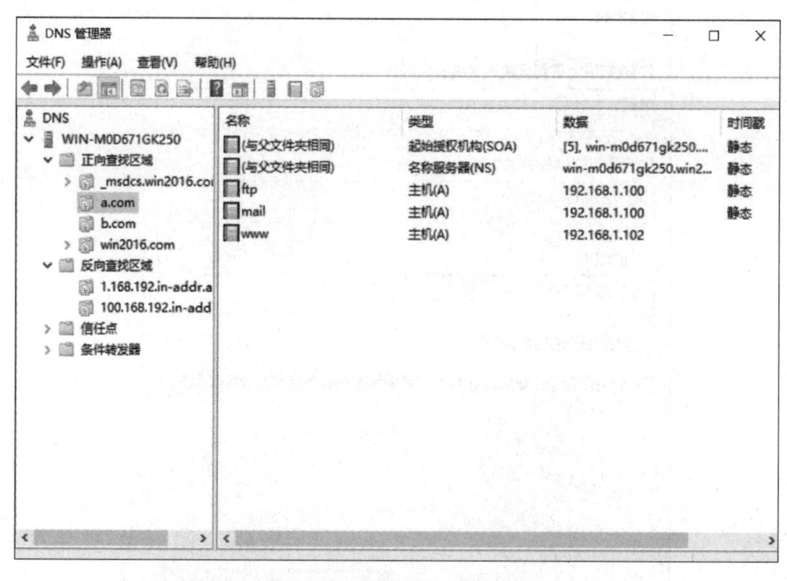

图 6-13　看见有三条记录

四、创建反向区域

（1）在控制台树中，右击“反向查找区域”选项，在弹出的快捷菜单中选择“新建区域”命令，如图 6-14 所示。

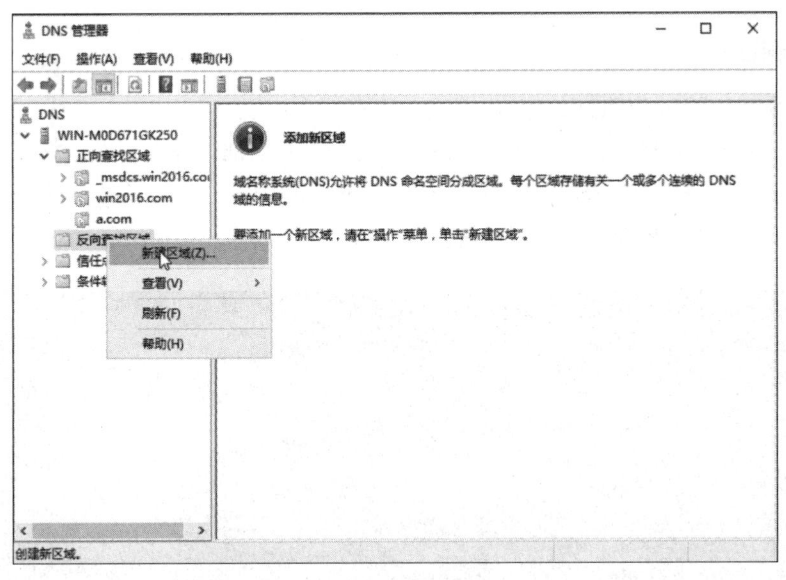

图 6-14　反向区域新建区域

（2）连续单击“下一步”按钮，在出现输入 IP 对话框时，输入 192.168.1，然后完成创建。

五、DNS 客户端的配置

在设置 DNS 服务器后，可以对客户机进行设置。

设置 Windows 2016 的 TCP/IP 属性。设置网卡的 IP 地址为：192.168.1.102，输入子网掩网：255.255.255.0。选中“使用下面的 DNS 服务器地址”单选按钮，并输入 DNS 服务器的 IP 地址 192.168.1.100，如图 6-15 所示。

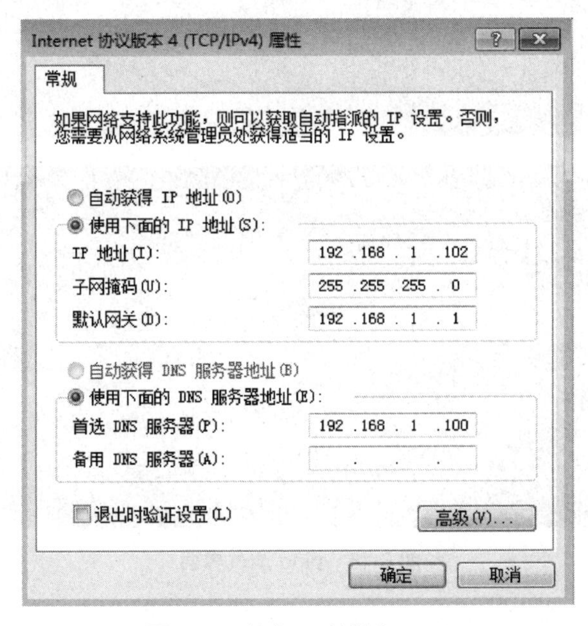

图 6-15　输入 IP 地址和 DNS

六、DNS 测试

在 Windows Server 2016 中执行 ping.exe 命令，方法如下：

单击“开始”按钮，选择“运行”命令，弹出“运行”对话框，输入 ping，单击“确定”按钮。

打开命令行窗口，在提示符下输入：ping www.a.com，ping ftp.a.com，ping mail.a.com，出现图 6-16 所示的界面。如果出现类似界面，则表明通信测试成功。

```
C:\Users\Administrator>ping  www.a.com

正在 Ping www.a.com [192.168.1.102] 具有 32 字节的数据:
来自 192.168.1.102 的回复: 字节=32 时间<1ms TTL=128
来自 192.168.1.102 的回复: 字节=32 时间<1ms TTL=128
来自 192.168.1.102 的回复: 字节=32 时间=14ms TTL=128
来自 192.168.1.102 的回复: 字节=32 时间<1ms TTL=128

192.168.1.102 的 Ping 统计信息:
    数据包: 已发送 = 4，已接收 = 4，丢失 = 0 (0% 丢失)，
往返行程的估计时间(以毫秒为单位):
    最短 = 0ms，最长 = 14ms，平均 = 3ms
```

```
C:\Users\Administrator>ping  ftp.a.com

正在 Ping ftp.a.com [192.168.1.100] 具有 32 字节的数据:
来自 192.168.1.100 的回复: 字节=32 时间<1ms TTL=128
来自 192.168.1.100 的回复: 字节=32 时间<1ms TTL=128
来自 192.168.1.100 的回复: 字节=32 时间<1ms TTL=128
来自 192.168.1.100 的回复: 字节=32 时间<1ms TTL=128

192.168.1.100 的 Ping 统计信息:
    数据包: 已发送 = 4，已接收 = 4，丢失 = 0 (0% 丢失)，
往返行程的估计时间(以毫秒为单位):
    最短 = 0ms，最长 = 0ms，平均 = 0ms
```

```
C:\Users\Administrator>ping  mail.a.com

正在 Ping mail.a.com [192.168.1.100] 具有 32 字节的数据:
来自 192.168.1.100 的回复: 字节=32 时间<1ms TTL=128
来自 192.168.1.100 的回复: 字节=32 时间<1ms TTL=128
来自 192.168.1.100 的回复: 字节=32 时间<1ms TTL=128
来自 192.168.1.100 的回复: 字节=32 时间<1ms TTL=128

192.168.1.100 的 Ping 统计信息:
    数据包: 已发送 = 4，已接收 = 4，丢失 = 0 (0% 丢失)，
往返行程的估计时间(以毫秒为单位):
    最短 = 0ms，最长 = 0ms，平均 = 0ms
```

图 6-16　ping 测试界面

在客户机端重新进行ping命令测试，观察测试结果，并进行分析。通过测试，表明DNS服务器工作正常。

总结与回顾

本项目简单介绍了DNS服务器的安装及配置情况，DNS的区域复制、DNS的属性设置、DNS的记录、新建委派等，DNS服务器要和Web服务器结合起来，其功能才能完全显示出来，通过本项目的学习，读者应该能够正确安装和配置DNS服务器，读者可以将该项目和后面的项目10 Web服务器的配置综合起来学习。读者经过本项目的学习，应掌握DNS服务器最重要的知识和技能。

习　　题

一、完成下面的概念练习

1．DNS服务器的IP地址可以是动态的吗？为什么？

2．Windows Server 2016的计算机中是否需要设置如win2008.win2008.com完整的计算机名？

3．在客户端为了测试DNS，必须指定DNS服务器的地址吗？

4．正向查找区域和反向查找区域之间有什么关系？

5．win2008.com是域吗？

6．资源记录有哪几种类型？

7．简述在服务器端测试DNS的软件及测试步骤。

8．在客户端“TCP/IP属性”对话框中设置“域后缀搜索顺序”有哪些作用？

9．在DNS服务器上和客户机上如何设置才能完成DNS服务器的解析工作？

二、上机操作：DNS服务器的配置与测试

环境：假设公司用一台Windows Server 2016服务器提供虚拟主机服务，地址是192.168.1.10，在这台服务器中已经安装了IIS。

现在公司要求网管在服务器上使用一个IP为A、B、C、D四家公司建立独立的网站，每个网站拥有自己独立的域名。四家网站域名分别为：www.a.com、www.b.com、www.c.com和www.d.com。

通过使用主机头，站点只需一个IP地址即可维护多个站点。客户可以使用不同的域名访问各自的站点，根本感觉不到这些站点在同一主机上。

具体操作如下：

（1）在Windows Server 2016服务器中为四家公司建立文件夹，作为Web站点，主目录如下：

Web站点主目录	Web站点
d:\web\a	A公司网站
d:\web\b	B公司网站
d:\web\c	C公司网站
d:\web\d	D公司网站

（2）使用 Web 站点管理向导，分别四家公司建立独立的 Web 站点，四者最大的不同是使用了不同的主机头名：

A 公司站点、B 公司站点、C 公司站点、D 公司站点

IP 地址全部为 192.168.1.10；

TCP 端口全部为 80；

权限全部为读取和运行脚本；

主机头名分别为 www.a.com、www.b.com、www.c.com 和 www.d.com；

站点主目录 分别为 d:\web\a、d:\web\b、d:\web\c 和 d:\web\d；

在 DNS 中将这四个域名注册上，均指向同一地址 :192.168.1.10。这样，客户端就可以通过：

http://www.a.com 访问 A 公司站点；

http://www.b.com 访问 B 公司站点；

http://www.c.com 访问 C 公司站点；

http://www.d.com 访问 D 公司站点。

项目 7
Web 服务器的安装、配置与管理

学习目标：

（1）学会用 Windows Server 2016 建立 Web 服务器；

（2）掌握 Web 服务器配置的主要参数及其作用；

（3）掌握 Web 服务器配置和管理过程；

（4）掌握默认网站的基本配置以及原理；

（5）掌握虚拟目录的基本配置；

（6）熟练掌握虚拟主机的配置；

（7）能够增强网站安全性的基本方法。

项目描述

Web 服务器是为了实现局域网内的网站访问，同时也是为了实现广域网的网站访问而设计的服务，只有安装并配置了 Web 服务器，才能够正常访问网站程序。Web 服务可以说是现在互联网上最为常见的一种服务，因为上网时最常见的方式是浏览网页和查找资料，即使打游戏也需要配置远端 Web 服务器才能操作使用。

项目分析

如果读者正在学习关于站点发布的相关知识或者读者处于一个局域网环境中，需要完成站点在局域网内部通过 IE 地址栏输入 IP 地址的方式访问网站，如果还需要通过域名来访问网站，则可以按照以下思路完成该项目：首先找到一台需要配置为 Web 服务器的计算机，然后安装并启用 Web 服务，安装启用 Web 服务并正确配置后，当站点文件正常时，即可在服务器和客户机的 IE 地址栏中通过 IP

地址进行测试。其次，当在IE地址栏中需要输入域名来访问相关网站时，需要结合DNS服务器完成该项目，在DNS服务器中建立主机并指向网站文件夹所在的计算机的IP地址，只要解析成功，就可以通过域名访问网站。再次，在网络环境中如果用户的网站很多，全部放在一台计算机上，让客户机来访问不同的网站内容，这时，就有几种不同的方法来实现，修改访问端口，修改IP地址，修改主机头，这些都能够在IIS控制台中结合DNS服务器来实现。根据以上思路结合项目实施的步骤读者就能够完成该项目。

知识链接

一、全球信息网（WWW）

全球信息网即WWW（World Wide Web），又称3W、万维网等，是Internet上最受欢迎、最为流行的信息检索工具。Internet中的客户使用浏览器只要简单地单击，即可访问分布在全世界范围内Web服务器上的文本文件，以及与之相配套的图像、声音和动画等，进行信息浏览或信息发布。

1. WWW的起源与发展

1989年，瑞士日内瓦CERN（欧洲粒子物理实验室）的科学家Tim Berners Lee首次提出了WWW的概念，采用超文本技术设计分布式信息系统。到1990年11月，第一个WWW软件在计算机上实现。一年后，CERN就向全世界宣布WWW的诞生。1994年，Internet上传送的WWW数据量首次超过FTP数据量，成为访问Internet资源的最流行的方法。近年来，随着WWW的兴起，在Internet上大大小小的Web站点纷纷建立，当今的WWW成了全球关注的焦点。

WWW之所以受到人们的欢迎，是由其特点所决定的。WWW服务的特点在于高度的集成性，它把各种类型的信息（如文本、声音、动画、录像等）和服务（如News、FTP、Telnet、Gopher、Mail等）无缝链接，提供了丰富多彩的图形界面。WWW的特点可归纳如下：

（1）客户可在全世界范围内查询、浏览最新信息；

（2）信息服务支持超文本和超媒体；

（3）用户界面统一使用浏览器，直观方便；

（4）由资源地址域名和Web网点（站点）组成；

（5）Web站点可以相互链接，以提供信息查找和漫游访问；

（6）用户与信息发布者或其他用户相互交流信息。

由于WWW具有上述突出特点，它在许多领域中得到广泛应用。大学研究机构、政府机关、甚至商业公司都纷纷出现在Internet上。高等院校通过自己的Web站点介绍学院概况、师资队伍、科研和图书资料以及招生招聘信息等。政府机关通过Web站点为公众提供服务、接受社会监督并发布政府信息。生产厂商通过Web页面用图文并茂的方式宣传自己的产品，提供优质的售后服务。

2. WWW的工作模式

WWW基于客户机/服务器工作模式，客户机安装WWW浏览器（简称浏览器），WWW服务器又称Web服务器，浏览器和服务器之间通过HTTP协议相互通信，Web服务器根据客户提出的需求

（HTTP 请求），为用户提供信息浏览、数据查询、安全验证等方面的服务。客户端的浏览器软件具有 Internet 地址（Web 地址）和文件路径导航能力，按照 Web 服务器返回的 HTML（超文本标记语言）所提供的地址和路径信息，引导用户访问与当前页相关联的下文信息。Homepage 称为主页，是 Web 服务器提供的默认 HTML 文档，为用户浏览该服务器中的有关信息提供方便。

WWW 为用户提供页面的过程可分为以下三个步骤：

（1）浏览器向某个 Web 服务器发出一个需要的页面请求，即输入一个 Web 地址；

（2）Web 服务器收到请求后，在文档中寻找特定的页面，并将页面传送给浏览器；

（3）浏览器收到并显示页面的内容。

二、IIS 介绍

IIS 的含义是指 Internet 信息服务，IIS 是微软出品的架设 Web、FTP、SMTP 服务器的一套整合软件，捆绑在 Windows Server 2016 中。

IIS 默认的 Web（主页）文件存放于系统根区中的 %system%\Inetpub\wwwroot 中，主页文件放在该目录下，出于安全考虑，微软建议用 NTFS 格式化使用 IIS 的所有驱动器。

IIS 提供的 WWW 服务：一个 Web 站点是服务器的一个目录，允许用户访问。当建立 Web 站点时必须为每个站点建立一个主目录，这个主目录可以是实际的，也可以是虚拟的。对目录的操作权限可以设置：读取、写入、执行、脚本资源访问、目录浏览等，在一台 Windows Server 2016 计算机上可以配置多个 Web 站点，可以设置访问站点的同时连接的用户数，现在很多公司提供的虚拟主机服务，就要限制站点的访问数。

三、统一资源定位器 URL

在 WWW 上浏览或查询信息，必须在浏览器上输入查询目标的地址，这就是 URL（Uniform Resource Locator，统一资源定位器），又称 Web 地址，俗称“网址”。URL 规定了某一特定信息资源在 WWW 中存放地点的统一格式，即地址指针。例如，http://www.microsoft.com 表示微软公司的 Web 服务器地址。URL 的完整格式如下：

协议 + “://” + 主机域名（IP 地址）+ 端口号 + 目录路径 + 文件名

URL 的一般格式：协议 + “://” + 主机域名（IP 地址）+ 目录路径

URL 的完整格式由以下基本部分组成：

（1）所有使用的访问协议；

（2）数据所在的计算机；

（3）请求数据的数据源端口；

（4）通向数据的路径；

（5）包含了所需数据的文件名。

其中，协议是指定服务连接的协议名称，一般有以下几种：

（1）http 表示与一个 WWW 服务器上超文本文件的连接；

（2）ftp 表示与一个 FTP 服务器上文件的连接；

（3）gopher 表示与一个 Gopher 服务器上文件的连接；

（4）new 表示与一个 Usenet 新闻组的连接：

（5）telnet 表示与一个远程主机的连接；

（6）wais 表示与一个 WAIS 服务器的连接；

（7）file 表示与本地计算机上文件的连接。

目录路径就是在某一计算机上存放被请求信息的路径。在使用浏览器时，网址通常在浏览器窗口上部的 Location 或 URL 框中输入和显示。下面是一些 URL 的例子：

（1）http://www.cctv.com：中国中央电视台主页；

（2）http://www.sohu.com：搜狐网站的搜索引擎主页。

四、HTTP 协议

HTTP 是 WWW 的基本协议，即超文本传输协议（Hyper Text Transfer Protocol）。超文本具有极强的交互能力，用户只需单击文本中的字和词组，即可阅读另一文本的有关信息，这就是超链接（Hyperlink）。超链接一般嵌在网页的文本或图像中。浏览器和 Web 服务器间传送的超文本文档都是基于 HTTP 协议实现的，它位于 TCP/IP 协议之上，支持 HTTP 协议的浏览器称为 Web 浏览器。除 HTTP 协议外，Web 浏览器还支持其他传输协议，如 FTP、Gopher 等。

HTTP 设计得简单而灵活，是“无状态”和“无连接”的，基于客户机 / 服务器模式。HTTP 具有以下五个重要特点。

1. 以客户机 / 服务器模型为基础

WWW 以客户机 / 服务器方式工作，每个 WWW 都有一个服务器进程。它不断地监听 TCP 的端口 80，以便发现浏览器是否向它发出连接建立请求。一旦监听到连接请求并建立了 TCP 连接之后，浏览器就向服务器发出浏览某个页面的请求，服务器接着返回所请求的页面内容。在服务器和浏览器之间请求和响应的交互必须遵循超文本传输协议 HTTP。

2. 简易性

HTTP 被设计成一个非常简单的协议，使得 Web 服务器能高效地处理大量请求。客户机要连接到服务器，只需发送请求方式和 URL 路径等少量信息。HTTP 规范定义了七种请求方式，最常用的有三种：GET、HEAD 和 POST，每一种请求方式都允许客户以不同类型的消息与 Web 服务器进行通信，Web 服务器也因此可以是简单小巧的程序。由于 HTTP 协议简单，HTTP 的通信与 FTP、Telnet 等协议的通信相比，速度快而且开销小。

3. 灵活性与内容 - 类型（Content-Type）标志

HTTP 允许任意类型数据的传送，因此可以利用 HTTP 传送任何类型的对象，并让客户程序能够恰当地处理它们。内容 - 类型标志指示了所传输数据的类型。打个比方，如果数据是罐头，内容 - 类型标志就是罐头上的标签。

4. 无连接性

HTTP 是“无连接”的协议，但值得特别注意的是，这里的“无连接”是建立在 TCP/IP 协议之上的，与建立在 UDP 协议之上的无连接不同。这里的“无连接”意味着每次连接只限处理一个请求。客户要建立连接需先发出请求，收到响应，然后断开连接，这实现起来效率非常高。采用这种“无连接”协议，在没有请求提出时，服务器就不会在那里空闲等待。完成一个请求之后，服务器立即不再继续为该请求负责，从而不用为保留历史请求而耗费宝贵的资源。这在服务器的一方实现起来非常简单，因为只需保留活动的连接（Active Connection），不用为请求间隔而浪费时间。

5. 无状态性

HTTP 是“无状态”的协议，这既是优点也是缺点。一方面，由于缺少状态使得 HTTP 累赘少，系统运行效率高，服务器应答快；另一方面，由于没有状态，协议对事务处理没有记忆能力，若后续事务处理需要有关前面处理的信息，那么这些信息必须在协议外面保存；另外，缺少状态意味着所需的前面信息必须重现，导致每次连接需要传送较多的信息。

五、HTML

HTML（超文本标记语言）是制作万维网页面的标准语言，HTML 由两个主要部分构成，首部（head）和主体（body）。HTML 用一对或者几对标记来标志一个元素。

HTML 文档的样式如下：

```
<html>
   <head>
      <title>新建网页 1</title>
   </head>
   <body>
   </body>
</html>
```

Script 是一种脚本语言，由一系列命令组成，IIS 6.0 提供了两种脚本语言：VBScript 和 JavaScript。

一、Windows Server 2016 IIS 的安装和基本配置

在项目实施中主要完成以下内容：

（1）Web 站点的常规配置。

（2）用 IIS 配置多个 Web 站点。

（3）用端口配置多个 Web 站点。

视 频

Web服务器配置

1. 实施环境

（1）安装 Windows Server 2016 的 PC 一台。

（2）DNS 服务器一台。

（3）测试用计算机两台（Windows 8/Windows 10 等系统均可）。

以上都可以在虚拟机中完成。

2. 设计

某单位内部局域网要提供 IIS 服务，以便用户能够方便地浏览单位网站，要求如下：

服务器端：在一台安装了 Windows Server 2016 的计算机（IP 地址为 192.168.1.100，子网掩码为 255.255.255.0，默认网关为 192.168.1.1）上设置了一个 Web 站点，要求端口为 80。还建立了虚拟目录和新的网站并进行了域名解析，如 www.cqhjw.com、www.163.com，详细操作看下面的实施部分。

3. 操作步骤

1）安装 IIS 服务器

在 Windows Server 2016 中，IIS 角色作为可选组件。默认安装的情况下，Windows Server 2016 不安装 IIS。为了能够清晰地说明问题，本项目的讲解内容建立在 Web 服务器只向局域网提供服务的基础之上。

（1）安装 IIS。

①启动 Windows Server 2016 时系统默认会启动“初始配置任务”窗口，帮助管理员完成新服务器的安装和初始化配置。如果没有启动该窗口，可以单击“开始”按钮，选择“管理工具”｜“服务器管理器”命令，打开“服务器管理器”窗口。

②单击“添加角色”按钮，打开“添加角色向导”的“选择服务器角色”界面，选择“Web 服务器（IIS）”复选框，如图 7-1 所示，同时弹出“添加 IIS 功能”对话框，如图 7-2 所示添加相应功能。

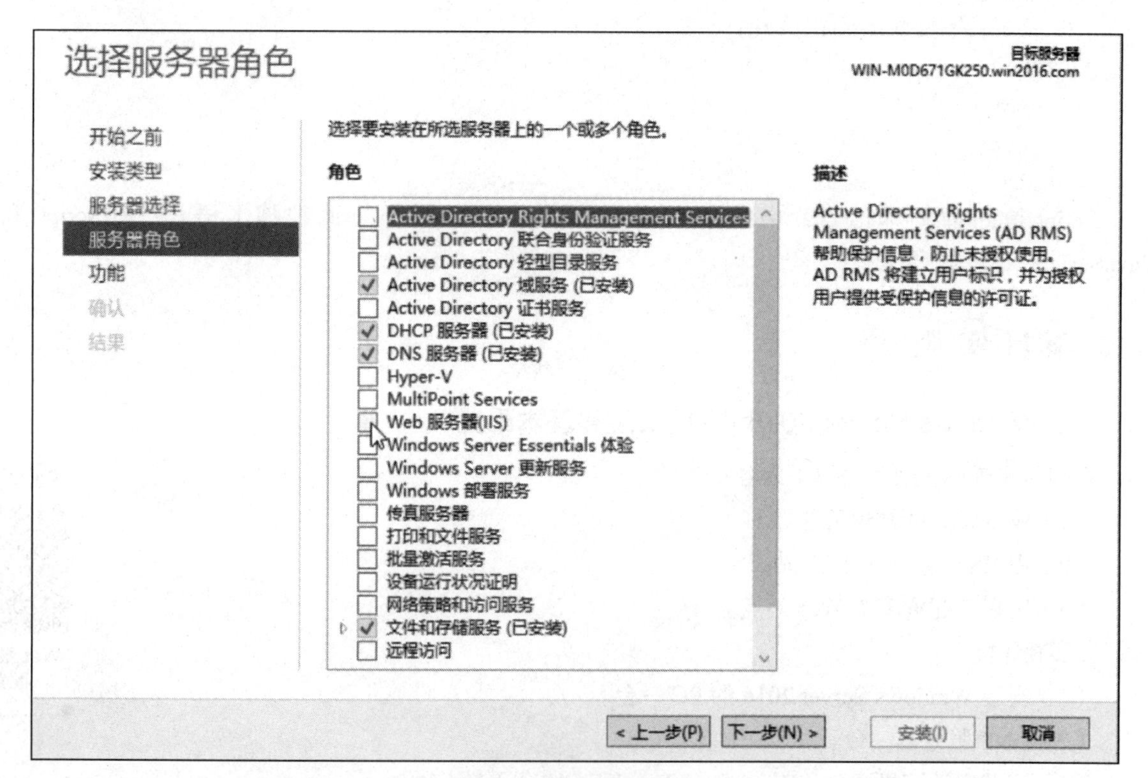

图 7-1　选择服务器角色

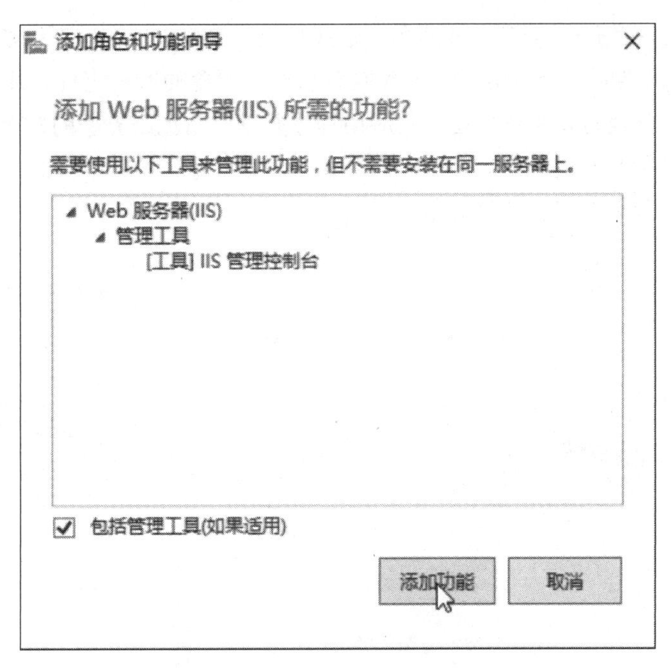

图 7-2　添加 IIS 功能对话框

③单击“下一步”按钮，显示图 7-3 所示的“Web 服务器角色（IIS）”界面，列出了 Web 服务器的简要介绍。

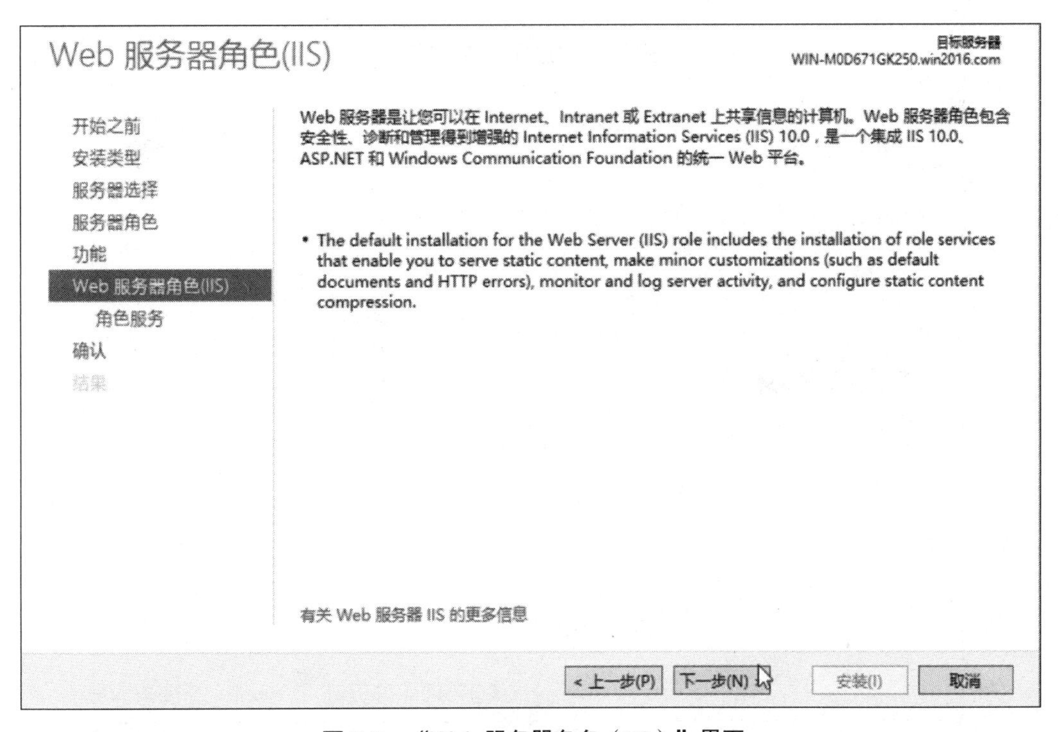

图 7-3　“Web 服务器角色（IIS）”界面

④单击“下一步”按钮，出现图 7-4 所示“选择功能”界面，单击“下一步”按钮，出现“选择角色服务”界面，在该界面中，列出了“Web 服务器”所包含的所有组件，用户可以手动选择，如图 7-5 和图 7-6 所示。此处需要注意的是，“应用程序开发”角色服务中的几个选项尽量都选中，这样配置的 Web 服务器将可以支持相应技术开发的 Web 应用程序。FTP 服务器选项是配置 FTP 服务器需要安装的组件，下一个任务进行详细介绍。

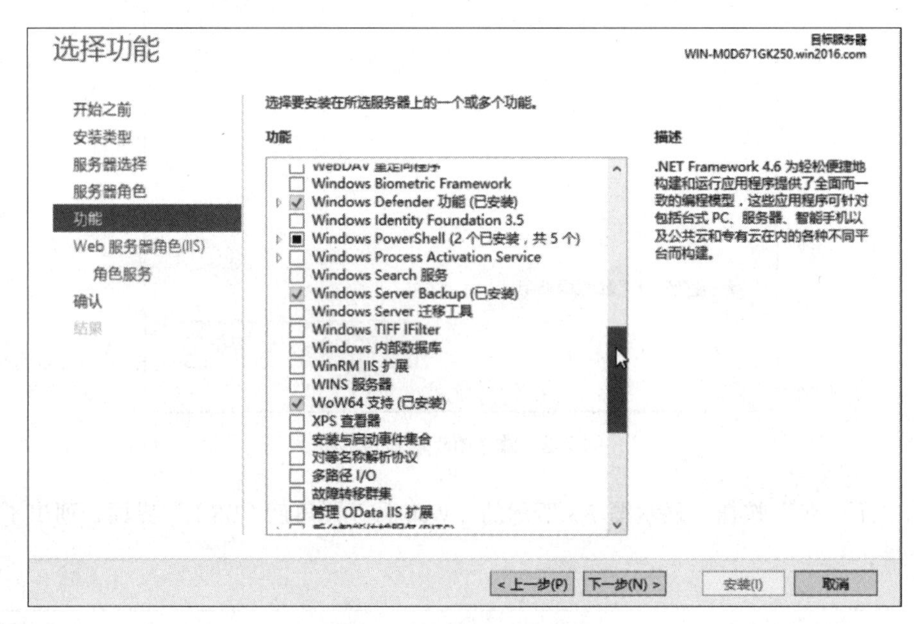

图 7-4　“选择功能”界面

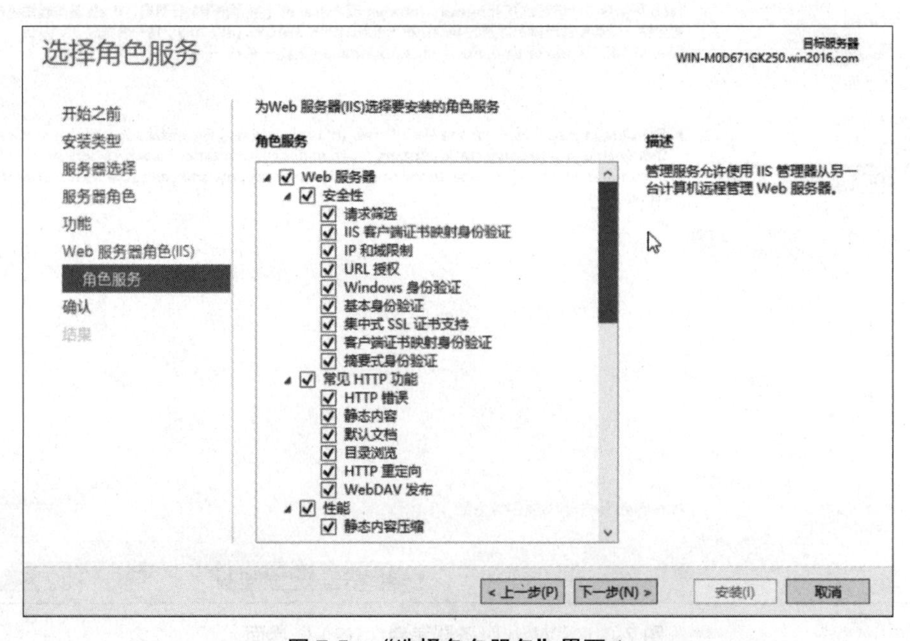

图 7-5　“选择角色服务”界面 1

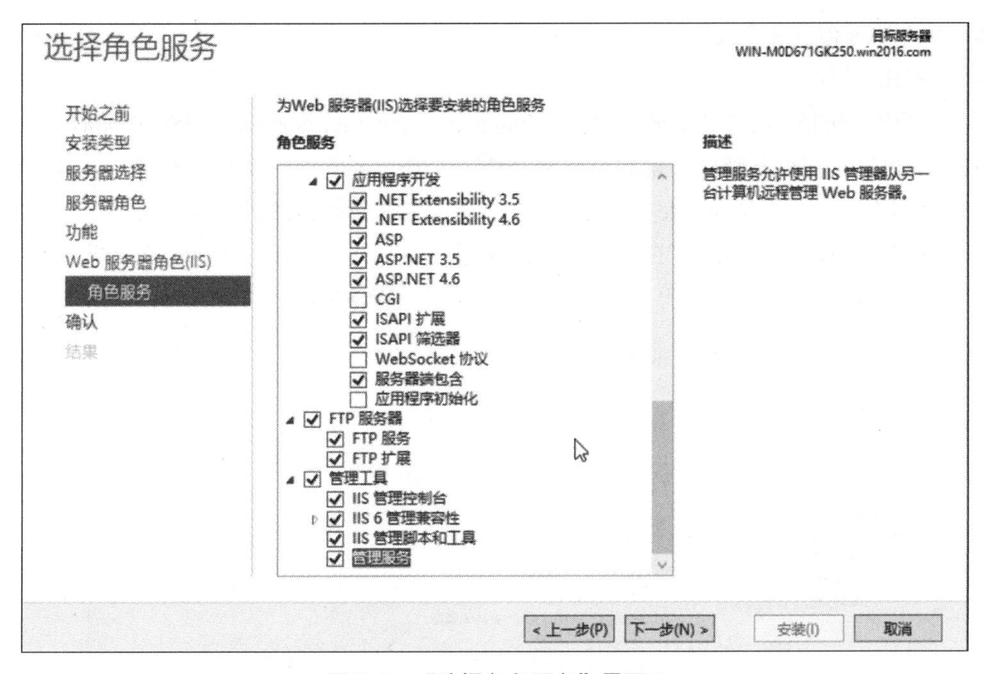

图 7-6　“选择角色服务”界面 2

⑤单击“下一步”按钮，出现图 7-7 所示“确认安装所选内容”界面。列出了前面选择的角色服务和功能，以供核对。

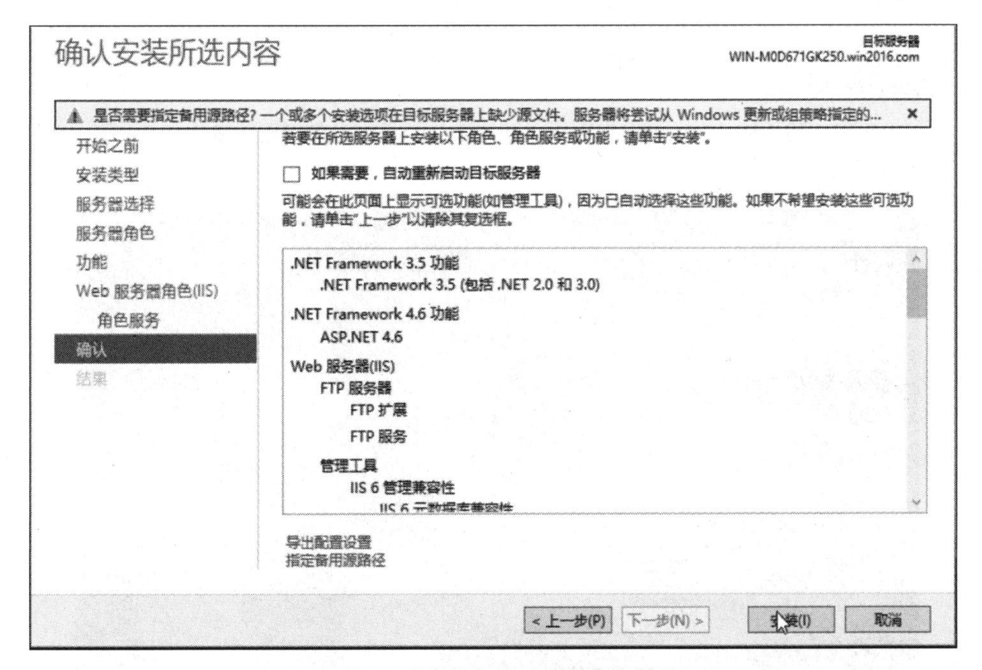

图 7-7　“确认安装所选内容”界面

⑥单击“安装”按钮，即可开始安装 Web 服务器。安装完成后，显示“安装结果”对话框，单击“关

闭”按钮，Web 服务器安装完成。

（2）进入 IIS 控制台。

①单击“开始”按钮，选择“管理工具”|“Internet Information Services（IIS）管理器”命令，打开“IIS 管理器”窗口，即可看到已安装的 Web 服务器，如图 7-8 所示。Web 服务器安装完成后，默认会创建一个名称为“Default Web Site”的站点。为了验证 IIS 服务器是否安装成功，打开浏览器，在地址栏中输入 Http://localhost 或者“Http:// 本机 ip 地址”，如果出现图 7-9 所示所示界面，说明 Web 服务器安装成功；否则，说明 Web 服务器安装失败，需要重新检查服务器设置或者重新安装。

图 7-8 “Internet Information Services（IIS）管理器”窗口

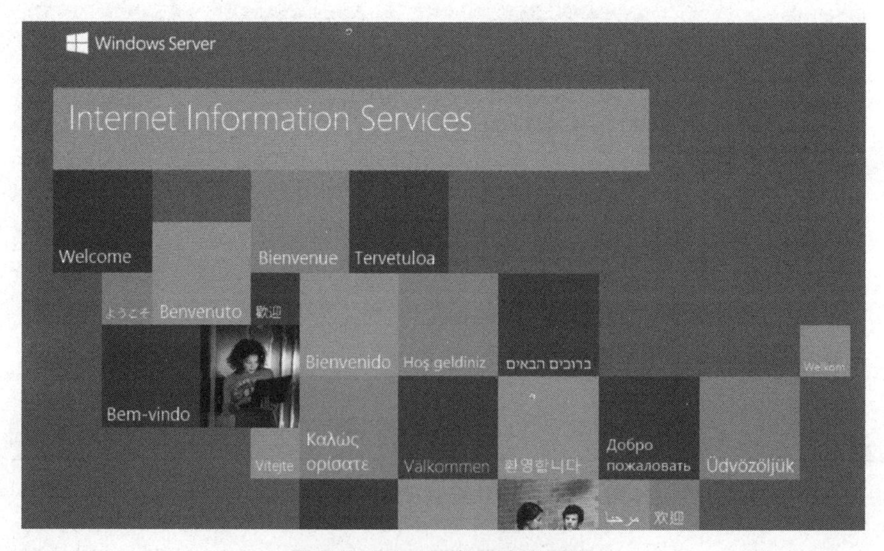

图 7-9 Web 服务器欢迎界面

②到此，Web 安装成功并可以使用。用户可以将做好的网页文件 (如 Index.htm) 放到 C:\inetpub\wwwroot 文件中，然后在浏览器地址栏中输入 http://localhost/Index.htm 或者 http:// 本机 ip 地址 /Index.htm 即可浏览做好的网页。网络中的用户也可以通过 http:// 本机 ip 地址 /Index.htm 方式访问你的网页文件。

2）配置 IP 地址和端口

（1）Web 服务器安装好之后，默认创建一个名称为“Defalut Web Site”的站点，使用该站点可以创建网站。默认情况下，Web 站点会自动绑定计算机中的所有 IP 地址，端口默认为 80，也就是说，如果一个计算机有多个 IP，那么客户端通过任何一个 IP 地址都可以访问该站点，但是一般情况下，一个站点只能对应一个 IP 地址，因此，需要为 Web 站点指定唯一的 IP 地址和端口。

（2）在 IIS 管理器中，选择默认站点，在图 7-8 所示的“Default Web Site 主页”窗口中，可以对 Web 站点进行各种配置；在右侧的“操作”任务窗格中，可以对 Web 站点进行相关操作。

（3）单击“操作”任务窗格中的“绑定”超链接，弹出图 7-10 所示“网站绑定”对话框。可以看到 IP 地址下有一个“*”号，说明现在的 Web 站点绑定了本机的所有 IP 地址，可以通过所有 IP 访问。

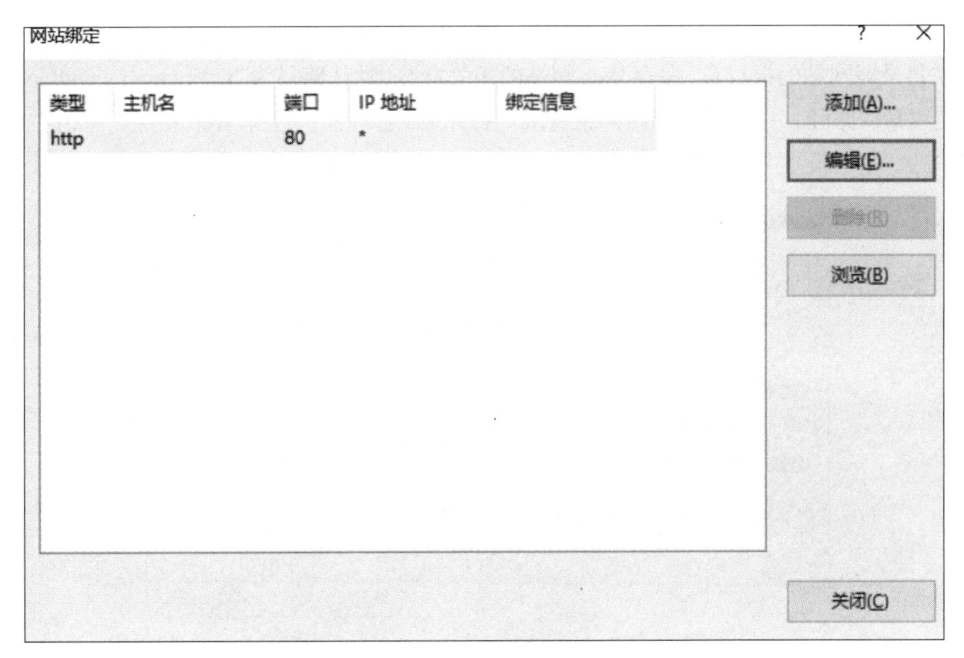

图 7-10　“网站绑定”

（4）单击“添加”按钮，弹出“编辑网站绑定”窗口，如图 7-11 所示。

（5）单击“全部未分配”下拉按钮，选择要绑定的 IP 地址即可。这样，即可通过该 IP 地址访问 Web 网站。端口栏表示访问该 Web 服务器要使用的端口号。此处可以使用 http://192.168.1.100 访问 Web 服务器。此处的主机名，是该 Web 站点要绑定的主机名（域名），可以参考 DNS 章节的相关内容。

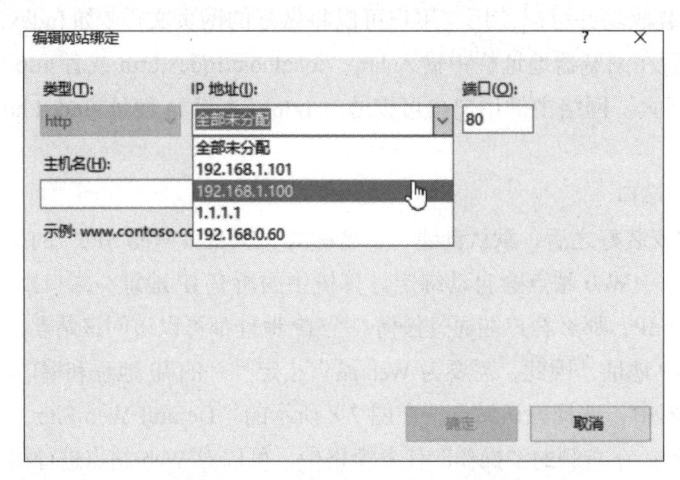

图 7-11 “编辑网站绑定”对话框

注意： Web 服务器默认的端口是 80，因此访问 Web 服务器时可以省略默认端口；如果设置的端口不是 80，如 8000，那么访问 Web 服务器就需要使用“http://192.168.1.100:8000”访问。

3）配置主目录

（1）主目录即网站的根目录，保存 Web 网站的相关资源，默认路径为“C:\inetpub\wwwroot”文件夹。如果不想使用默认路径，可以更改网站的主目录。打开 IIS 管理器，选择 Web 站点，单击右侧“操作”任务窗格中的“基本设置”超链接，弹出图 7-12 所示的“编辑网站”对话框。

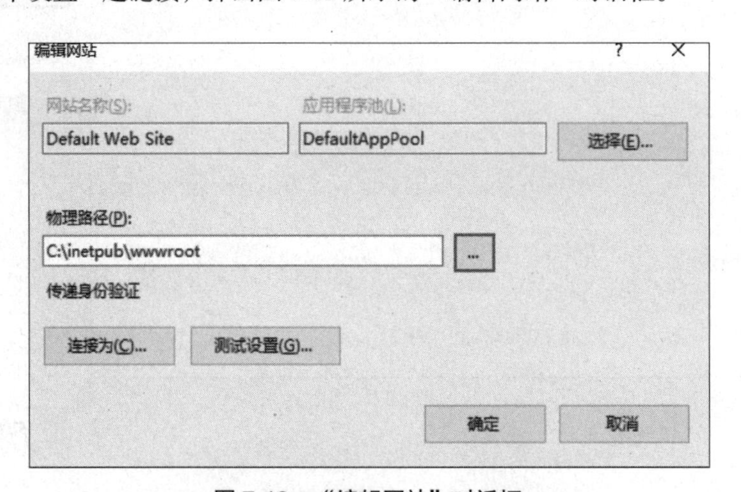

图 7-12 “编辑网站”对话框

（2）在“物理路径”下方文本框中显示网站的主目录。

（3）在“物理路径”文本框中输入 Web 站点的目录路径，如 C:\111，或者单击“浏览”按钮选择相应的目录。单击“确定”按钮保存。这样，选择的目录就作为了该站点的根目录。

4）配置默认文档

在访问网站时，在浏览器的地址栏中输入网站的域名即可打开网站的主页，而继续访问其他页面会发现地址栏最后一般都会有一个网页名。那么为什么打开网站主页时不显示主页的名字呢？实际上，输入网址时，默认访问的就是网站的主页，只是主页名没有显示而已。

通常，Web 网站的主页都会设置成默认文档，当用户使用 IP 地址或者域名访问时，就不需要再输入主页名，从而便于用户的访问。

下面来看如何配置 Web 站点的默认文档。

（1）在 IIS 管理器中选择默认 Web 站点，在“Default Web Site 主页”界面中双击“IIS”区域的“默认文档”按钮，打开图 7-13 所示的“默认文档”界面。

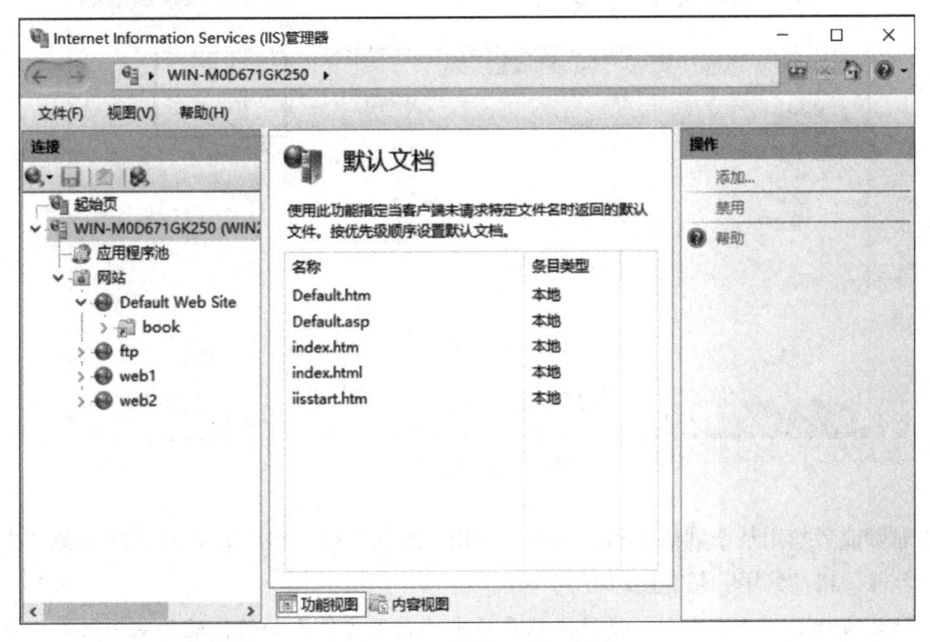

图 7-13　“默认文档”界面

（2）可以看到，系统自带了 5 种默认文档，如果要使用其他名称的默认文档，例如，当前网站是使用 PHP 开发的动态网站，首页名称为 index.php，则需要添加该名称的默认文档。

（3）单击右侧“操作”任务窗格中的“添加”超链接，弹出“添加默认文档”对话框，如图 7-14 所示，在“名称”文本框中输入要使用的主页名称，单击“确定”按钮，即可添加该默认文档。新添加的默认文档自动排在最上面。

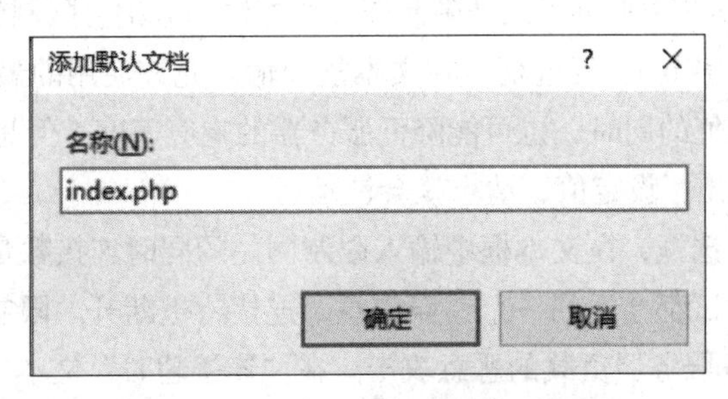

图 7-14　“添加默认文档”对话框

（4）当用户访问 Web 服务器时，输入域名或 IP 地址后，IIS 会自动按顺序由上至下依次查找与之相应的文件名。因此，配置 Web 服务器时，应将网站主页的默认文档移到最上面。如果需要将某个文件上移或者下移，可以先选中该文件，然后单击图 7-15 右侧“操作”任务窗格中的“上移”和“下移”超链接实现。

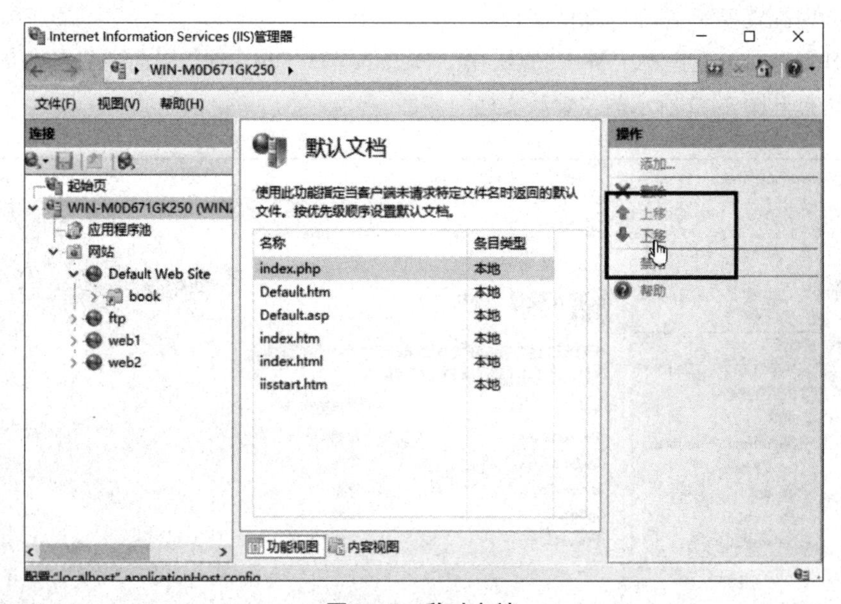

图 7-15　移动文档

如果想删除或者禁用某个默认文档，只需选中相应默认文档，然后单击图 7-15 右侧“操作”任务窗格中的“删除”或“禁用”超链接即可。

注意：默认文档的“条目类型”指该文档是从本地配置文件添加的，还是从父配置文件读取的。对于自己添加的文档，“条目类型”都是本地。对于系统默认显示的文档，都是从父配置读取的。

5）访问限制

配置的 Web 服务器是要供用户访问的，因此，不管使用的网络带宽有多充裕，都有可能因为同时连接的计算机数量过多而使服务器死机。所以有时候需要对网站进行一定的限制，例如，限制带宽和连接数量等。

选中“Default Web Site”站点，单击右侧“操作”任务窗格中的“限制”超链接，弹出“编辑网站限制”对话框，如图 7-16 所示。IIS 7 中提供了两种限制连接的方法，分别为限制带宽使用和限制连接数。

选中“限制带宽使用(字节)”复选框，在文本框中输入允许使用的最大带宽值。在控制 Web 服务器向用户开放的网络带宽值的同时，也可能降低服务器的响应速度。但是，当用户 Web 服务器的请求增多时，如果通信带宽超出了设定值，请求就会被延迟。

选中“限制连接数”复选框，在文本框中输入限制网站的同时连接数量。如果连接数量达到指定的最大值，之后所有连接尝试都会返回一个错误信息，连接将被断开。限制连接数可以有效防止试图用大量客户端请求造成 Web 服务器负载的恶意攻击。在“连接超时”文本框中输入超时时间，可以在用户端达到该时间时，显示为连接服务器超时等信息，默认是 120 s。

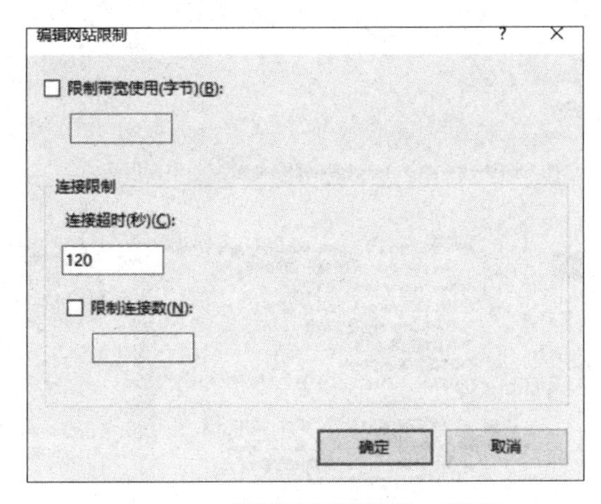

图 7-16　“编辑网站限制”对话框

注意： IIS 连接数是虚拟主机性能的重要标准，所以，如果要申请虚拟主机（空间），首先要考虑的问题是该虚拟主机（空间）的最大连接数。

二、Windows Server 2016 IIS 配置 IP 地址限制

有些 Web 网站由于其使用范围的限制，或者其私密性的限制，可能需要只向特定用户公开，而不是向所有用户公开。此时就需要拒绝所有 IP 地址访问，然后添加允许访问的 IP 地址（段），或者拒绝的 IP 地址（段）。需要注意的是，要使用“IP 地址限制”功能，必须安装 IIS 服务的“IP 和域限制”组件。

1. 设置允许访问的 IP 地址

（1）在“服务器管理器”窗口中，单击“Web 服务器（IIS）”区域中的“添加角色和功能”超链接，如图 7-17 所示，打开图 7-18 所示的“选择服务器角色”界面。添加“IP 和域限制”角色。如果先前安装 IIS 时已安装该角色，那么就不需要安装；如果没有安装，则选中该角色服务，单击“下一步”按钮安装即可。

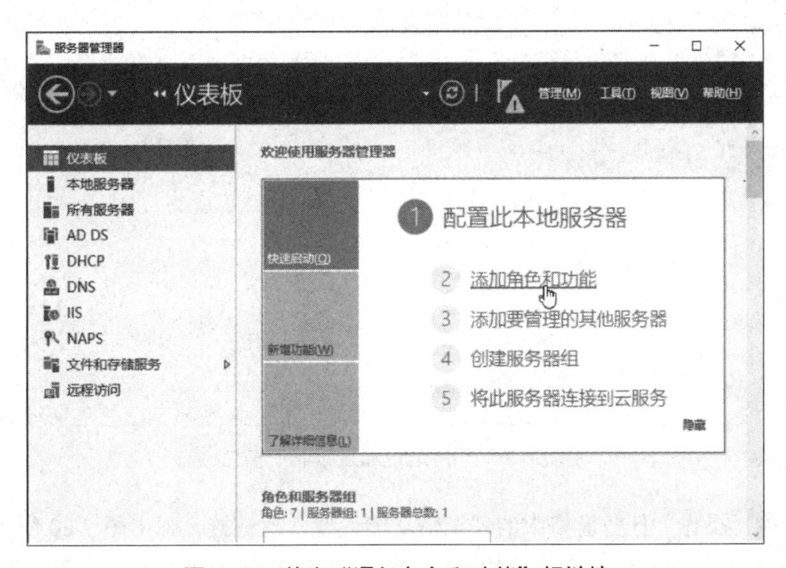

图 7-17　单击“添加角色和功能”超链接

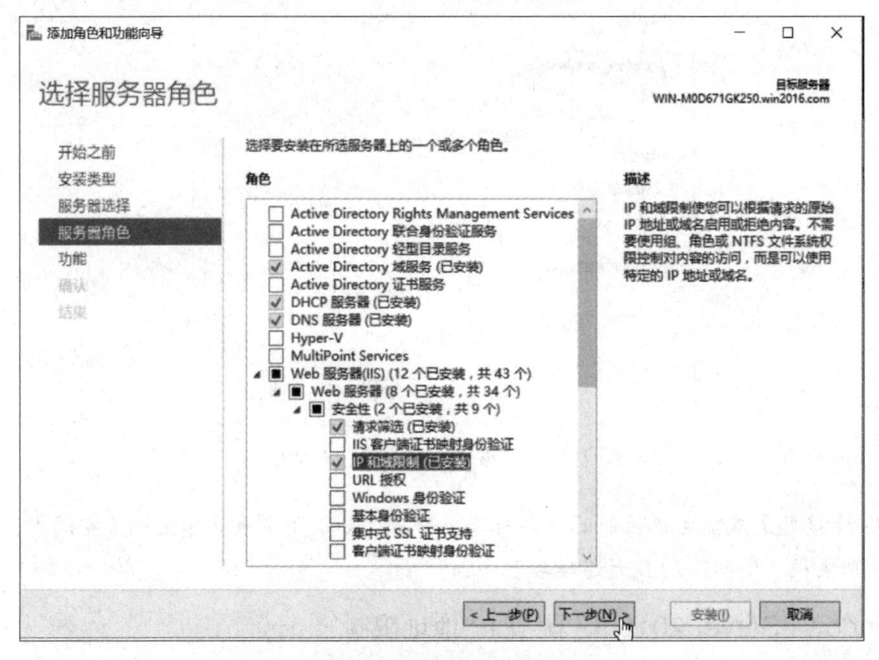

图 7-18 “选择服务器角色”界面

（2）安装完成后，重新打开 IIS 管理器，选择 Web 站点，双击“IP 地址和域限制”按钮，打开图 7-19 所示的“IP 地址和域限制”窗口。

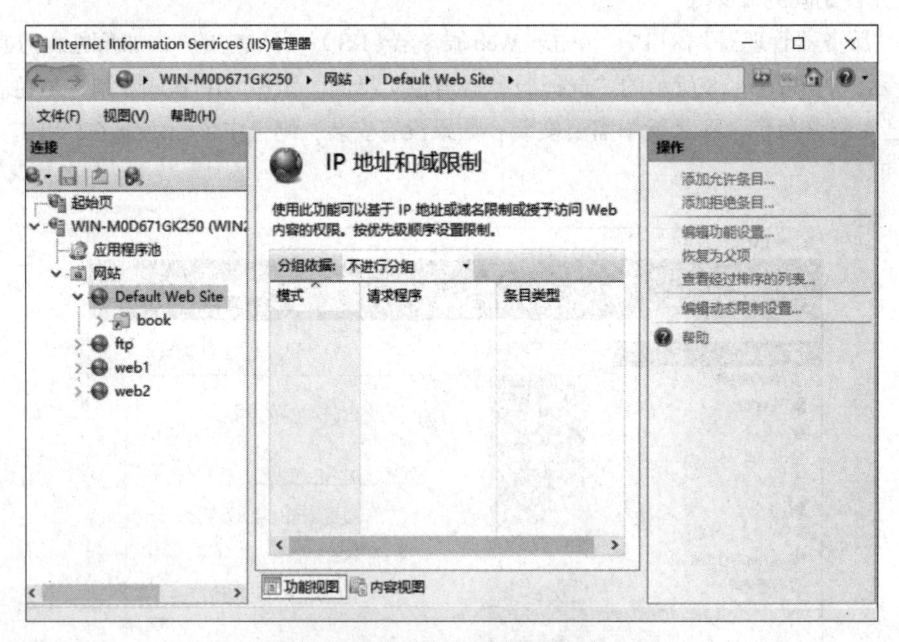

图 7-19 “IP 地址和域限制”窗口

（3）单击右侧“操作”任务窗格中的“编辑功能设置”超链接，弹出图 7-20 所示“编辑 IP 和域限制设置”对话框，在“未指定的客户端的访问权”下拉列表中可以选择“允许”或“拒绝”选项，如果选择“拒绝”选项，那么此时所有 IP 地址都将无法访问站点，如果访问，将出现“403.6”错误信息。

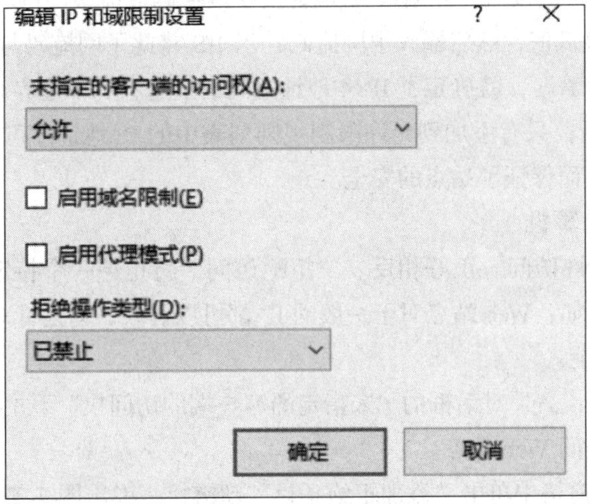

编辑 IP 和域限制设置

未指定的客户端的访问权(A):

允许

启用域名限制(E)

启用代理模式(P)

拒绝操作类型(D):

已禁止

确定　取消

图 7-20　“编辑 IP 和域限制设置”对话框

（4）在右侧“操作”任务窗格中单击“添加允许条目”超链接，弹出“添加允许限制规则”对话框，如果要添加允许某个 IP 地址访问，可选择“特定 IP 地址”单选按钮，输入允许访问的 IP 地址，如图 7-21 所示。

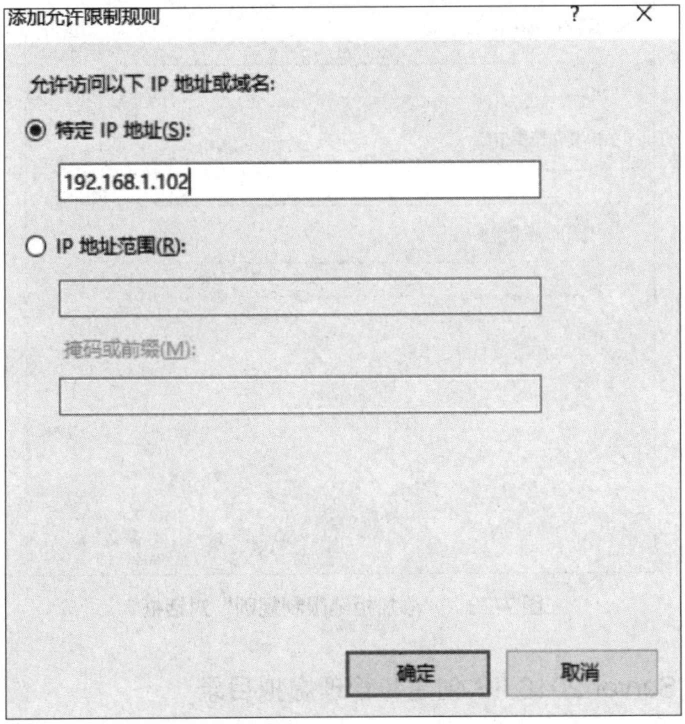

添加允许限制规则

允许访问以下 IP 地址或域名:

特定 IP 地址(S):

192.168.1.102

IP 地址范围(R):

掩码或前缀(M):

确定　取消

图 7-21　“添加允许限制规则”对话框

（5）一般来说，需要设置一个站点由多个人访问，所以大多数情况下要添加一个 IP 地址段，可以选择“IPv4 地址范围”单选按钮，并输入 IP 地址及子网掩码或前缀即可。需要说明的是，此处输入的是 IPv4 地址范围中的最低值，然后输入子网掩码，当 IIS 将此子网掩码与“IPv4 地址范围”文本框中输入的 IPv4 地址一起计算时，就确定了 IPv4 地址空间的上边界和下边界。

（6）经过以上设置后，只有添加到允许限制规则列表中的 IP 地址才可以访问 Web 网站，使用其他 IP 地址都不能访问，从而保证了站点的安全。

2. 设置拒绝访问的计算机

“拒绝访问”和“允许访问”正好相反。“拒绝访问”将拒绝一个特定 IP 地址或者拒绝一个 IP 地址段访问 Web 站点。比如，Web 站点对于一般的 IP 都可以访问，只是针对某些 IP 地址或 IP 地址段不开放，就可以使用该功能。

在“编辑 IP 和域限制设置”对话框的“未指定的客户端的访问权”下拉列表中选择“允许”选项，使未指定的 IP 地址允许访问 Web 站点。

在右侧“操作”任务窗格中单击“添加拒绝条目”超链接，弹出图 7-22 所示的“添加拒绝限制规则”对话框，添加拒绝访问的 IP 地址或者 IP 地址段即可。操作步骤和原理与“添加允许条目”相同，这里不再重复。

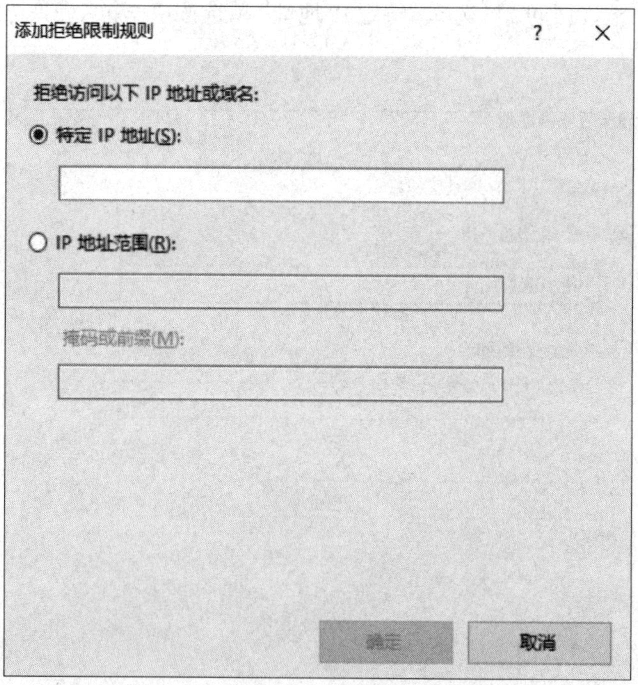

图 7-22 “添加拒绝限制规则”对话框

三、Windows Server 2016 IIS 创建和管理虚拟目录

虚拟目录技术可以实现对 Web 站点的扩展。虚拟目录其实是 Web 站点的子目录，和 Web 网站的主站点一样，保存了各种网页和数据，用户可以像访问 Web 站点一样访问虚拟目录中的内容。一个

Web 站点可以拥有多个虚拟目录，这样就可以实现一台服务器发布多个网站的目的。虚拟目录也可以设置主目录、默认文档、身份验证等，访问时和主网站使用相同的 IP 和端口。

1. 创建虚拟目录

在 IIS 管理器中，选择欲创建虚拟目录的 Web 站点，如 Default Web Site 站点，右击并在弹出的快捷菜单中选择“添加虚拟目录”选项，弹出图 7-23 所示的“添加虚拟目录”对话框。在“别名”文本框中输入虚拟目录的名字，在“物理路径”文本框中输入或选择该虚拟目录所在的物理路径。虚拟目录的物理路径可以是本地计算机的物理路径，也可以是网络中其他计算机的物理路径。

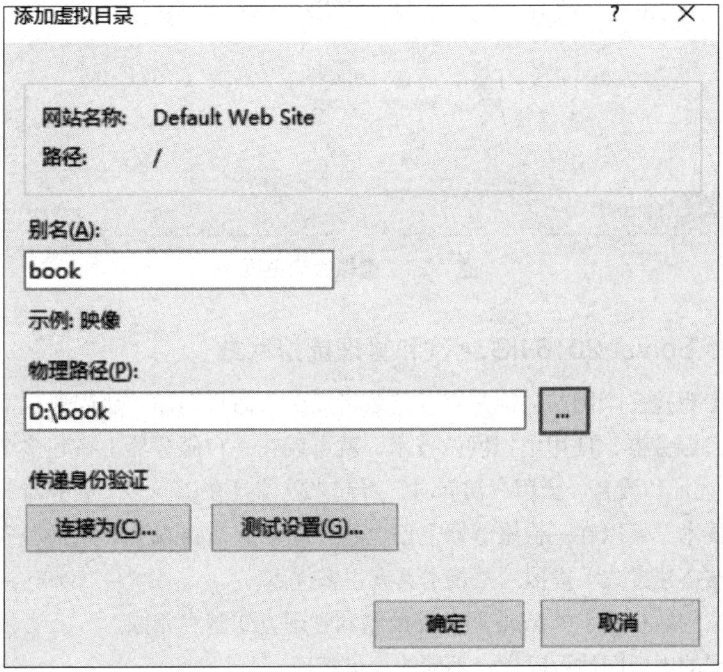

图 7-23　“添加虚拟目录”对话框

单击“确定”按钮，虚拟目录添加成功，并显示在 Web 站点下方作为子目录。按照同样的步骤，可以继续添加多个虚拟目录。另外，在添加的虚拟目录上还可以添加虚拟目录。

选中 Web 站点，在 Web 网站主页窗口中，单击右侧“操作”任务窗格中的“查看虚拟目录”超链接，可以查看 Web 站点中的所有虚拟目录。

2. 管理配置虚拟目录

虚拟目录和主网站一样，可以在管理主页中进行各种配置，如图 7-24 所示，可以和主网站一样配置主目录、默认文档、MIME 类型及身份验证等。并且操作方法和主网站的操作完全一样。唯一不同的是，不能为虚拟目录指定 IP 地址、端口和 ISAPI 筛选。

配置过虚拟目录后，就可以访问虚拟目录中的网页文件，访问的方法是：“http://ip 地址 / 虚拟目录名 / 网页”，针对刚才创建的 book 虚拟目录，可以使用“http://localhost/book/index.htm”或者“http://192.168.0.110/book/index.htm”访问。

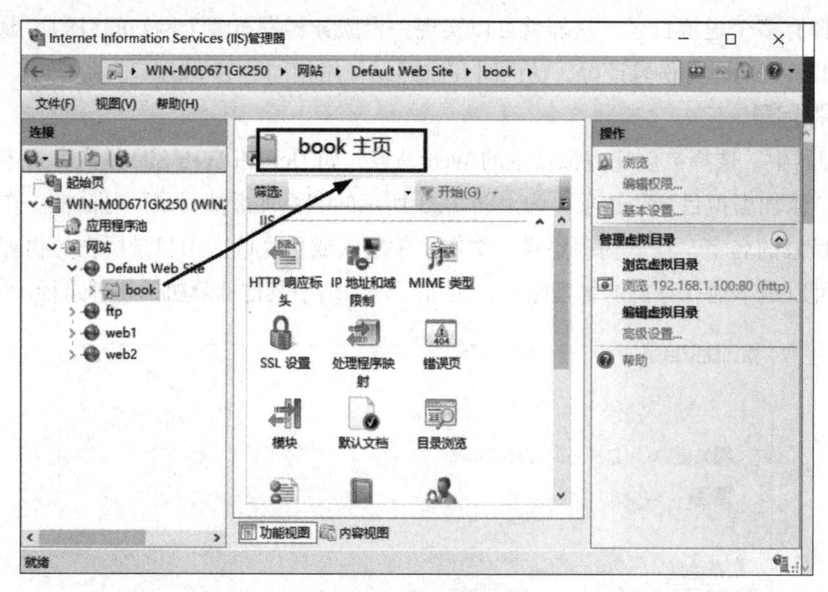

图 7-24　虚拟目录主页

四、Windows Server 2016 IIS 创建和管理虚拟网站

如果公司网络中想建多个网站，但是服务器数量又少，而且网站的访问量也不是很大的话，无须为每个网站配置一台服务器，使用虚拟网站技术，就可以在一台服务器上搭建多个网站，并且每个网站都拥有各自的 IP 地址和域名。当用户访问时，看起来就像是在访问多个服务器。

利用虚拟网站技术，可以在一台服务器上创建和管理多个 Web 站点，从而节省了设备的投资，是中小企业理想的网站搭建方式。虚拟网站技术具有很多优点。

便于管理：虚拟网站和真正的 Web 服务器配置和管理方式基本相同。

分级管理：不同的虚拟网站可以指定不同的人员管理。

性能和带宽调节：当计算机配置了多个虚拟网站时，可以按需求为每个虚拟站点分配性能和带宽。

创建虚拟目录：在虚拟 Web 站点同样可以创建虚拟目录。

在一台服务器上创建多个虚拟站点，一般有三种方式，分别是 IP 地址法、端口法和主机头法。

● IP 地址法：可以为服务器绑定多个 IP 地址，这样就可以为每个虚拟网站分配一个独立的 IP 地址。用户可以通过访问 IP 地址访问相应网站。

● 端口法：端口法指的是使用相同的 IP 地址、不同的端口号创建虚拟网站。这样在访问时就需要加上端口号。

● 主机头法：主机头法是最常用的创建虚拟 Web 网站的方法。每个虚拟 Web 网站对应一个主机头，用户访问时使用 DNS 域名访问。主机头法其实就是经常见到的“虚拟主机”技术。

1. 使用 IP 地址创建

如果服务器的网卡邦定有多个 IP 地址，就可以为新建的虚拟网站分配一个 IP 地址，用户利用 IP 地址可以访问该站点。

（1）为服务器添加多个 IP，打开“本地连接属性”对话框，选中“Internet 协议版本 4”单选按钮，

单击“属性”|“高级”|“添加”按钮，即可为服务器添加 IP 地址。图 7-25 所示为给 Windows Server 2016 新增加一个 IP 地址 192.168.1.101。

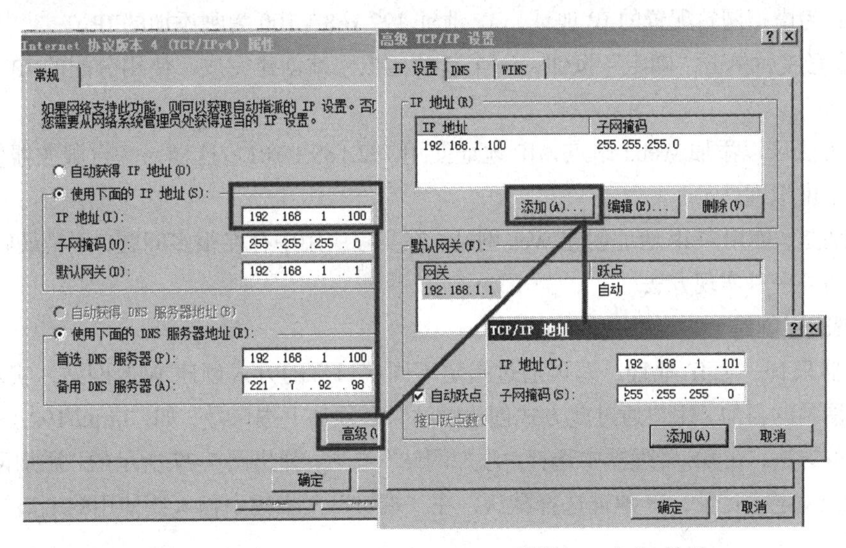

图 7-25 为 Windows Server 2016 新增加一个 IP 地址

（2）在 IIS 管理器的“网站”窗口中，右击“网站”选项，在弹出的快捷菜单中选择“添加网站”命令，或者单击右侧“操作”任务窗格中的“添加网站”超链接，弹出图 7-26 所示的“添加网站”对话框。

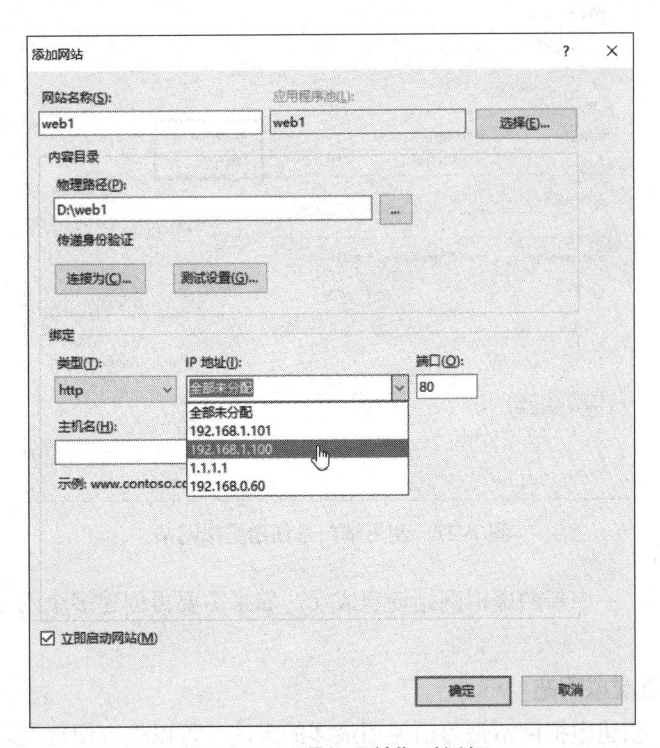

图 7-26 “添加网站”对话框

- 网站名称：即要创建的虚拟网站的名称。
- 物理路径：即虚拟网站的主目录。
- IP 地址：为虚拟网站配置的 IP 地址， IP 地址 192.168.1.100 为刚添加的 IP。

（3）设置完成后单击“确定”按钮，一个新的虚拟网站创建完成。使用分配的 IP 地址即可访问 Web 网站。

用同样的方法可以添加 Web2 站点，IP 地址使用 192.168.1.101。这样，一台服务器使用不同的 IP 地址创建了多个虚拟网站。

需要说明的是，使用多 IP 地址创建 Web 网站，在实际应用中存在很多问题，不是最好的解决方案。下面来看另外一种实现方法。

2. 使用端口号创建

如果服务器只有一个 IP 地址，即可通过指定不同端口号的方式创建 Web 网站，实现一台服务器搭建多个虚拟网站的目的。用户通过此方式创建网站时必须加上端口号，如“http://192.168.1.100:81”。

使用同样的方法，在 IIS 管理器中选择“添加网站”选项，弹出图 7-27 所示的“添加网站”对话框。输入网站名称，设定主目录，IP 地址选择默认，在“端口”文本框中输入要使用的端口号，如 81。

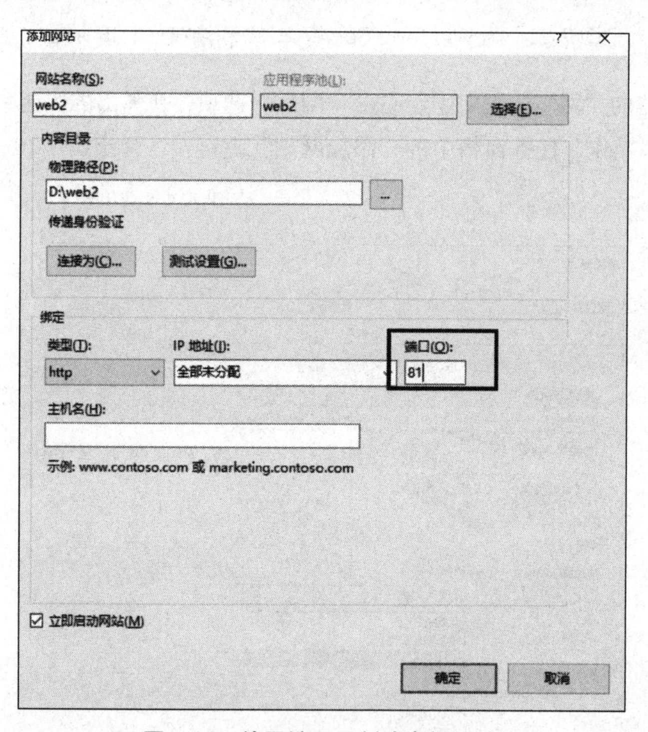

图 7-27 使用端口号创建虚拟网站

单击“确定”按钮，一个新的虚拟网站创建成功。如果需要再创建多个网站，只需设置不同的端口即可。

3. 使用主机头创建虚拟网站

使用“主机头法”创建虚拟网站是目前使用最多的方法。可以很方便地实现在一台服务器上架设多个网站。使用主机头法创建网站时，应事先创建相应的 DNS 名称，而用户在访问时，只要使用相应的域名即可访问。

（1）在 DNS 控制台中，需先将 IP 地址和域名注册到 DNS 服务器中。需要先添加 DNS 域名的正向和反向区域，如图 7-28 和图 7-29 所示。

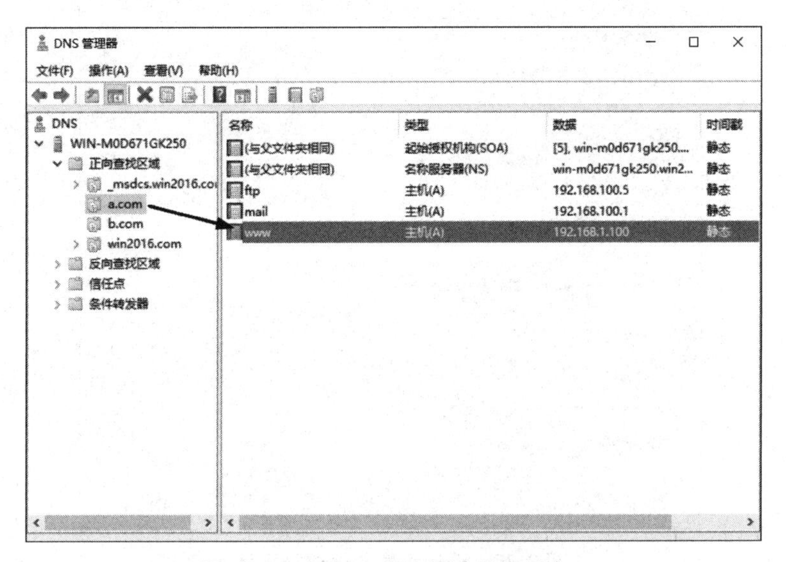

图 7-28　在 DNS 服务器中设置域名 1

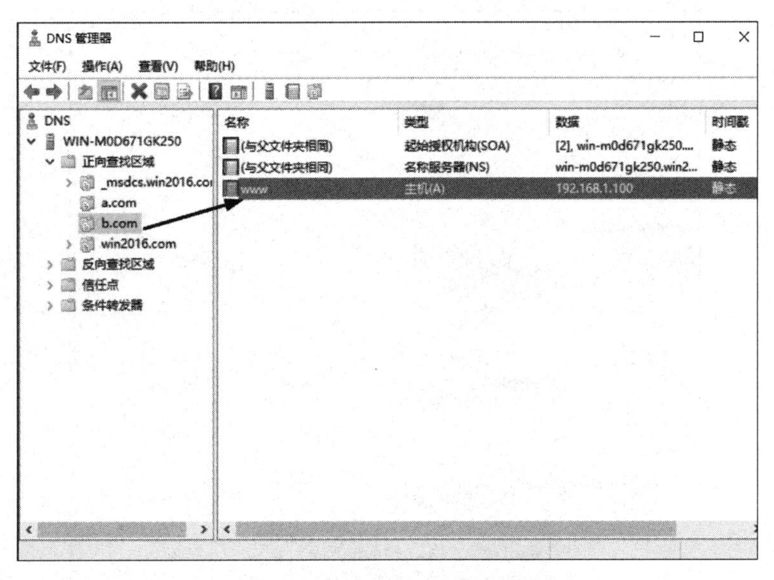

图 7-29　在 DNS 服务器中设置域名 2

（2）在图 7-28 和图 7-29 中，添加了两个域名，即 www.a.com 和 www.b.com。

（3）在 IIS 管理器的“网站”窗口中，右击“网站”，在弹出的快捷菜单中选择“添加网站”命令，弹出“添加网站”对话框，在其中设置网站名称为 web3，物理路径和 IP 地址默认，在“主机名”文本框中输入规划好的主机头名即可，如图 7-30 和图 7-31 所示。

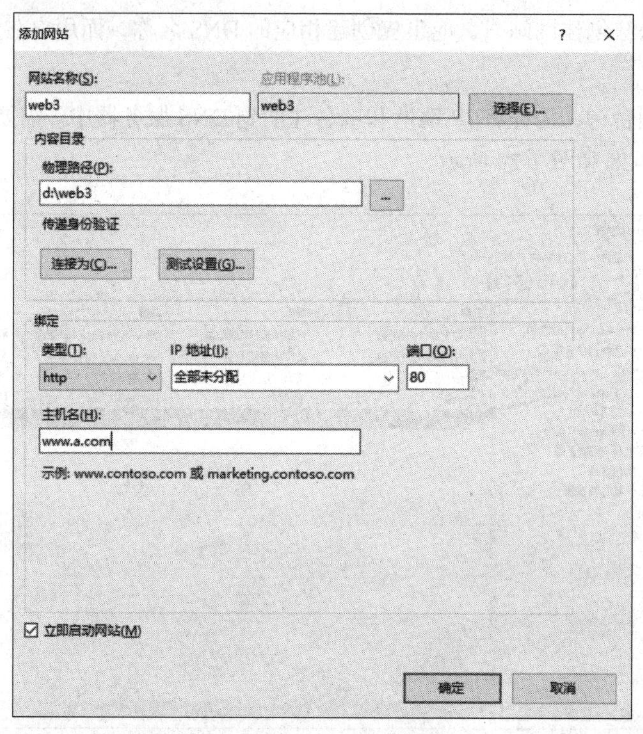

图 7-30　使用主机头法添加网站 1

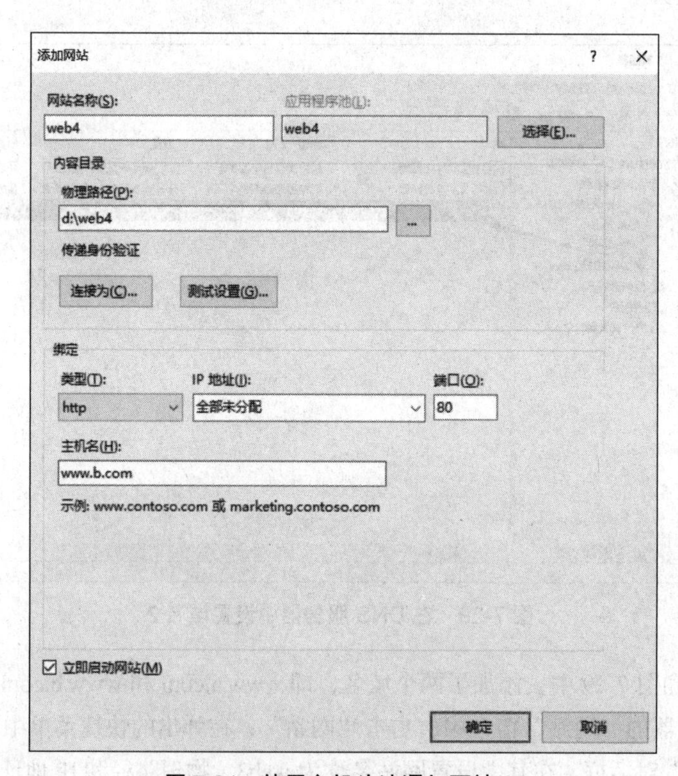

图 7-31　使用主机头法添加网站二

（4）单击“确定”按钮，网站创建成功。使用同样的方法，创建Web4站点，物理路径对应D：\Web4目录，绑定www.b.com主机名。这样，就可以通过域名访问相应的站点。

虚拟目录和虚拟网站是有区别的，利用虚拟目录和虚拟网站都可以创建Web站点，但是，虚拟网站是一个独立的网站，可以拥有独立的DNS域名、IP地址和端口号；而虚拟目录则需要挂在某个虚拟网站下，没有独立的DNS域名、IP地址和端口号，用户访问时必须带上主网站名。

总结与回顾

本项目中介绍了Web服务器的安装与配置方法，特别是介绍了默认网站、新建网站、虚拟目录的创建方法，对于多站点的实现技巧也进行了介绍，在本项目中主要介绍了主机头实现多站点的技巧，实现多站点的技巧还包括更改IP地址和端口的方法，但在实际工作中主机头实现多站点是最为常见的，希望读者进行上机实训。

习　题

一、理论练习

1．“默认网站”服务器的监听端口是多少？

2．如何建立新的虚拟目录？

3．可以为目录指定哪几种操作类型？

4．能为主目录或虚拟目录的子目录指定操作类型吗？

5．“Web站点”的文档包括哪几个文件？可以添加哪些文件？

二、上机操作：完成下面的实训

1．实训任务

Web服务器的配置（IIS）。

2．实训目的

学习使用IIS配置Web服务器。

3．实训环境

操作系统：Windows Server 2016；

服务器软件：Windows IIS中的Web。

说明：每个人可以在自己的计算机上配置Web服务器，配置完成后应该在本机和其他计算机上都能访问。

4．实训内容

实训1：基本配置

（1）安装IIS中的Web服务器。

（2）在Web服务器中配置一个网站（如果IIS中已经有其他人配置过的网站，应删除后重做），将所配置网站的主要参数填入下表：

Web 网站名	IP 地址	TCP 端口	主目录	主页文件名

在网站中放置一些网页，打开浏览器访问该网站。（在本机上访问可使用“http://localhost”，在其他计算机上访问可使用“http://Web 服务器的 IP 地址”）

实训 2：配置虚拟目录

假设网站的主目录下有一个文件夹，现欲把它迁移到其他位置，可通过虚拟目录实现。尝试下面的操作：

（1）把主目录下的 image 文件夹（或其他文件夹）迁移到另一个磁盘分区中，名称修改为 pic。

（2）把主目录下的 image 文件夹（或其他文件夹）迁移到另一台计算机中。

迁移后用浏览器访问该网站，检查迁移后的文件能否正常打开。

实训 3：在一台服务器上配置多个 Web 网站

在 IIS 中再创建几个 Web 网站，把其主要参数填入下表：

Web 网站名	IP 地址	TCP 端口	主目录	主页文件名

说明：区分各个网站有三种方法，即用 IP 地址区分、用端口号区分、用主机头区分（需 DNS 配合实现），下面只用前两种。

（1）为计算机配置多个 IP 地址，每个网站设置一个不同的 IP 地址，用浏览器查看各网站能否正常访问。

（2）为每个网站设置相同的 IP 地址，不同的端口号（应使用大于 1024 的临时端口），用浏览器查看各网站能否正常访问。

实训 4：其他功能的实训验证

（1）文档页脚：这是一个小型的 HTML 文件，它可以自动插入到该网站的每一个网页的底部。

例如：在记事本中输入 <marquee>欢迎光临本站！</marquee>，把文件保存成一个扩展名为 .htm 的文件，把该文件设置成一个网站的文档页脚。用浏览器访问该网站查看效果。

（2）写入权限：允许用户打开网站的文件夹，向其中写入文件。

主目录的写入权限需要和主目录的 NTFS 权限配合使用，必须把两者都设置成允许写入，用户才能向主目录写入内容。

用文件夹方式访问网站的方法：打开浏览器，选择“文件”→“打开”命令，在地址栏中输入网站地址，选中“以 Web 文件夹方式打开”。

（3）浏览权限：当访问网站的指定目录中没有默认的网页文件，可以看到该目录中的文件列表，指定要打开的文件。

实训方法：假设网站的主页文件是 index.htm，为主目录设置“浏览”权限，把 index.htm 文件从默认文档列表中删除，用浏览器访问该网站。

（4）身份验证：用于限制允许访问网站的用户。默认为匿名访问，此时，所有用户都可直接访问该网站。

这里以基本身份验证为例进行实训：

假设某网站只允许 zhao、qian、sun、li 等用户访问，可进行如下设置：

① 在服务器上创建一个组账户（设组名为 Webusers），再创建若干用户账户（如 zhao、qian、sun、li 等），把这些账户均加入 Webusers 组。

② 设置网站主目录的 NTFS 权限，只允许 Administrators 和 Webusers 组的用户访问。

③ 在网站属性的身份验证中，取消“匿名访问”，启用“基本身份验证”。

在客户机上访问该网站，检查访问效果。

（5）IP 地址和域名限制：用于限制用户可以从哪些计算机上访问该网站。默认是没有限制。

在网站属性的 IP 地址和域名限制中，用“允许访问”或“拒绝访问”进行设置，在客户机上检查其效果。

5. 结束实训

（1）卸载 IIS（卸载前，应先停用各网站）。

（2）把计算机中各网站的主目录都删除。

（3）删除实训中创建的账户。

（4）把 Administrator 账户的密码设置为空。

项目 8
FTP 服务器的安装、配置与管理

学习目标：

（1）掌握 FTP 服务的概念；

（2）掌握 Windows Server 2016 的 FTP 服务器的配置方法；

（3）掌握用第三方软件 Serv-U 建立 FTP 服务器的方法；

（4）掌握 FTP 服务器的管理方法。

项目描述

在 Windows Server 2016 中集成了 FTP 服务器的功能，如果只是需要一个简单的文件下载功能，对于文件的权限要求不是很高的情况，可以利用 Windows Server 2016 集成的 FTP 功能配置 FTP 服务器，为用户提供文件下载服务。

项目分析

如果读者正处于一个局域网的环境中，用户需要访问服务器上的资源，而他们现在暂时还没有连接外网，不能通过 QQ 传送文件，此用户需要通过 FTP 服务器使用服务器上的资源和上传资源，则可以按照以下思路完成该项目：首先找到一台需要配置为 FTP 服务器的计算机，然后安装并启用 FTP 服务，正确配置 FTP 站点的访问目录及权限，即可在服务器和客户机的 IE 地址栏中通过 IP 进行测试。当设置密码时，还需要登录才能访问。其次，当需要在 IE 地址栏中输入域名来访问相关 FTP 网站时，需要结合 DNS 服务器完成该项目，在 DNS 服务器中建立主机并指向网站文件夹所在计算机的 IP 地址，只要解析成功，即可通过域名访问网站。根据以上思路结合项目实施步骤读者即可完成该项目。

一、Windows Server 2016 FTP 服务器介绍

Windows Server 2016 FTP 服务器的安装简单，管理功能也不强，只有简单的功能管理。

Windows Server 2016 FTP 服务器的安装简要介绍如下：

1. 实训所需环境

（1）VMwareWorkstation 虚拟机软件。

（2）Windows Server 2016 原版光盘镜像。

（3）虚拟机安装好 Windows Server 2016。

2. 方案设计

架设一台基于 Windows Server 2016 的计算机（IP 地址为 192.168.1.100，子网掩码为 255.255.255.0，网关为 192.168.1.1）上设置两个 FTP 站点，端口为 21，FTP 站点标示为“FTP”和“隔离用户”；其中“FTP”是不隔离用户，对应的 IP 为 192.168.1.100，“隔离用户”名称对应的是隔离用户，对应的 IP 为 192.168.1.101，连接限制为 10 000 个，连接超时 120 s；日志采用 W3C 扩展日志文件格式，新日志时间间隔为每天；启动带宽限制，最大网络使用 1 024 KB/s；不隔离用户的主目录为 C:\ftp 允许用户读取和下载文件访问。允许匿名访问（Anonymous），匿名用户登录后进入 C:\ftp 目录；隔离用户登录后进入 C:\FTP1 目录，如果用户 user1 进入后将是 user1 的文件，用户 cxp 进入后将是 cxp 的文件 。

客户端：在 IE 浏览器的地址中输入 ftp://192.168.1.100 访问刚才创建的 FTP 站点。这是不隔离用户，另外，还可输入 ftp://192.168.1.101 访问，这是隔离用户，需要进行登录访问，如果客户机不能访问，可以关闭 Windows Server 2016 计算机的防火墙或添加例外来解决。

二、Windows Server 2016 FTP 服务器安装

视 频

FTP服务器的搭建

经过上面的简单介绍，了解了 Windows Server 2016 的 FTP 服务器功能，下面进行实际操作。

1. 安装 FTP 软件

（1）单击“开始”按钮，选择“管理工具”|“服务器管理器”命令，打开“服务器管理器”窗口。

（2）单击“窗口”左上角的“角色”选项，在窗口右上角单击“添加角色”超链接，打开“添加角色向导”窗口界面，单击“下一步”按钮。

（3）在添加角色向导中选择“Web 服务器（IIS）”，在弹出的界面中选择“添加必需的功能”，则自动关闭该窗口，这时“Web 服务器（IIS）”处于选中状态。单击“下一步”按钮。则打开 Web 服务器（IIS）介绍信息，单击“下一步”按钮。

（4）在“选择服务器角色”界面的“角色”列表框中选择“FTP 服务器”，在打开的窗口中选择“添加必需的角色服务”，如图 8-1 所示。然后单击“下一步”按钮，单击“安装”按钮，如图 8-2 所示。

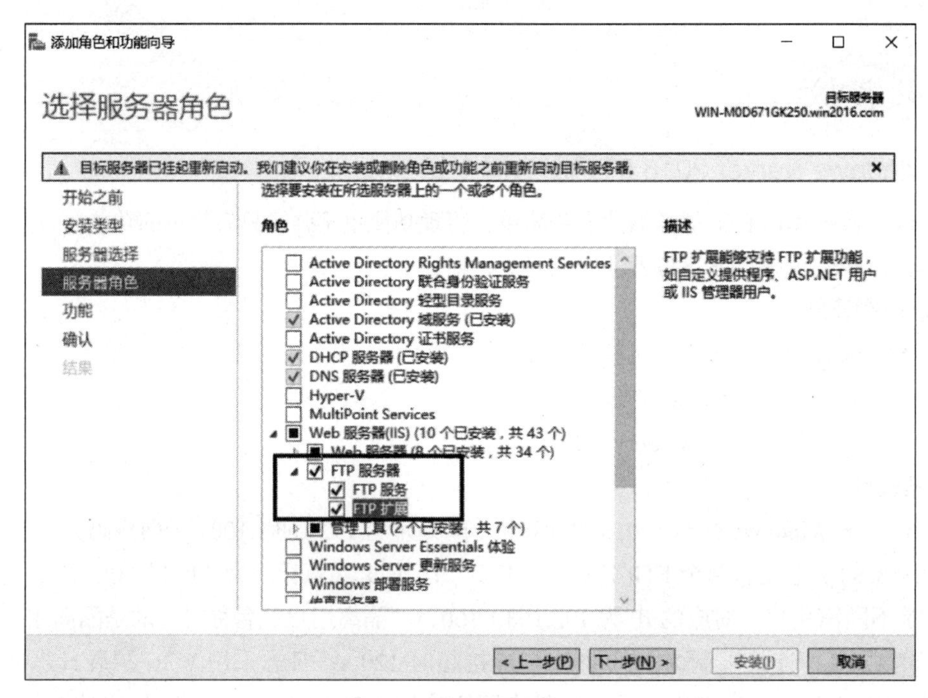

图 8-1　添加必需的角色

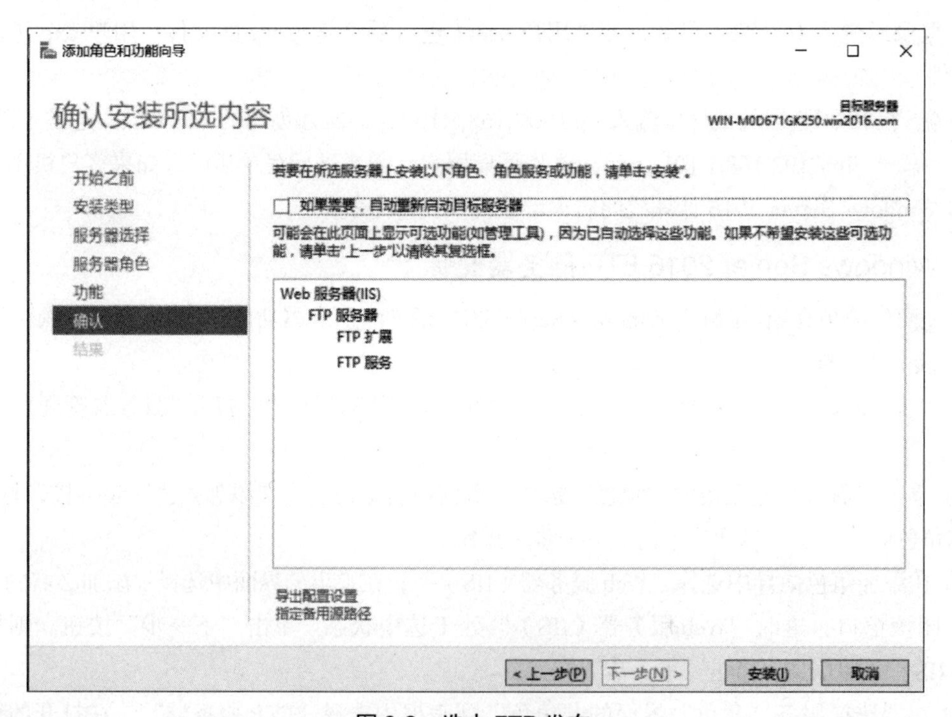

图 8-2　选中 FTP 发布

（5）单击“下一步”按钮，出现“确认安装选择”界面，单击“安装”按钮，开始安装，直至完成。

我们在前面介绍了 FTP 服务器的安装，下面进行实际操作，对 FTP 服务器进行配置，并进行测试。

一、创建 FTP 站点

具体操作步骤如下：

（1）在服务器管理工具中双击打开 IIS，如图 8-3 所示。

图 8-3　打开 IIS

（2）右击“网站”选项，在弹出的快捷菜单中选择“添加 FTP 站点”命令，如图 8-4 所示。

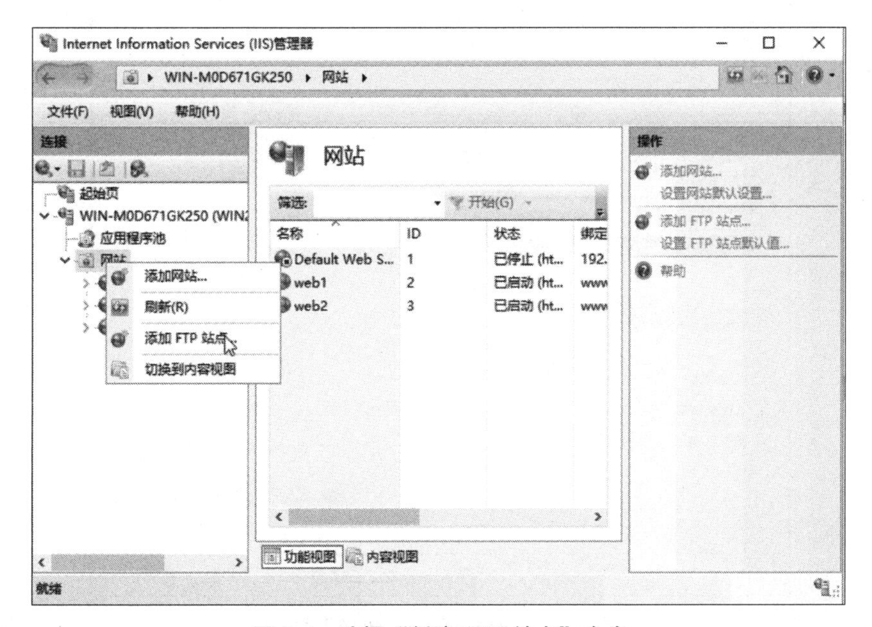

图 8-4　选择“创建 FTP 站点”命令

（3）出现“站点信息”界面，在其中输入 FTP 站点名称和站点物理路径，如图 8-5 所示。单击“下一步”按钮。

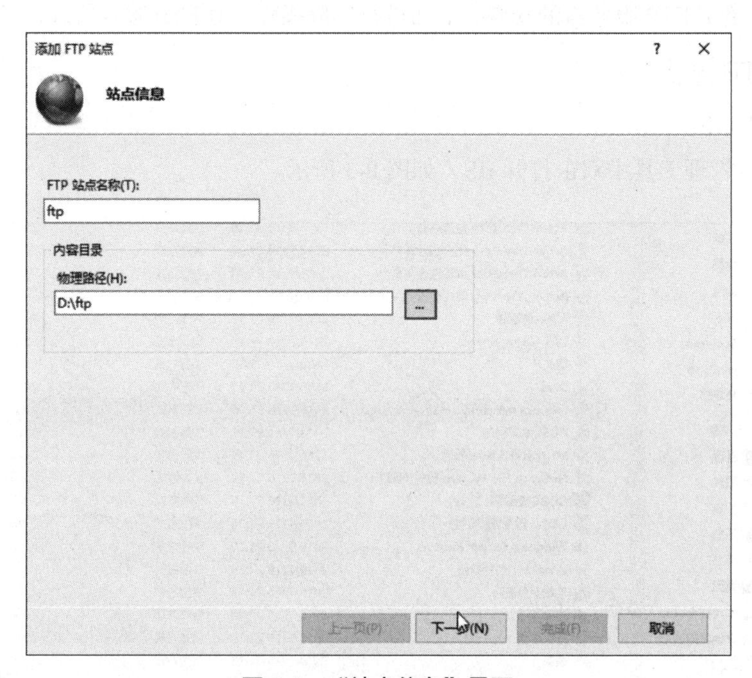

图 8-5 “站点信息”界面

（4）出现“绑定和 SSL 设置”界面，分配 IP 地址，如图 8-6 所示。

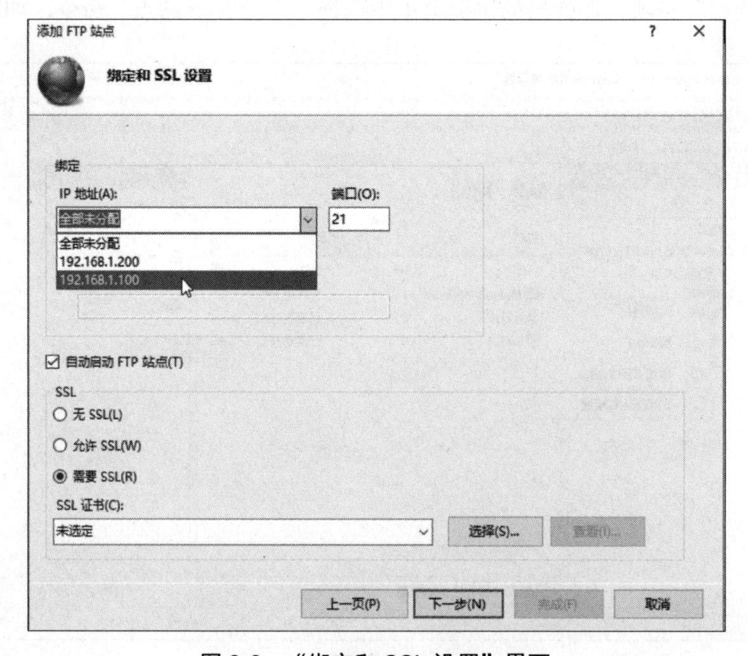

图 8-6 “绑定和 SSL 设置”界面

（5）选择“无 SSL”单选按钮，如图 8-7 所示，单击“下一步”按钮。

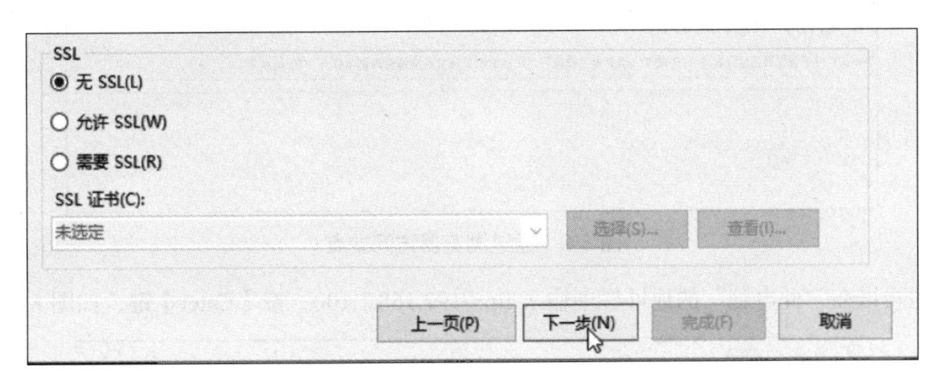

图 8-7　选择“无 SSL”单选按钮

（6）出现“身份验证和授权信息”界面，设置身份验证和授权信息，如图 8-8 所示。单击“完成”按钮。

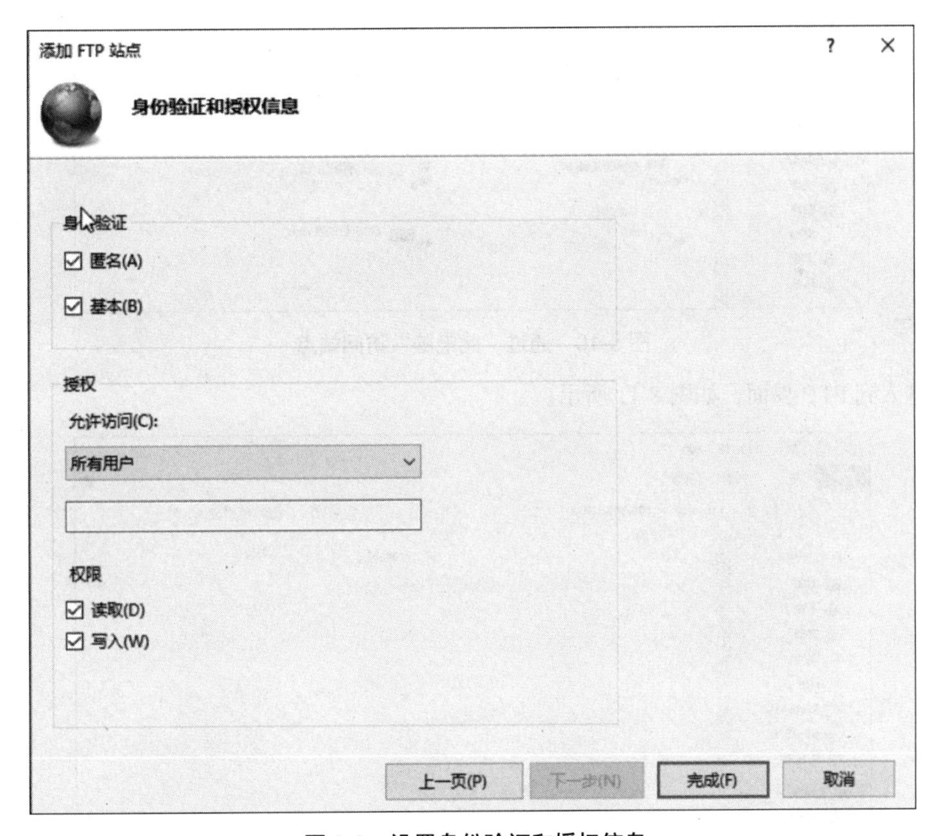

图 8-8　设置身份验证和授权信息

二、访问 FTP 站点

（1）在浏览器的地址栏中输入 ftp://192.168.1.100，然后按【Enter】键，如图 8-9 所示。

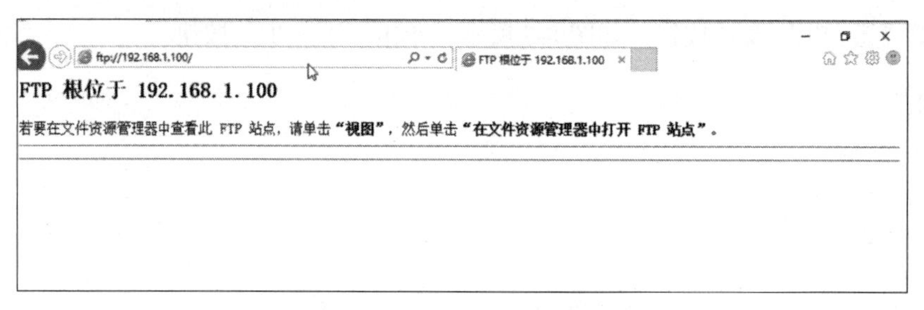

图 8-9　通过浏览器访问站点

（2）也可以在“此电脑”的地址栏中输入 ftp://192.168.1.100，按【Enter】键，如图 8-10 所示。

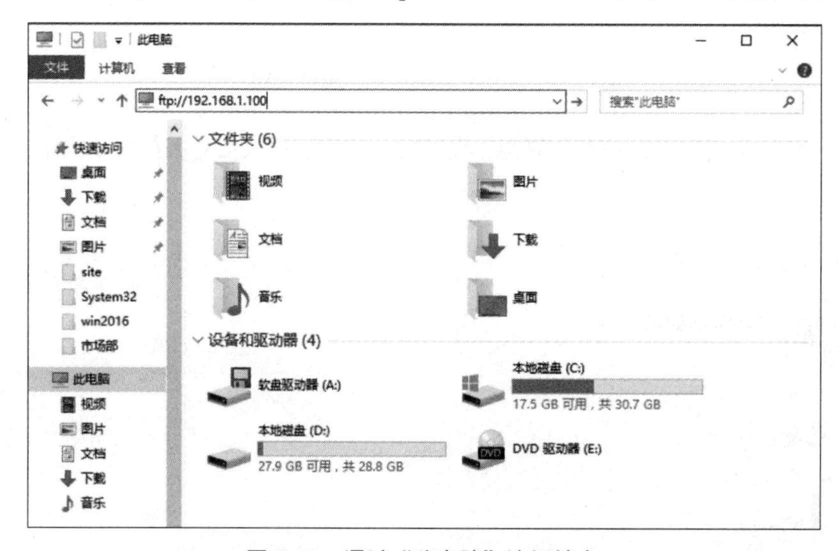

图 8-10　通过“此电脑”访问站点

（3）进入到 FTP 界面，如图 8-11 所示。

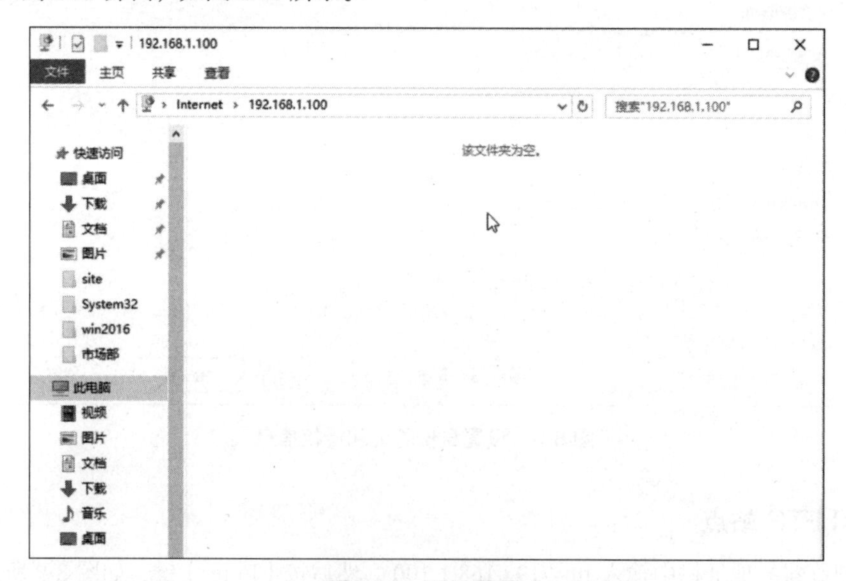

图 8-11　FTP 界面

（4）右击界面空白处，在弹出的快捷菜单中选择“登录”命令，如图 8-12 所示。

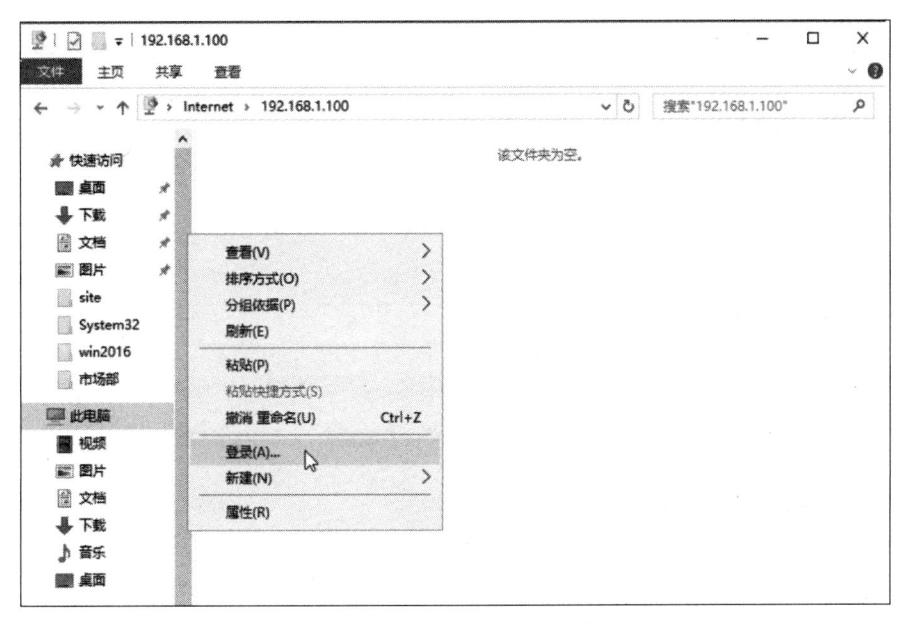

图 8-12　选择“登录”命令

（5）弹出“登录身份”对话框，输入用户名及密码，如图 8-13 所示。

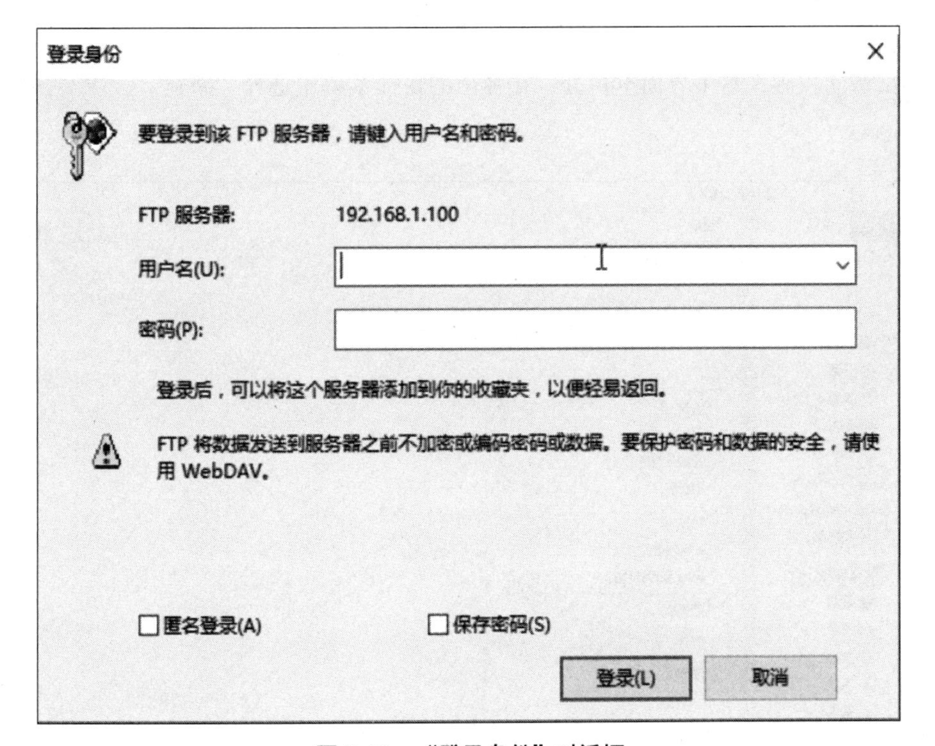

图 8-13　“登录身份”对话框

（6）此处选择匿名登录，如图 8-14 所示。

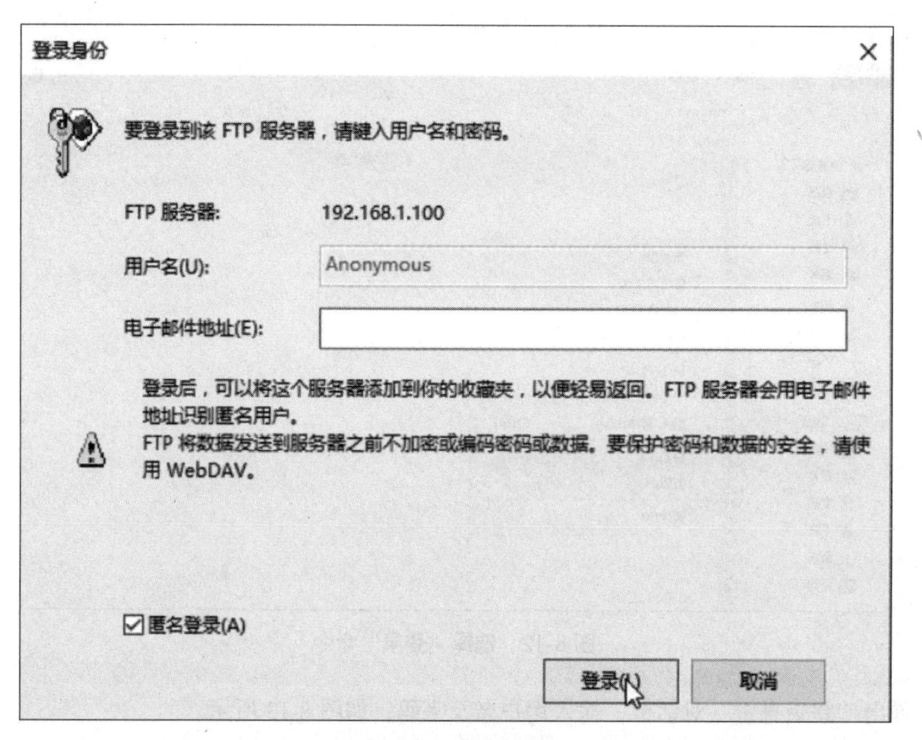

图 8-14 匿名登录

（7）测试访问权限，右击界面空白处，在弹出的快捷菜单中选择“新建”|“文件夹”命令，如图 8-15 所示。

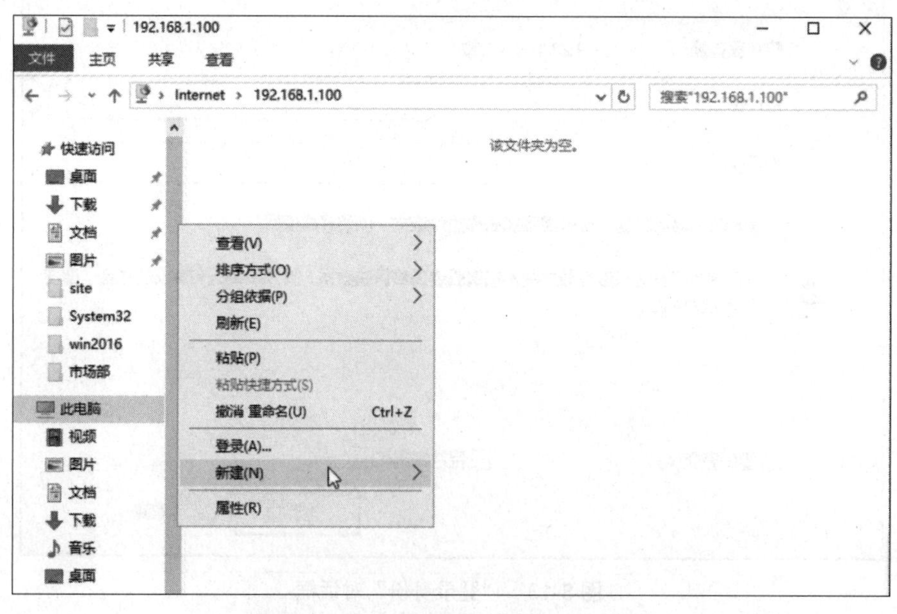

图 8-15 选择“新建”|“文件夹”命令

（8）能够新建文件夹，说明可以在这里上传和下载文件资源，如图 8-16 所示。

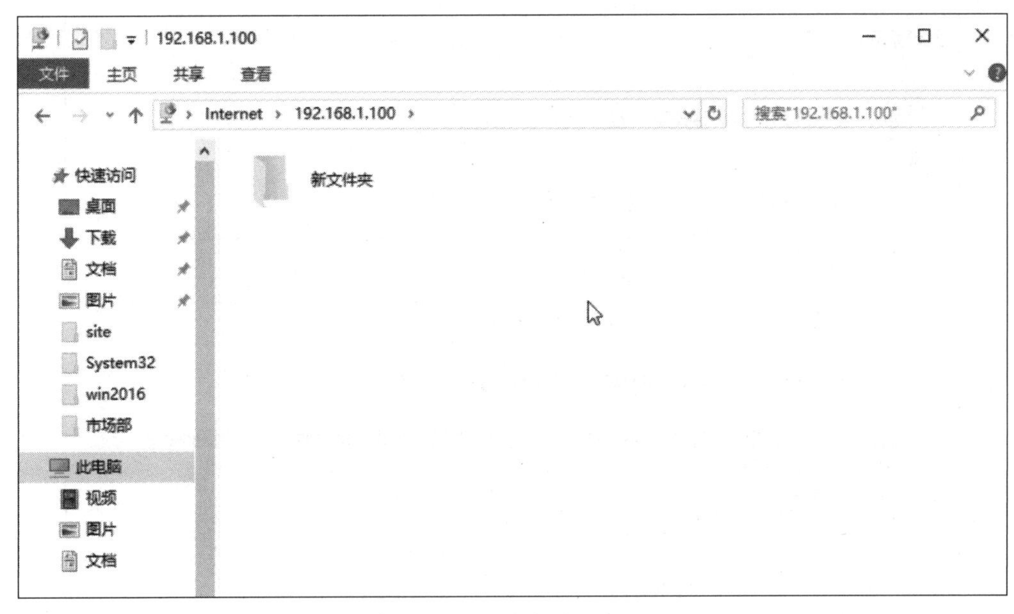

图 8-16　可以新建文件夹

注意：一般匿名账号不需要写入和修改权限，只需要读取权限即可，后面会对用户权限进行限制。

（9）用另一台计算机登录来访问一下 FTP，在另一台计算机的“文件资源管理器”地址栏中输入 ftp://192.168.1.100，按【Enter】键，如图 8-17 所示。

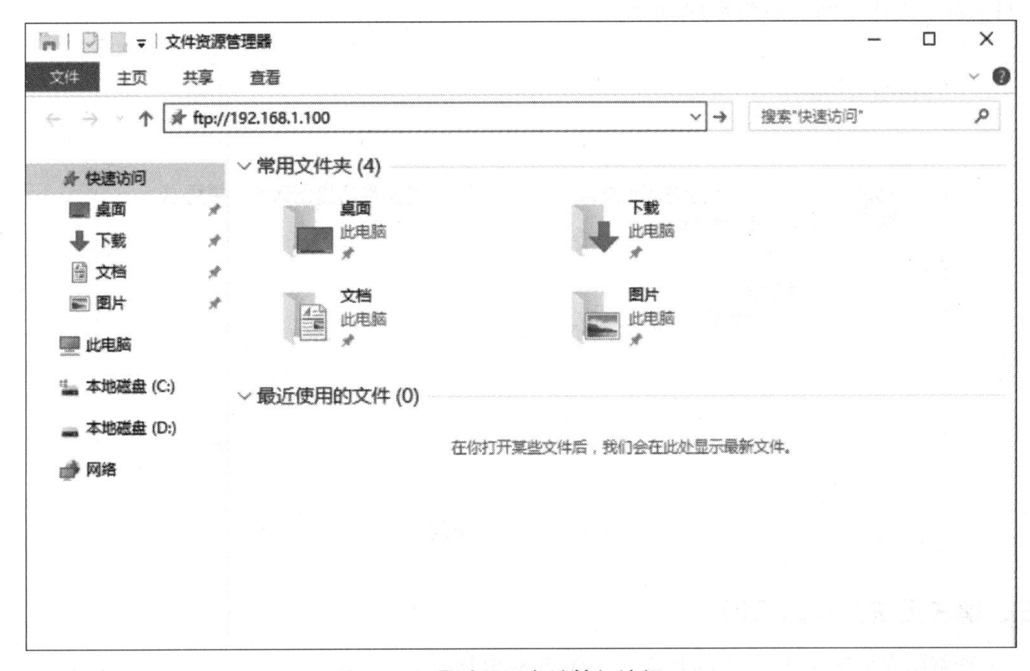

图 8-17　通过另一台计算机访问 FTP

（10）选择登录，用管理员账号登录，如图 8-18 所示。

登录身份

要登录到该 FTP 服务器，请键入用户名和密码。

FTP 服务器: 192.168.1.100

用户名(U): administrator

密码(P): ••••••••••••••

登录后，可以将这个服务器添加到你的收藏夹，以便轻易返回。

FTP 将数据发送到服务器之前不加密或编码密码或数据。要保护密码和数据的安全，请使用 WebDAV。

匿名登录(A) 保存密码(S)

登录(L) 取消

图 8-18 管理员登录

（11）提示无法访问，如图 8-19 所示。

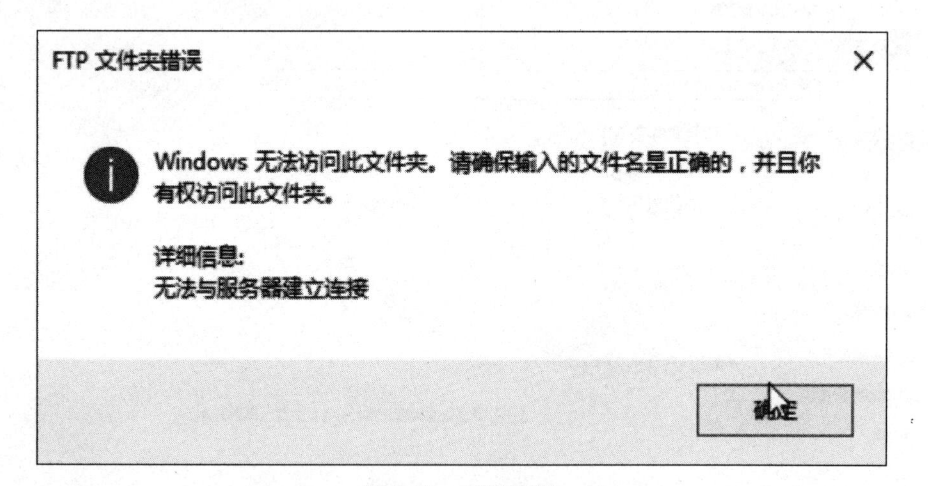

图 8-19 无法访问

三、解决无法登录的问题

（1）查看防火墙中是否允许 FTP 登录，如图 8-20 所示。

图 8-20　检查防火墙

（2）显示允许 FTP 服务器登录，如图 8-21 所示。

允许的应用
« 系统和安全 › Windows 防火墙 › 允许的应用
搜索控制面板
允许应用通过 Windows 防火墙进行通信
若要添加、更改或删除所允许的应用和端口，请单击"更改设置"。
允许应用进行通信有哪些风险?
更改设置(N)
允许的应用和功能(A):

名称	域	专用	公用
☑DNS 服务	☑	☑	☑
☑FTP 服务器	☑	☑	☑
☐iSCSI 服务	☐	☐	☐
☑iSCSI 目标组	☑	☑	☑
☑Kerberos 密钥分发中心	☑	☑	☑
☑mDNS	☑	☑	☑
☑Microsoft 密钥分发服务	☑	☑	☑
☐Netlogon 服务	☐	☐	☐
☑NFS 服务器	☑	☑	☑
☑SmartScreen 筛选器	☑	☑	☑
☐SMBDirect 上的文件和打印机共享	☐	☐	☐

图 8-21　允许登录

（3）单击防火墙的高级设置，如图 8-22 所示。

图 8-22　单击高级设置

（4）在高级设置界面中，选择“入站规则”选项，在右侧“操作”任务窗格的入站规则中单击“新建规则”超链接，如图 8-23 所示。

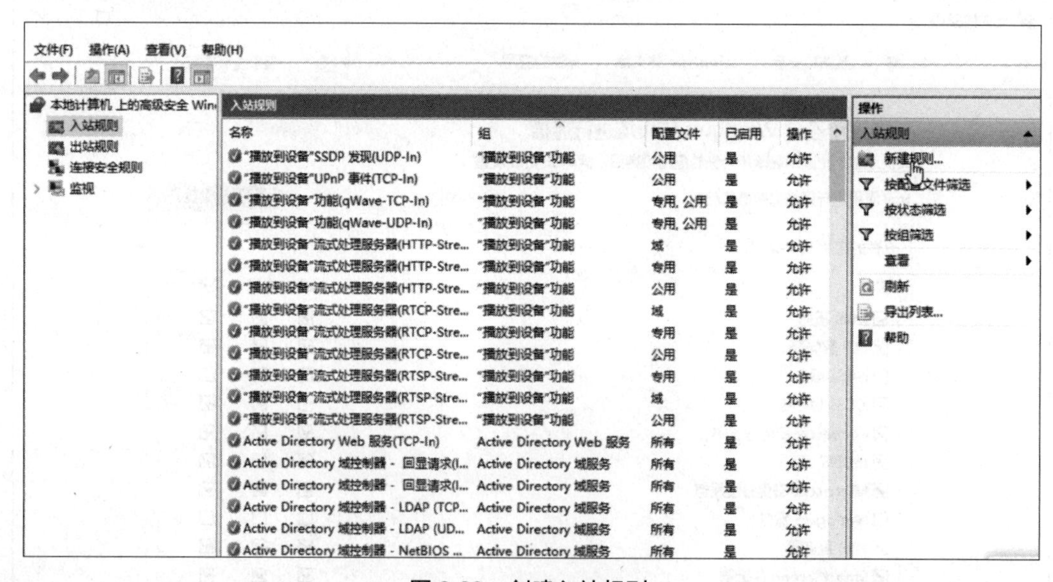

图 8-23　创建入站规则

（5）出现“规则类型”界面，选择“端口”单选按钮，单击“下一步”按钮，如图 8-24 所示。单击“下一步”按钮。

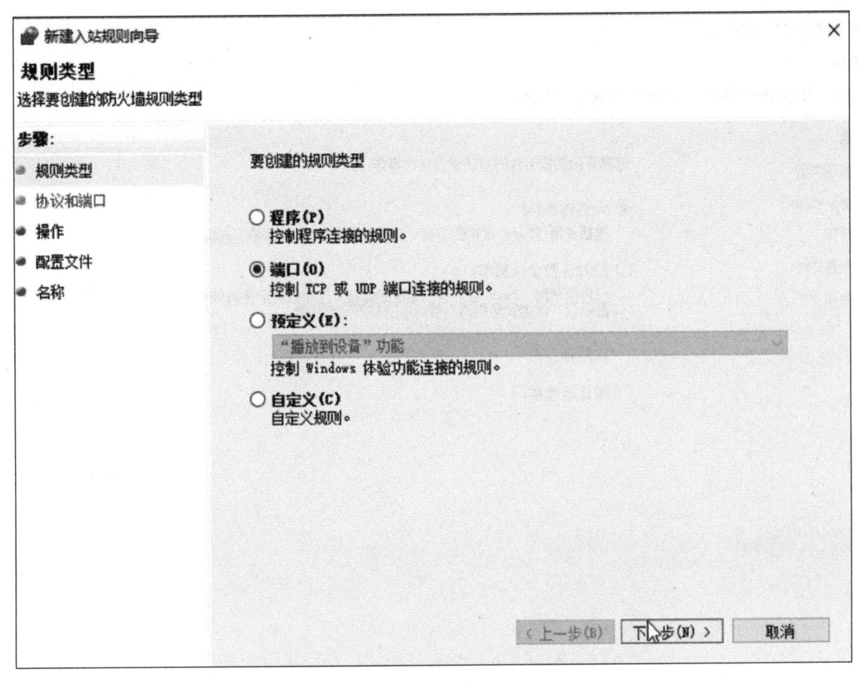

图 8-24　"规则类型"界面

（6）显示"协议和端口"界面，指定端口号为 21，如图 8-25 所示，单击"下一步"按钮。

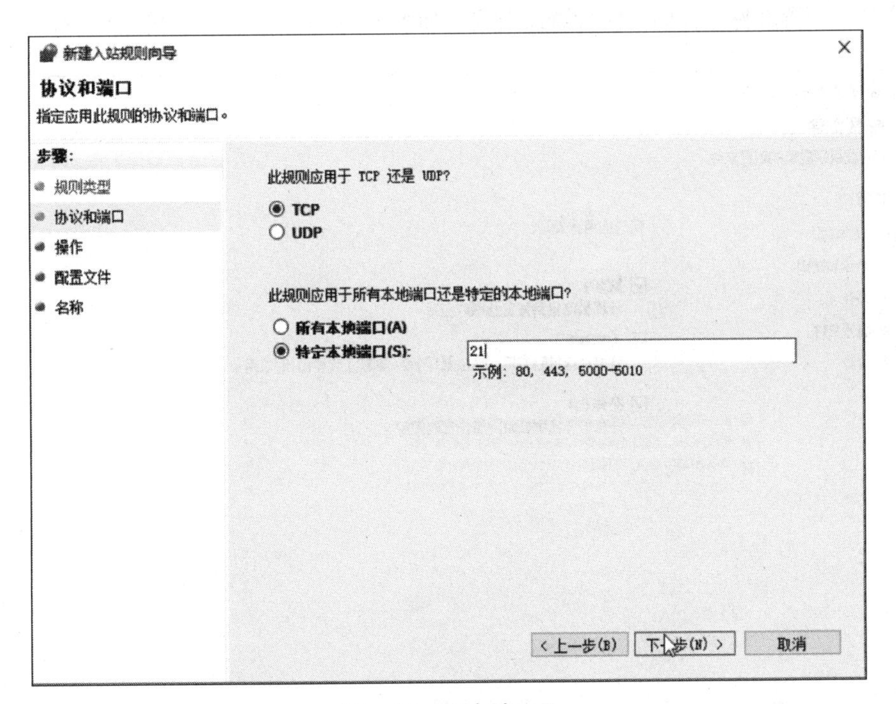

图 8-25　指定端口号

（7）显示"操作"界面，选择"允许连接"单选按钮，如图 8-26 所示，单击"下一步"按钮。

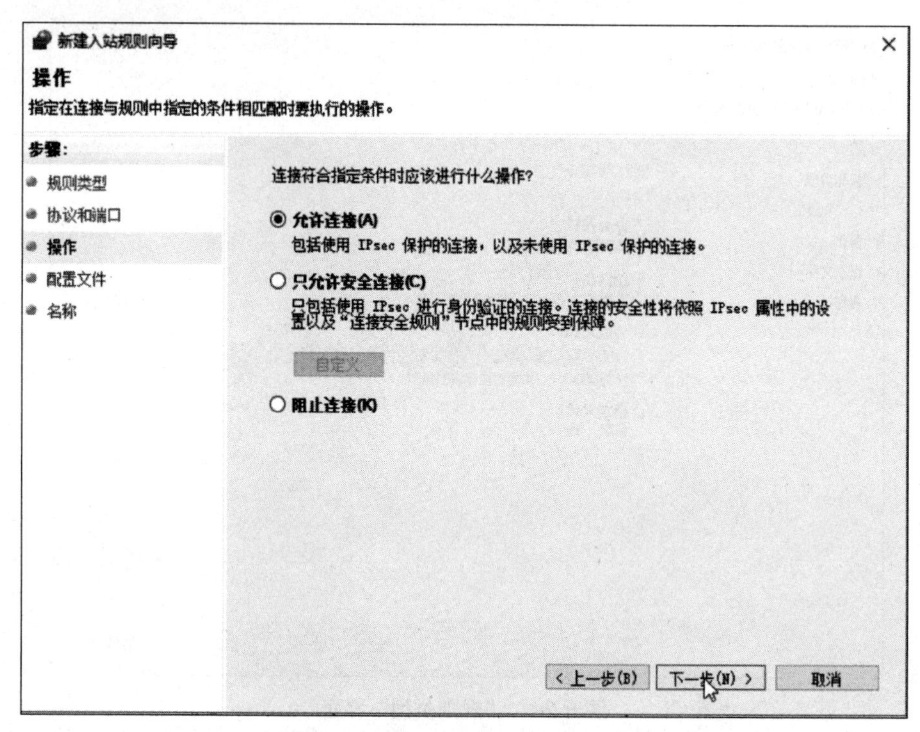

图 8-26　选择“允许连接”单选按钮

（8）出现“配置文件”界面，保持默认设置，如图 8-27 所示，单击“下一步”按钮。

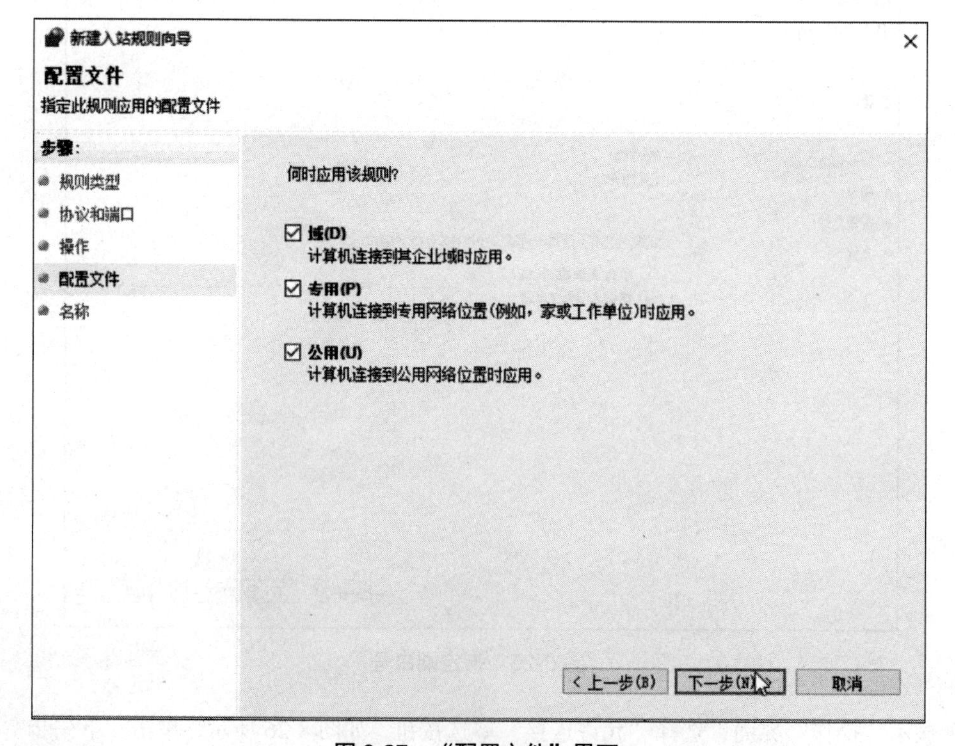

图 8-27　“配置文件”界面

（9）出现“名称”界面，输入名称和描述，如图 8-28 所示，单击“完成”按钮。

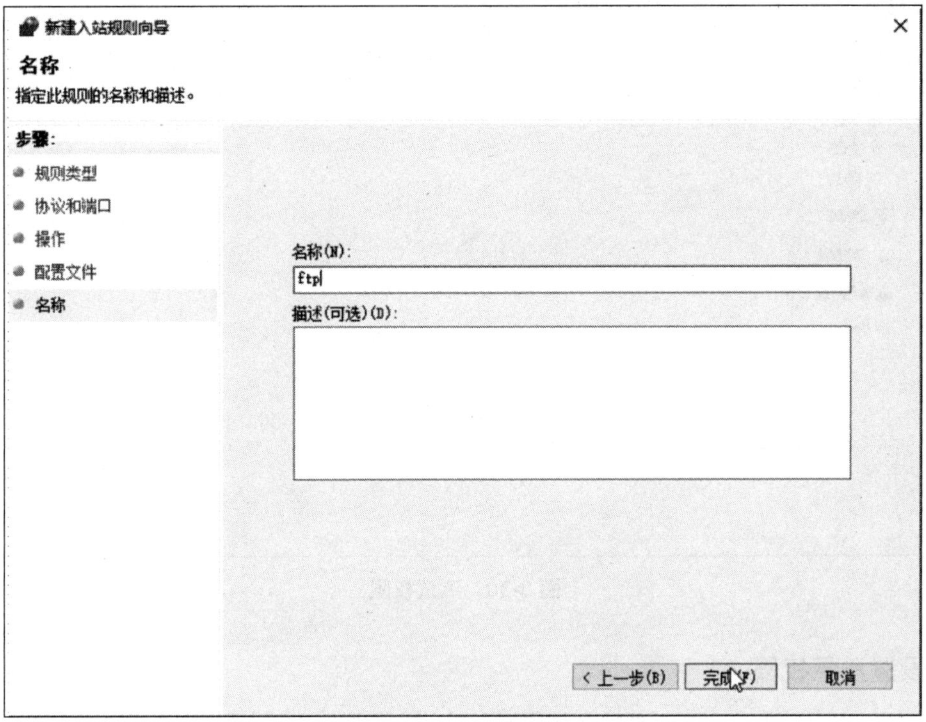

图 8-28　创建完成

（10）再次在虚拟机上登录，提示没有权限，如图 8-29 所示。

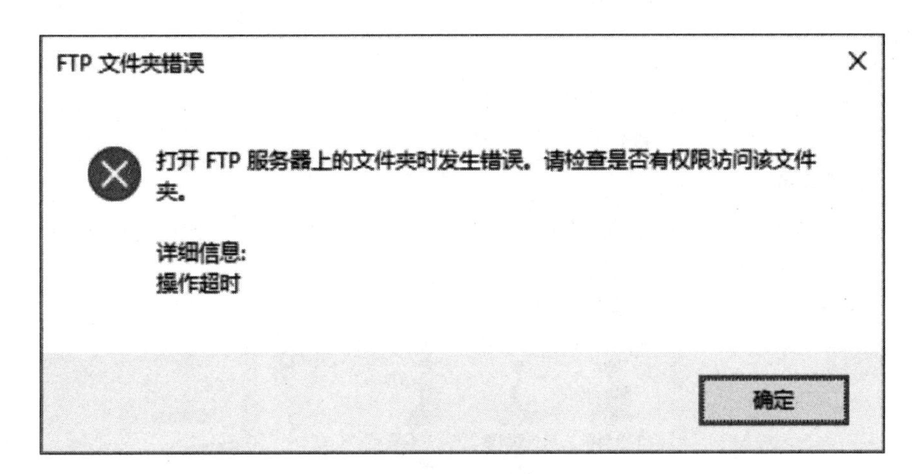

图 8-29　测试

（11）在 FTP 服务器上关闭防火墙，再测试一下，防火墙关闭之后即可登录，还可以新建文档，如图 8-30 所示。

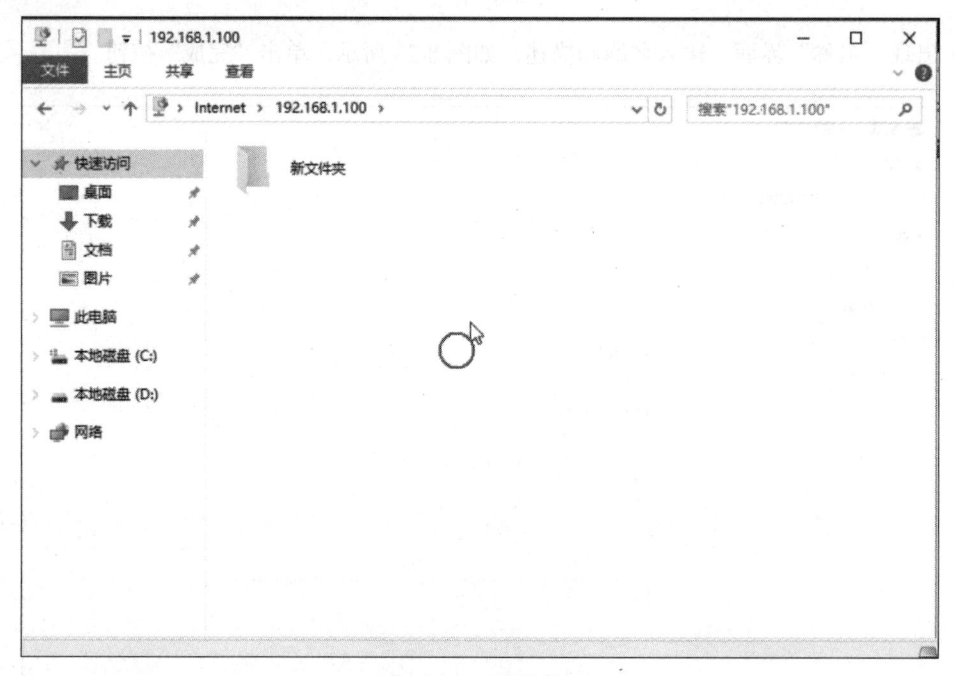

图 8-30　测试权限

四、设置登录权限

（1）在 ftp 主页单击“FTP IP 地址和域限制”按钮，如图 8-31 所示。

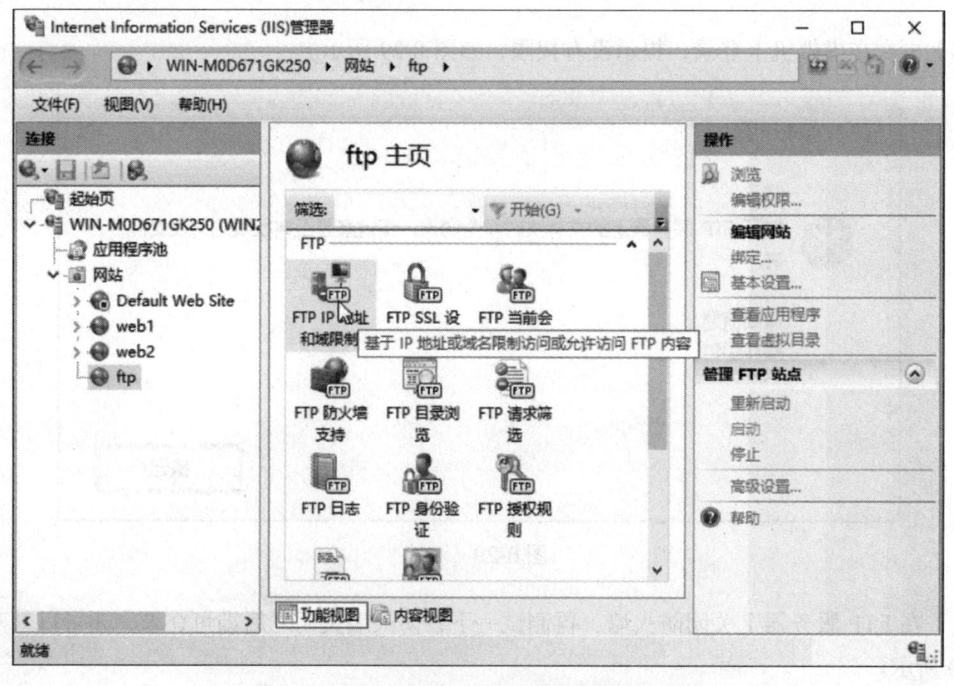

图 8-31　单击“FTP IP 地址和域限制”按钮

（2）打开“FTP IP 地址和域限制”界面，单击“添加允许条目”超链接，如图 8-32 所示。

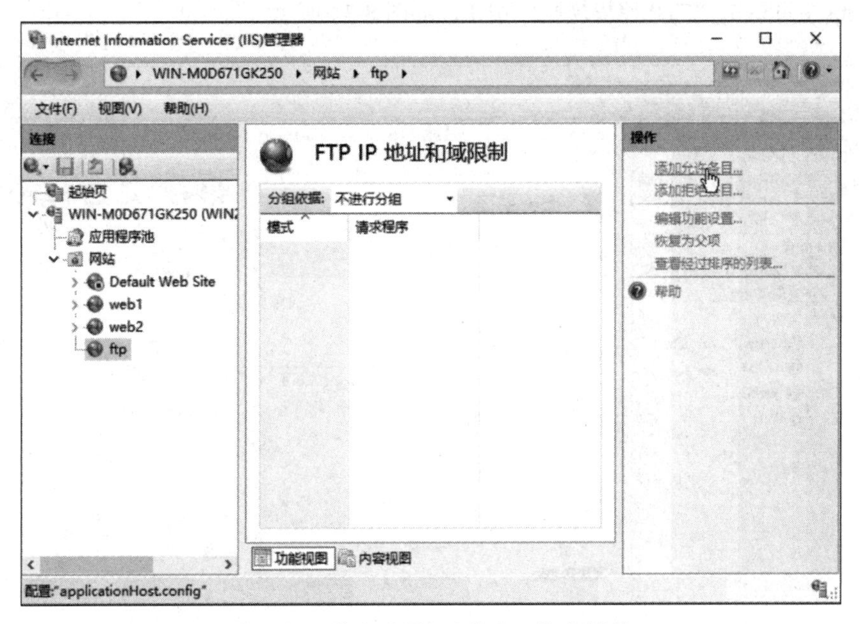

图 8-32 单击“添加允许条目”超链接

（3）弹出“添加允许限制规则”对话框，可以设置特定 IP 地址和 IP 地址范围，如图 8-33 所示。

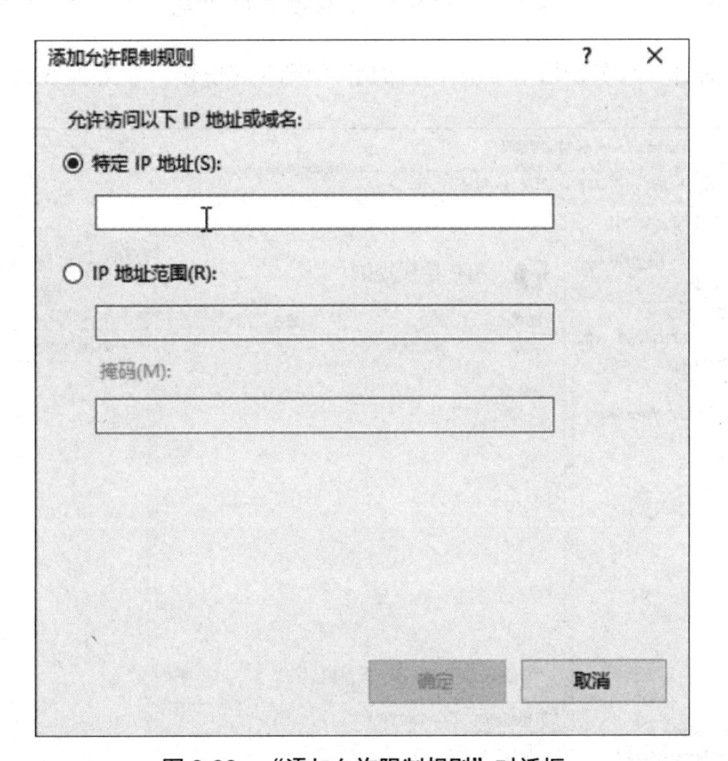

图 8-33 “添加允许限制规则”对话框

（4）单击“添加拒绝条目”超链接，可以设置拒绝 IP。

（5）在 ftp 主页单击“FTP 授权规则”按钮，如图 8-34 所示。

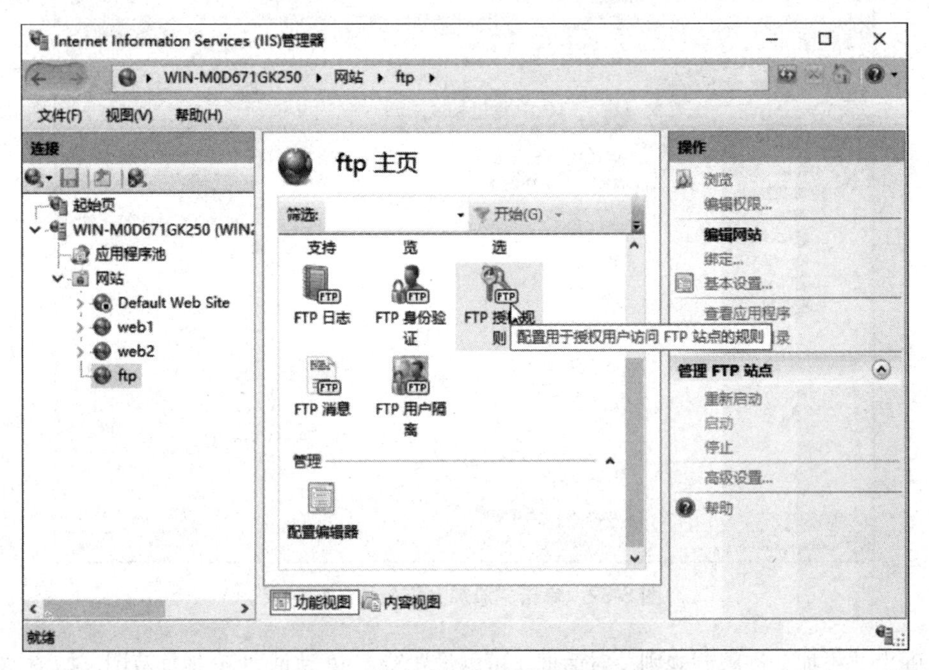

图 8-34 单击“FTP 授权规则”按钮

（6）在右侧“操作”任务窗格中单击“添加允许规则”超链接，如图 8-35 所示。

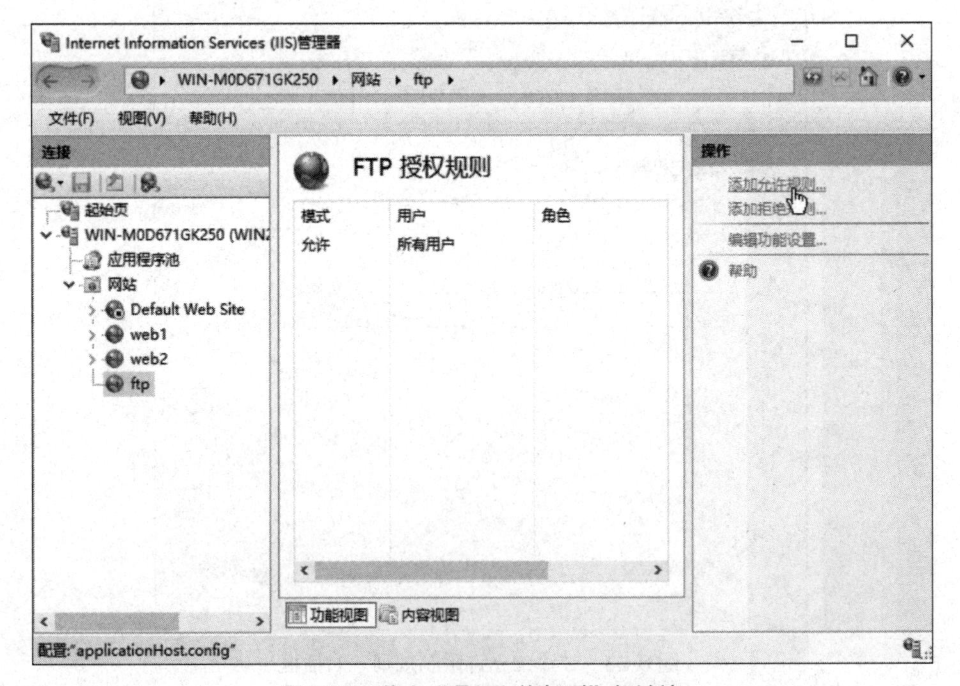

图 8-35 单击“添加允许规则”超链接

（7）弹出“添加允许授权规则”对话框，设置“所有用户”允许访问，如图 8-36 所示。

添加允许授权规则　?　×
允许访问此内容:
所有用户(A)
所有匿名用户(N)
指定的角色或用户组(R):
示例: Admins、Guests
指定的用户(U):
示例: User1、User2
权限
读取(D)
写入(W)
确定　取消

图 8-36　“添加允许授权规则”对话框

（8）给 FTP 文件指定一个用户或者用户组。

给 cxp 用户一个读取的权限，没有写入权限，单击“确定”按钮，如图 8-37 所示。

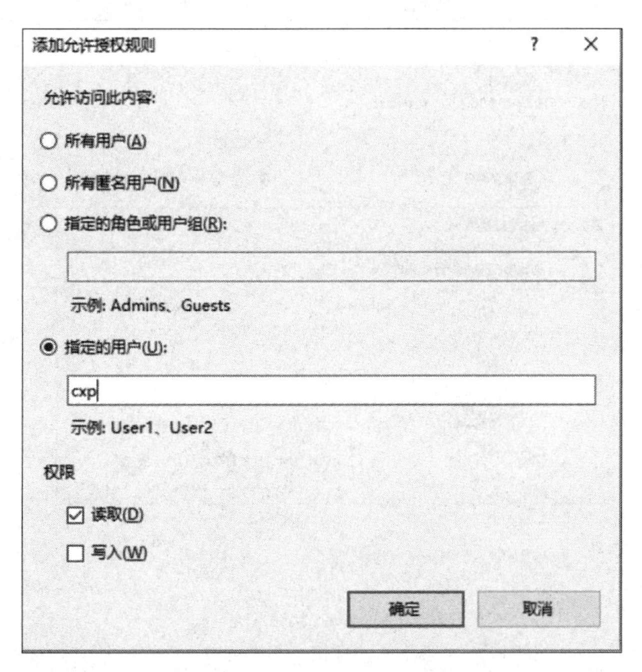

图 8-37　设置用户权限

（9）再给 cbq 用户读取和写入权限，如图 8-38 所示。

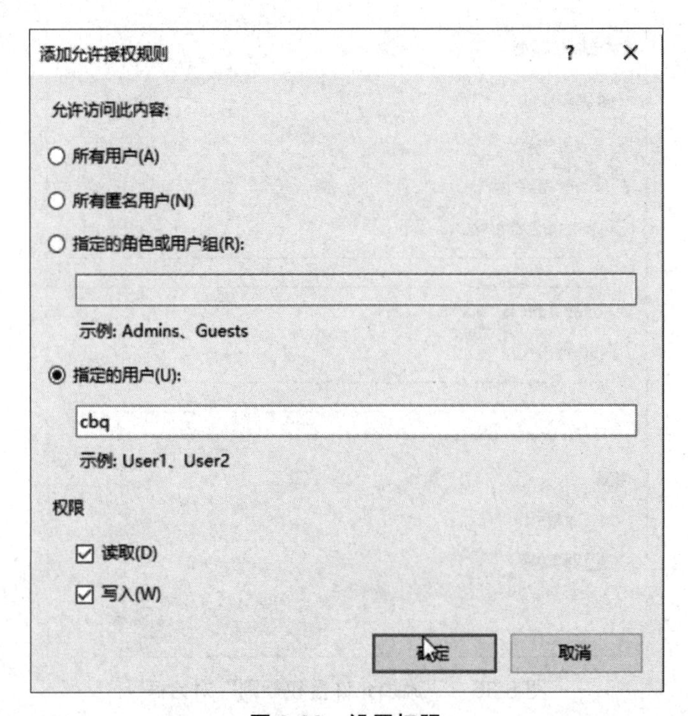

图 8-38　设置权限

（10）设置完成的授权规则，如图 8-39 所示。

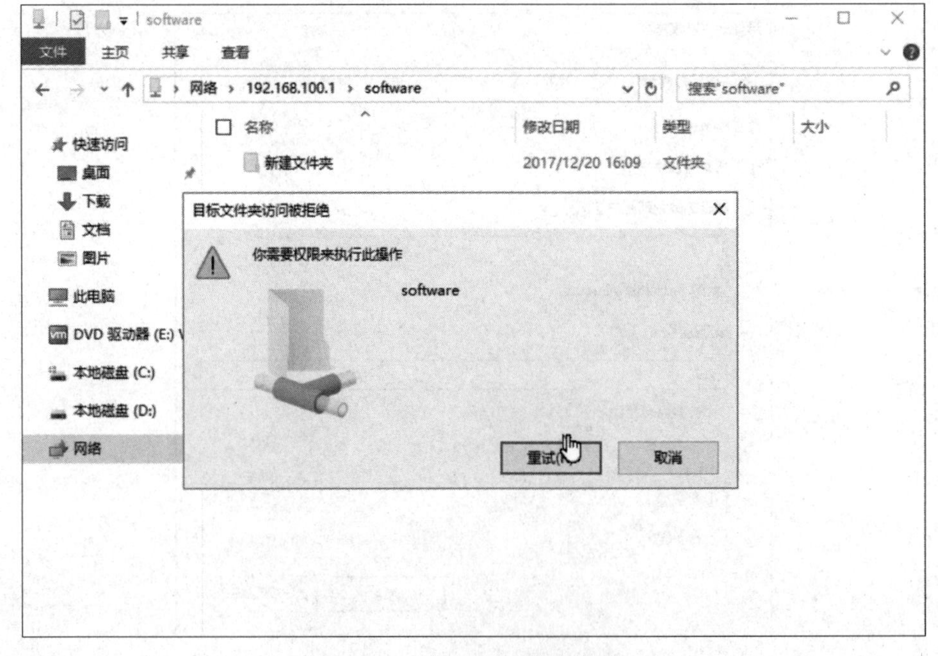

图 8-39　设置完成的授权规则

五、FTP 授权规则测试

（1）界面空白处右击，在弹出的快捷菜单中选择“登录”命令，如图 8-40 所示。

图 8-40　选择“登录”命令

（2）用 cxp 账户登录，如图 8-41 所示。

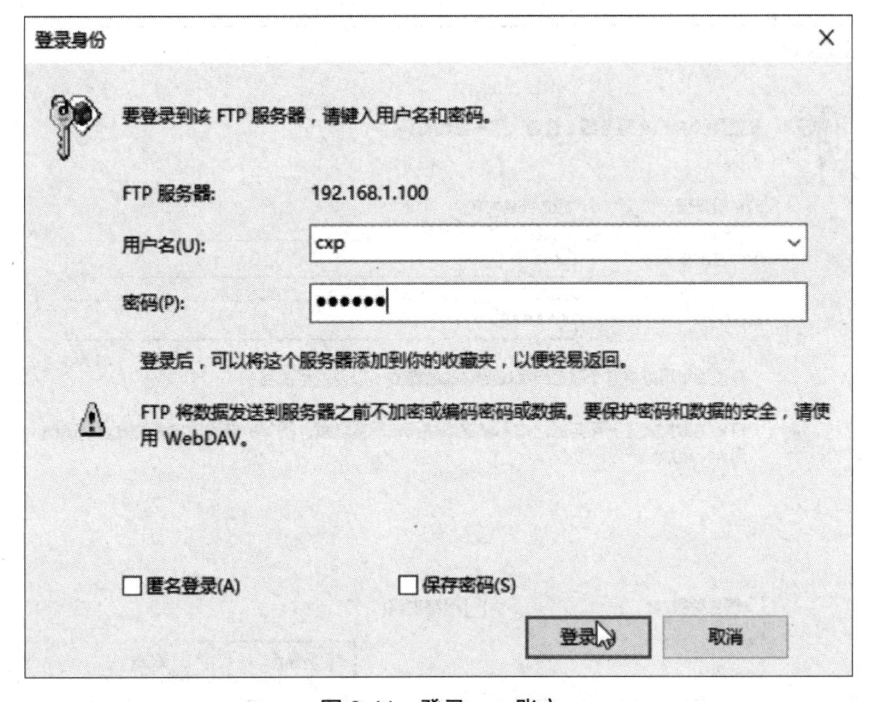

图 8-41　登录 cxp 账户

（3）因为没有给 cxp 账户写入权限，所以其只能查看，不能对文件内容进行任何改动，如图 8-42 所示。

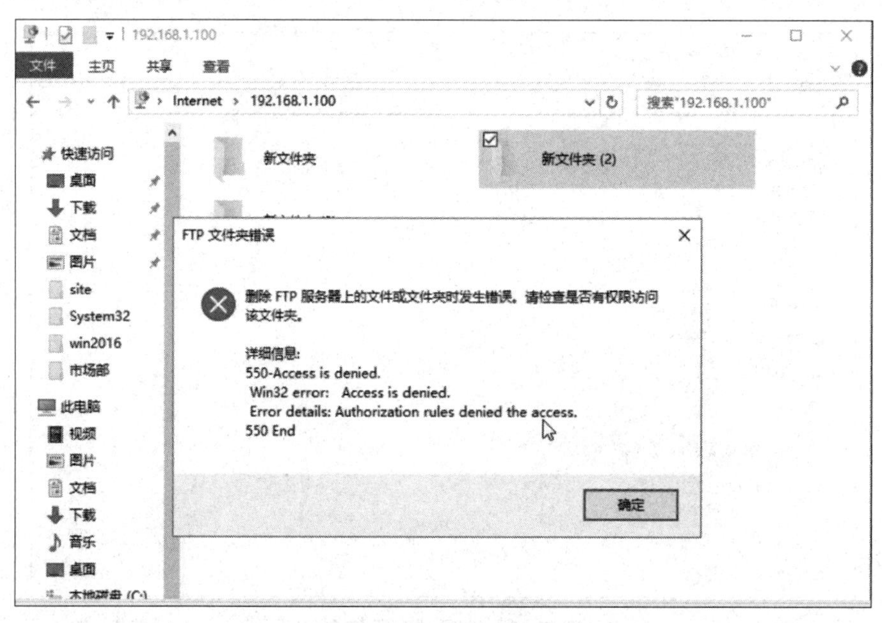

图 8-42　写入失败

（4）用 cbq 账户登录，如图 8-43 所示。

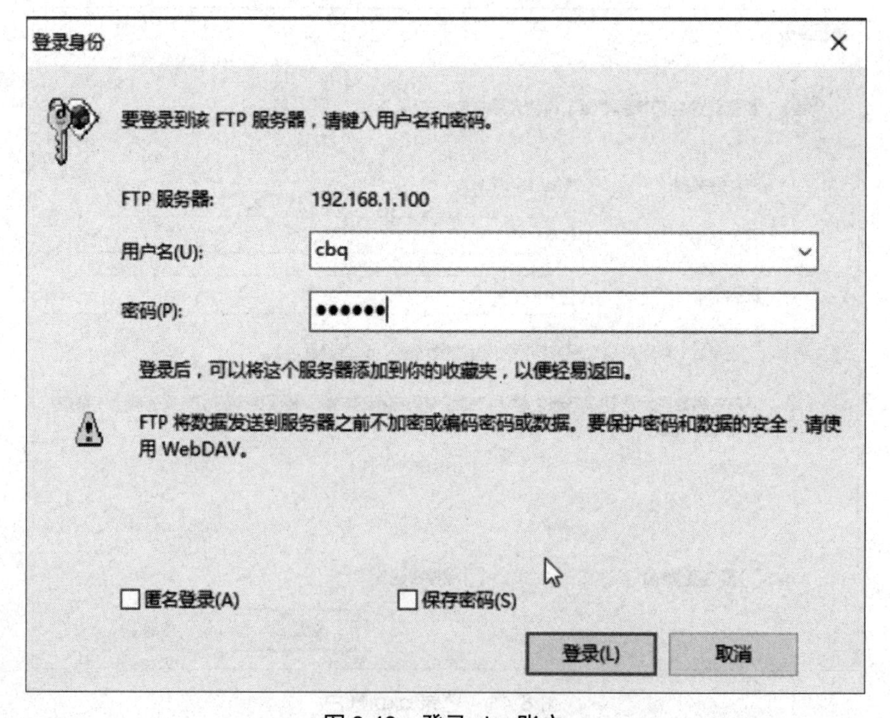

图 8-43　登录 cbq 账户

（5）经测试 cbq 账户可以删除文件，如图 8-44 和图 8-45 所示。

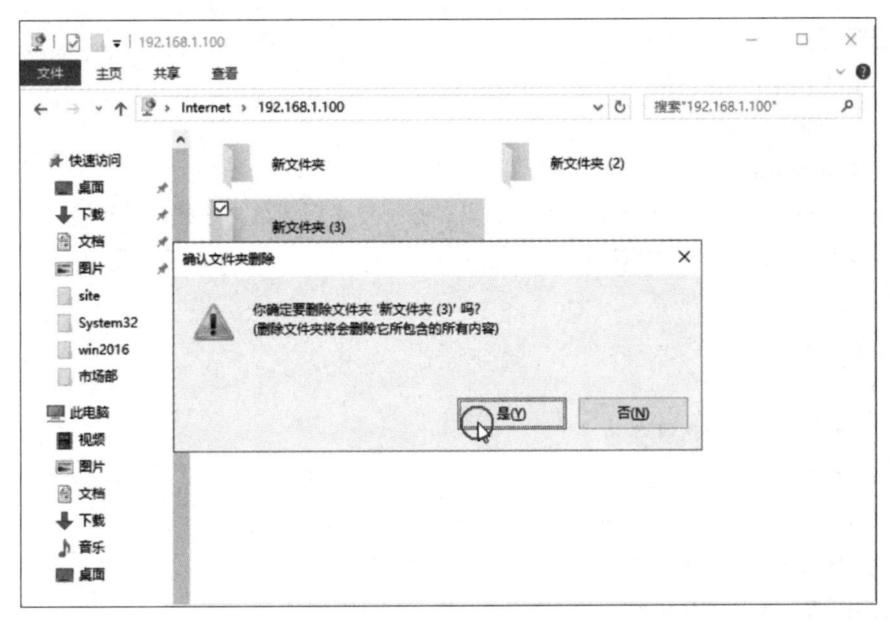

图 8-44　删除权限成功

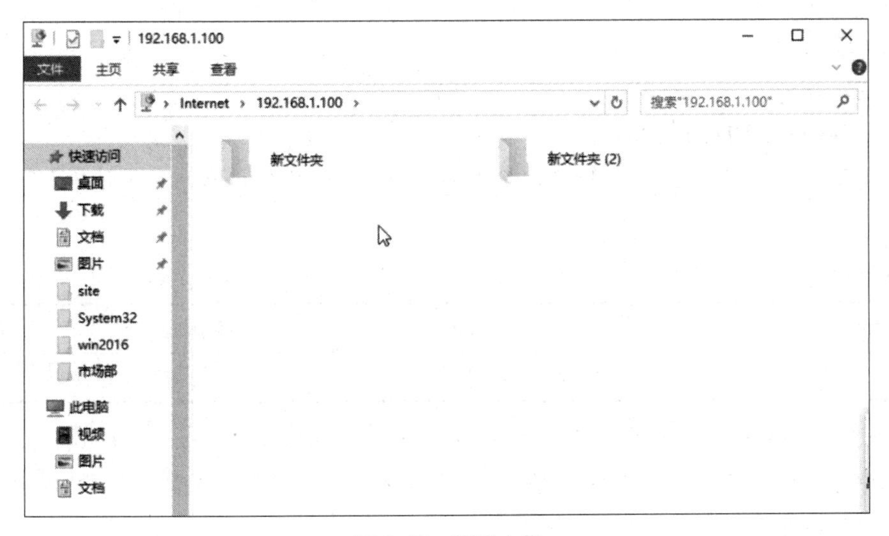

图 8-45　删除文件

总结与回顾

本项目介绍了 Windows Server 2016 自带的 FTP 功能，该功能可以满足一般用户的文件使用功能，特别是隔离用户和不隔离用户的建立，比之前单纯的匿名访问，可以实现更多的功能，用户可以进行登录，可以访问自己的文件夹。

习　题

一、概念练习

1. 什么是 FTP？

2. Windows FTP 如何访问?

3. 如何建立 Windows FTP 站点?

4. 上机操作：建立一个隔离和不隔离用户站点，分别用不同的用户进行登录访问。

二、上机操作：完成下面这个实训

1. 实训任务

FTP 服务器的配置（IIS）。

2. 实训目的

（1）学习用 IIS 配置 FTP 服务器。

（2）学习 FTP 客户端软件的用法。

3. 实训环境

操作系统：Windows Server 2016。

服务器软件：Windows IIS 中的 FTP。

说明：每个人可以在自己的计算机上配置 FTP 服务器，配置完成后应该在本机和其他计算机中都能访问。

4. 实训内容

实训 1：基本配置

（1）安装 IIS 中的 FTP 服务器。

（2）在 FTP 服务器中配置一个 FTP 站点（如果 IIS 中已经有其他人配置过的 FTP 站点，应删除后重做）。

将所配置网站的主要参数填入下表：

FTP 站点名	IP 地址	TCP 端口	主目录	权限

用浏览器作为 FTP 客户端访问该 FTP 站点（在本机上访问可使用“ftp://localhost”，在其他计算机上访问可使用“ftp://FTP 服务器的 IP 地址”），访问时，注意是否与设置的权限相符合。

实训 2：在一台服务器上配置多个 FTP 站点

在 IIS 中再创建几个 FTP 站点，把其主要参数填入下表：

FTP 站点名	IP 地址	TCP 端口	主目录	权限

说明：区分各个FTP站点有两种方法：用IP地址区分、用端口号区分。

（1）为计算机配置多个IP地址，为每个FTP站点设置一个不同的IP地址，用浏览器查看各FTP站点能否正常访问。

（2）每个FTP站点设置相同的IP地址，不同的端口号（应使用大于1024的临时端口），用浏览器查看各FTP站点能否正常访问。

实训3：非匿名FTP站点的设置

如果一个FTP站点只允许指定的人员远程访问，则该站点是非匿名的。

假设某FTP站点只允许用户zhao、qian、sun、li等用户访问，可进行如下设置：

（1）在服务器上创建一个组账户（设组名为Ftpusers），再创建若干用户账户（如zhao、qian、sun、li等），把这些账户均加入Ftpusers组。

（2）设置FTP站点主目录的NTFS权限，只允许Administrators和Ftpusers组的用户访问。

（3）在FTP站点属性中，取消"允许匿名连接"。

在客户机上访问该FTP站点，检查访问效果。

实训4：FTP站点容量的限制

想要限制一个FTP站点可使用的磁盘容量，可通过NTFS磁盘配额功能实现。这项功能一般用于具有写权限的非匿名用户。

例如：上例中的FTP站点由Ftpusers组的人员进行远程管理和维护，该站点允许的最大磁盘容量为10 MB，可通过如下设置实现：

（1）在服务器上把该站点主目录的所有者设置为Ftpusers组。

（2）在主目录所在的磁盘分区上启用磁盘配额，并且把Ftpusers组的配额限制为10 MB（其他用户不受限制）。

在客户机上向该FTP服务器上传文件，验证效果。

实训5：FTP客户端软件的使用（选做）

FTP客户端软件有多种，其性能和用途各有不同，以下为常用的FTP客户端软件：

（1）浏览器：功能简单易用，可向FTP站点上传或下载文件，但在大规模上传或下载时常出现问题。

（2）CuteFTP：是当前最流行的FTP客户端软件，功能强大，常用于FTP站点的远程管理和维护。

（3）FlashFXP：是一款流行的FTP传送工具，可以从Web、FTP等站点下载文件，支持上传，可多线程下载、断点续传。

5. 结束实训

（1）卸载IIS（卸载前，应先停用各站点）。

（2）把计算机中各站点的主目录都删除。

（3）删除实训中创建的账户。

（4）把Administrator账户的密码设置为空。

项目 9
VPN 服务器组建及应用

学习目标：

（1）能够正确安装和卸载 VPN 服务；

（2）能够配置用户拨入属性；

（3）能够配置客户机网络连接；

（4）能够熟悉以及应用远程访问策略的实训；

（5）能够理解远程访问策略的条件、远程访问的权限和配置文件；

（6）验证 VPN 移动用户是否能够正确访问区域网。

项目描述

某大型公司，由于业务扩展，公司的员工需要经常出差，但是对于公司内部的信息不能及时了解或对于公司的一些资料访问很不方便。虽然公司的员工可以通过 QQ、微信、E-mail 等传递公司的信息或者资料，但是这样虽然可以访问却对公司的业务造成一些没有必要的损失。或者当传递一些机密性的内容时非常不安全，那么怎样才能让出差的员工正常访问公司内部（局域网）的一些信息呢？鉴于公司的一系列需求，我们为公司设计了移动用户通过接入公司的 VPN 服务器实现这一要求。

项目分析

可以按照以下思路完成该项目：首先找到一台需要配置为 VPN 服务器的计算机，在该计算机上安装和启用路由和远程访问，同时建立 VPN 的服务器，在服务器上创建能够远程连接到服务器的用户账号，并给用户账号拨入的权限，然后在 VPN 服务上配置 VPN 远程访问策略。VPN 服务器配置完成后，

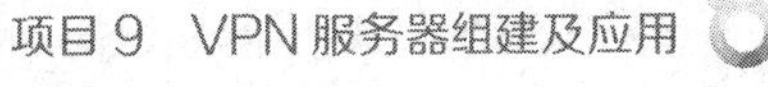

则可以在客户机建立到 VPN 服务器的连接，通过这个连接，可以拨号到 VPN 服务器中，连接成功后，即可进行资源共享。根据这个思路结合项目实施的步骤即可完成该项目。

知识链接

在实际生活中，肯定会遇到这样一些问题：在一些大型的公司、分公司和出差的员工需要与总公司随时交换一些内部机密性的问题；分公司的员工和出差的用户如何能够成功访问总公司内部资源并且保证这一过程的机密性呢？如何在区域网上实现一个安全、方便、低成本的远程访问服务呢？ 这就需要 VPN 服务器来实现。

一、VPN 基本概念

VPN 是建立在实际网络（又称物理网络）基础上的一种功能性网络，是一种专用网的组网方式，它向使用者提供一般专用网所具有的功能，但本身却不是一个独立的物理网络。所以，可以说它是一种逻辑上的专用网络，也就是说 VPN 依靠网络服务供应商，将企业的内部网与公用网络建立连接，在公用网络中建立起内部网络间的专用数据传输通道（隧道），而这类专用通道并非真实的物理专用线路，只是在现有公用网络中临时搭建的，因而它又是一种虚拟专用网。

事实上，VPN 的效果相当于在 Internet 上形成一条专用线路（隧道），从作用的效果看，VPN 与 IP 电话类似，但 VPN 对于数据加密的要求更高。VPN 由三部分组成：隧道技术、数据加密和用户认证。隧道技术定义数据的封装形式，并利用 IP 协议以安全方式在 Internet 上传送。数据加密和用户认证则包含安全性的两个方面：数据加密保证敏感数据不会被盗取，用户认证则保证未获得认证的用户无法访问内部网络。

二、VPN 工作原理

VPN 实现的关键技术是隧道，而隧道又是靠隧道协议实现数据封装。在第二层实现数据封装的协议称为第二层隧道协议，同样在第三层实现数据封装的协议称为第三层隧道协议。VPN 将企业网的数据封装在隧道中，通过公网 Internet 进行传输。因此，VPN 技术的复杂性首先建立在隧道协议复杂性的基础之上。隧道协议中最为典型的有 IPSec、L2TP、PPTP 等。其中 IPSec 属于第三层隧道协议，L2TP、PPTP 属于第二层隧道协议。第二层隧道和第三层隧道的本质区别在于用户的 IP 数据包被封装在哪种数据包中在隧道中传输。VPN 系统使分散布局的专用网络架构在公用网络上安全通信。它采用复杂的算法加密传输的信息，使敏感的数据不会被窃听。

1. 第二层隧道协议

L2TP 是从 Cisco 主导的第二层向前传送和 Microsoft 主导的点到点隧道协议的基础上演变而来的，它定义了利用公网设施（如 IP 网络、ATM 和帧中继网络）封装传输链路层点到点协议帧的方法。目前，Internet 中的拨号网络只支持 IP 协议，而且必须注册 IP 地址；而 L2TP 可以让拨号用户支持多种协议，并且可以保留网络地址，包括保留 IP 地址。利用 L2TP 提供的拨号虚拟专用网服务对用户和服务提供商都很有意义，它能够让更多的用户共享拨号接入和骨干 IP 网络设施，为拨号用户节省长途通信费用。同时，由于 L2TP 支持多种网络协议，用户在非 IP 网络和应用上的投资不至于浪费。

2. 第三层隧道协议

IPSec 是将几种安全技术结合在一起形成的一个较完整的体系，它可以保证 IP 数据包的私有性、完整性和真实性。IPSec 使用了 Diffie-Hellman 密钥交换技术，用于数字签名的非对称加密算法、加密用户数据的大数据量加密算法、用于保证数据包的真实性和完整性的带密钥的安全哈希算法，以及身份认证和密钥发放的认证技术等安全手段。IPSec 协议定义了如何在 IP 数据包中增加字段来保证其完整性、私有性和真实性，这些协议还规定了如何加密数据包：Internet 密钥交换协议用于在两个通信实体之间建立安全联盟和交换密钥。IPSec 定义了两个新的数据包头，增加到 IP 包上，这些数据包头用于保证 IP 数据包的安全性。这两个数据包头是认证包头和安全荷载封装。其中 IP 数据包的完整性和认证由 IPSec 认证包头协议完成，数据的加密性则由安全荷载封装协议实现。

三、用户连接 VPN 的形式

常规的直接拨号连接与虚拟专网连接的异同点在于在前一种情形中，PPP（点对点协议）数据包流是通过专用线路传输的。在 VPN 中，PPP 数据包流是由一个 LAN 上的路由器发出，通过共享 IP 网络上的隧道进行传输，再到达另一个 LAN 上的路由器。

这两者的关键不同点是隧道代替了实实在在的专用线路。隧道好比是在 WAN 中拉出一根串行通信电缆。那么，如何形成 VPN 隧道呢？

建立隧道有两种主要方式：客户启动（Client-Initiated）或客户透明（Client-Transparent）。客户启动要求客户和隧道服务器（或网关）都安装隧道软件。后者通常都安装在公司中心站上。通过客户软件初始化隧道，隧道服务器中止隧道，ISP 可以不必支持隧道。客户和隧道服务器只需建立隧道，并使用用户 ID 和口令或用数字许可证鉴权。一旦隧道建立，即可进行通信，如同 ISP 没有参与连接一样。

另一方面，如果希望隧道对客户透明，ISP 的 POPs 就必须具有允许使用隧道的接入服务器以及可能需要的路由器。客户首先拨号进入服务器，服务器必须能识别这一连接要与某一特定的远程点建立隧道，然后服务器与隧道服务器建立隧道，通常使用用户 ID 和口令进行鉴权。这样客户端就通过隧道与隧道服务器建立了直接对话。尽管这一方针不要求客户有专门软件，但客户只能拨号进入正确配置的访问服务器。

四、VPN 的应用

目前，用于企业内部自建 VPN 的主要有两种技术——IPSec VPN 和 SSL VPN，IPSec VPN 和 SSL VPN 主要解决的是基于互联网的远程接入和互联，虽然在技术上来说，它们也可以部署在其他网络上（如专线），但那样就失去了其应用的灵活性，它们更适用于商业客户等对价格特别敏感的客户。

但针对 IPSec VPN 和 SSL VPN 两种技术，目前业内存在着较多争议。虽然目前企业应用最广泛的是 IPSec VPN，然而在未来的几年中 IPSec 的市场份额将下降，而 SSL VPN 将逐渐上升。用户在考虑采用哪种技术时经常会遇到两难选择，即安全性与使用便利的冲突。而事实上没有哪一种技术是完美的，只有用户明确了自己的需求，才能选择到适合自己的解决方案。IPSec VPN 比较适合中小企业，其拥有较多的分支机构，并通过 VPN 隧道进行站点之间的连接，交换大容量的数据。企业有一定的规模，并且在 IT 建设、管理和维护方面拥有一定经验的员工。企业的数据比较敏感，要求安全级别较高。企业员工不能随便通过任意一台计算机访问企业内部信息，移动办公员工的笔记本计算机要配置防火墙和杀毒软件。而 SSL VPN 更适合那些需要很强灵活性的企业，员工需要在不同地点都可以轻易访问公司内部资源，并可能通过各种移动终端或设备。企业的 IT 维护水平较低，员工对 IT 技术了解甚少，并且 IT 方面的投资不多。

SSL VPN 的三大好处：

（1）使用方便，不需要配置，可以立即安装和使用。

（2）无须客户端，直接使用内嵌的 SSL 协议，而且几乎所有浏览器都支持 SSL 协议。

（3）兼容性好，支持计算机、PDA、智能手机、3G 手机等一系列终端设备及大量移动用户接入的应用。

SSL VPN 的缺点：

只适合 Site-to-LAN（点对网）的连接，无法解决 LAN to LAN VPN 需求。

五、VPN 的发展趋势

从目前的市场情况看，IPSec 仍占据最大的市场份额，但是它的种种弊端已经暴露出来。一些用户已经开始同时部署两种解决方案，比如远程访问办公通过 SSL VPN，而站点之间的连接通过 IPSec。在未来几年内，两种解决方案还将共存，但是 SSL VPN 凭借其简单易用、部署及维护成本低，会受到企业用户的青睐，将会有更大的发展空间。

六、成功 VPN 方案的要求

一般来说，企业在选用一种远程网络互联方案时都希望能够对访问企业资源和信息的要求加以控制，所选用的方案应当既能够实现授权用户与企业局域网资源的自由连接，不同分支机构之间的资源共享；又能够确保企业数据在公共互联网络或企业内部网络上传输时安全性不受破坏。因此，最低限度，一个成功的 VPN 方案应当能够满足以下所有方面的要求：

（1）用户验证。VPN 方案必须能够验证用户身份并严格控制只有授权用户才能访问 VPN。另外，方案还必须能够提供审计和记费功能，显示何人在何时访问了何种信息。

（2）地址管理。VPN 方案必须能够为用户分配专用网络上的地址并确保地址的安全性。

（3）数据加密。对通过公共互联网络传递的数据必须经过加密，确保网络其他未授权用户无法读取该信息。

（4）密钥管理。VPN 方案必须能够生成并更新客户端和服务器的加密密钥。

（5）多协议支持。VPN 方案必须支持公共互联网络上普遍使用的基本协议，包括 IP、IPX 等。以点对点隧道协议（PPTP）或第 2 层隧道协议（L2TP）为基础的 VPN 方案既能够满足以上所有的基本要求，又能够充分利用遍及世界各地的 Internet 互联网络的优势。其他方案，包括安全 IP 协议（IPSec），虽然不能满足上述全部要求，但是仍然适用于在特定环境使用。

七、路由和远程访问服务简介

那么什么是路由远程访问呢？路由远程访问适应于什么样的环境？

远程访问是允许客户机通过拨号连接或虚拟专用连接登录到网络。远端的移动用户一旦得到 RAS（远程访问服务）服务器的确认，就可以访问网络资源，就好像远端的移动用户在局域网一样。它的适应环境是：当各地分公司和出差的员工需要访问总部网络资源时就会用到网络资源。

那么远程访问有几种连接方式呢？它们具体应用到哪些场合？

在 Windows Server 2016 中有两种模式：拨号网络和虚拟专用网。简单介绍一下它们的区别：拨号网络使用的是电信商提供的服务，远程客户端使用非永久性的拨号连接到远程访问服务器的物理端口上，在这种情况下使用的是拨号网络；虚拟专用网（virtual private network）是穿越公网的、安全的、点到点的连接。虚拟专用网客户端是特定的，是隧道协议基于 TCP/IP 的协议，与虚拟专用网络服务器建立连接。远程访问连接比专线连接，提供了低成本远程访问服务。

它们运用的场合：拨号的远程访问是通过电话线传输数据，虽然速率不是很高，但是对于那些只有少数数量需要的用户，像家庭用户也是一个很好的方案：相对于拨号网络虚拟网络无疑是最好的他不但提高了传输速率，而且降低了投资成本和维护成本。相对于拨号来说，它节约了通信费用，特别是对于外地的分公司来说，解决了很多的长途电话的费用。

一、移动用户连接到 VPN

下面介绍移动用户连接到 VPN 服务器的配置技巧。

安装路由和远程访问服务的步骤如下：

下面介绍 Windows Server 2016 单网卡搭建 VPN 的方法。

（1）在安装 Windows Server 2016 的服务器中，设置 IP 地址为 192.168.80.133，该 IP 设置可以以自己的 IP 为准，如图 9-1 所示。

图 9-1 “网络连接详细信息”对话框

（2）安装角色，打开“服务器管理器”窗口，单击“角色”，添加角色，单击“添加角色和功能”超链接，如图 9-2 所示。

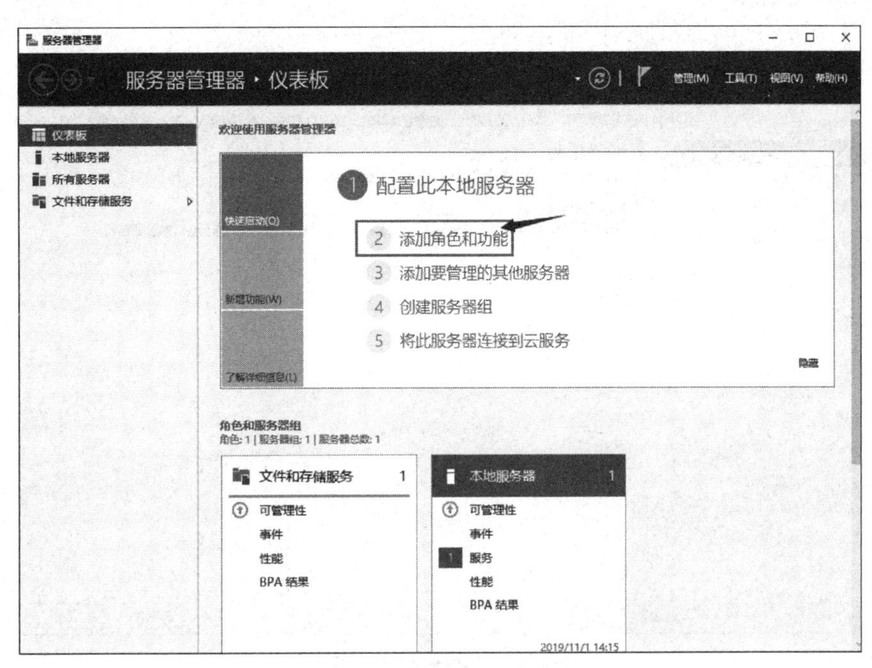

图 9-2　单击“添加角色和功能”超链接

（3）出现“开始之前”界面，单击“下一步”按钮，如图 9-3 所示。

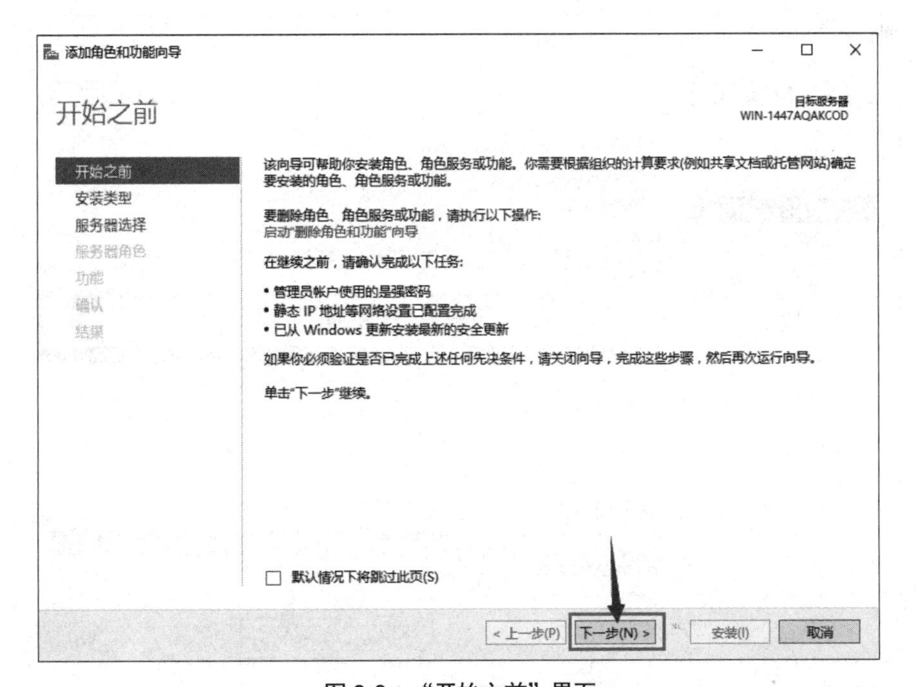

图 9-3　“开始之前”界面

（4）出现“安装类型”界面，保持默认设置，单击“下一步”按钮，如图 9-4 所示。

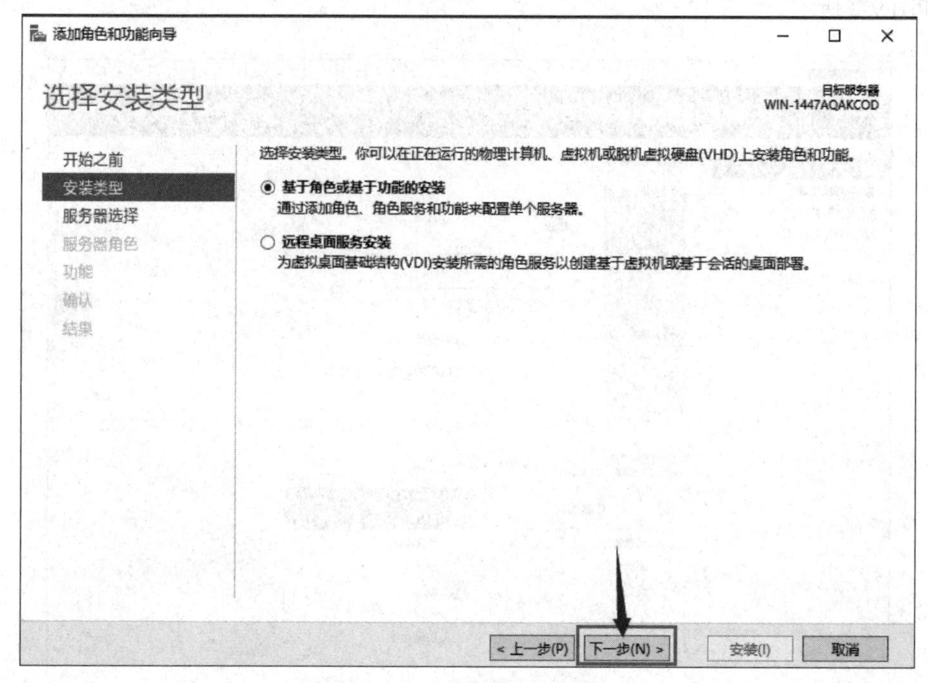

图 9-4　“安装类型”界面

（5）出现“选择目标服务器”界面，单击“下一步”按钮，如图 9-5 所示。

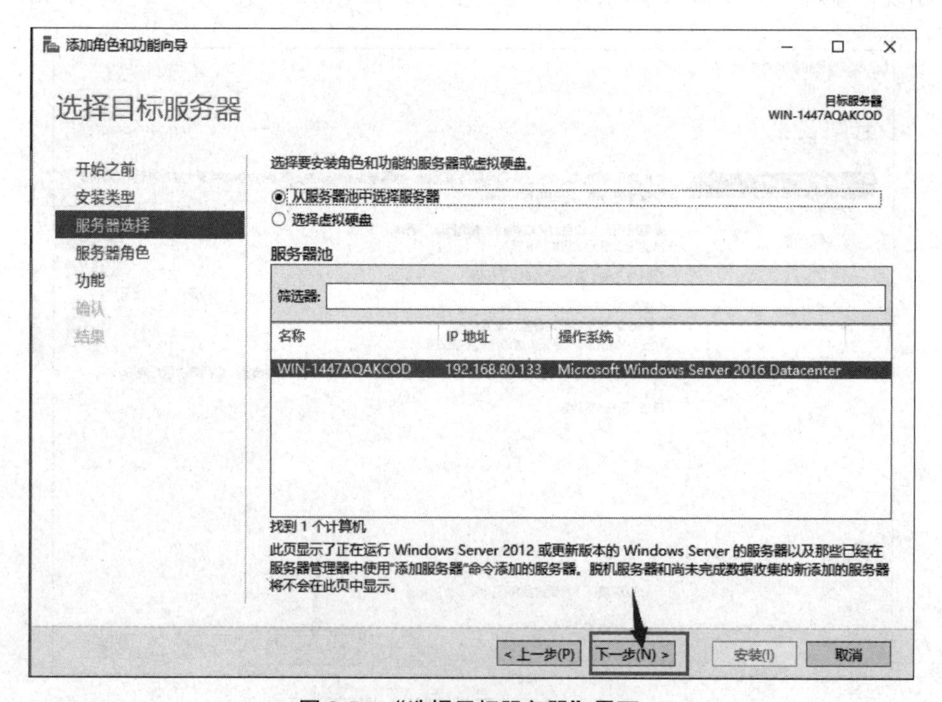

图 9-5　“选择目标服务器”界面

（6）出现“选择服务器角色”页面，选择安装“网络策略和访问服务”以及“远程访问”两项角色。选中“网络策略和访问服务”角色，如图9-6所示，单击“安装”按钮。

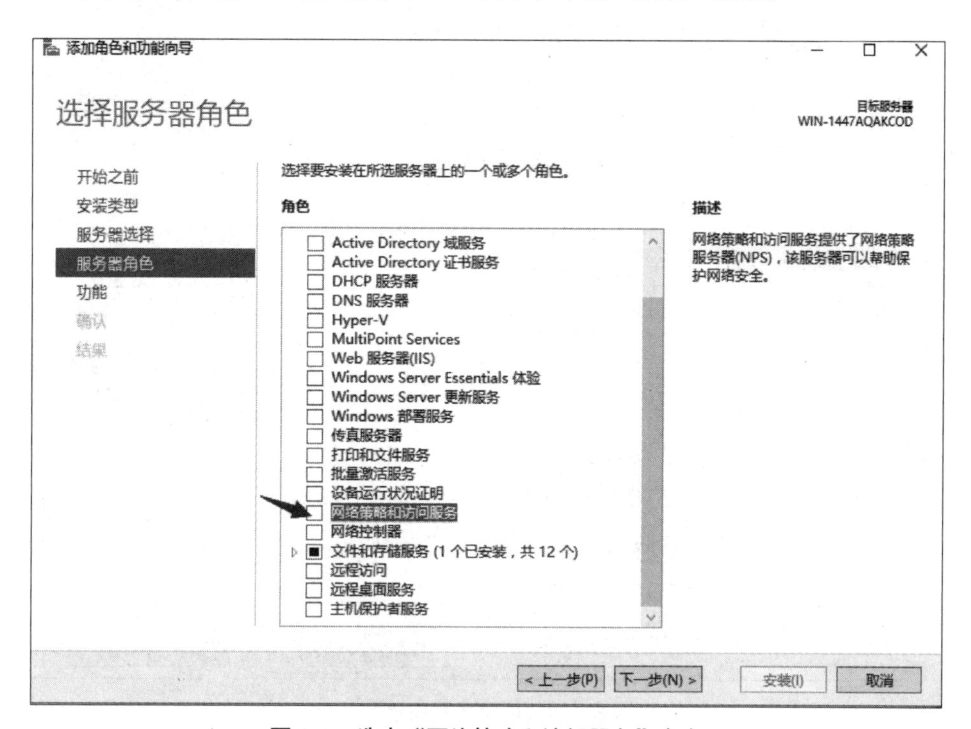

图9-6　选中“网络策略和访问服务”角色

（7）在弹出的对话框中，单击“添加功能”按钮，如图9-7所示。

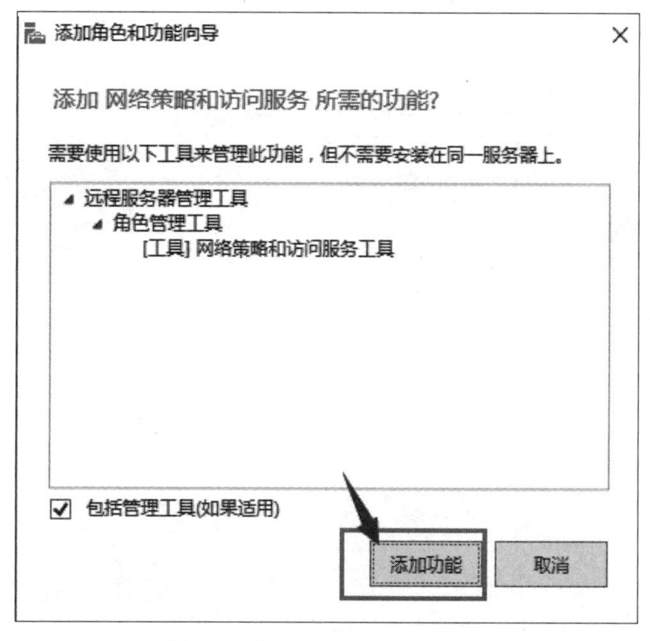

图9-7　单击“添加功能”按钮

（8）出现“选择服务器角色”界面，确认选中“网络策略和访问服务”以及“远程访问”角色，单击“下一步”按钮，如图 9-8 所示。

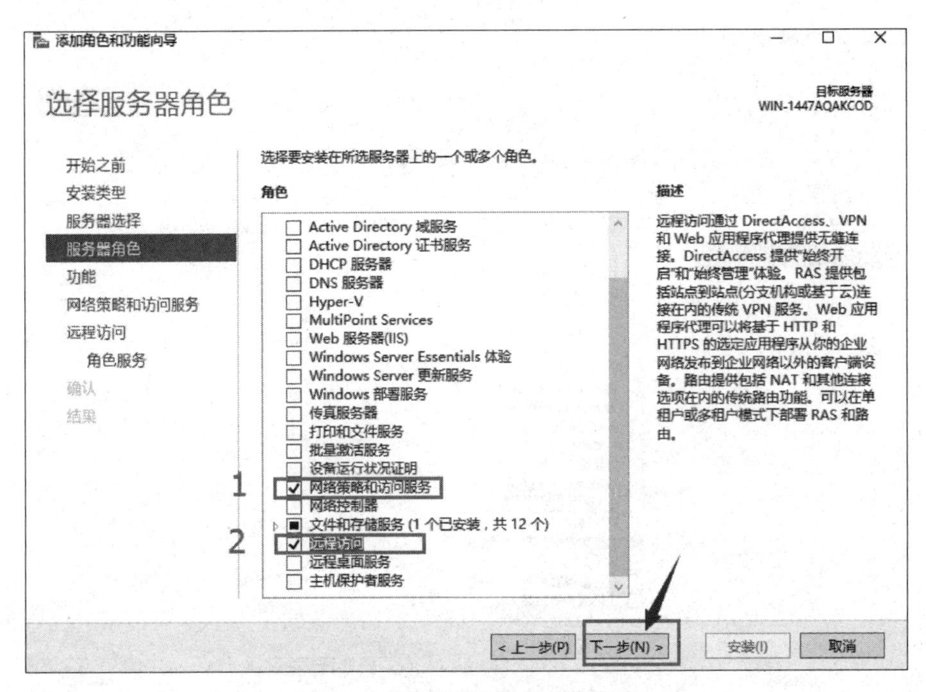

图 9-8 “选择服务器角色”界面

（9）出现“选择功能”界面，单击“下一步”按钮，如图 9-9 所示。

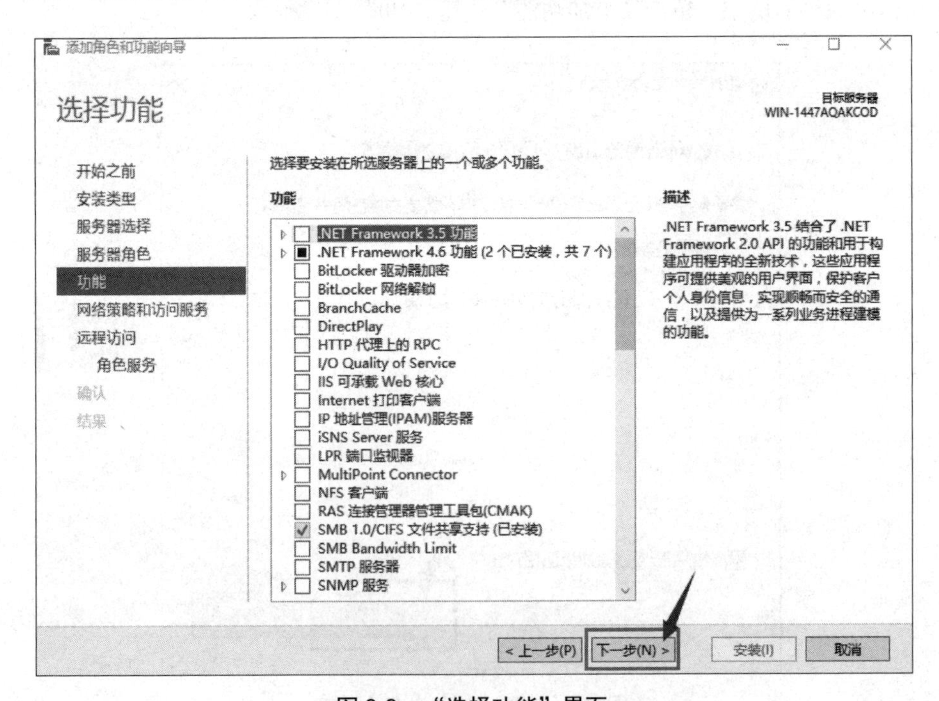

图 9-9 “选择功能”界面

（10）出现“网络策略和访问服务”界面，单击“下一步”按钮，如图 9-10 所示。

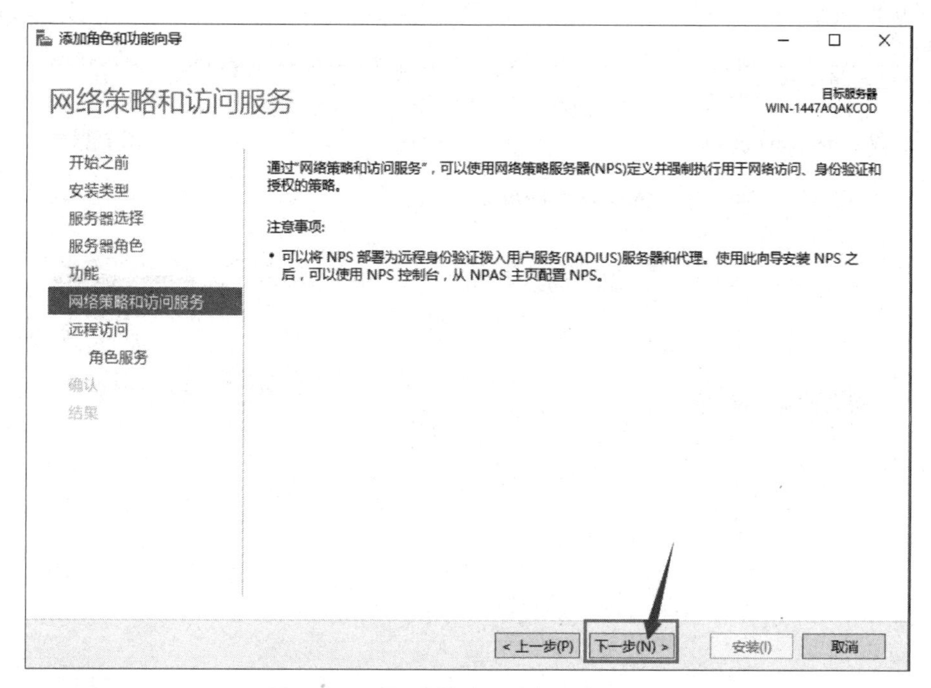

图 9-10　“网络策略和访问服务”界面

（11）出现“远程访问”界面，单击“下一步”按钮，如图 9-11 所示。

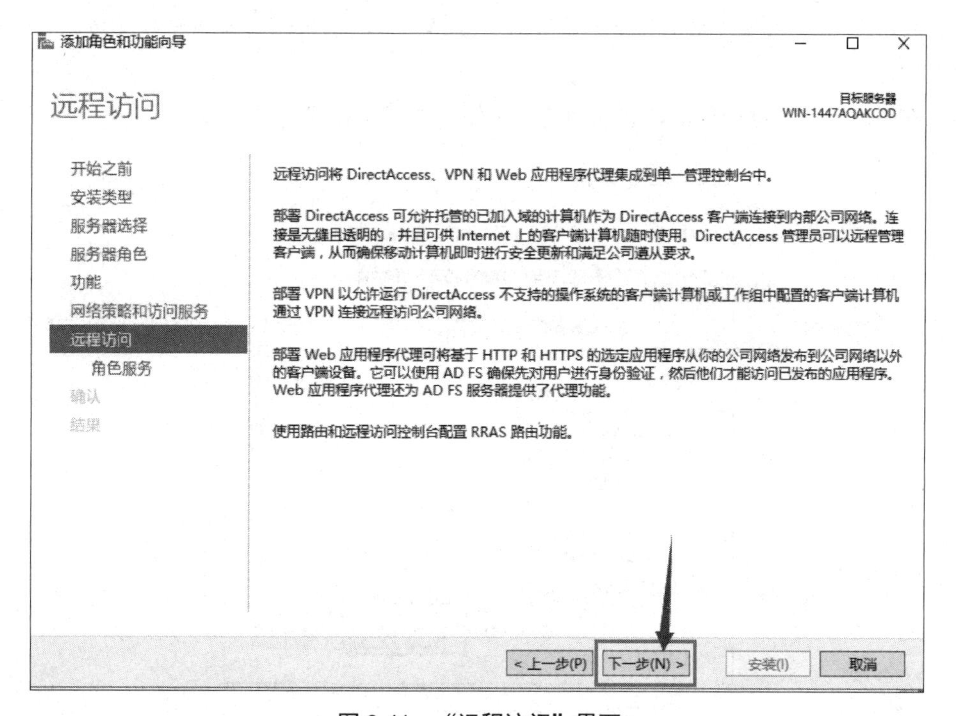

图 9-11　“远程访问”界面

（12）出现“选择角色服务”界面，选中“DirectAccess 和 VPN(RAS)”角色服务，单击“下一步”按钮，如图 9-12 所示。

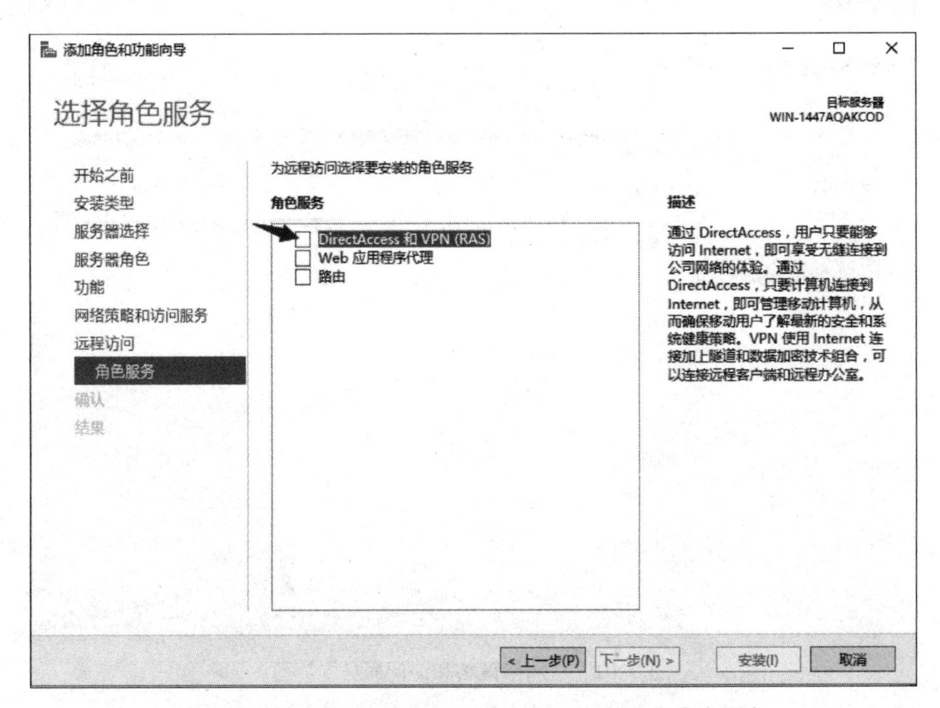

图 9-12　选中“DirectAccess 和 VPN（RAS）”角色服务

注意：在图 9-12 中选择“路由”角色服务时，会弹出“默认依赖的角色服务及功能”对话框，保持默认设置即可。

（13）在弹出的对话框中单击“添加功能”按钮，如图 9-13 所示。

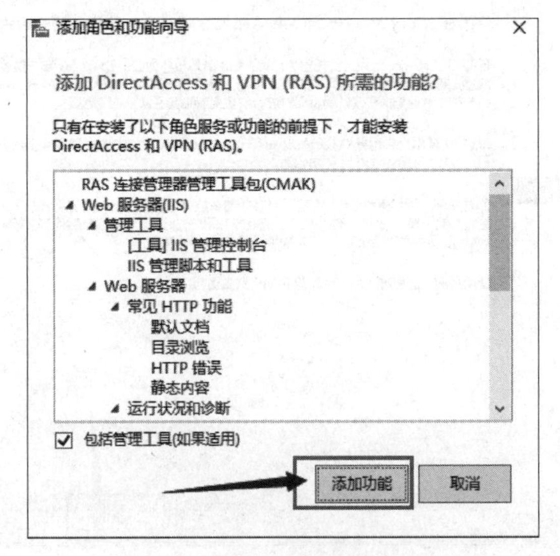

图 9-13　单击“添加功能”按钮

（14）出现“选择角色服务”界面，确认已选中“DirectAccess 和 VPN(RAS)”和“路由”角色服务，单击“下一步”按钮，如图 9-14 所示。

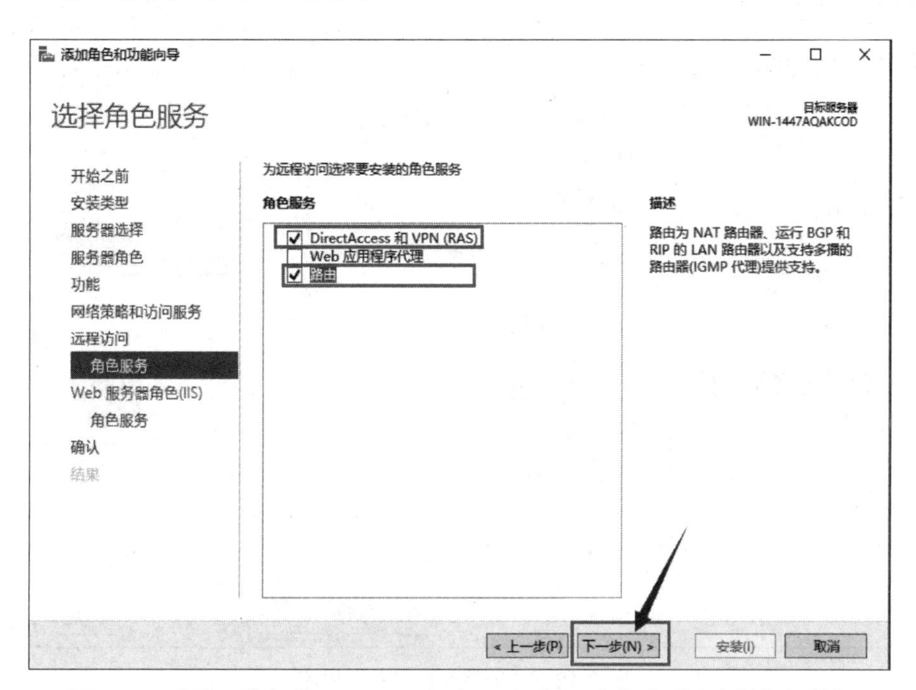

图 9-14　确认已选中“DirectAccess 和 VPN（RAS）”和“路由”角色服务

（15）出现“Web 服务器角色（IIS）”界面，单击“下一步”按钮，如图 9-15 所示。

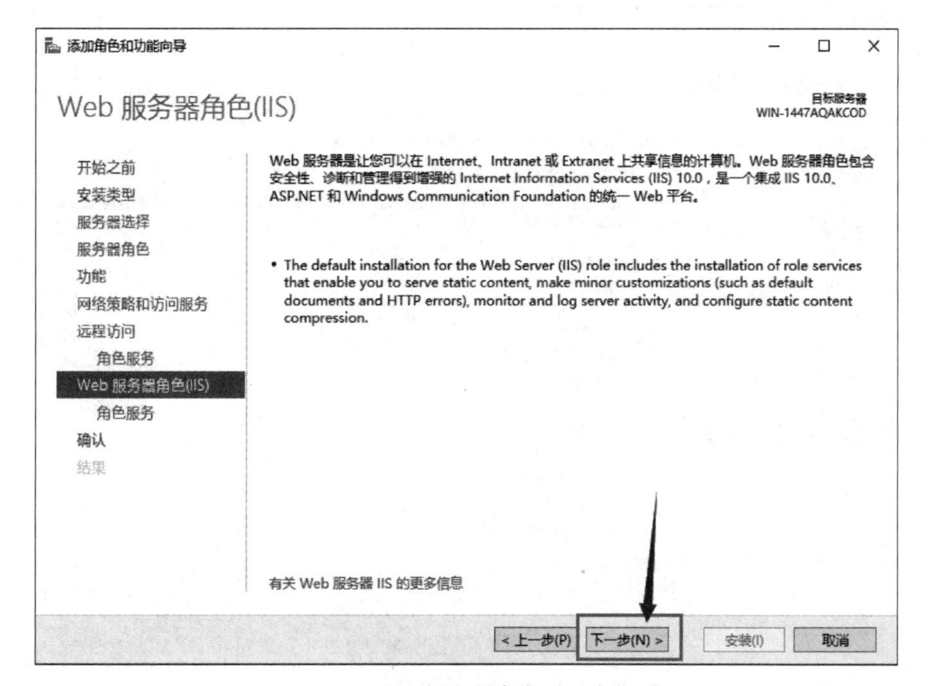

图 9-15　“Web 服务器角色（IIS）”界面

（16）出现“选择角色服务”界面，保持默认设置，单击“下一步”按钮，如图 9-16 所示。

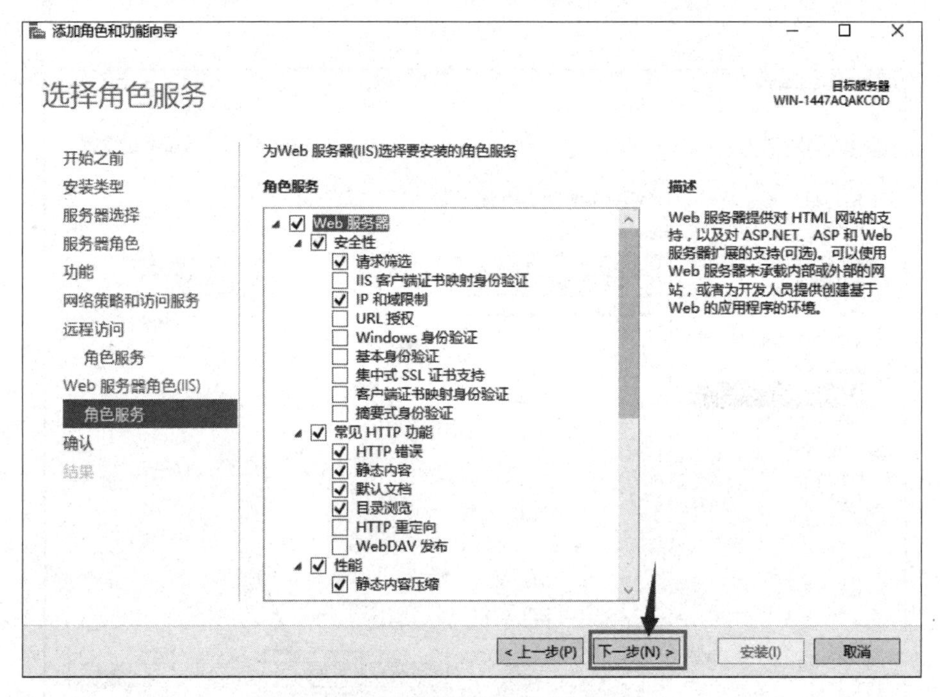

图 9-16 “选择角色服务”界面

（17）出现“确认安装所选内容”界面，单击“安装”按钮，开始安装，如图 9-17 所示。

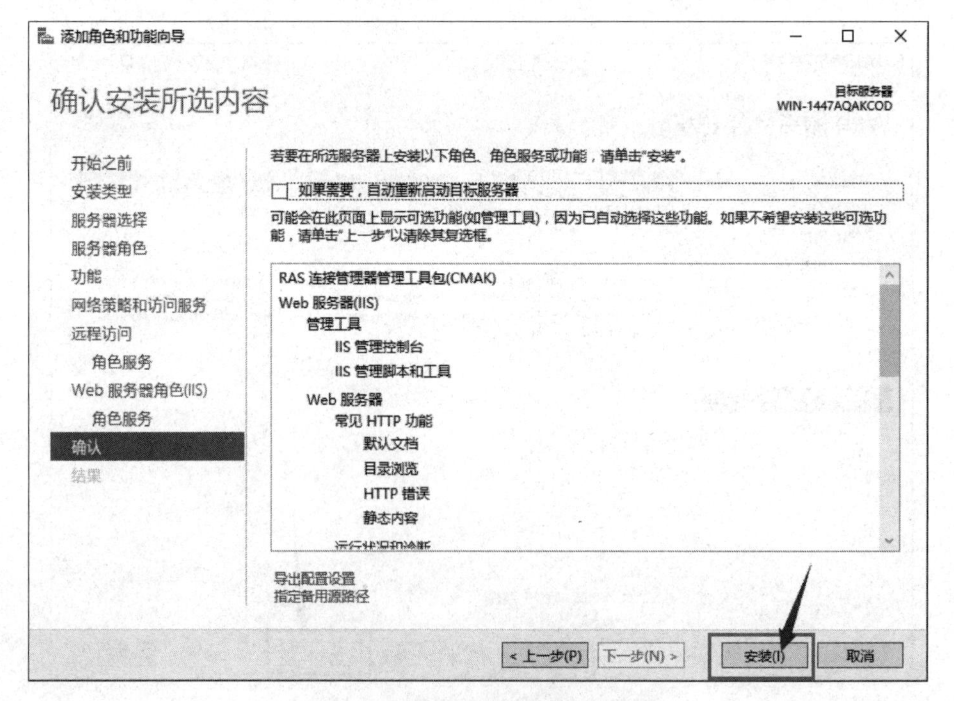

图 9-17 “确认安装所选内容”界面

（18）出现“安装进度”界面，等待安装过程完成。相关服务及功能的安装过程到此结束，如图 9-18 所示。安装完毕单击“关闭”按钮即可。

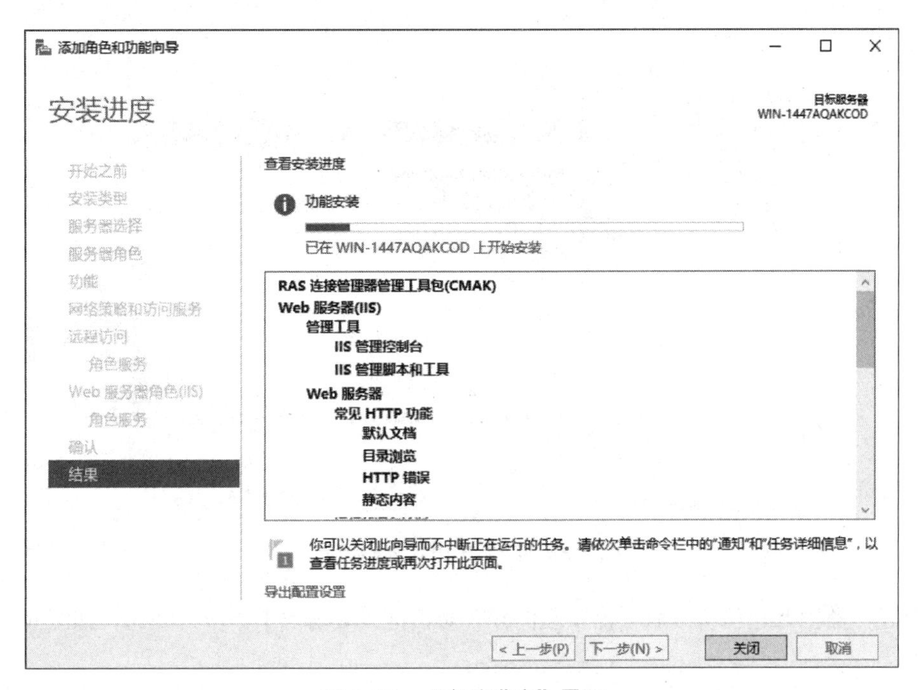

图 9-18　“安装进度”界面

二、配置路由和远程访问服务

（1）打开“服务器管理器”窗口，选择“工具”|“路由和远程访问”命令，如图 9-19 所示。

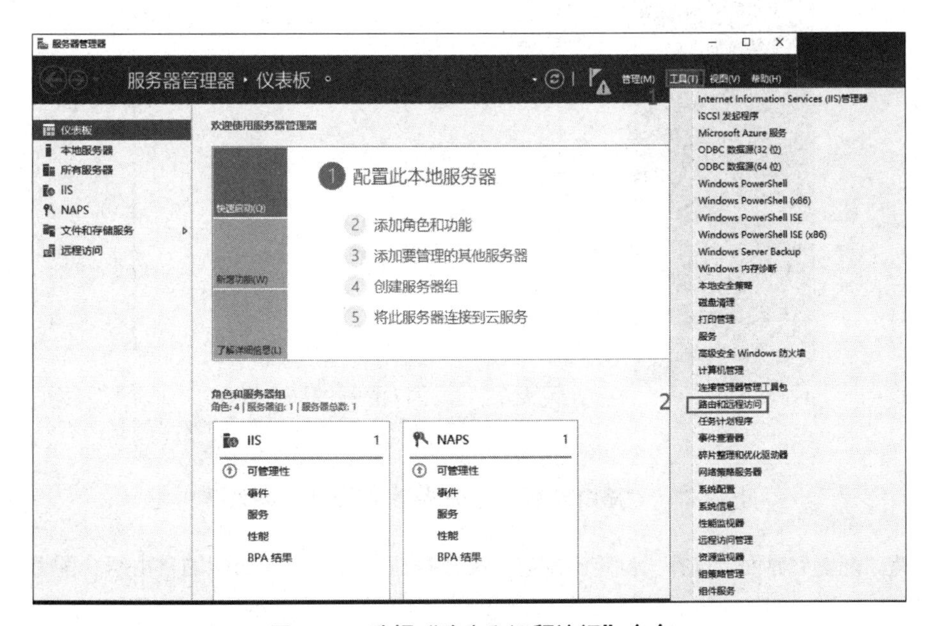

图 9-19　选择“路由和远程访问”命令

（2）打开“路由和远程访问”窗口，右击本地服务器，在弹出的快捷菜单中选择“配置并启用路由和远程访问”命令，启动配置向导，如图 9-20 所示。

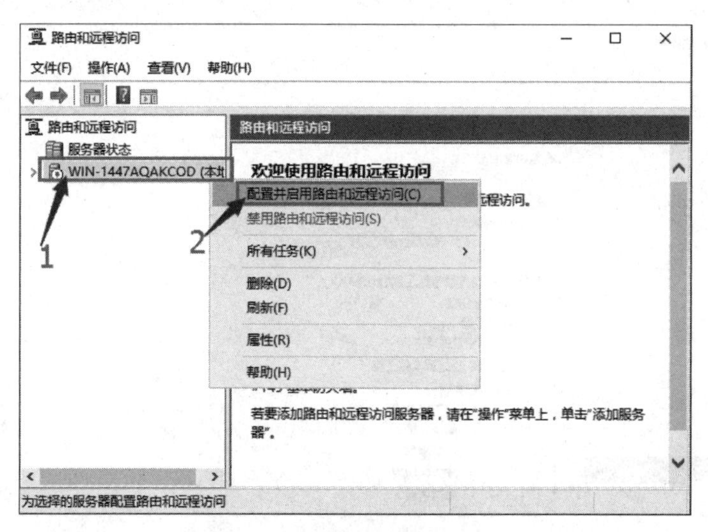

图 9-20　配置路由和远程访问

（3）弹出“路由和远程访问服务器安装向导”对话框，单击“下一步”按钮，如图 9-21 所示。

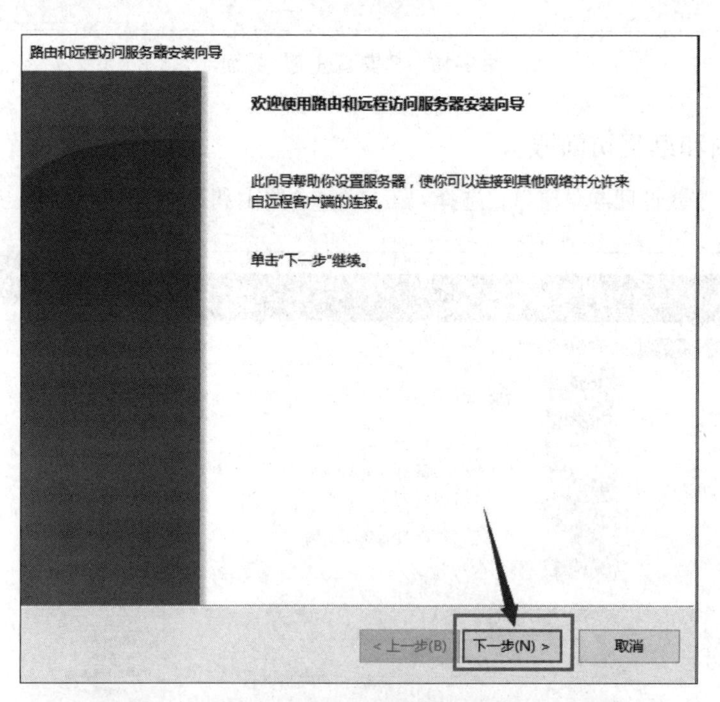

图 9-21　“路由和选程访问服务器安装向导”对话框

（4）出现“配置”界面，选择“自定义配置”单选按钮，以便进行功能的自由组合配置，如图 9-22 所示。

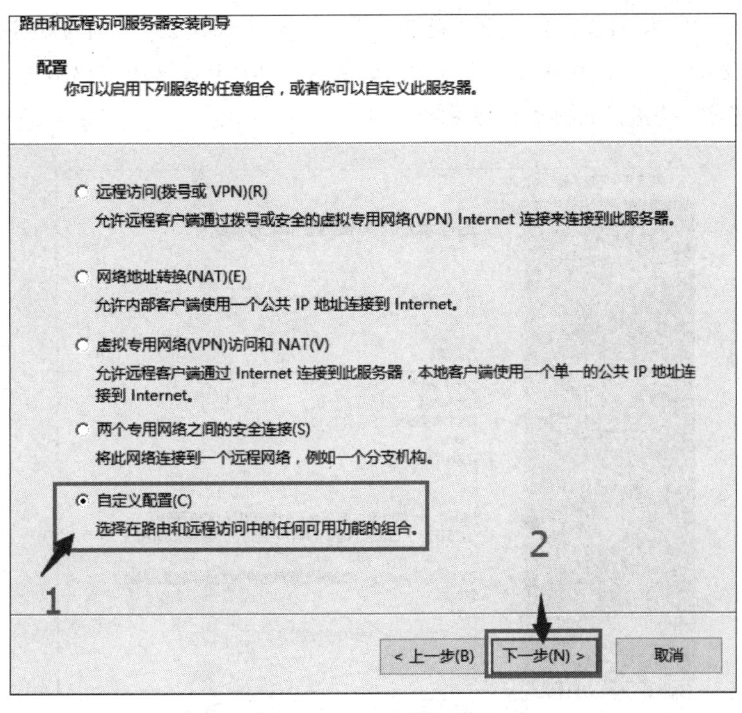

图 9-22　“配置”界面

（5）出现“自定义配置”界面，选中所有需要的服务。如果不允许远端连接通过本地服务器访问 Internet 的话，可取消选中“NAT”复选框，如图 9-23 所示。

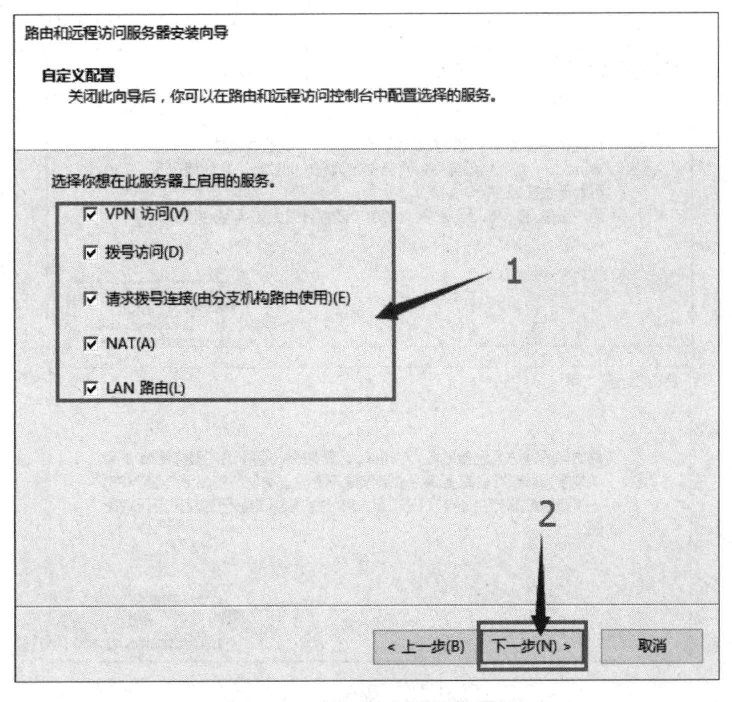

图 9-23　“自定义配置”界面

注意：如果选中“LAN 路由”复选框，是为了登录以后可以方便地访问与服务器处于同一局域网的机器，如果你的服务器局域网内没有要直接访问的机器，那么该复选框可以不选。

（6）单击“完成”按钮，如图 9-24 所示。

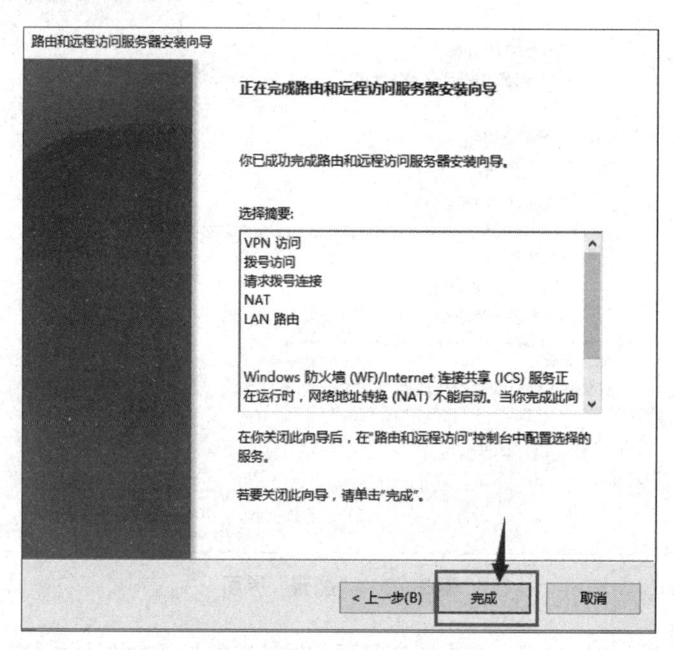

图 9-24　完成安装

（7）弹出警告对话框，如图 9-25 所示，单击“确定”按钮。

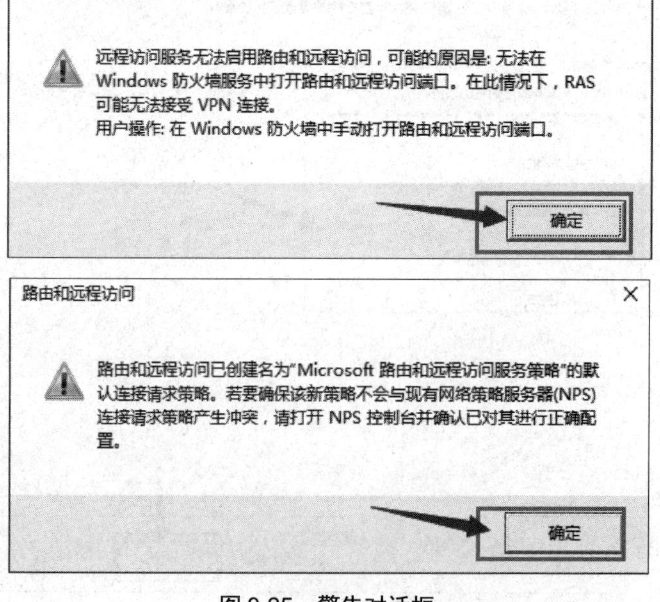

图 9-25　警告对话框

（8）单击“启动服务”按钮，如图 9-26 所示。

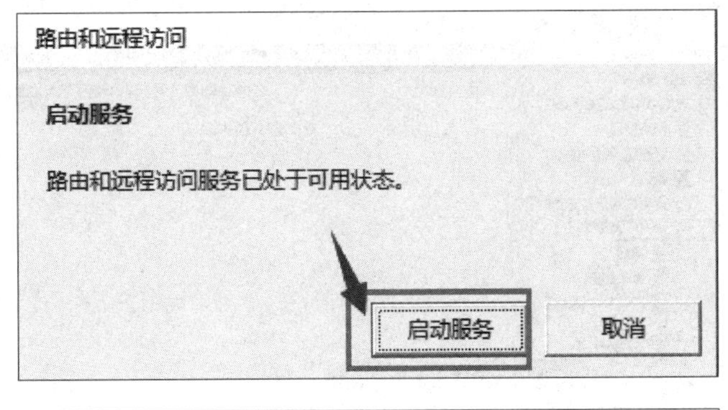

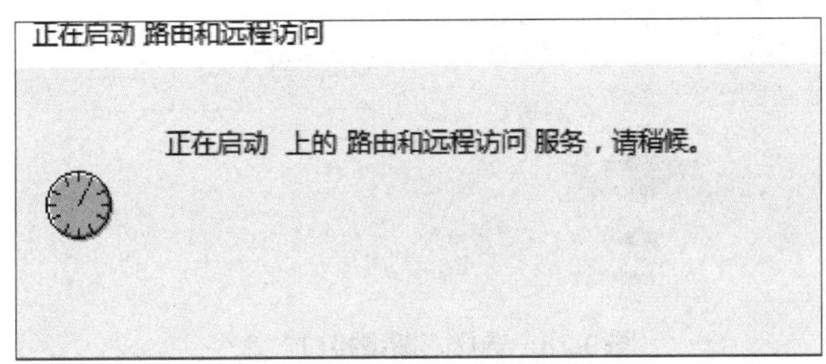

图 9-26　启动服务

（9）在“路由和远程访问服务器安装向导”界面中，单击“完成”按钮，如图 9-27 所示。

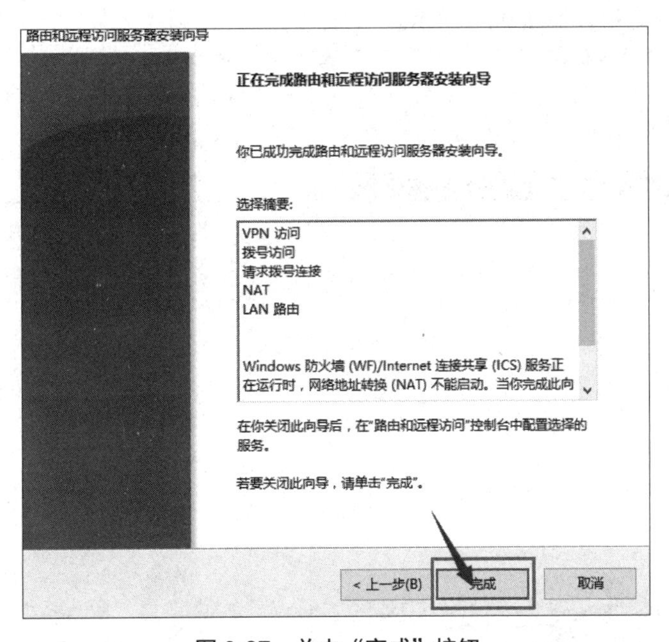

图 9-27　单击“完成”按钮

（10）打开“路由和远程访问”窗口，展开“IPv4”选项，右击“NAT”选项，在弹出的快捷菜单中选择“新增接口”命令，如图 9-28 所示。

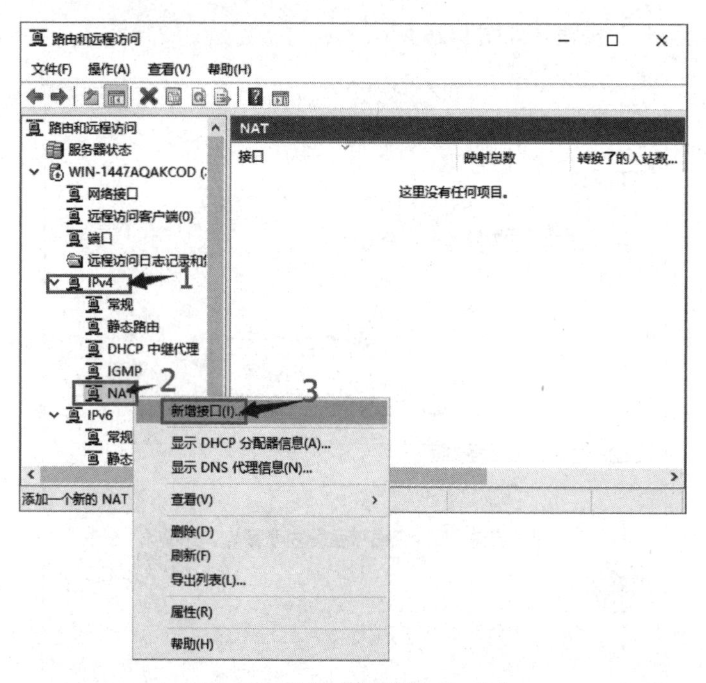

图 9-28　选择“新增接口”命令

（11）在弹出的对话框中选择“Ethernet0”接口，单击“确定”按钮，如图 9-29 所示。

（12）在“以太网”接口的 NAT 配置中，选中“公用接口连接到 Internet”单选按钮，并选中“在此接口上启用 NAT”复选框，如图 9-30 所示。

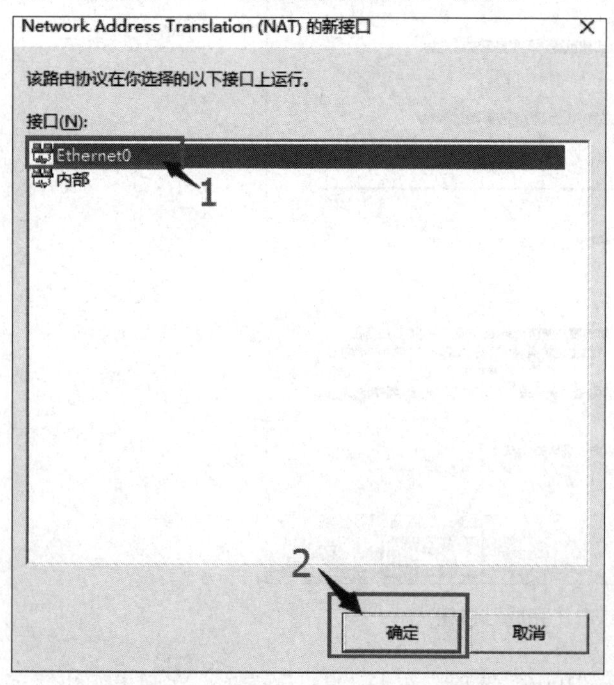

图 9-29　新增以太网接口

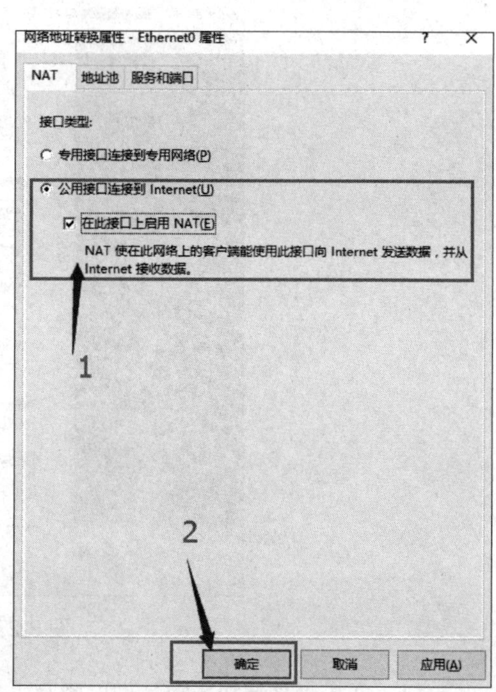

图 9-30　选择相关选项

（13）继续在 NAT 上配置内部接口。展开“IPv4”选项，右击“NAT”选项，在弹出的快捷菜单中选择“新增接口”命令，如图 9-31 所示。

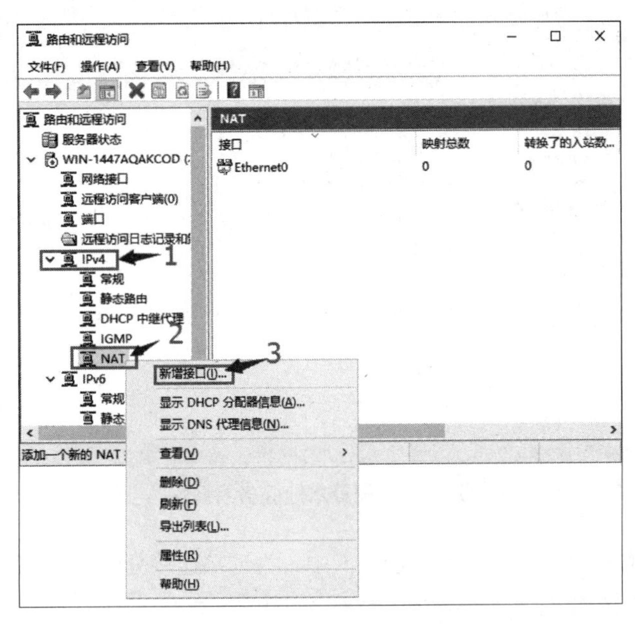

图 9-31　选择新增接口

（14）在弹出的对话框中选择“内部”接口，单击“确定”按钮，如图 9-32 所示。

（15）在弹出的内部接口属性对话框中保持默认设置，单击“确定”按钮，如图 9-33 所示。

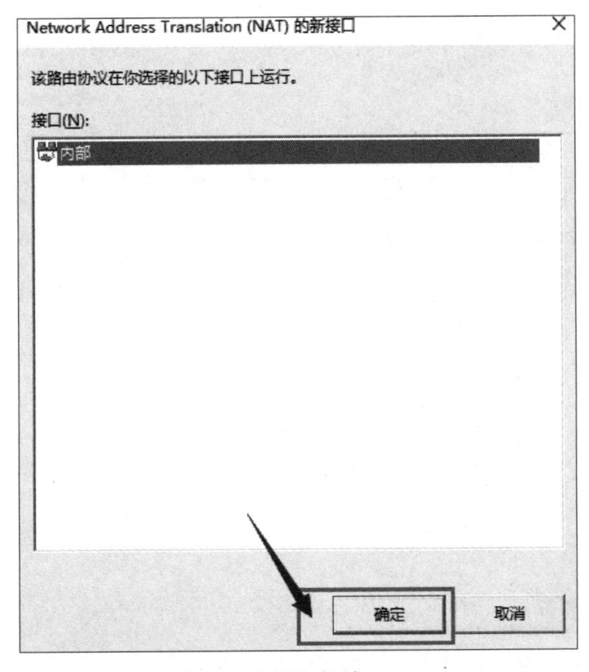

图 9-32　选择内部接口

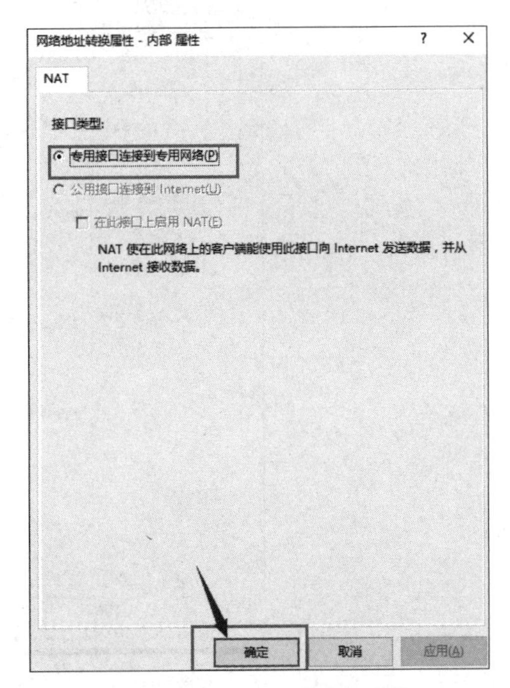

图 9-33　NAT 内部属性

（16）右击本地服务器，在弹出的快捷菜单中选择“属性”命令，如图 9-34 所示。

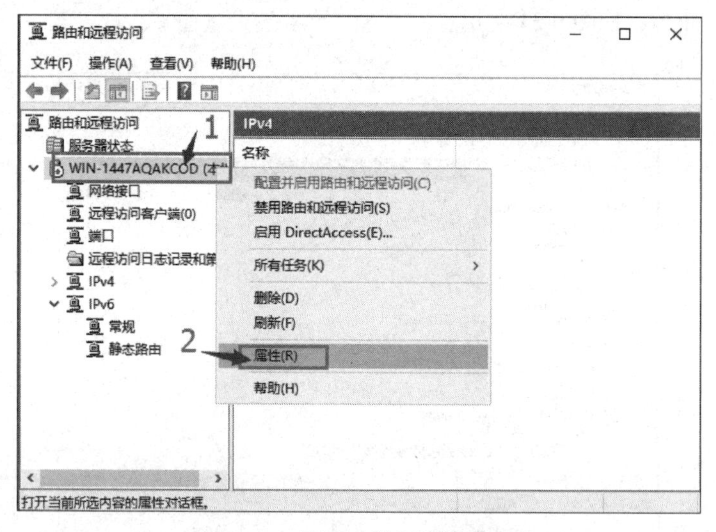

图 9-34　配置本地服务器属性

（17）在弹出的属性对话框的“IPv4”选项卡中，为远端连接分配 IP 地址，如图 9-35 所示。

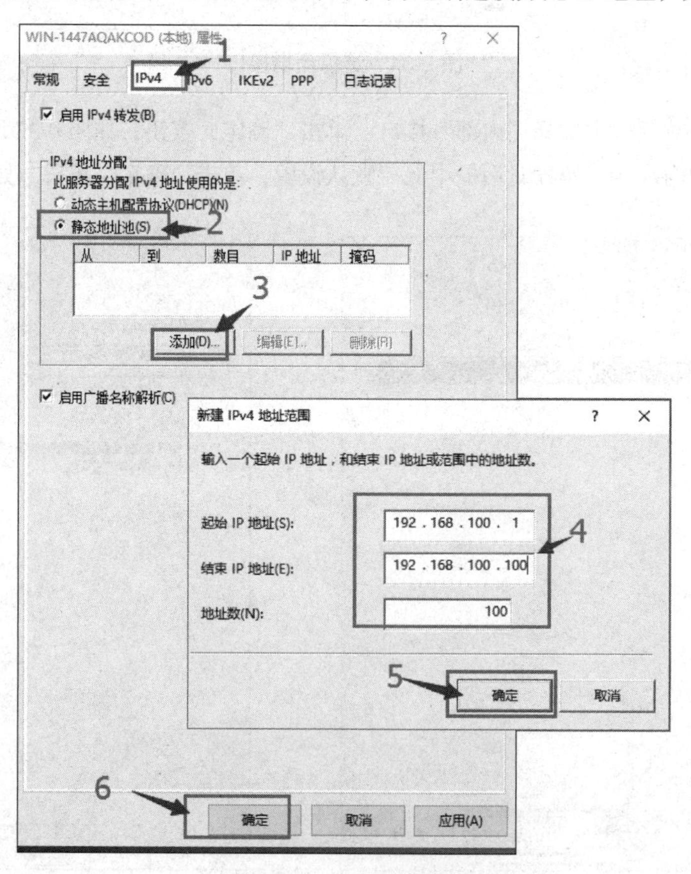

图 9-35　分配 IP 地址

（18）新建 VPN 组和新建用户，并将用户添加到 VPN 组中。

（19）打开“服务器管理器”窗口，选择“工具”|“计算机管理”命令，如图 9-36 所示。

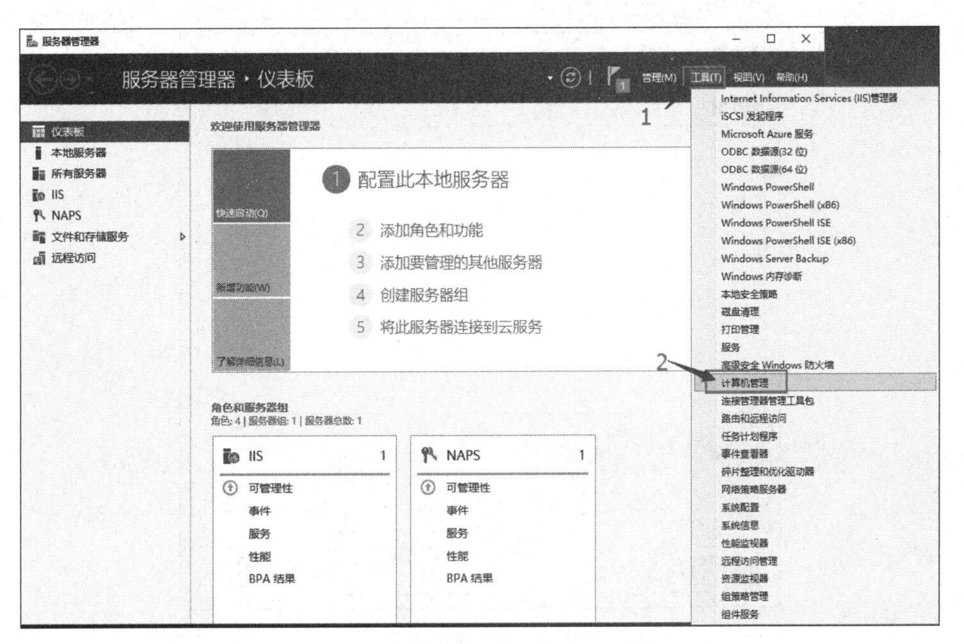

图 9-36　选择“计算机管理”命令

（20）新建组，如图 9-37 和图 9-38 所示。

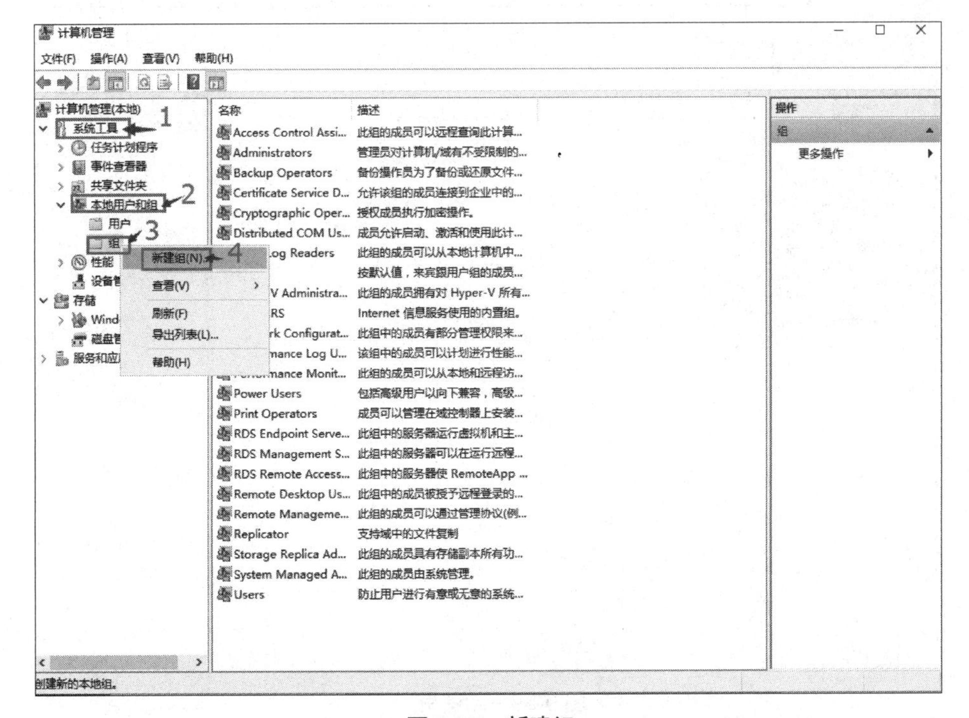

图 9-37　新建组

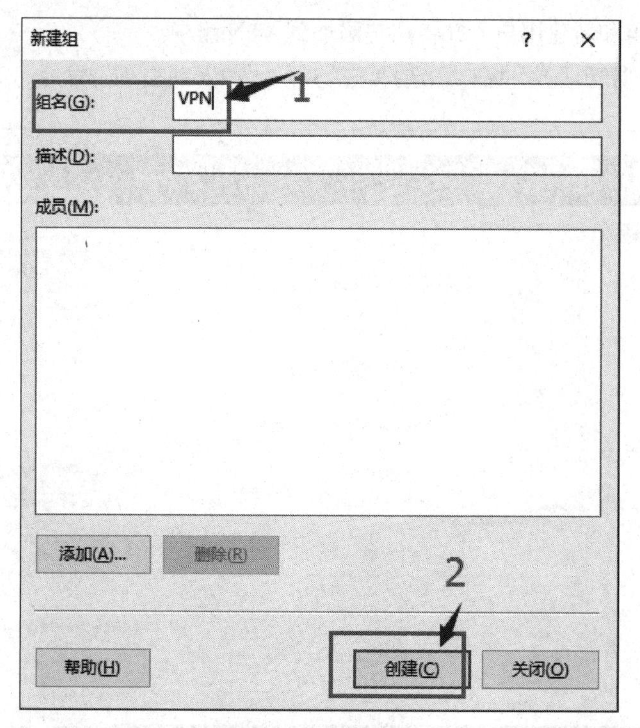

图 9-38　填写组名

（21）新建用户，如图 9-39 和图 9-40 所示。

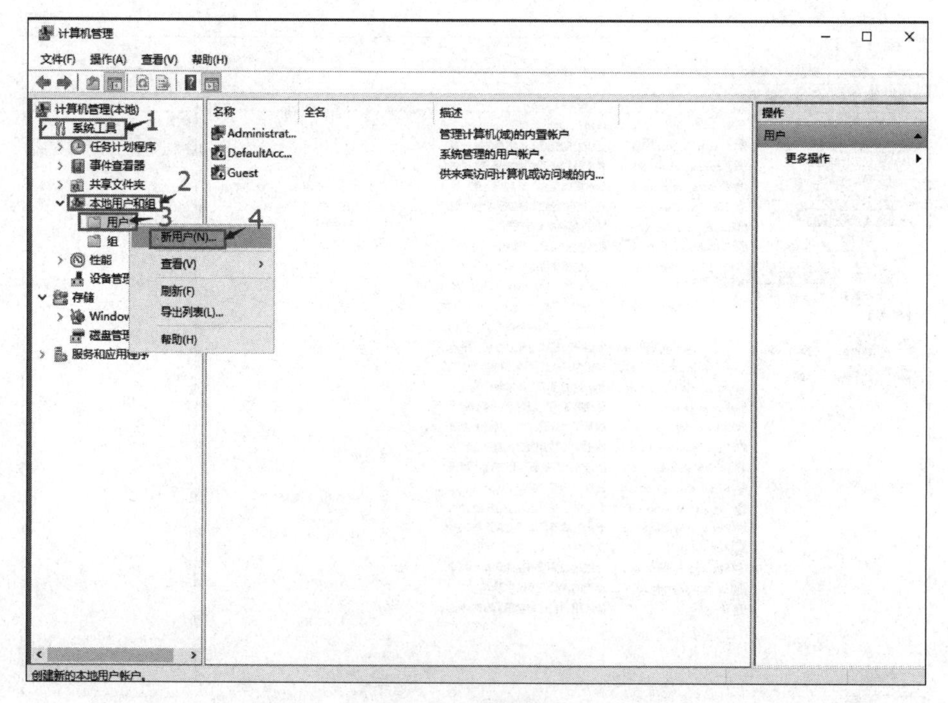

图 9-39　新建用户

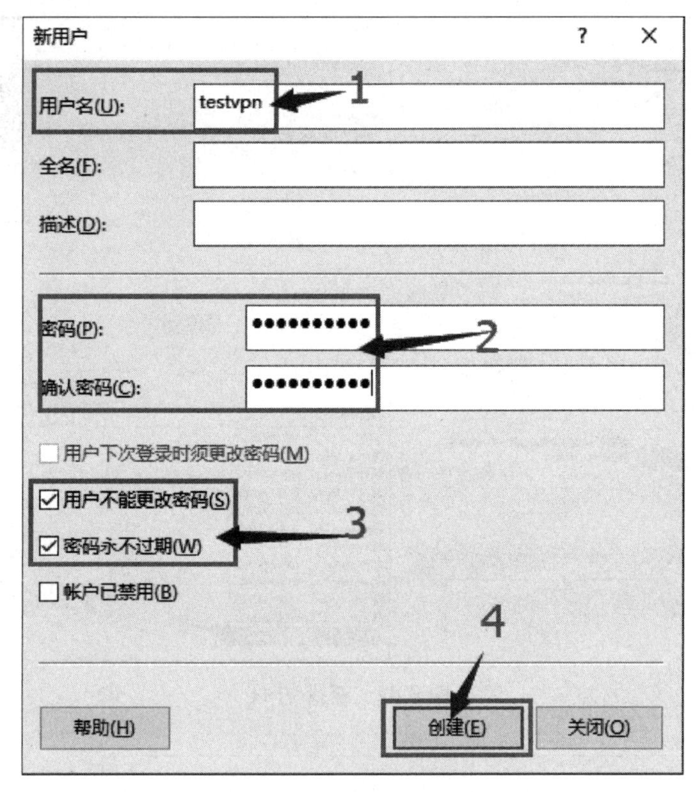

图 9-40　填写用户名密码

（22）单击“创建”按钮后，右击新建的用户名，在弹出的快捷菜单中选择“属性”命令，将用户添加到 VPN 组中，如图 9-41 至图 9-43 所示。

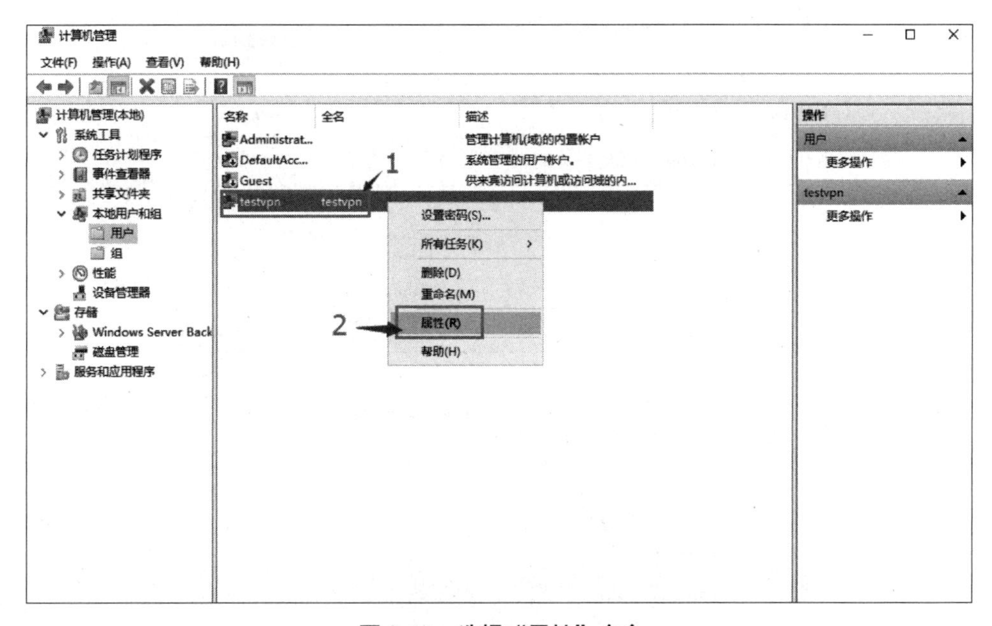

图 9-41　选择“属性”命令

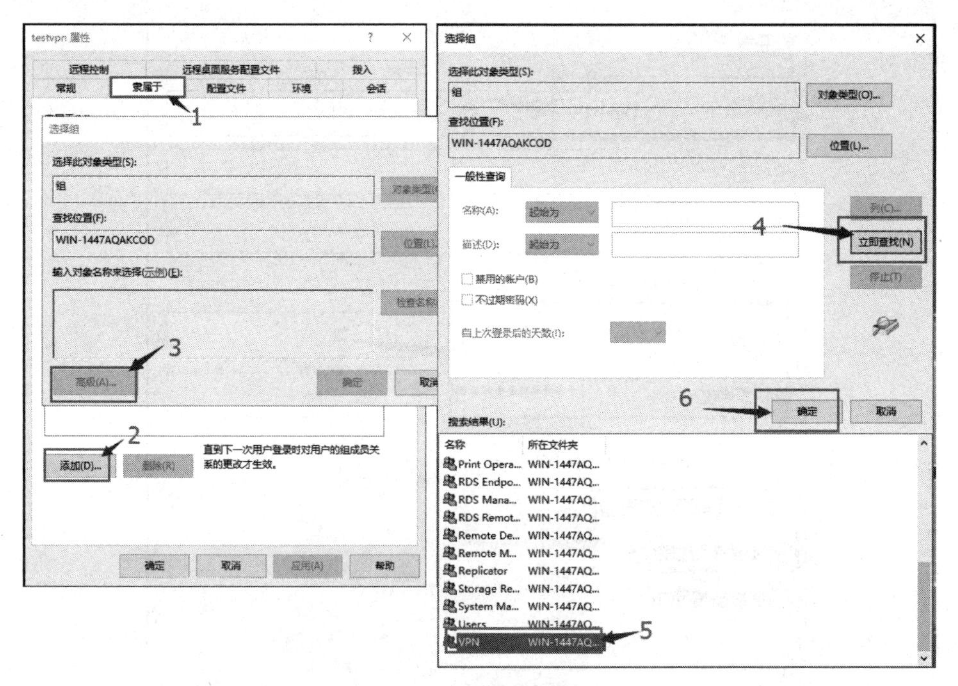

图 9-42　查找 VPN

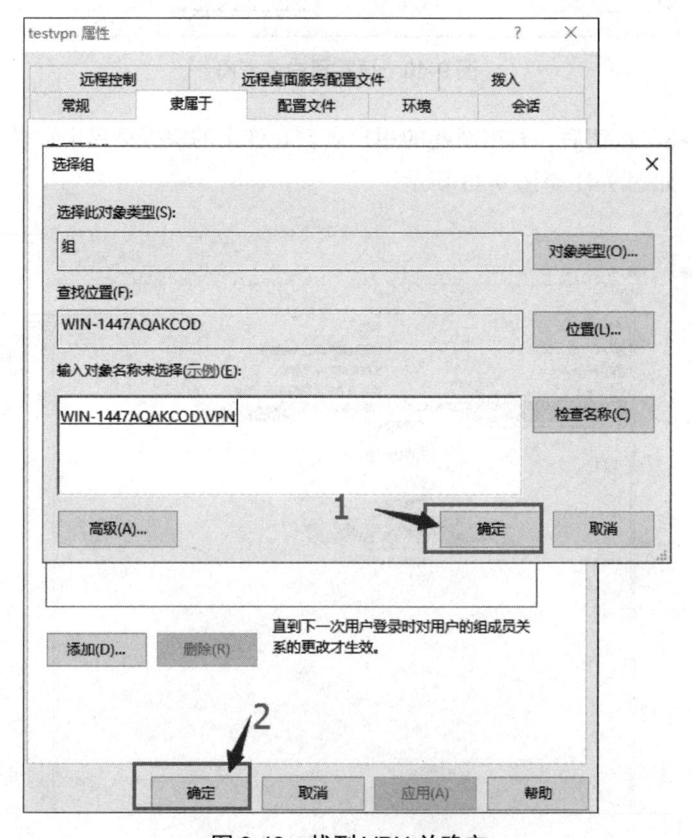

图 9-43　找到 VPN 并确定

三、配置 VPN 访问权限

（1）在“服务器管理器”中，单击“NAPS”选项，右击服务器，在弹出的快捷菜单中选择“网络策略服务器”命令，如图 9-44 所示。

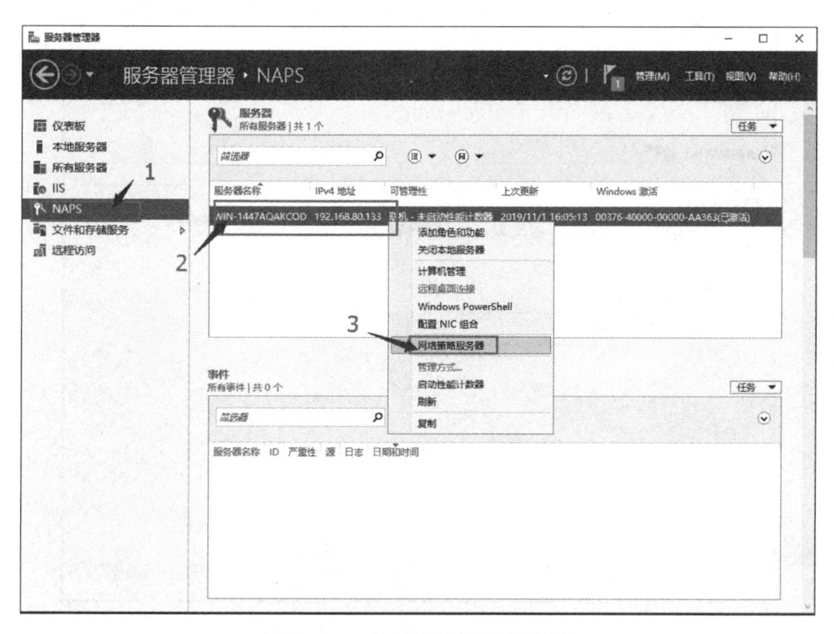

图 9-44　启动网络策略服务器

（2）打开“网络策略服务器”窗口，展开“策略”选项，右击“网络策略”选项，在弹出的快捷菜单中选择“新建”命令，如图 9-45 所示。

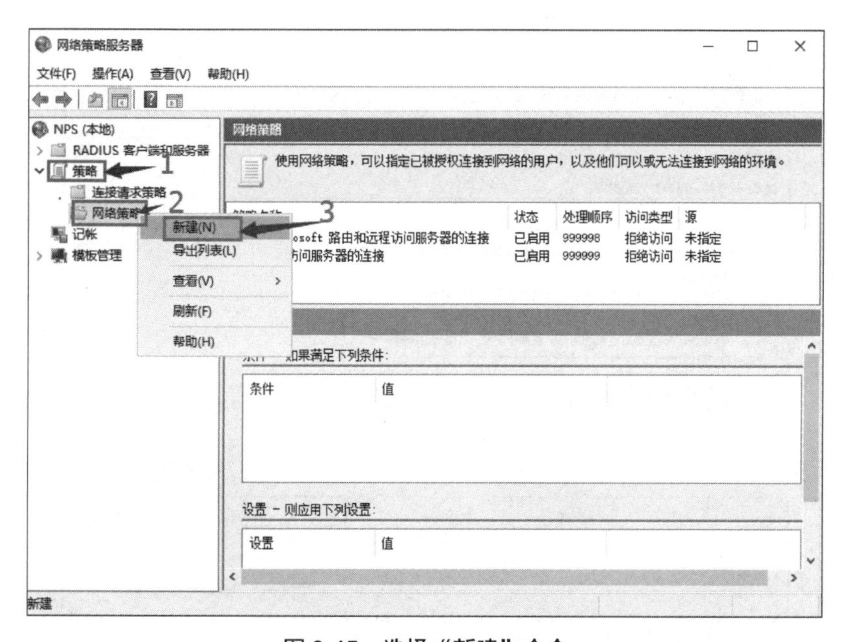

图 9-45　选择“新建”命令

（3）出现“指定网络策略名称和连接类型”界面，新建用于控制 VPN 访问的网络策略，在“网络访问服务器的类型”下拉列表中选择“远程访问服务器（VPN 拨号）”选项，如图 9-46 所示。单击“下一步”按钮。

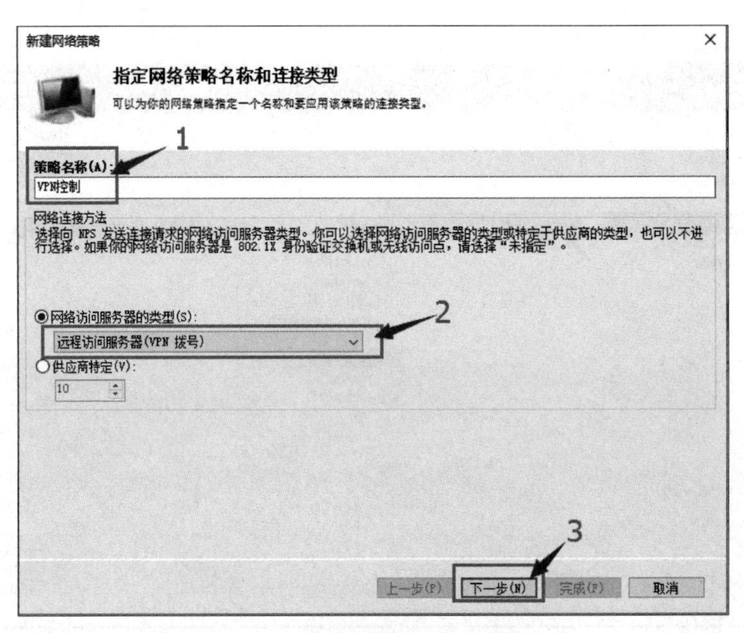

图 9-46　选择远程访问服务器

（4）出现“指定条件”界面，根据实际需求，选择合适的匹配条件。比如，这里选择了域中的 VPN 用户组。根据自己的计算机进行选择，如果不是域，可以直接选择用户组，如图 9-47 至图 9-56 所示。

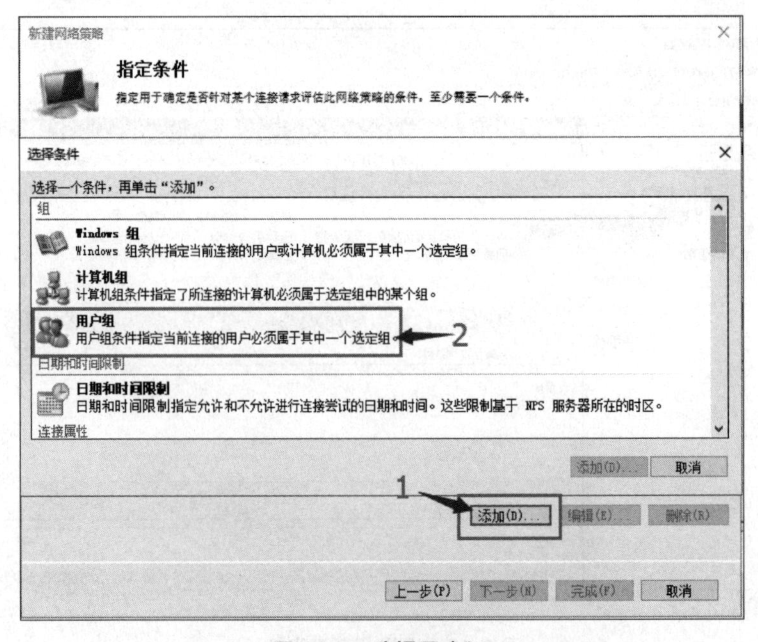

图 9-47　选择用户组

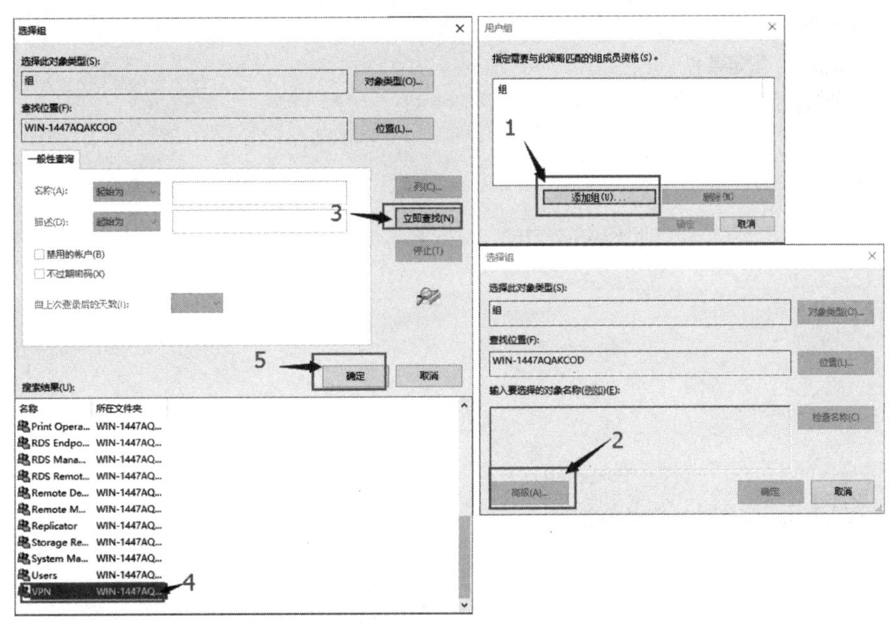

图 9-48　添加组一

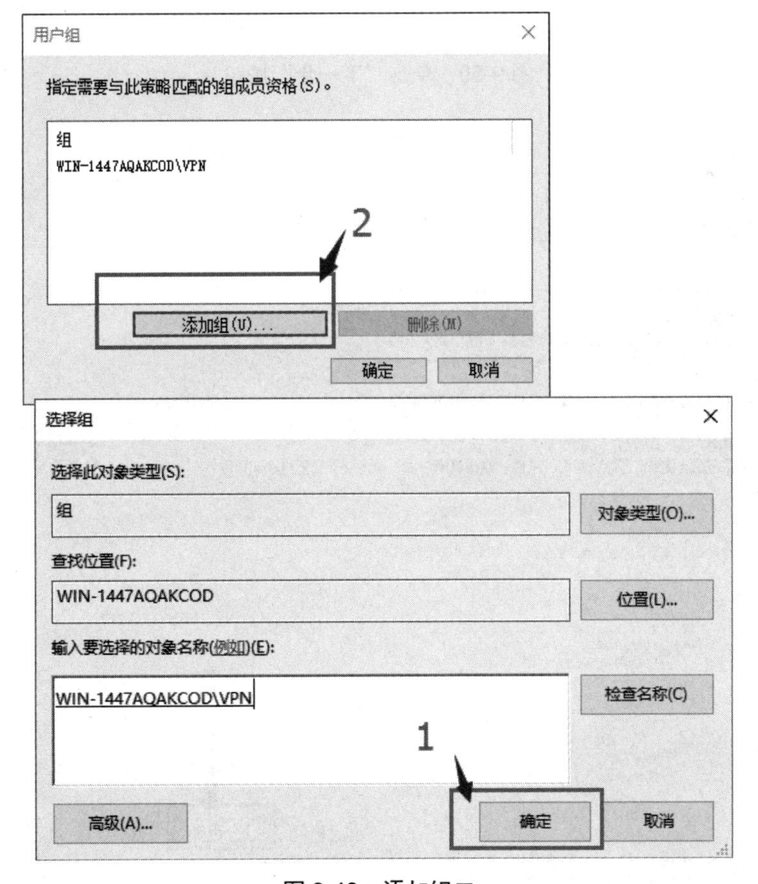

图 9-49　添加组二

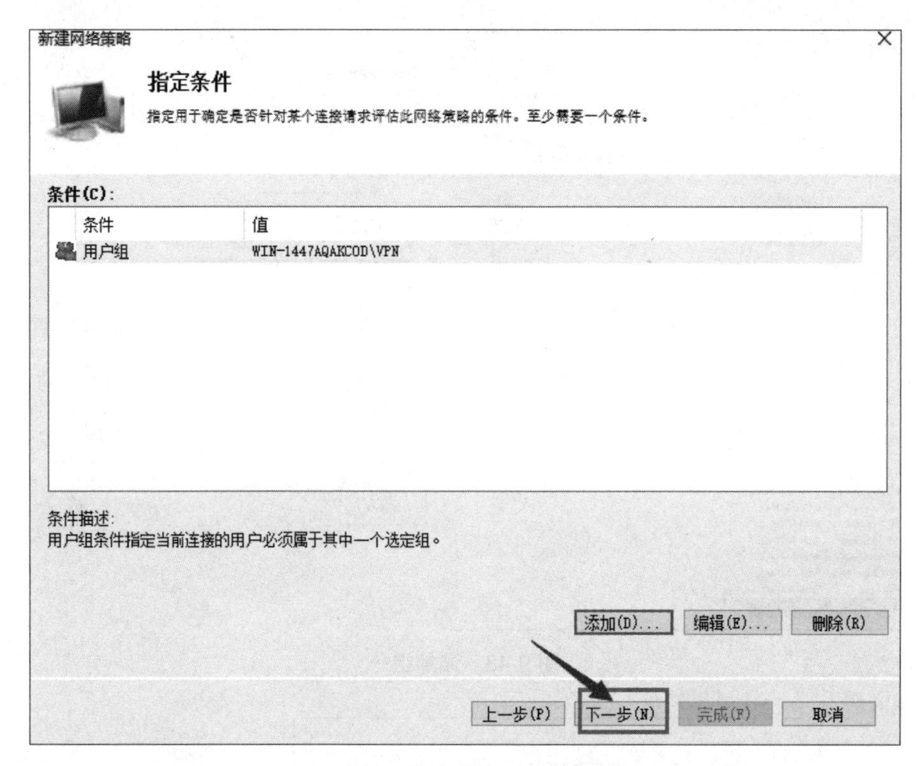

图 9-50　单击“下一步”按钮

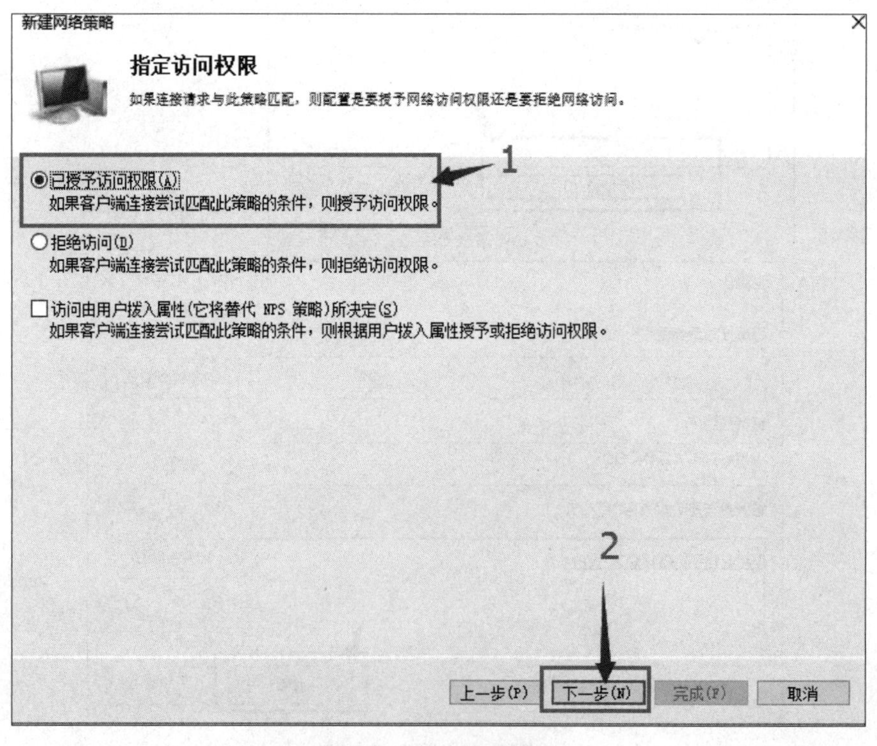

图 9-51　指定访问权限

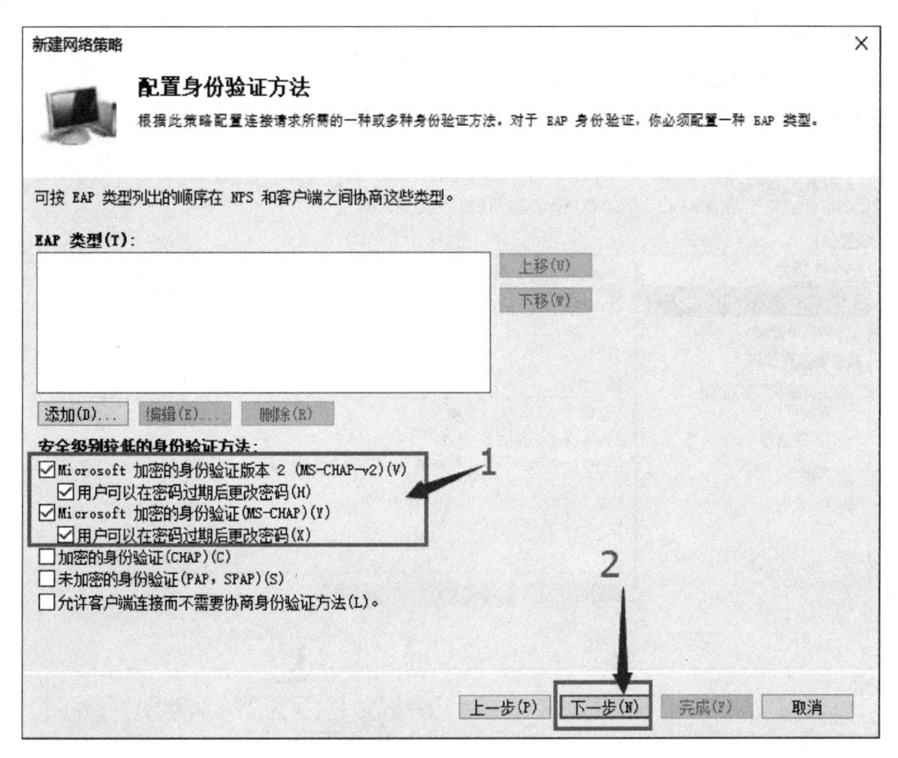

图 9-52　配置身份验证方法

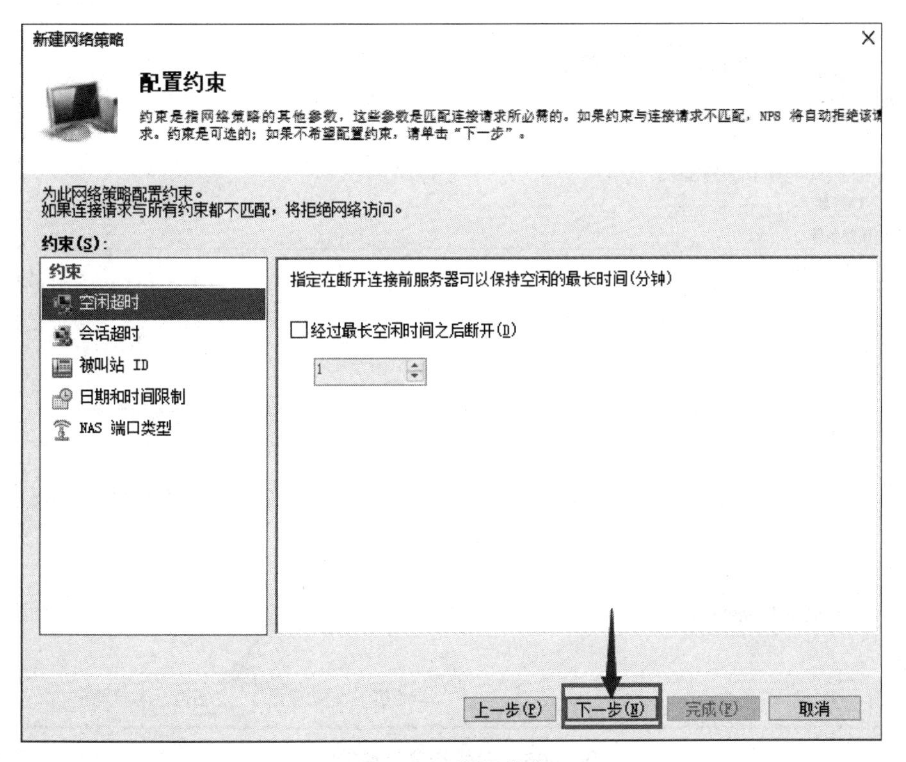

图 9-53　配置约束

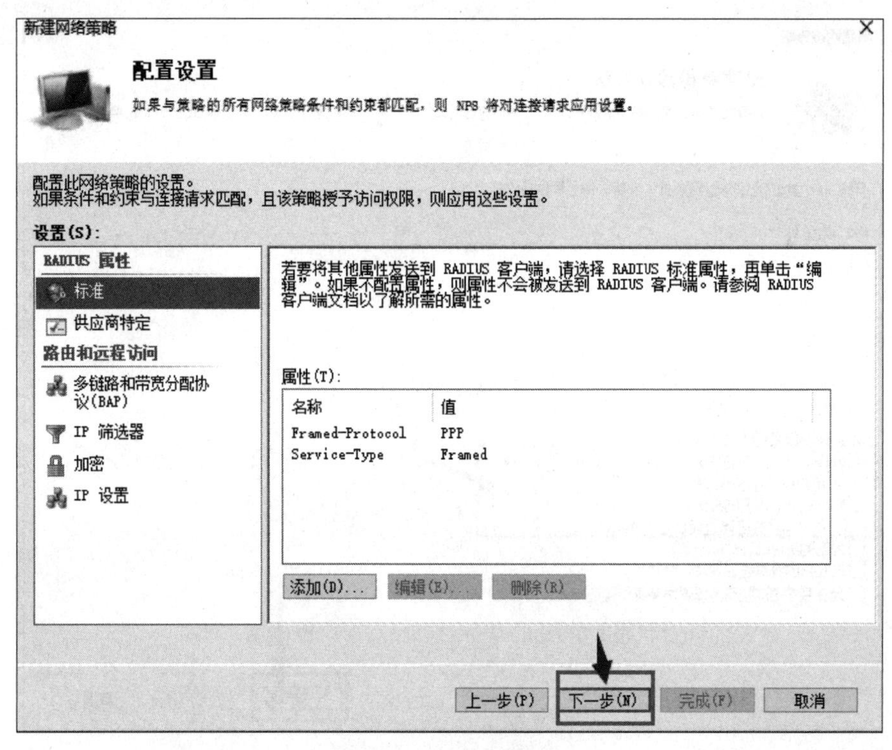

图 9-54　配置设置

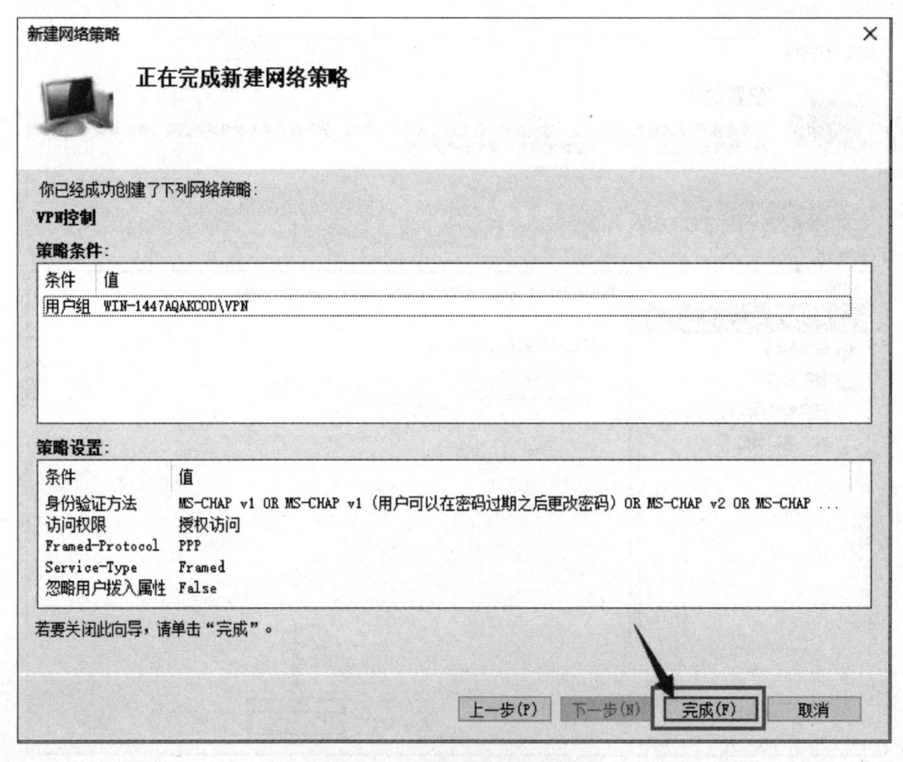

图 9-55　完成新建网络策略

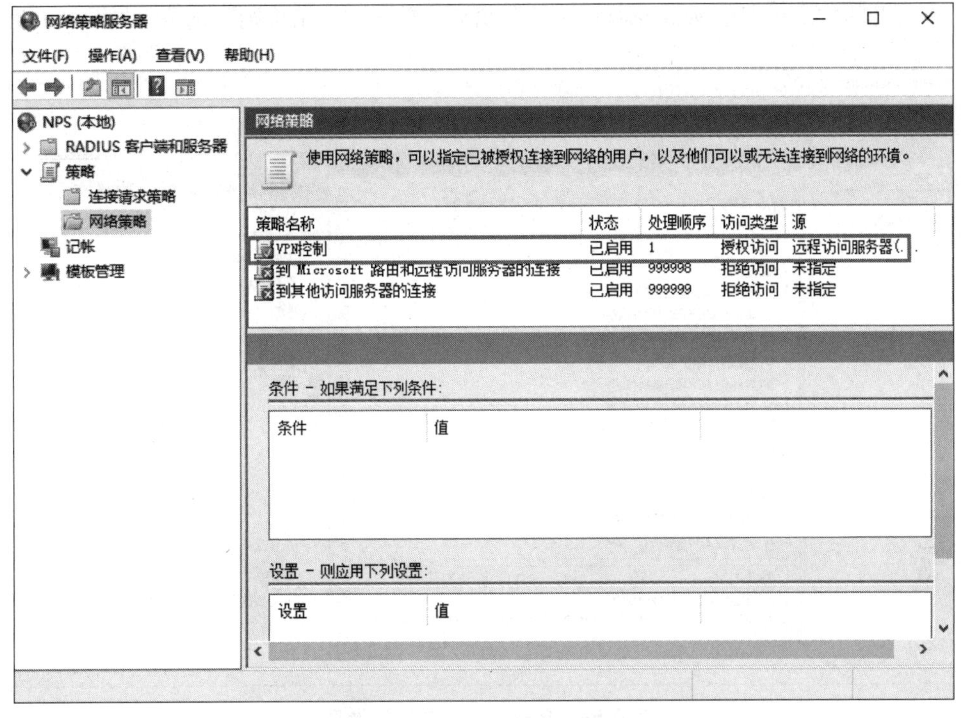

图 9-56　完成访问策略配置

四、添加路由和远程访问规则

（1）在“Windows 防火墙”界面中，单击“高级设置”超链接，如图 9-57 所示。

图 9-57　单击“高级设置”超链接

（2）在打开的“高级安全 Windows 防火墙”窗口中单击“入站规则”选项，如图 9-58 所示。

图 9-58　单击“入站规则”选项

（3）单击“新建规则”超链接，如图 9-59 所示。

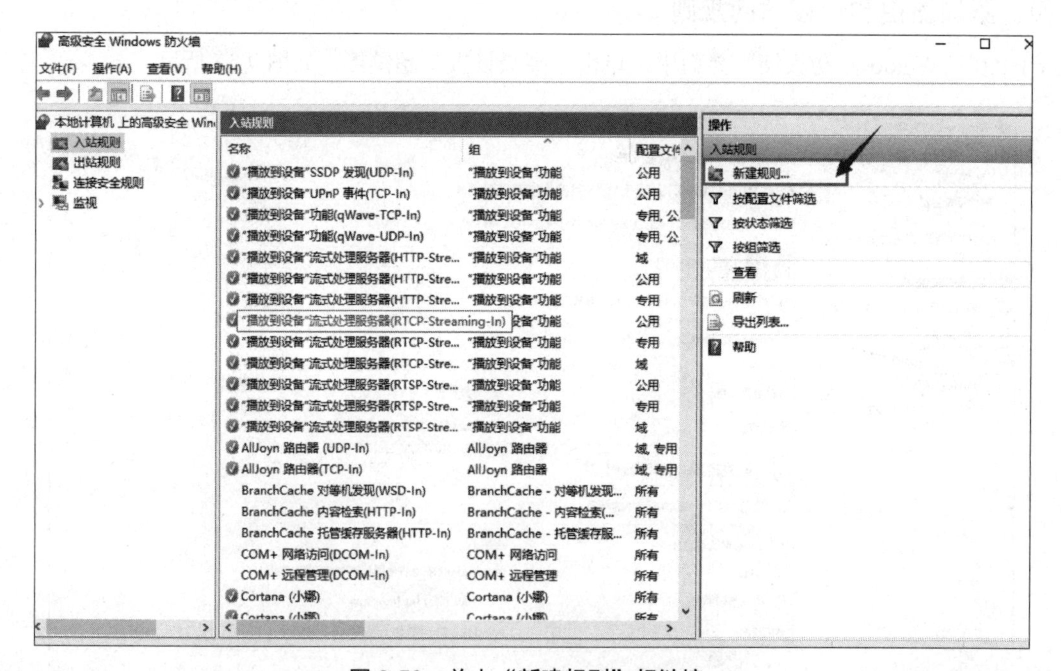

图 9-59　单击“新建规则”超链接

（4）出现“规则类型”界面，选中“预定义”类型，选择“路由和远程访问”选项，如图 9-60 所示。

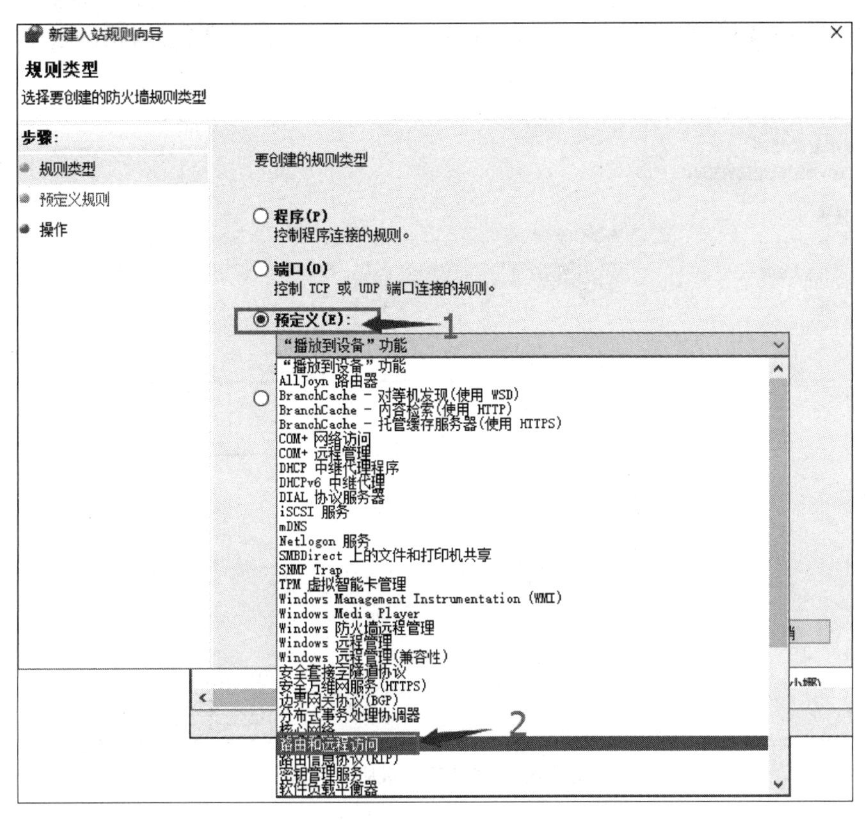

图 9-60　选择“路由和远程访问”选项

（5）确认“预定义”选项中已选择“路由和远程访问”选项，单击“下一步”按钮，如图 9-61 所示。

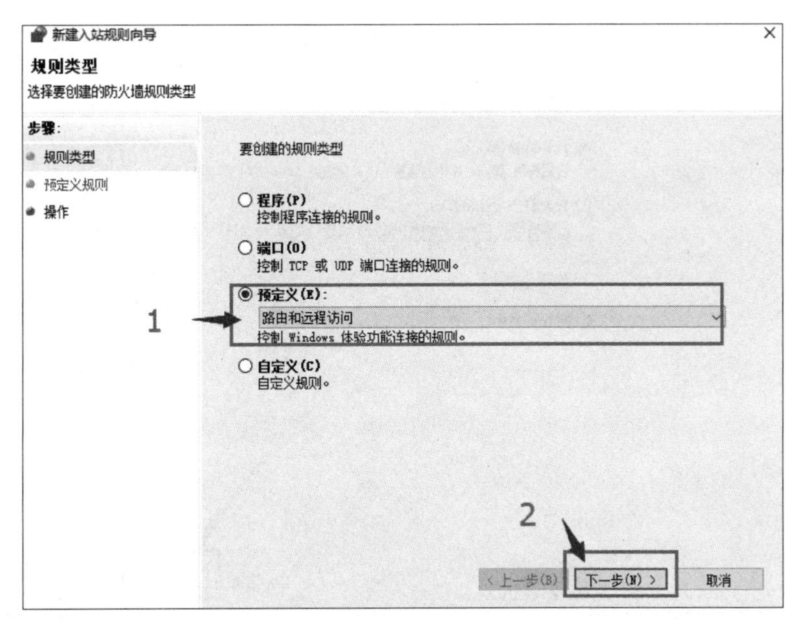

图 9-61　单击“下一步”按钮

（6）出现“预定义规则”界面，选中所有规则，单击“下一步”按钮，如图 9-62 所示。

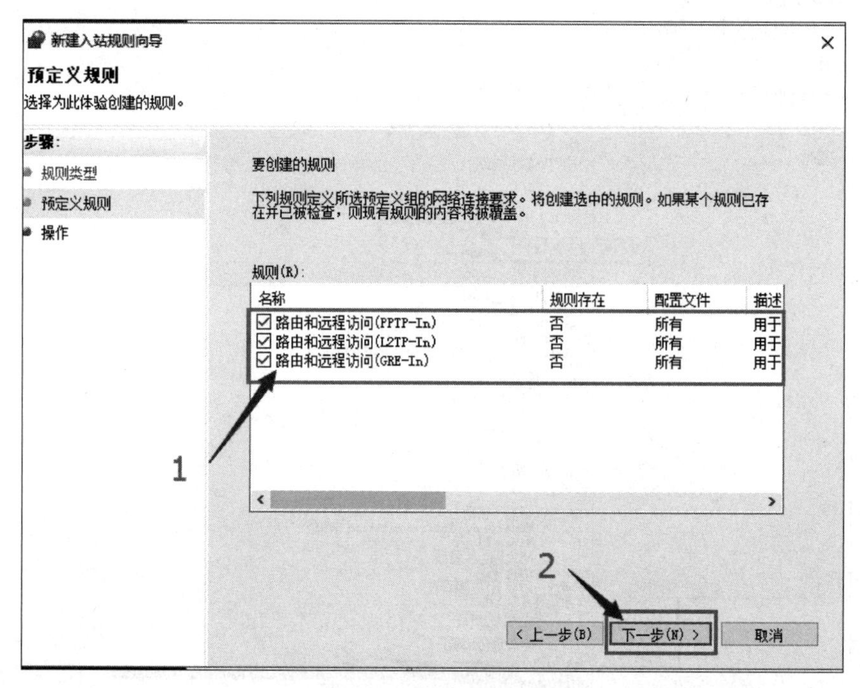

图 9-62 “预定义规则”界面

（7）出现“操作”界面，保持默认设置，单击“完成”按钮，如图 9-63 所示。

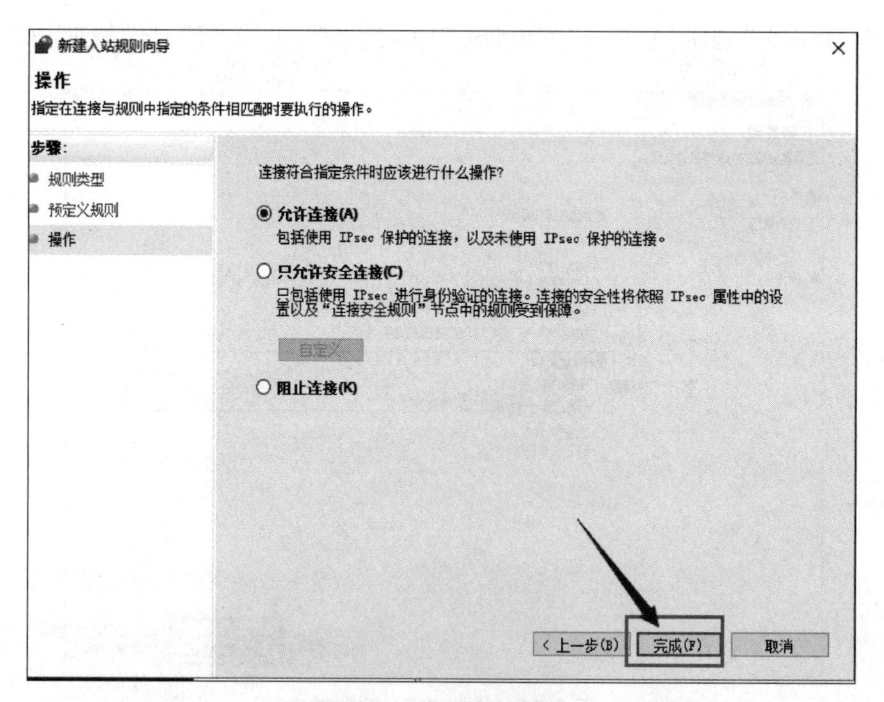

图 9-63 “操作”界面

（8）已看到已经添加好的规则，如图 9-64 所示。

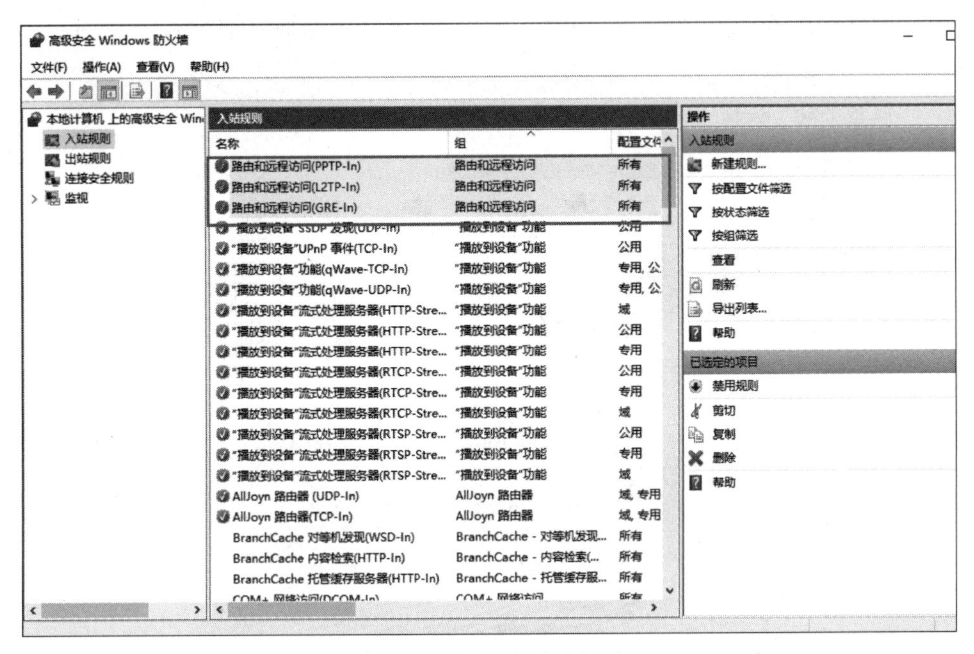

图 9-64　添加完成的规则

（9）配置好之后使用 Windows VPN 连接进行验证，设置的 IP 地址是 192.168.80.141，如图 9-65 所示。

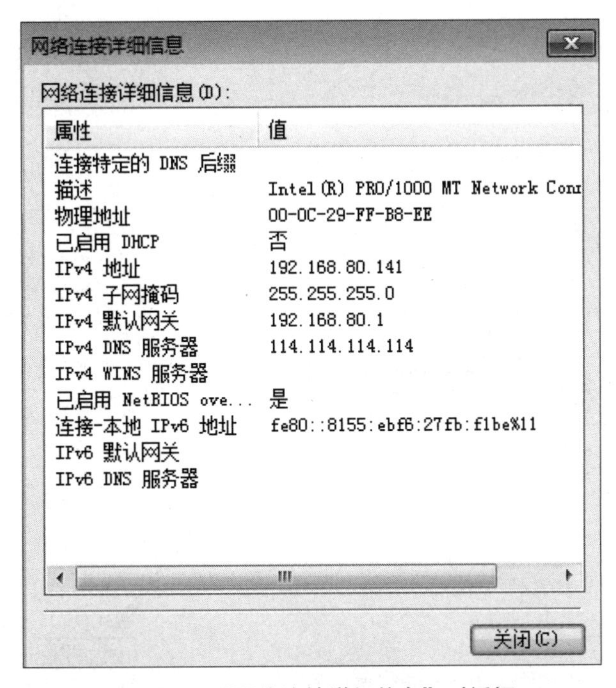

图 9-65　“网络连接详细信息”对话框

五、设置连接

（1）在“网络和共享中心”窗口中，单击“设置新的连接或网络”超链接，如图 9-66 所示。

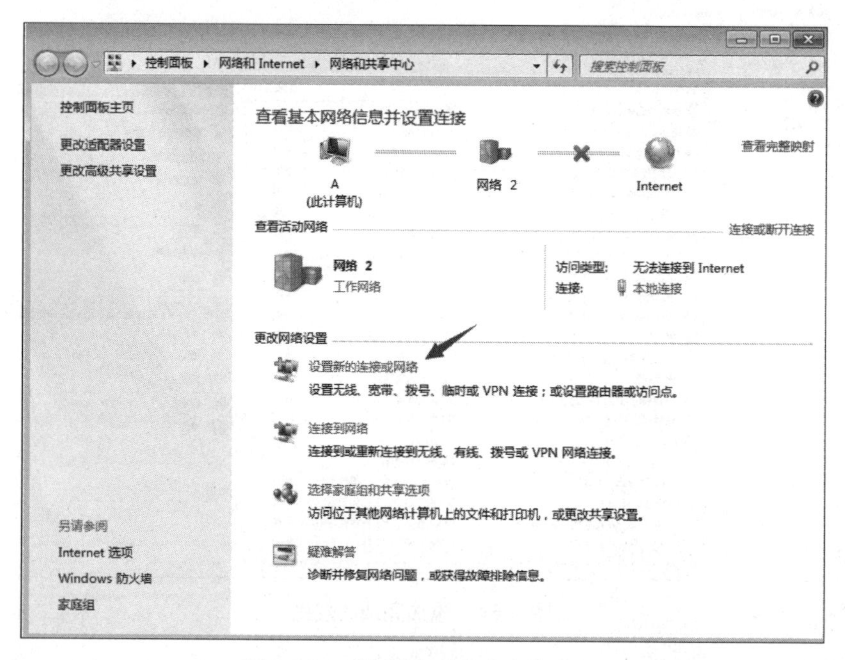

图 9-66 “网络和共享中心”窗口

（2）选择“连接到工作区”选项，单击“下一步”按钮，如图 9-67 所示。

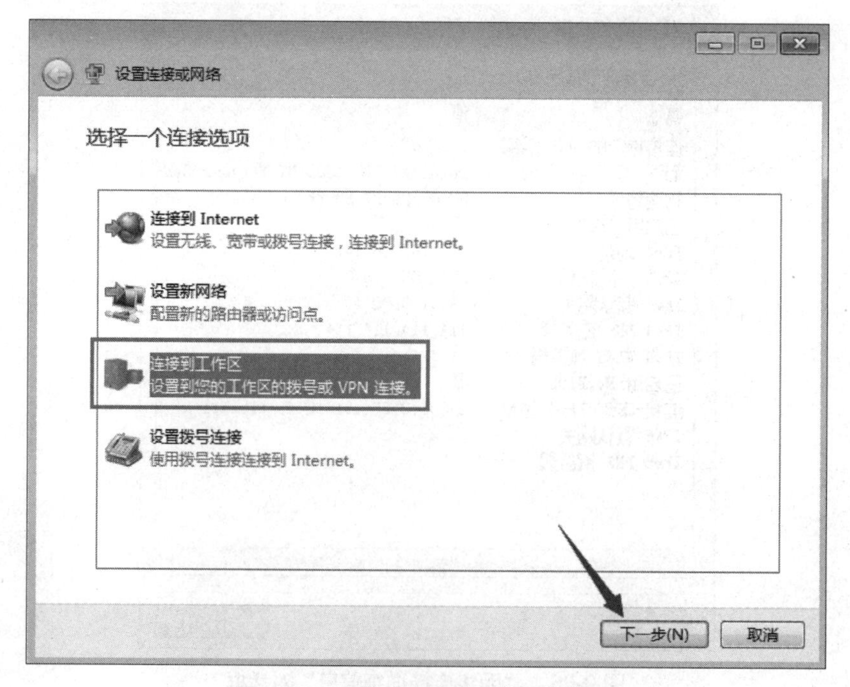

图 9-67 选择“连接到工作区”选项

（3）选择“使用我的 Internet 连接（VPN）（ I ）”选项，如图 9-68 所示。

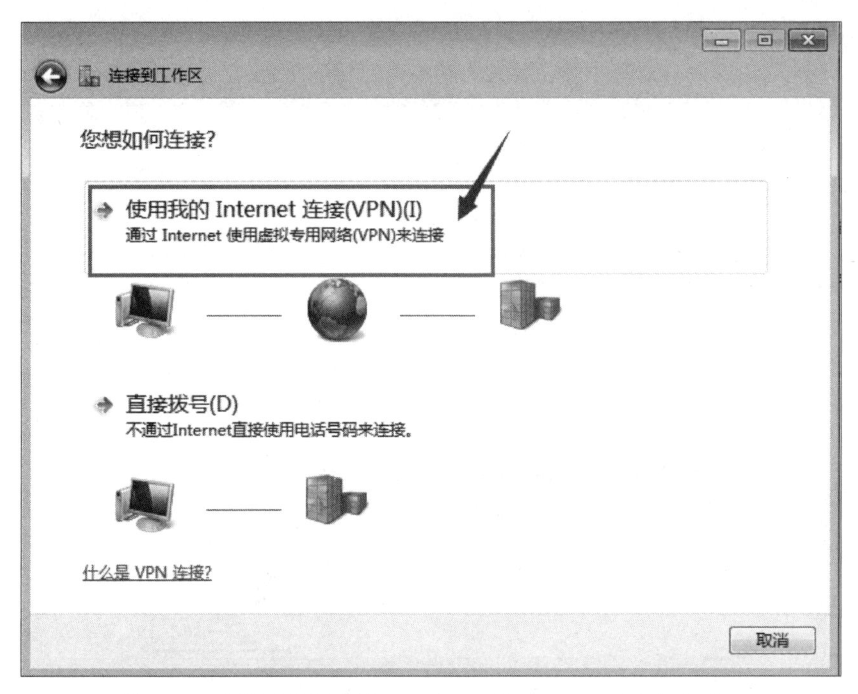

图 9-68　选择“使用我的 Internet 连接（VPN）（ I ）”选项

（4）选择“我将稍后设置 Internet 连接（ I ）”选项，如图 9-69 所示。

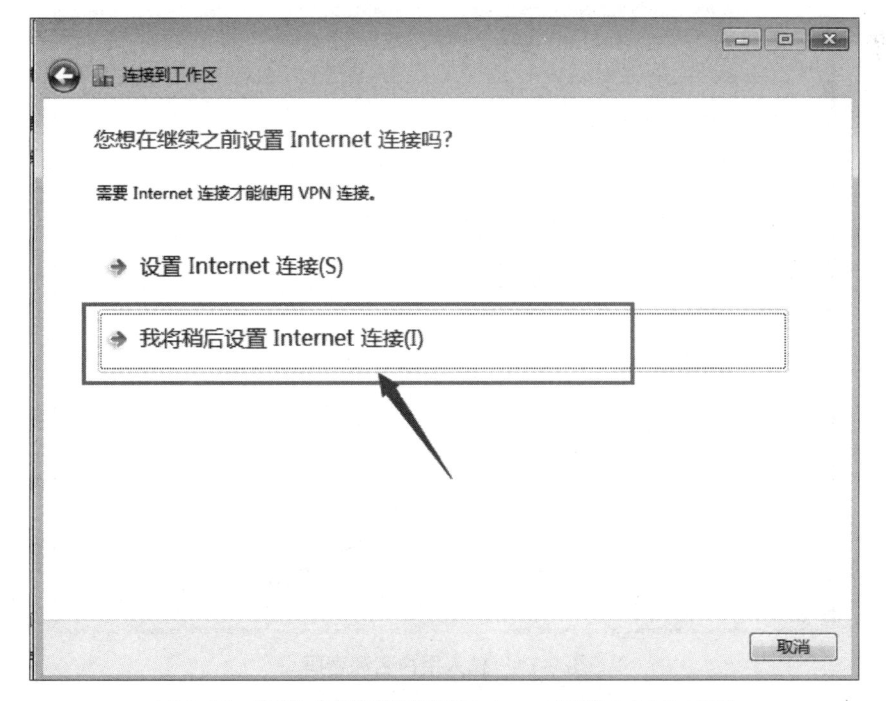

图 9-69　选择“我将稍后设置 Internet 连接（ I ）”选项

（5）输入连接的 IP 地址 192.168.80.133，单击“下一步”按钮，如图 9-70 所示。

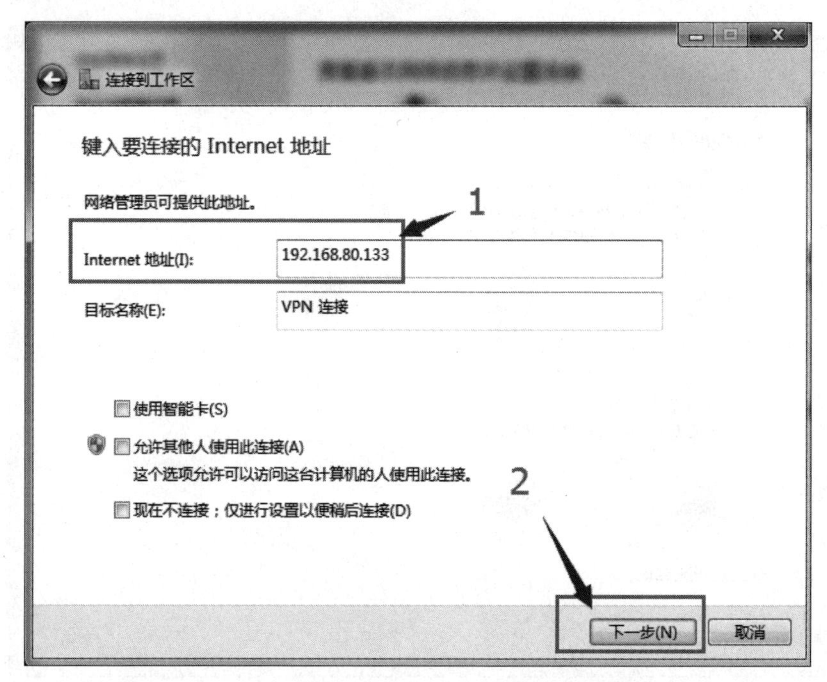

图 9-70　输入 IP 地址

（6）输入用户名和密码，单击“连接”按钮，如图 9-71 所示。

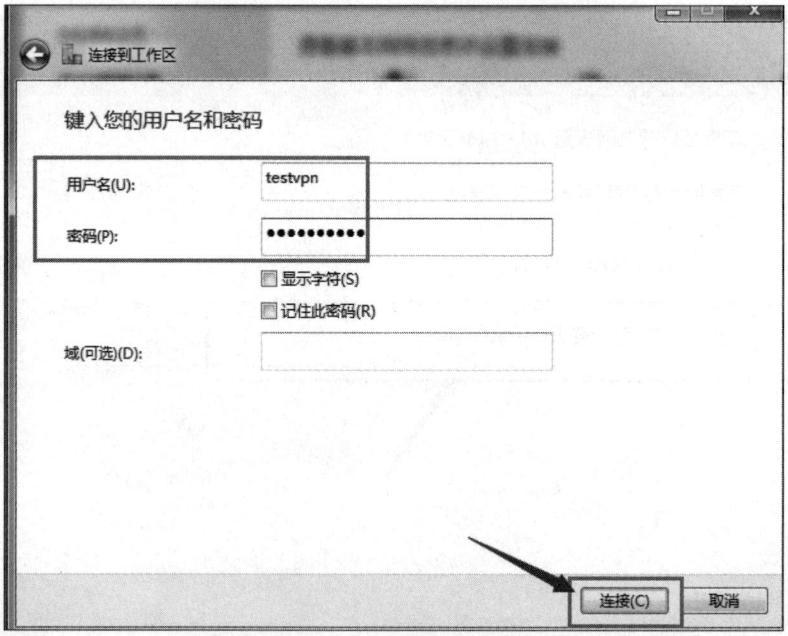

图 9-71　输入用户名和密码

（7）单击“关闭”按钮，如图 9-72 所示。

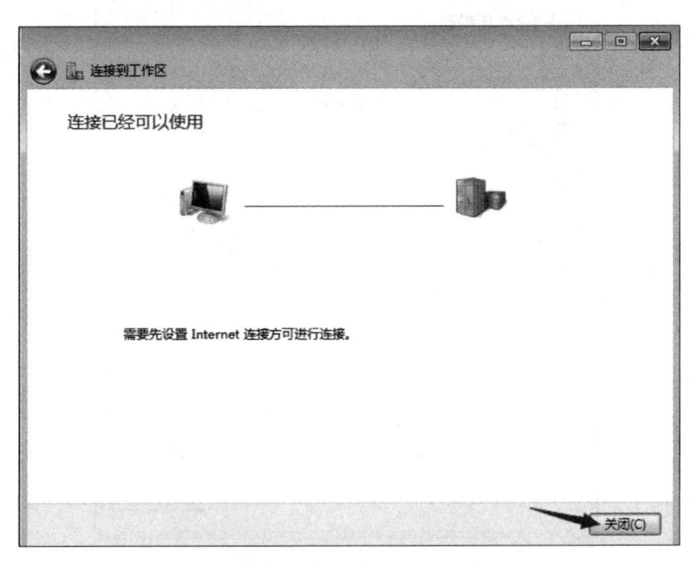

图 9-72　单击“关闭”按钮

（8）验证。连接成功，如图 9-73 和图 9-74 所示。

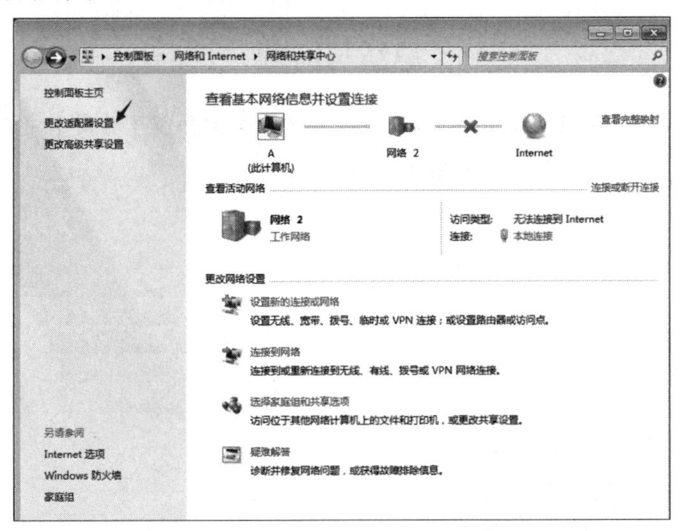

图 9-73　连接成功

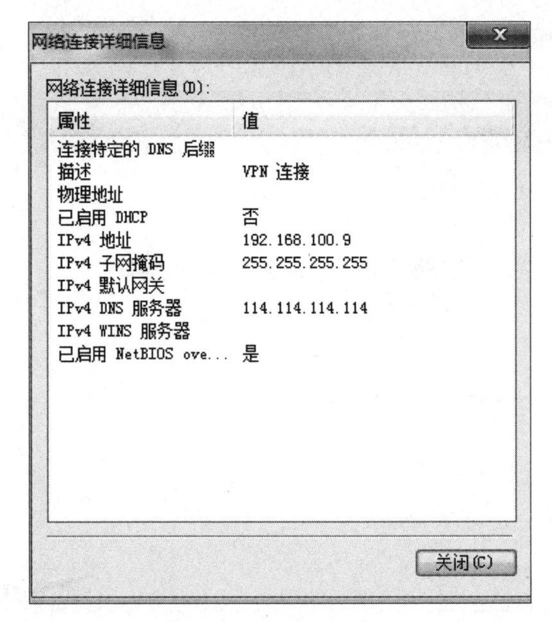

图 9-74　已经成功获得 IP

经过以上设置后，用户连接 VPN 服务器的建立完成。

总结与回顾

本项目介绍了 VPN 的一些基本概念、VPN 的技术种类。详细介绍了移动用户连接到 VPN 服务器的配置，也介绍了连接上 VPN 服务器后如何使用 VPN 服务器上的网络资源。

习　　题

一、概念练习

1. 什么是 VPN？
2. VPN 的原理是什么?
3. VPN 使用哪些协议?
4. VPN 的技术种类有哪些?
5. 现在的 VPN 产品有哪些技术特点?

二、上机操作：完成移动用户连接到 VPN 服务器

项目 10
证书服务配置与应用

学习目标：

（1）掌握公共密钥基础结构；

（2）掌握安装证书服务；

（3）掌握管理证书颁发机构的设置；

（4）掌握管理证书的方法和操作。

项目描述

企业的网络可能由内部网、外部网、Internet 站点等组成。信息的保存和传输都需要得到保护，以保证只有合法用户才可以访问这些信息，而未经授权的用户不能访问这些信息。通过使用公共密钥基础结构（PKI）可以很好地实现数据加密和用户身份标识。

项目分析

如果读者正处于一个局域网环境中，用户暂时没有接入外网，或者用户的工作环境接入了外网，但是要求员工能够访问安全的站点，可通过 https 的形式访问网站。可按照以下思路完成该项目：首先找到一台安装有 Windows Server 2016 企业版的计算机，安装并启用证书服务。同时，申请 CA 证书并安装 CA 证书。然后，在这台计算机上通过 Windows Server 2016 企业版的默认站点进行配置，实现 https 站点的访问形式，如果要通过 https：后面加上域名的形式来访问，还需要 DNS 配合。根据以上思路结合项目实施的步骤即可完成该项目。

知识链接

一、公共密钥基础结构（PKI）简介

对于电子商务系统中的身份识别，以及内部和外部网络上的数据加密来说，公共密钥技术非常重

要。与公共密钥技术相关的两个基本概念分别是公钥加密和公钥认证。公共密钥基础结构是由数字证书（Digital Certificate）证书颁发机构（Certificate Authority）所组成的系统。此系统可以用于解决信息加密和身份识别等问题。

1. 公钥加密

对于电子邮件信息或者通过 Internet 或其他网络通信传送的信用卡信息等重要资源，都可以使用公钥加密技术实现数据加密，从而保证数据的安全性。由于公钥是自由发行的，任何人都可以得到，而私钥是保密的，只有本人知道，因此，任何两个人只要通过检索彼此的公钥，并用对方的公钥对数据进行加密，就可以在公共网络上建立安全的私人通信。

1）使用公钥和私钥

公钥加密使用两个在数字上相关的密钥。密钥是一个随机字符串（如数字、ASCII 码等），它结合算法使用。在公钥加密操作中，每个用户都有一对在数字上相关的密钥，它们分别是私钥和公钥。

- 私钥：该密钥是保密的，只有本人持有。
- 公钥：该密钥向所有可能的通信者公开。

2）加密和解密

PKI 的基本概念是将一个密钥用于加密数据，而另一个密钥用于解密数据。加密密钥无法对加密的数据进行解密。下面通过一个实例说明加密和解密的用法，如图 10-1 所示。

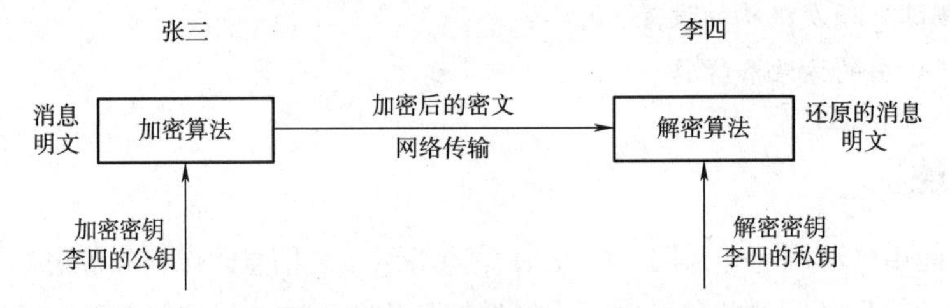

图 10-1　加密和解密的用法

在图 10-1 中，张三想发送一条私人消息给李四，他获得李四的公钥，并用其来加密消息，然后通过网络传输给李四。为了读取这条消息，李四必须使用自己的私钥解密。因为除了李四之外没有人拥有该私钥，因此别人无法读取这条消息。由于公钥不能用来对加密的数据进行解密，因此如果入侵者有李四的公钥，他们除了能够用此公钥对自己的信息进行加密外，不能用来解密张三用公钥加密的消息。

公钥和私钥也可以逆向使用，即使用私钥加密数据，用公钥解密数据。但因为任何人都可以获得公钥，因此这种方法不能防止其他用户读取消息。但此种方式可以用来识别发送消息的人的身份。

2. 公钥认证

可以使用公钥密码技术验证电子邮件、电子商务和其他电子交易中电子数据的发送人。与公钥加密一样，公钥认证也使用了密钥对。然而，它不是用接收方的私钥来解密消息，而是用发送方的公钥认证和验证消息的发送方。通过使用私钥加密唯一标识的消息内容就可以创建数字签名。通过使用数字签名将私钥和公钥的作用进行了交换。

1）数字签名

通过数字签名，可以将消息、文件或其他数字编码信息和发送方的身份标识进行绑定。签名本身是数字文档中附加的比特序列。数字签名能够确保：

- 只有拥有私钥的人才能够创建数字签名。
- 任何有权使用相应公钥的人都可以验证数字签名。

例如，当访问一个网站时，被提示要下载一个文件，对话框提示该文件已经由某个可信任的组织进行了数字签名。数字签名可以确保将要下载的文件或程序的来源可靠。

2）公钥认证方法

公钥认证方法如图 10-2 所示。

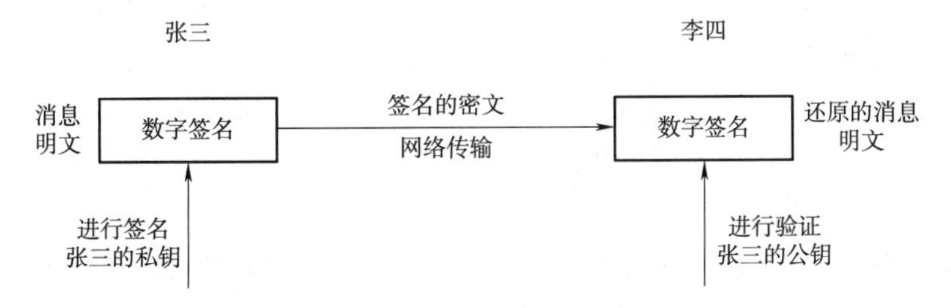

图 10-2　公钥认证方法

如图 10-2 所示，张三使用自己的私钥对消息进行签名（相当于加密操作），然后将消息发送给李四，李四用已经获得的张三的公钥对消息进行验证（相当于解密操作）。以确保此消息是由张三发来的，而且没有被第三方修改过。

3）哈希算法

数字签名使用一种称为哈希的算法。哈希算法可以保证：即使文档只有一个字节发生变化，经过哈希算法处理后也会生成一个完全不同的散列。当用公钥加密数据后，对已签名数据的任何一点修改都会使数字签名无效。

3. 证书颁发机构

证书颁发机构（CA）负责提供和分配密钥，用来加密、解密和认证。CA 通过颁发证书分配密钥，证书中包含公钥和一系列属性。

1）证书

每个使用 Windows PKI 的用户或计算机都会分配到一个公钥和一个私钥。私钥保留在计算机上，而且从不在网络上传输。为了保证 PKI 的正确运行，必须有一种可控制和可验证的方法来分配公钥。数字证书就是这样一种机制，用来在网络上分配公钥。

数字证书是用来在网络上分配公钥的机制，数字证书是一个文档，它证明一个公钥是与一个实体绑定的。证书的主要目的是让人相信证书中的公钥确实属于证书中指定的实体。数字证书包含公钥本身和一组描述公钥所有者属性的信息（如所有者的姓名和联系方式等）。证书是由证书颁发机构（CA）颁发的。

CA 是可信任的机构或程序，它向个体用户颁发有效的证书。CA 主要有两类：商业 CA 公司和 Windows Server 2016 自代的 CA 程序（称为 Microsoft 证书服务 MCS）。CA 机构或程序相当于公证人，CA 负责验证证书接收人的身份是否属实。用户可以根据实际应用需求选择 CA 机构。

2）外部 CA 和内部 CA

外部 CA：外部的发行公司，如大型的商业 CA。

内部 CA：内部发行的，如公司安装了自己的服务器来颁发和验证证书。

另外，每个 CA 都有一个证明自己身份的证书，是由另外一个可信任的 CA 或它自己颁发的。信任某个 CA，即表示同时接受该 CA 的策略和过程，这些策略和过程用来确认证书接收实体的身份。

3）颁发证书的过程

颁发证书的基本步骤如下：

生成密钥：申请人生成公钥和私钥，或由申请人机构中的某个颁发机构分配一对密钥。

收集所需信息：申请人收集并提供 CA 颁发证书所需的一切信息。

申请证书：申请人向 CA 发送一个证书申请，包含公钥和其他所需信息。证书申请可能使用 CA 本身的公钥加密。多数情况下，申请使用电子邮件提交，但是，也可以使用邮政或快递形式发送申请。例如，当证书申请本身需要经过公证时。

验证信息：CA 使用一个策略模块处理申请人的证书申请。策略模块是一组规则，CA 用这些规则确定是否应该同意申请，还是拒绝申请或做标记表示由网络管理员来审阅。

创建证书：CA 创建一份数字文档并且用它自己的私钥签名，文档中包括申请人的公钥和其他必要的信息。已签名的文档就是证书。

发送或公布证书：CA 使用退出模式确定它应该如何使申请者得到新的证书。根据不同的 CA 类型，可以采用以下几种方式发送或公布证书：

- 在 Acitve Directory 中公布新的证书。
- 通过电子邮件发送给申请者。
- 把证书存储在指定的文件夹中。

4）证书吊销

可以在证书有效期截止之前使证书无效。（原因：泄漏、欺诈、不再可信等）

4. 证书等级

证书等级是一种信任模式，它通过建立 CA 之间的父 / 子关系创建证书路径。

1）根 CA

根 CA 又称根颁发机构，是机构的 PKI 中最可信赖的 CA。在整个证书机构中最为重要。根 CA 分为两种类型：企业根 CA 和独立根 CA。

企业根 CA：企业根 CA 是证书阶层的最上层 CA，需要 Active Directory 支持才能架设企业根 CA，并且用 Active Directory 提供安全保护，自动签署自身的 CA 证书。从安全考虑，并不建议让企业根 CA 直接提供证书给用户或计算机，而是授权企业从属 CA 为用户和计算机颁发证书。

独立根 CA：独立根 CA 是证书阶层的最上层 CA，不需要 Active Directory 支持，在有无 Active Directory 的情况下，都可以架设独立根 CA；由于是自动签署自身的 CA 证书，因此建议不要让独立根 CA 直接提供证书给用户或计算机，而是授权独立从属 CA 为用户和计算机颁发证书。

2）从属 CA

从属 CA 是机构中经其他 CA 认证的 CA，从属 CA 颁发指定用途的证书。从属 CA 也分为两种类型：

企业从属 CA 和独立从属 CA。

企业从属 CA：企业从属 CA 必须从其他上层企业级 CA 取得证书，而且需要有 Active Directory 的支持；企业级 CA 可以为用户或计算机提供证书。

独立从属 CA：独立从属 CA 必须从其他上层独立 CA 取得 CA 证书，并不需要 Active Directory 的支持，独立从属 CA 可以为用户和计算机提供证书。

5. 证书模板

证书模板（Certificate Template）是客户端可以申请的证书类型，证书模板定义了证书的属性和扩展内容。证书模板的作用是让用户在申请证书时，不需要经过复杂的设置和选择很多属性，而是简单地选择执行某项任务所需要的证书模板，就可以申请所需的证书。Windows Server 2016 内置了很多证书模板，默认可以使用的证书模板主要有：

- 目录电子邮件复制。
- 域控制器身份验证。
- EFS 故障恢复代理。
- 基本 EFS。
- 域控制器。
- Web 服务器。
- 计算机。
- 用户。
- 从属证书颁发机构。
- 系统管理员。

Windows Server 2016 默认提供很多模板，证书管理员可以管理这些默认的证书模板，还可以控制用户申请哪些证书，或是控制用户如何申请证书。

二、安装证书服务

通过安装证书服务，可以创建一个 CA 颁发运行 PKI 所需的证书。在 Windows Server 2016 中，证书颁发机构可以是企业类或独立类两种类型之一。每个类型都可以有一个根 CA 和一个（或多个）从属 CA。

通常，对单个 Windows Server 2016 网络中的用户或计算机颁发证书，必须安装一个企业 CA。企业 CA 要求所有申请证书的用户和计算机在 Active Directory 中有一个账号。

项目实施

创建配置证书服务器并进行安全访问，具体步骤如下：

一、安装证书服务

在进行安装证书服务之前，首先应该安装配置域服务，否则安装证书服务无法正常安装配置，并且应注意在安装配置域服务之前，不能安装其他非主机自带的服务，否则会出现域服务无法正确配置的情况。

安装域服务的过程，此处不重复介绍。

下面重点介绍证书服务的安装。首先完成服务器初始化（计算机名称、IP 地址、防火墙等）。

（1）打开“服务器管理器”窗口，选择“域服务”选项，然后选择“管理”“添加角色和功能”命令，如图 10-3 所示。

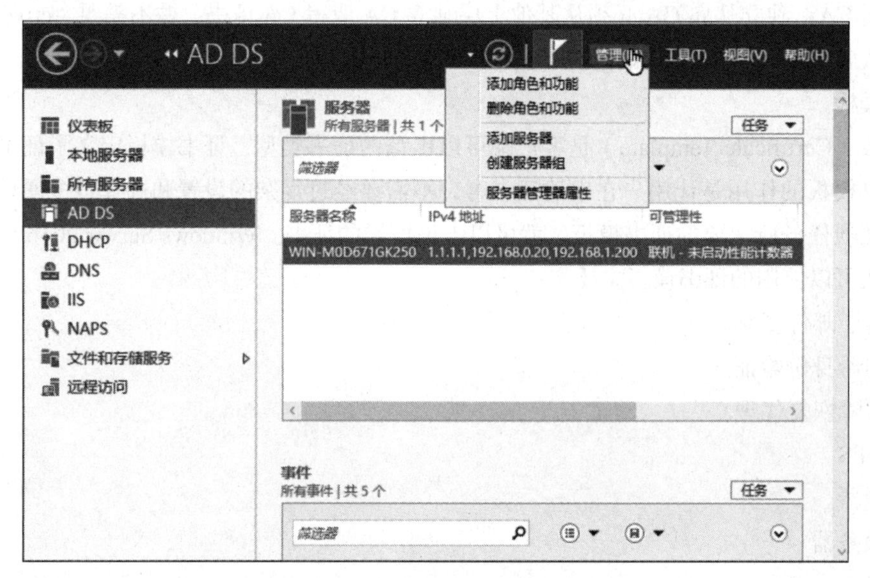

图 10-3 选择“添加角色和功能”命令

（2）出现“开始之前”界面，单击“下一步”按钮。

（3）出现“选择安装类型”界面，选择“基于角色或基于功能的安装”单选按钮，单击“下一步”按钮，如图 10-4 所示。

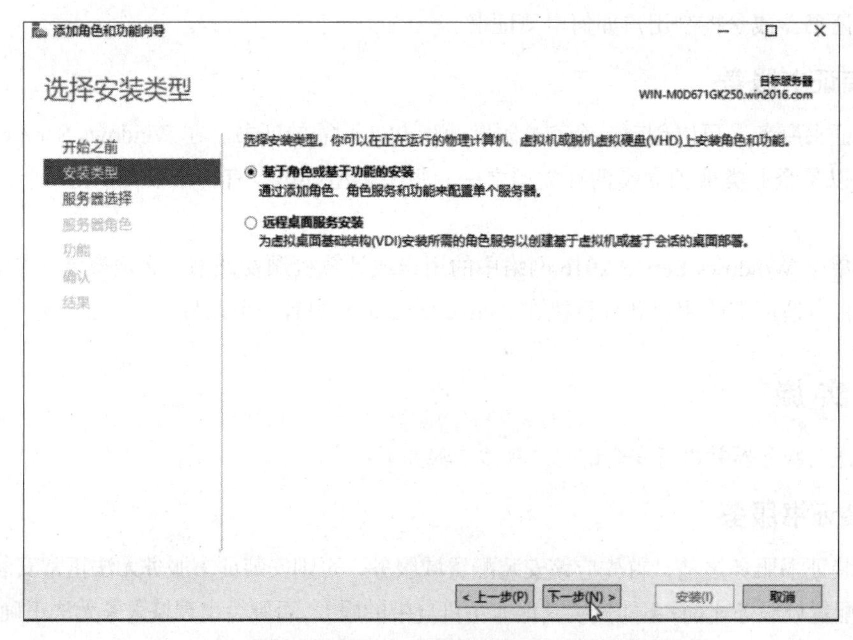

图 10-4 选择“基于角色或基于功能的安装”单选按钮

（4）出现“选择目标服务器”界面，单击“下一步”按钮，如图 10-5 所示。

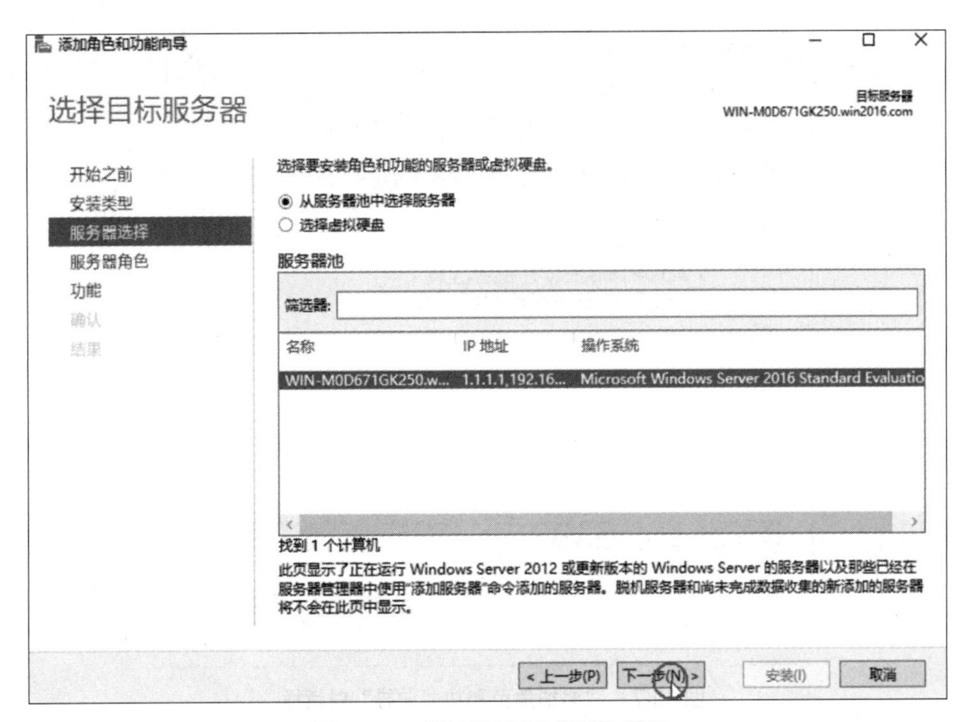

图 10-5　“选择目标服务器”界面

（5）出现“选择服务器角色”界面，选择“Active Directory 证书服务”角色，如图 10-6 所示。

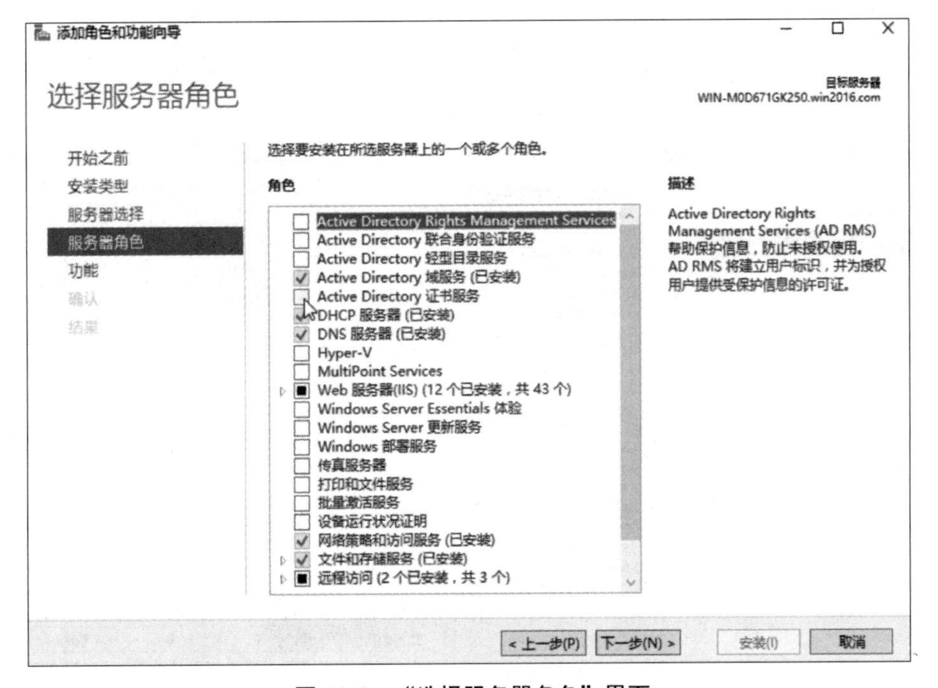

图 10-6　“选择服务器角色”界面

（6）弹出“添加角色和功能向导”对话框，如图 10-7 所示。

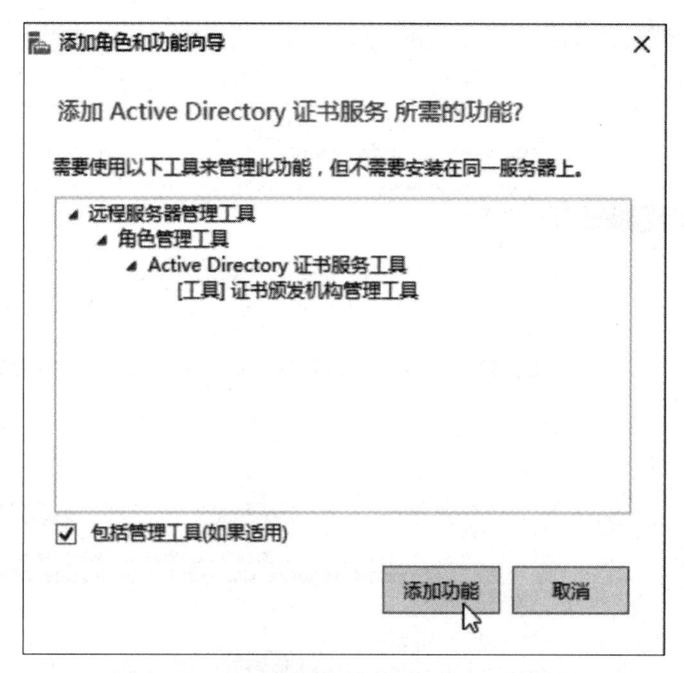

图 10-7 “添加角色和功能向导”对话框

（7）单击“添加功能”按钮，出现“选择功能”界面，如图 10-8 所示。单击“下一步”按钮。

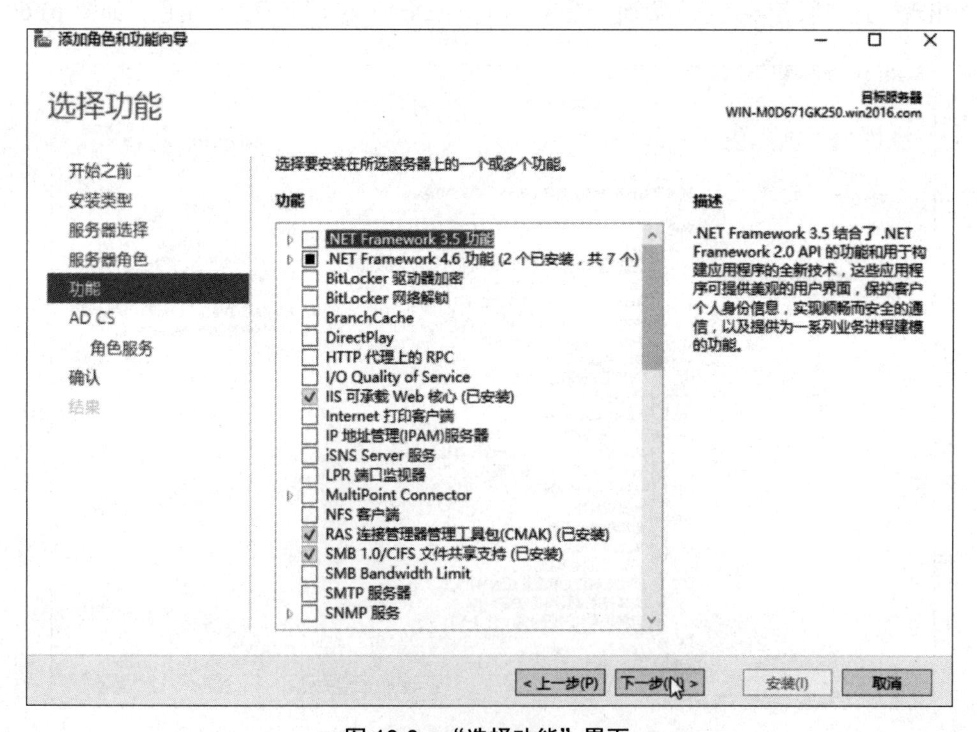

图 10-8 “选择功能”界面

（8）出现“选择角色服务”界面，如图 10-9 所示。

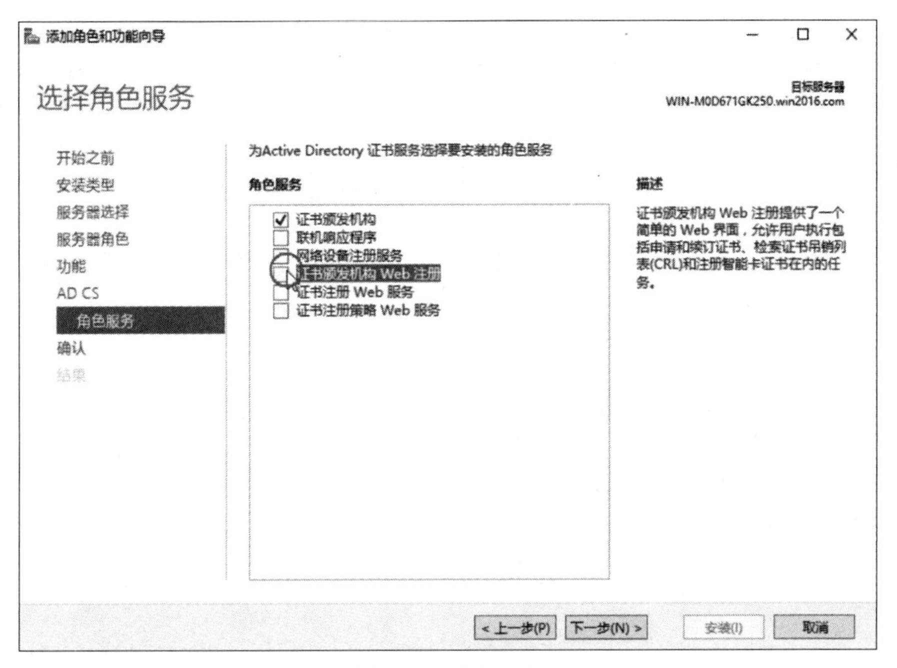

图 10-9　选择角色

（9）选中“证书颁发机构 Web 注册”复选框，单击“下一步”按钮，出现“添加证书颁发机构 Web 注册所需要的功能”对话框，单击“添加功能”按钮，如图 10-10 所示。

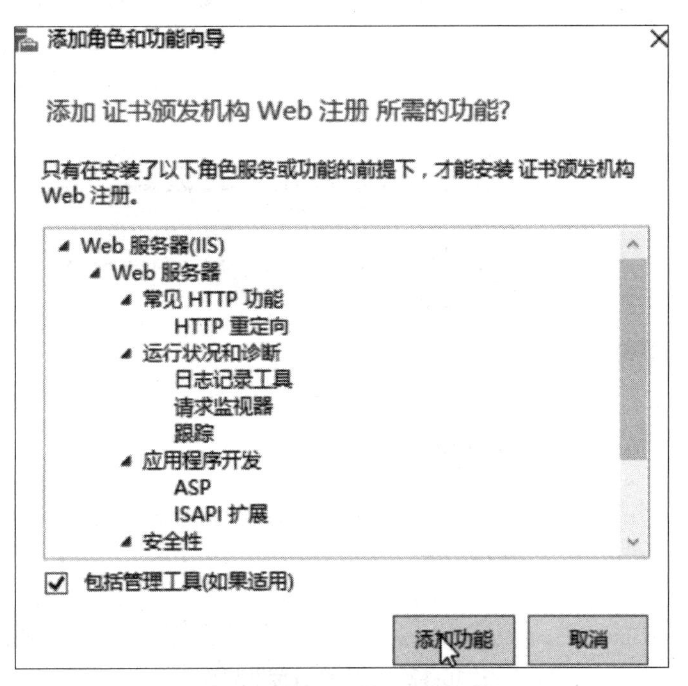

图 10-10　单击“添加功能”按钮

（10）返回到“选择角色服务”界面，单击“下一步”按钮，出现“确认安装所选内容”界面，单击“安装”按钮，如图 10-11 所示。

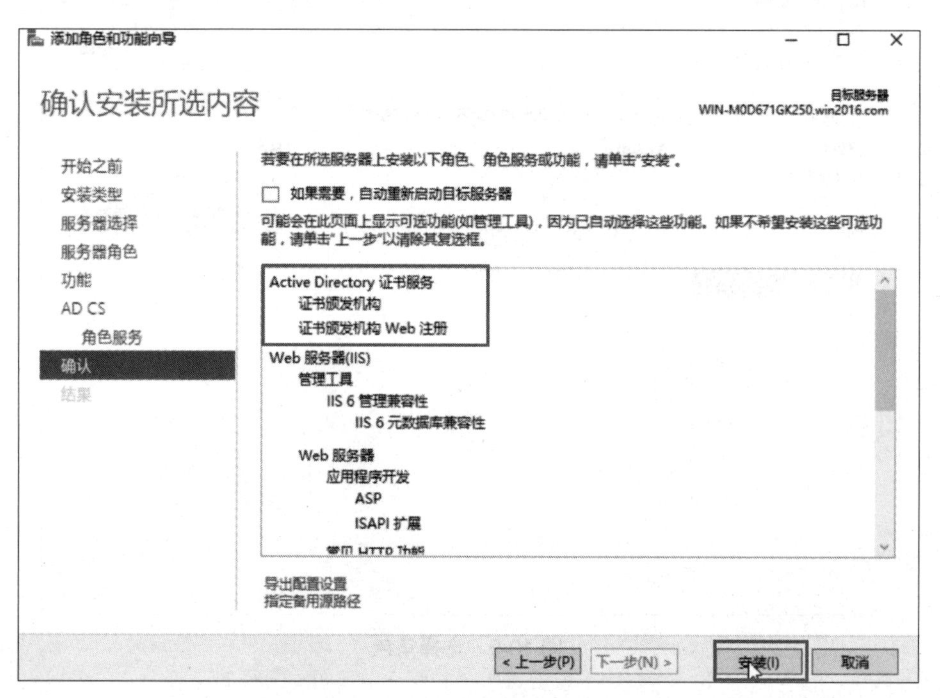

图 10-11 “确认安装所选内容”界面

（11）出现“安装进度”界面，直至安装完成，单击“关闭”按钮，如图 10-12 所示。

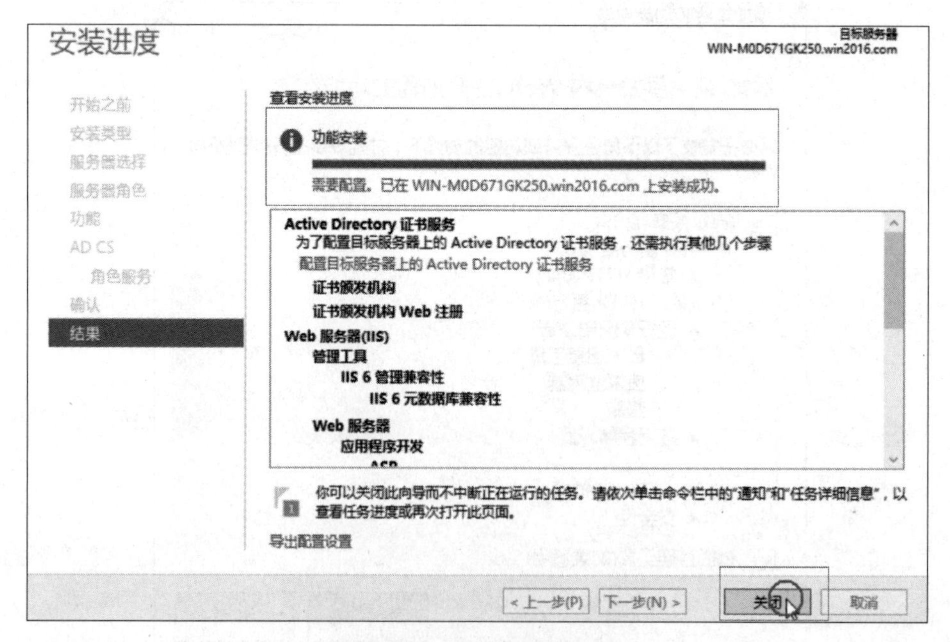

图 10-12 “安装进度”界面

二、配置证书服务

（1）单击图 10-13 所示窗口中的“更多”超链接。

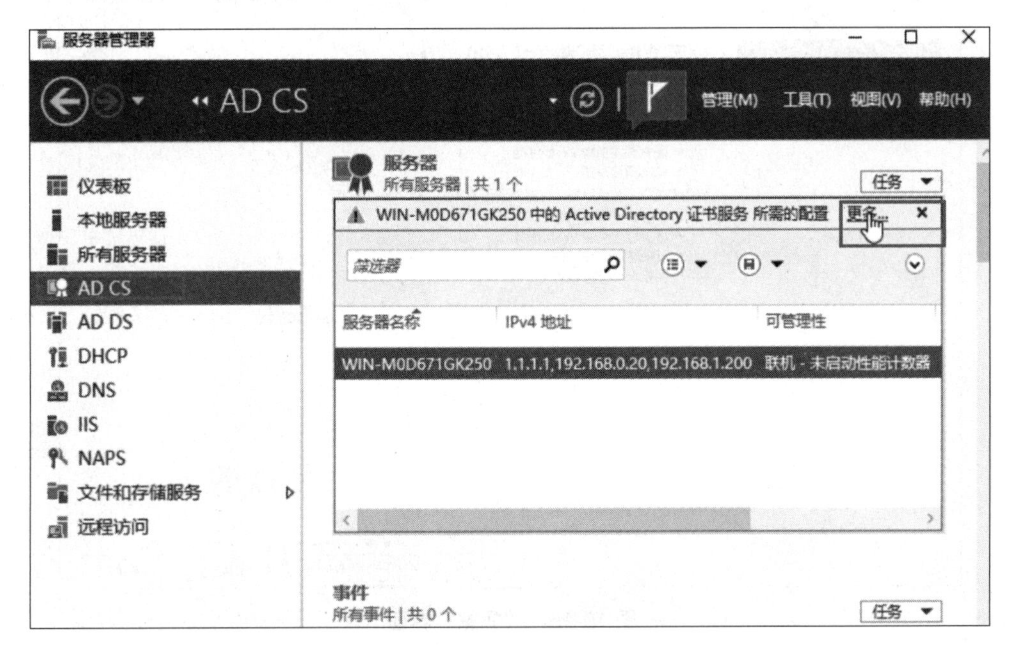

图 10-13　单击更多

（2）在打开的窗口中单击服务器详细配置通知，如图 10-14 所示。

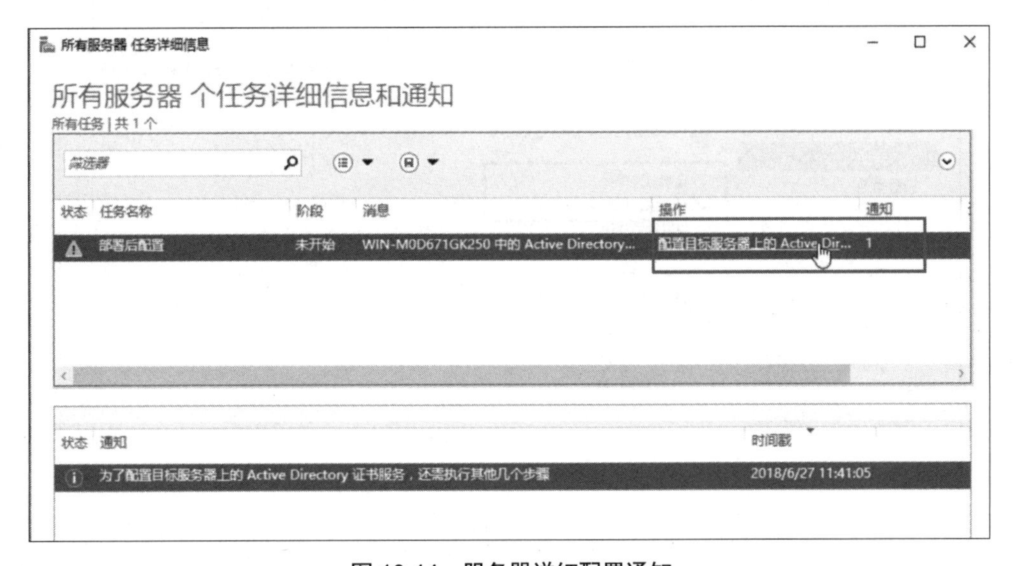

图 10-14　服务器详细配置通知

（3）打开“AD CS 配置”窗口，显示“凭据”界面，指定凭据后，单击“下一步”按钮，如图 10-15 所示。

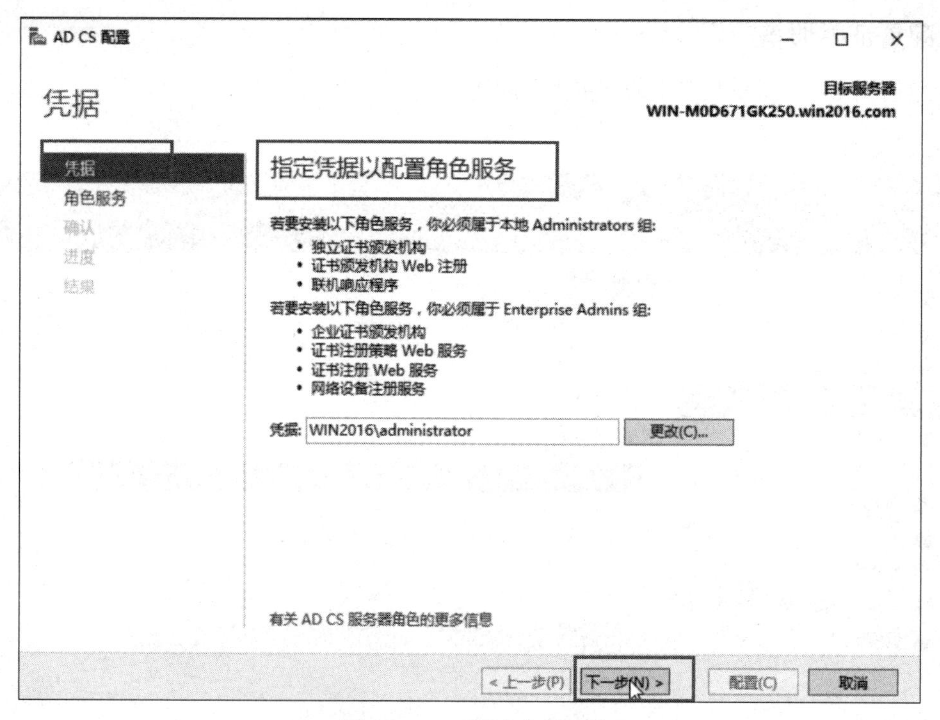

图 10-15　“凭据”界面

（4）出现“角色服务”界面，选择要配置的角色服务，单击“下一步”按钮，如图 10-16 所示。

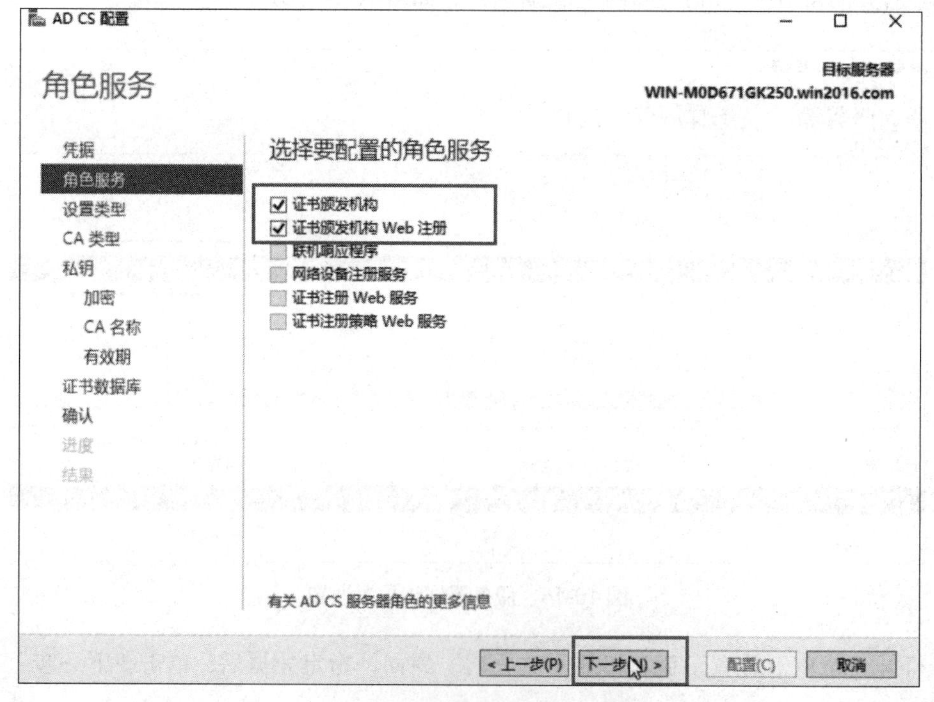

图 10-16　选择要配置的角色服务

（5）出现“设置类型”界面，选择“企业 CA”单选按钮，单击“下一步”按钮，如图 10-17 所示。

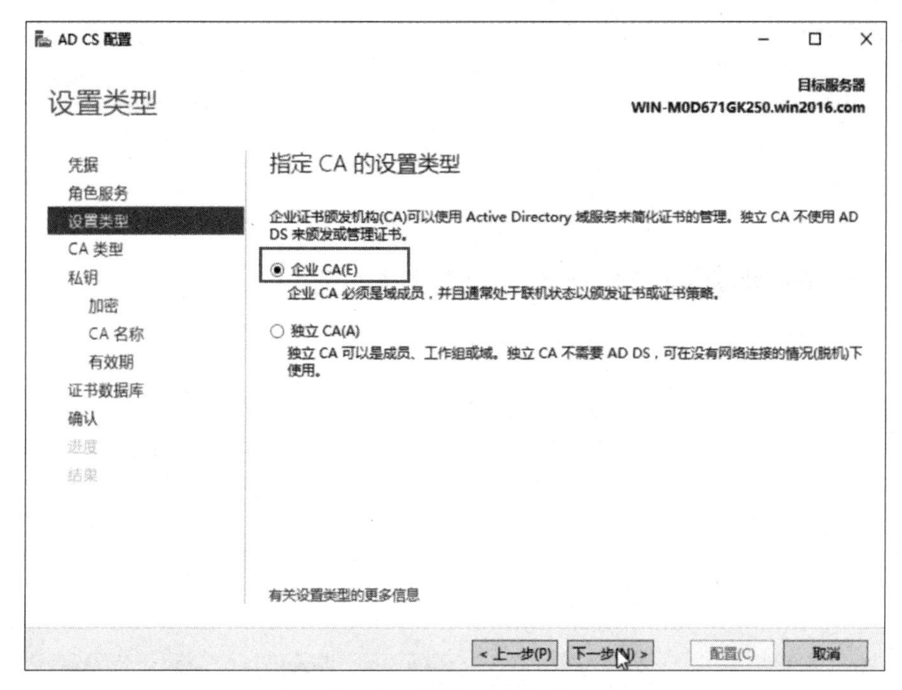

图 10-17　选择“企业 CA”单选按钮

（6）出现“CA 类型”界面，选择“根 CA”单选按钮，如图 10-18 所示。

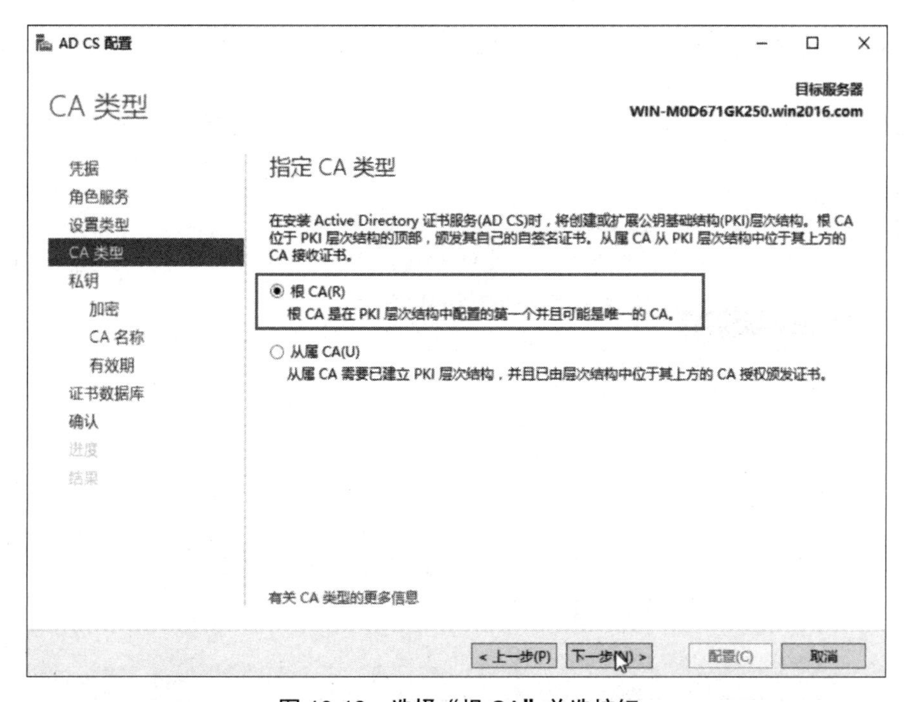

图 10-18　选择“根 CA”单选按钮

（7）出现“私钥”界面，选择“创建新的私钥”单选按钮，如图 10-19 所示。

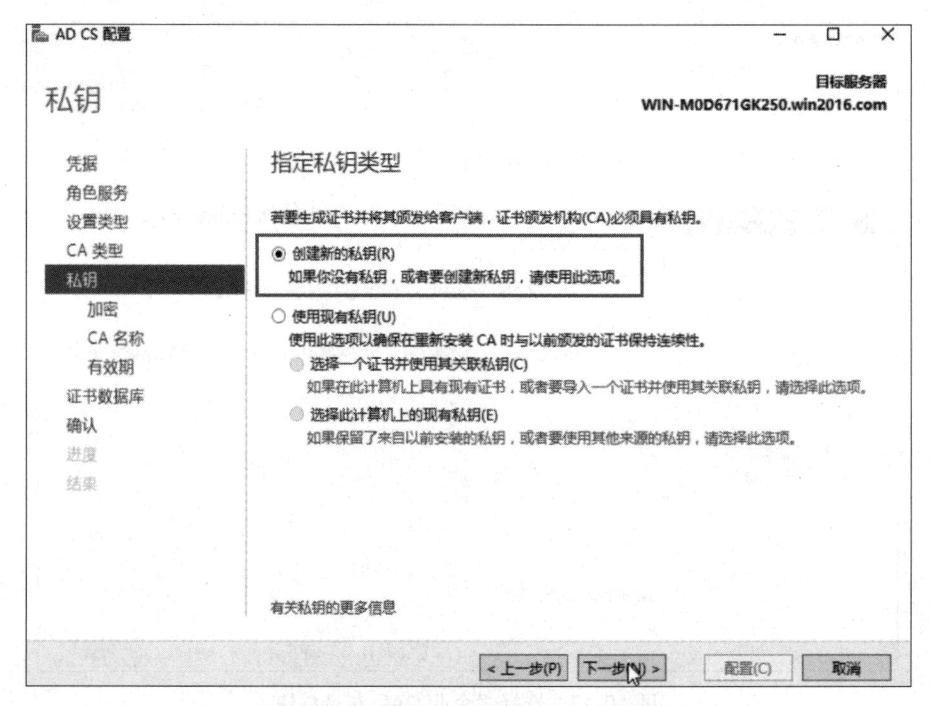

图 10-19　选择“创建新的私钥”单选按钮

（8）出现“CA 的加密”界面，选择 SHA256，如图 10-20 所示。

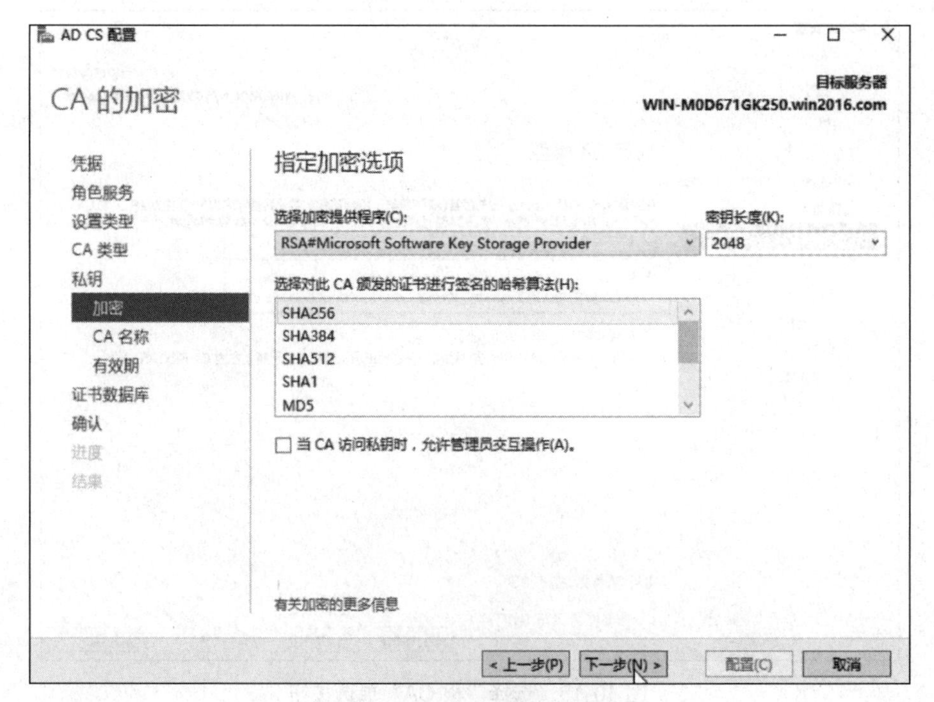

图 10-20　“CA 的加密”界面

（9）出现“CA 名称”界面，保持默认设置，单击“下一步”按钮，如图 10-21 所示。

图 10-21　“CA 名称”界面

（10）出现“有效期”界面，指定密钥的有效期，如图 10-22 所示。

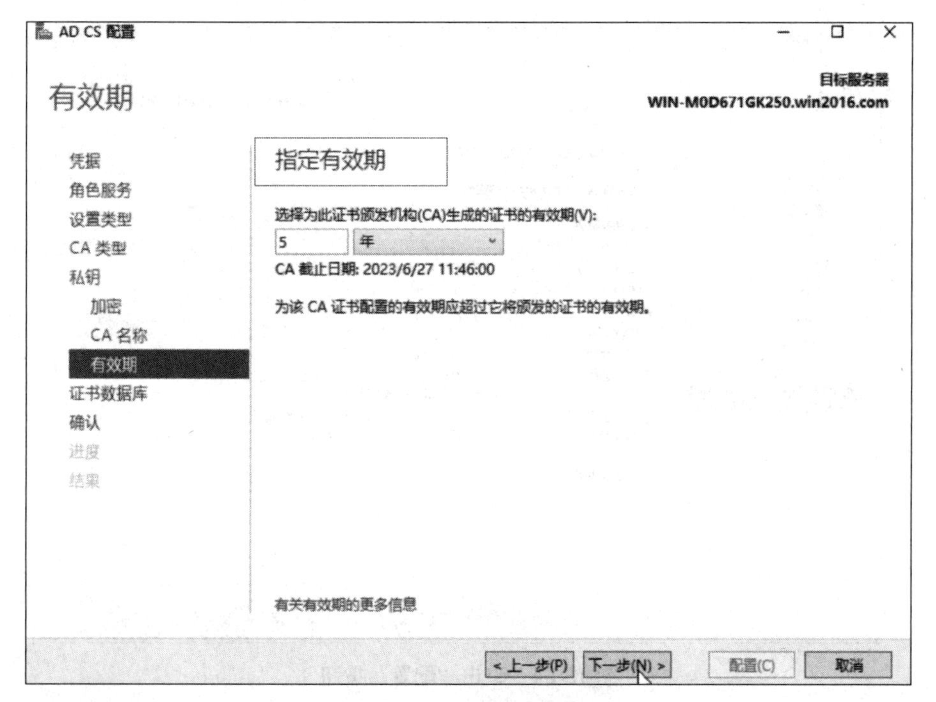

图 10-22　“有效期”界面

（11）出现“CA 数据库”界面，保持默认设置，如图 10-23 所示。

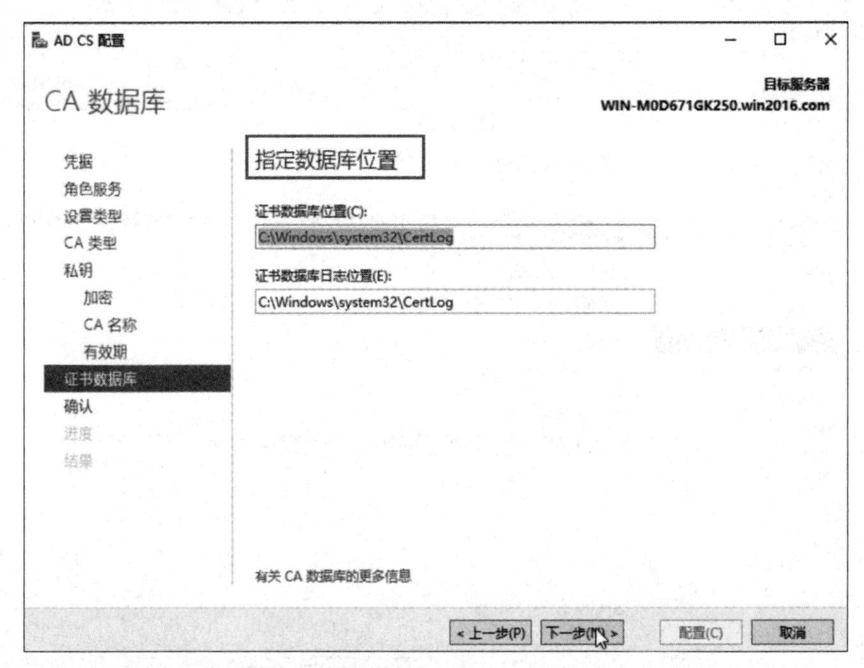

图 10-23 “CA 数据库”界面

（12）出现“确认”界面，单击“配置”按钮进行证书配置，直至完成配置，如图 10-24 至图 10-26 所示。

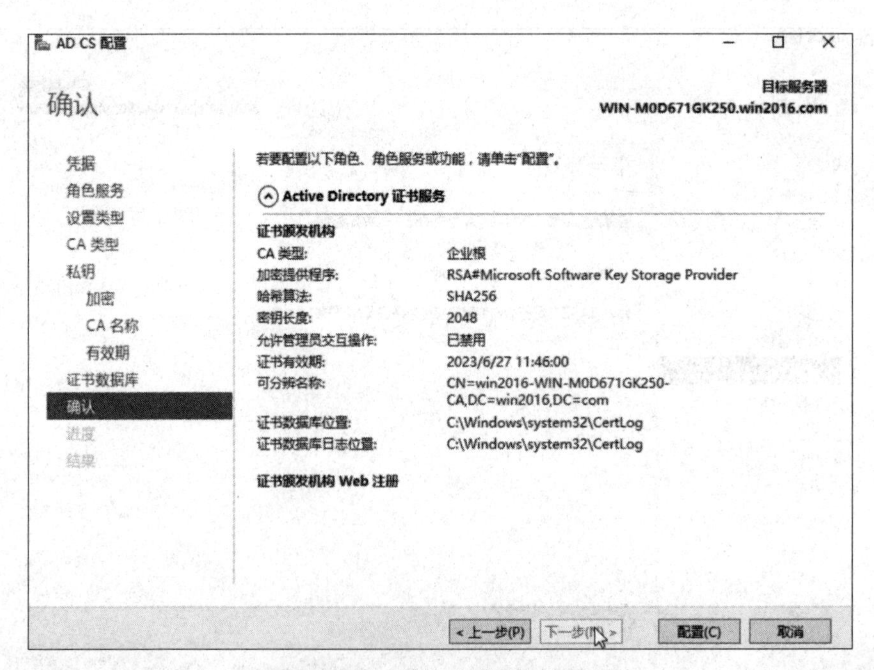

图 10-24 单击“配置”按钮

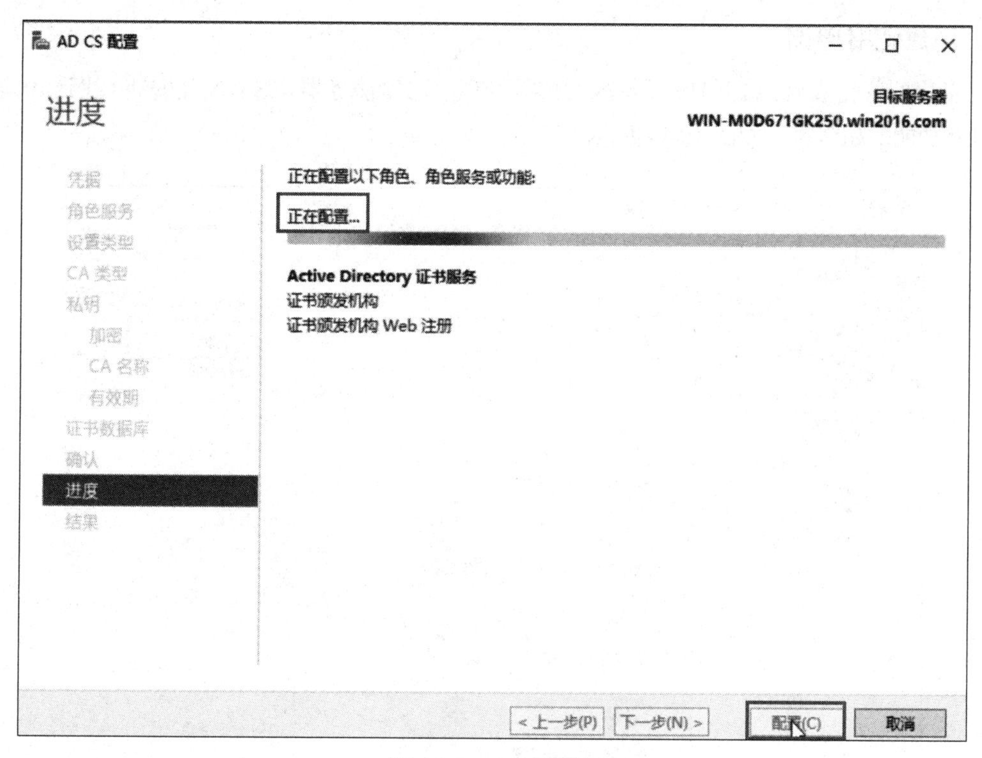

图 10-25　正在配置

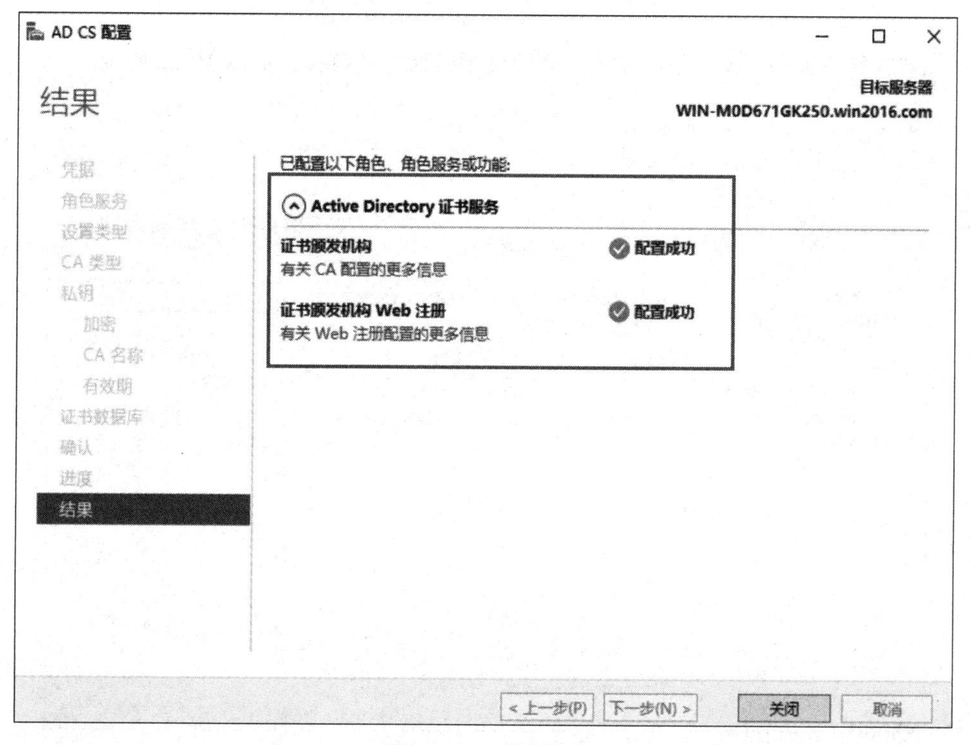

图 10-26　完成配置

三、创建证书申请

（1）证书配置完成后，打开 IIS 服务器，如果没有安装 IIS 服务器，则需要先安装。找到 IIS 服务器，单击“打开功能”超链接，如图 10-27 所示。

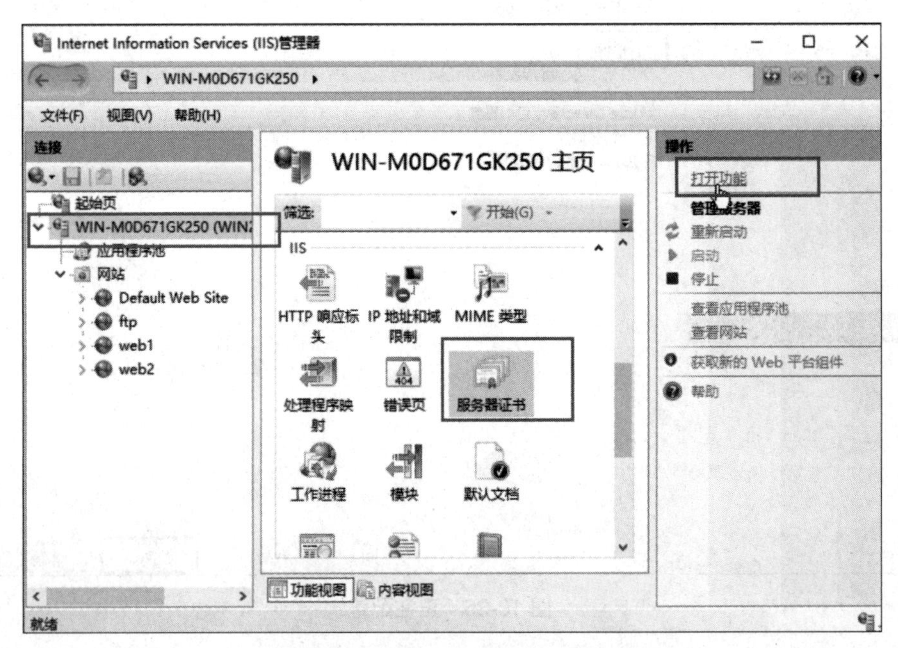

图 10-27　单击“打开功能”超链接

（2）在“服务器证书”窗口中，单击“创建证书申请”超链接，如图 10-28 所示。

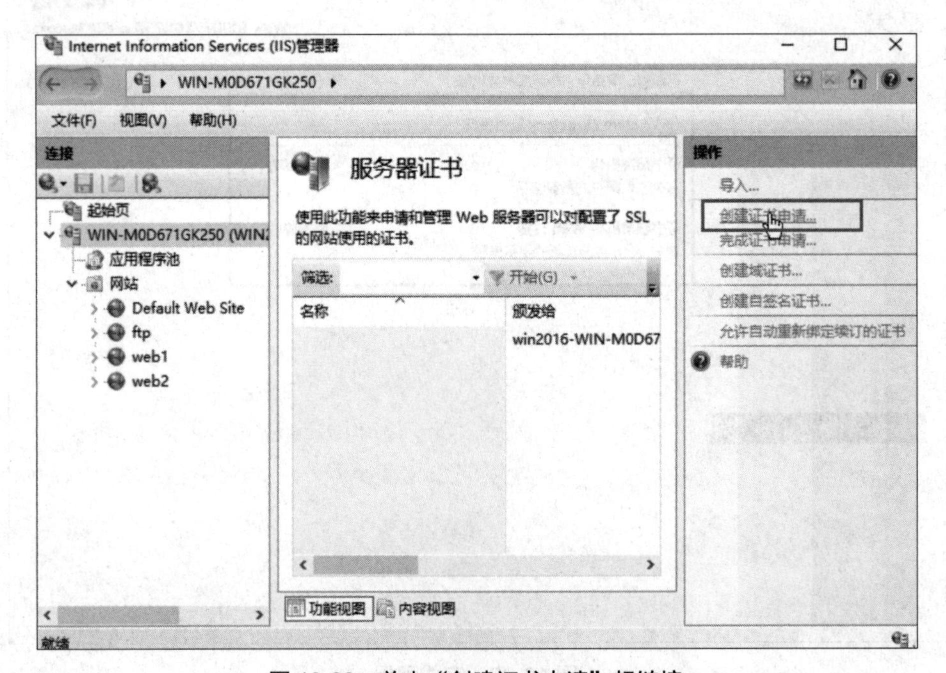

图 10-28　单击“创建证书申请”超链接

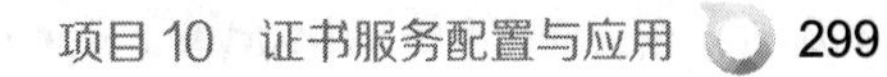

（3）出现“可分辨名称属性”界面，指定证书的必需信息，如图 10-29 所示。

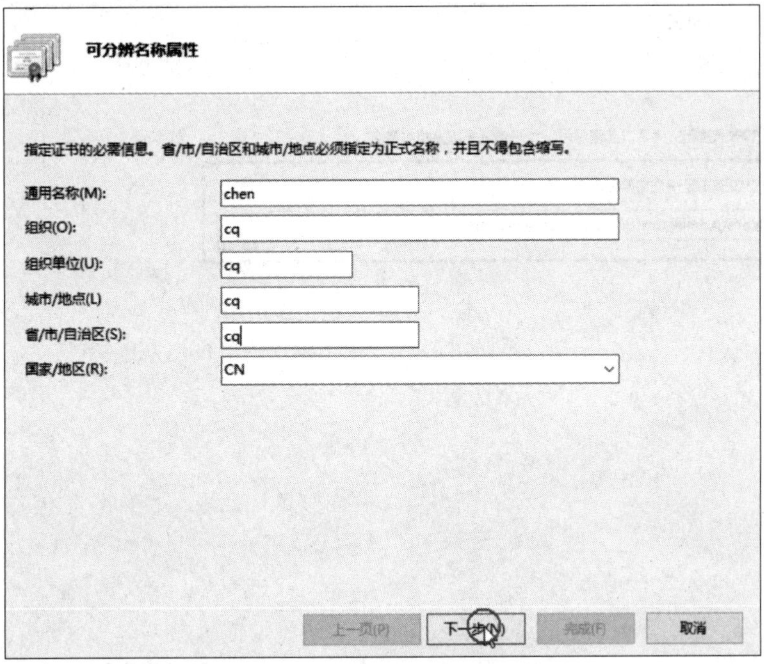

图 10-29　“可分辨名称属性”界面

（4）出现“加密服务提供程序属性”界面，保持默认设置，如图 10-30 所示。

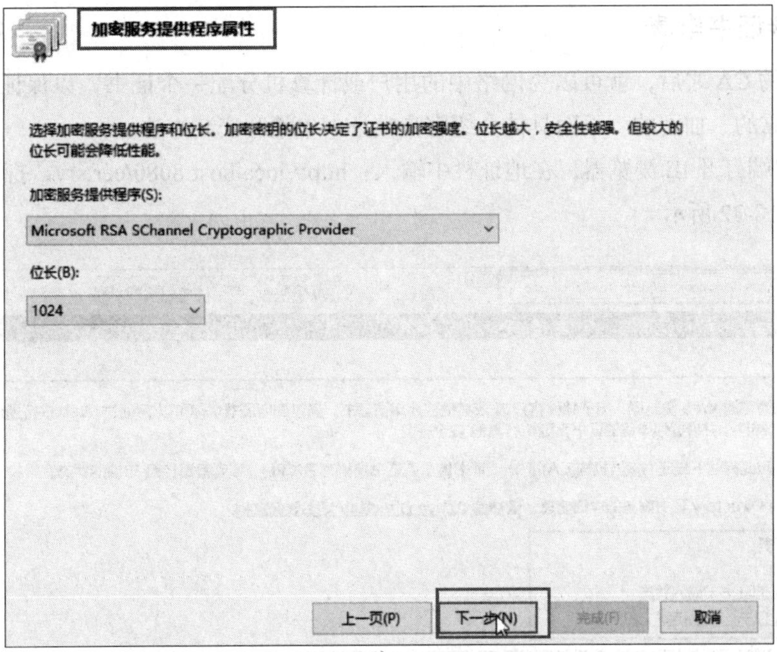

图 10-30　“加密服务提供程序属性”界面

（5）出现“文件名”界面，为证书申请指定一个文件名，单击“完成”按钮，如图 10-31 所示。

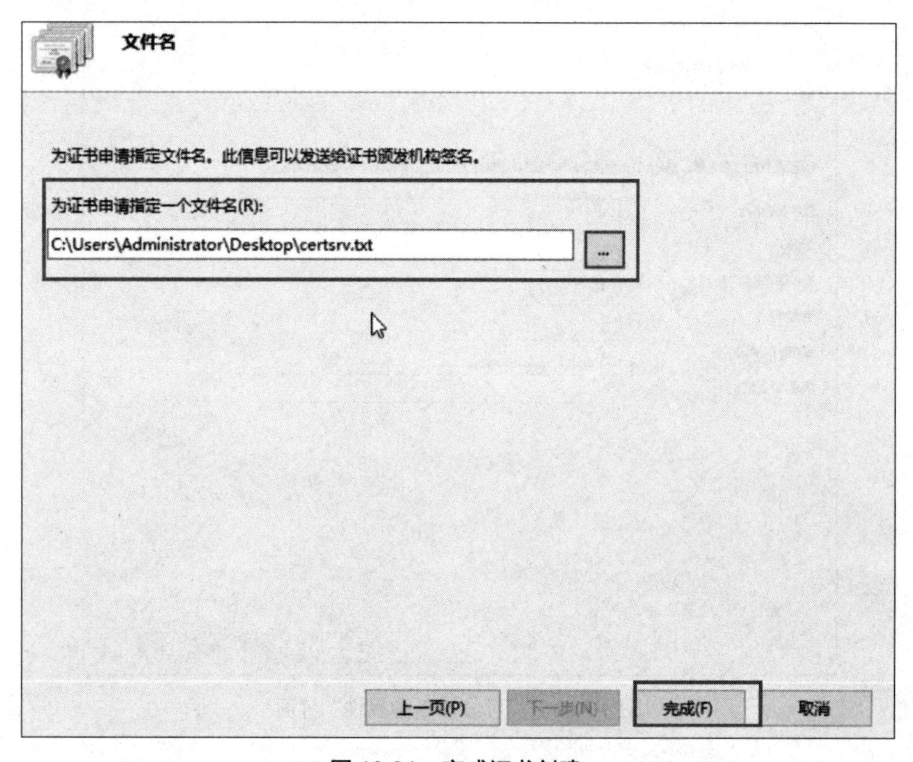

图 10-31　完成证书创建

四、客户端证书申请

配置了企业的 CA 之后，就可以为网络中的用户或计算机分配一个证书，以保证网络中传输的数据是有效的、可靠的、加密的。下面具体介绍客户端证书申请和安装方法。

（1）在客户端打开 IE 浏览器，在地址栏中输入：http://localhost:8080/certsrv，打开 Windows 证书服务页面，如图 10-32 所示。

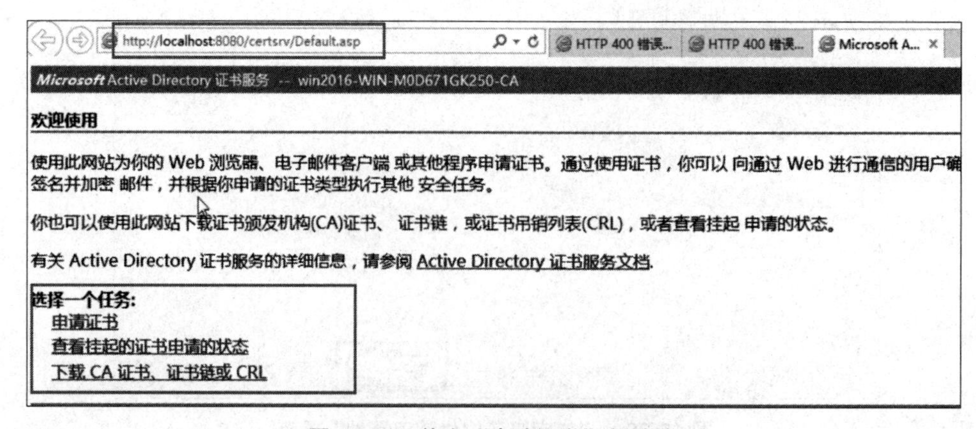

图 10-32　单击“申请证书”超链接

（2）在图 10-33 中单击“高级证书申请”超链接。

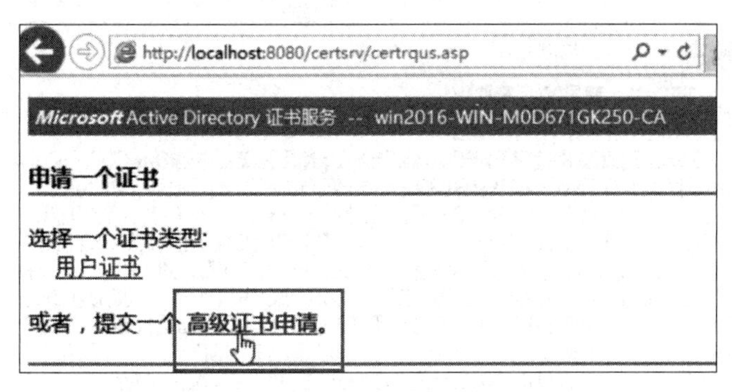

图 10-33　单击“高级证书申请”超链接

（3）单击“使用 base64 编码的……”超连接，如图 10-34 所示。

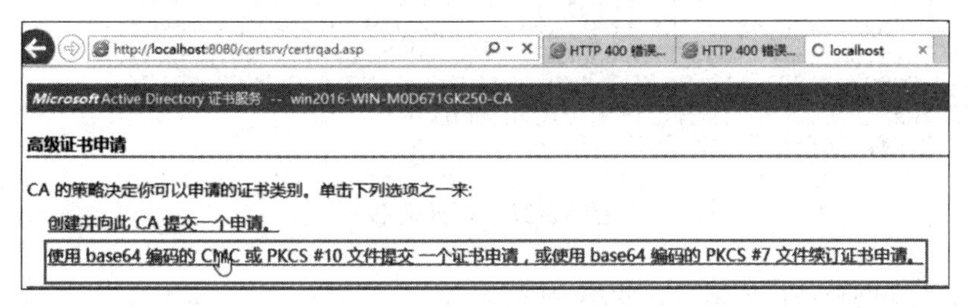

图 10-34　单击“使用 base64 编码的 .....”超链接

（4）在图 10-35 中，进行代码粘贴。

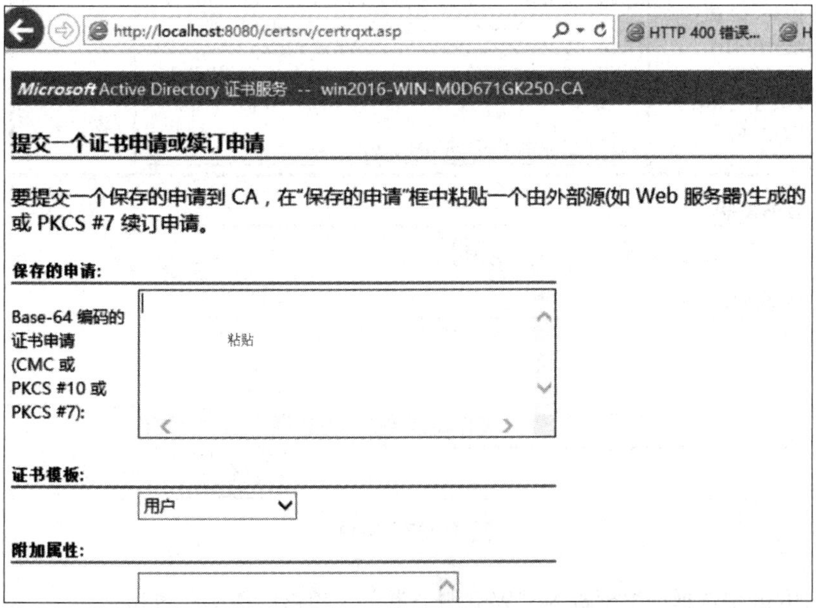

图 10-35　代码粘贴

（5）将前面创建的证书用记事本打开，如图 10-36 所示。

-----BEGIN NEW CERTIFICATE REQUEST-----
MIIDSzCCArQCAQAwUDELMAkGA1UEBhMCQ04xCzAJBgNVBAgMAmNxMQswCQYDVQQH
DAJjcTELMAkGA1UECgwCY3ExCzAJBgNVBAsMAmNxMQ0wCwYDVQQDDARjaGVuMIGf
MA0GCSqGSIb3DQEBAQUAA4GNADCBiQKBgQCoL2iWoTgroru1ZLivFdMSbYfYu/Bs
712EJWnc3LmD5X2JtTQjISd14fJJemhUZoA3v0Syu7jGCF15105HNxF7rLSZ3FGB
bi2b0a1HPFeZXA0tZL1gmamNIYy0q57b6ekoXFpEbHWv81s1uHa59Mc49xvTgPqr
/17Bm2JT1CB9BQIDAQABoIIBuTAcBgorBgEEAYI3DQIDMQ4WDDEwLjAuMTQzOTMu
MjBTBgkrBgEEAYI3FRQxRjBEAgEFDBtXSU4tTTBENjcxR0syNTAud21uMjAxNi5j
b20MFVdJTjIwMTZcYWRtaW5pc3RyYXRvcgwLSW51dE1nci51eGUwcgYKKwYBBAGC
Nw0CAjFkMGICAQEeWgBNAGkAYwByAG8AcwBvAGYAdAAgAFIAUwBBACAAUwBDAGgA
YQBuAG4AZQBsACAAQwByAHkAcAB0AG8AZwByAGEAcABoAGkAYwAgAFAAcgBvAHYA
aQBkAGUAcgMBADCBzwYJKoZIhvcNAQkOMYHBMIG+MA4GA1UdDwEB/wQEAwIE8DAT
BgNVHSUEDDAKBggrBgEFBQcDATB4BgkqhkiG9w0BCQ8EazBpMA4GCCqGSIb3DQMC
AgIAgDAOBggqhkiG9w0DBAICAIAwCwYJYIZIAWUDBAEqMAsGCWCGSAF1AwQBLTAL
Bg1ghkgBZQMEAQIwCwYJYIZIAWUDBAEFMAcGBSsOAwIHMAoGCCqGSIb3DQMHMB0G
A1UdDgQWBBRx8I9m/Kcv8Upi1RfCbb9PXR9vnDANBgkqhkiG9w0BAQUFAAOBgQBI
ev1PAsTitYEcaQYmWiPX1neQjI1brq66RmD25/CSOIMXCNSCkU7YK+MGTBDEaEAY
1uqbdjCo90DQ+e4x2YJv01dmRN/YfTpi49z31AZ7ZwbAuoSJhSc2q3h5ZsFRivfu
zpWNO8SYssPdNZCQ/yWhg1xRHCLjWcq7d70VLSrRhA==
-----END NEW CERTIFICATE REQUEST-----

图 10-36 打开证书

（6）在图 10-35 的粘贴栏中粘贴，如图 10-37 所示。

保存的申请：

Base-64 编码的证书申请 (CMC 或 PKCS #10 或 PKCS #7)：

A1UdDgQWBBRx8I9m/Kcv8Upi1RfCbb9PXR9vnDAN
ev1PAsTitYEcaQYmWiPX1neQjIlbrq66RmD25/CS
1uqbdjCo90DQ+e4x2YJv01dmRN/YfTpi49z31AZ7
zpWNO8SYssPdNZCQ/yWhg1xRHCLjWcq7d70VLSrR
-----END NEW CERTIFICATE REQUEST-----

证书模板：

用户

附加属性：

属性：

提交 >

图 10-37 粘贴

（7）在图 10-38 中选择证书模板为“Web 服务器”，单击“提交”按钮。

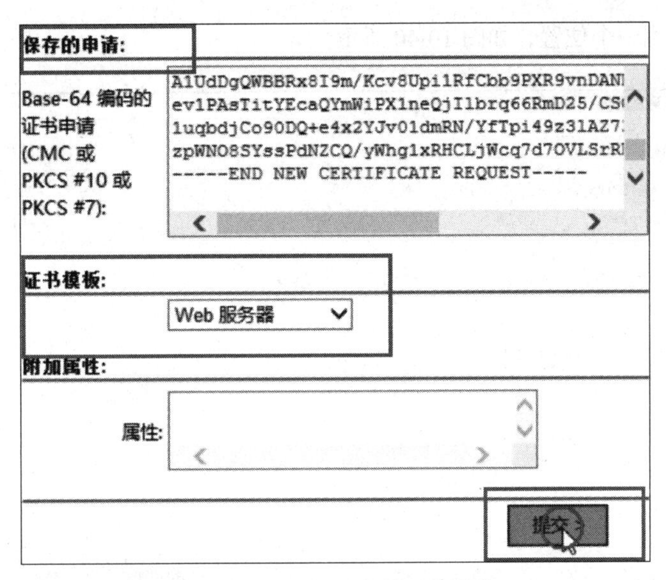

图 10-38　选择证书模板并提交

（8）提示证书已经颁发，选择下载证书，并保存，如图 10-39 所示。

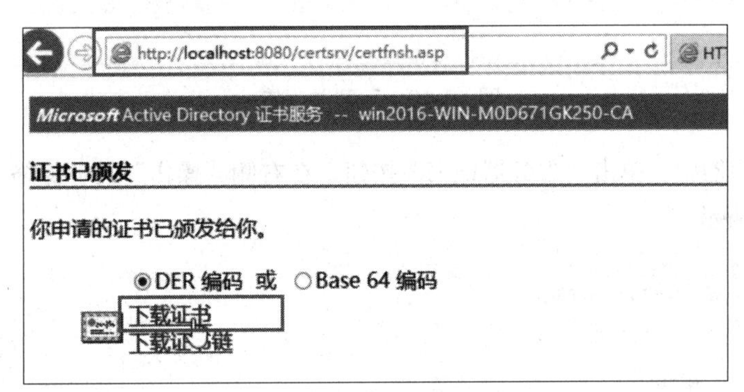

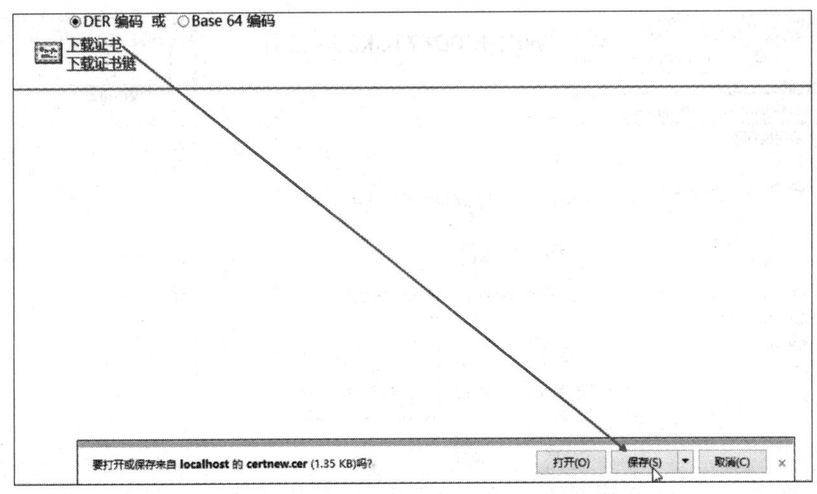

图 10-39　下载证书

（9）将证书下载到一个位置，如图 10-40 所示。

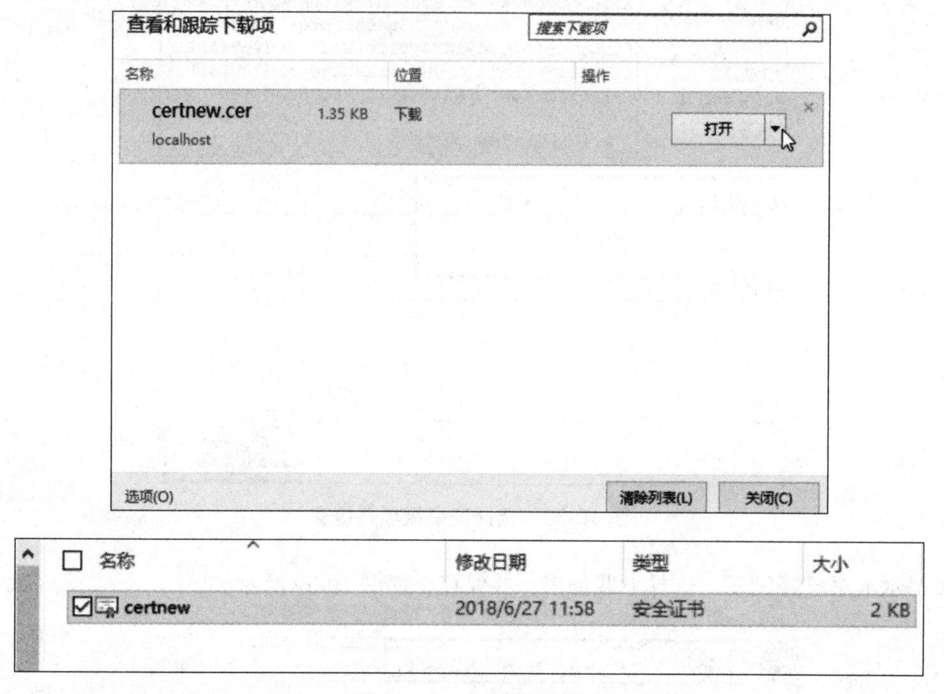

图 10-40　下载并保存

（10）在 IIS 管理器中，单击“服务器证书”按钮，在右侧“操作”任务窗格中单击“打开功能”超链接，如图 10-41 所示。

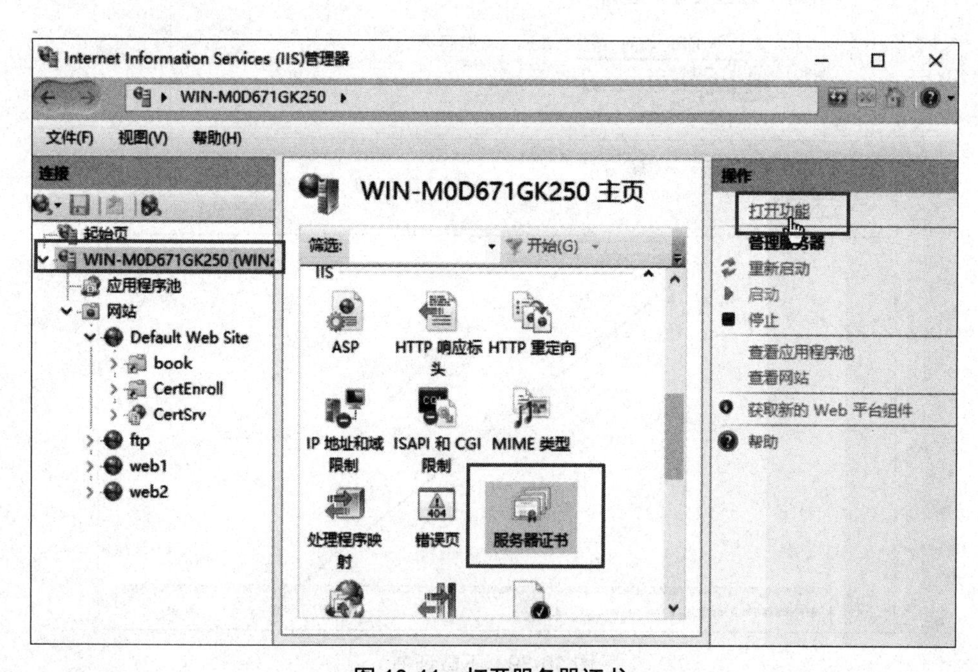

图 10-41　打开服务器证书

（11）单击“完成证书申请”超链接，如图 10-42 所示。

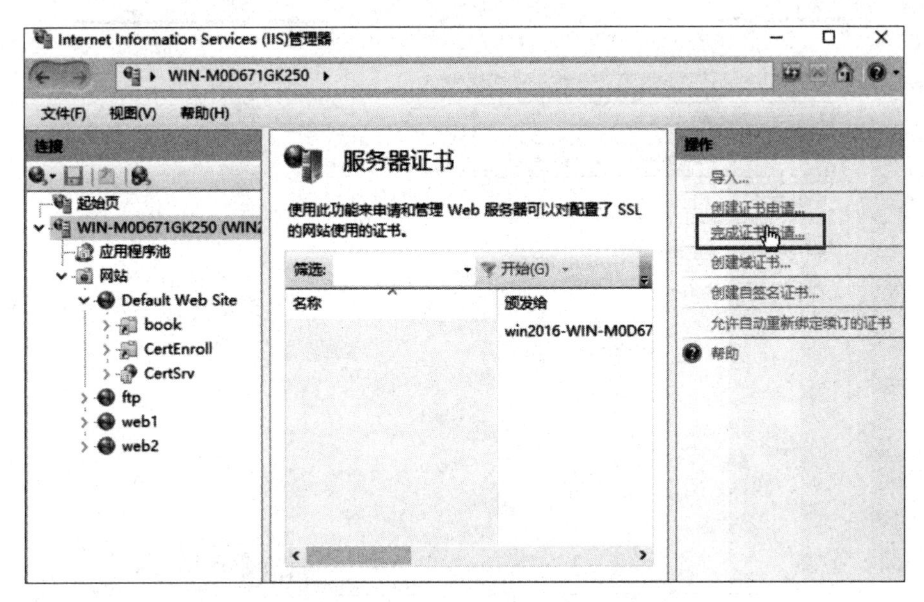

图 10-42　单击“完成证书申请”超链接

（12）出现“指定证书颁发机构响应”界面，如图 10-43 所示。

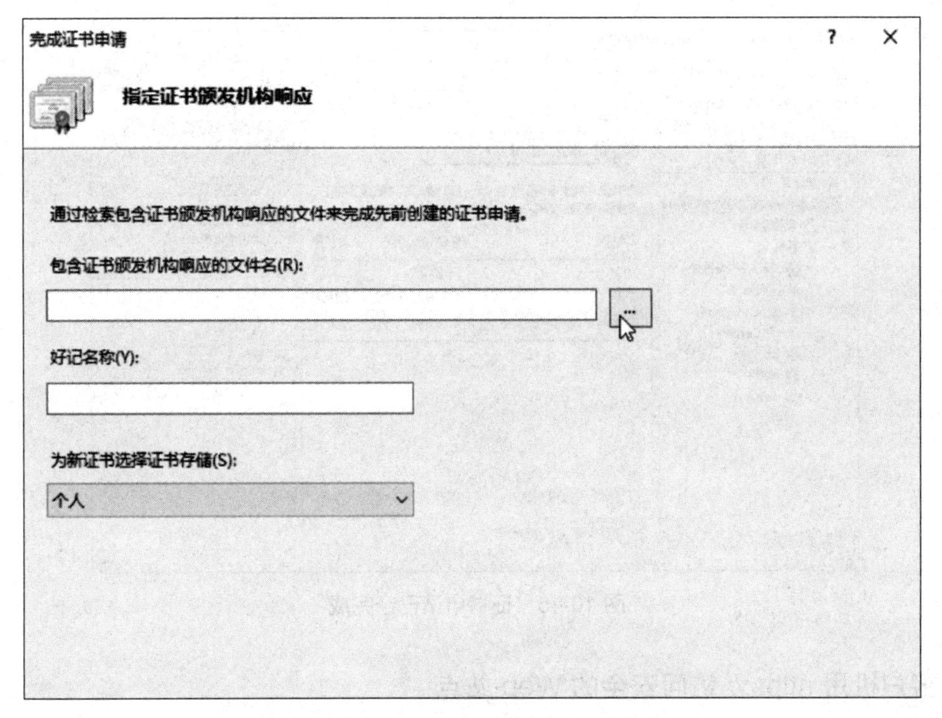

图 10-43　“指定证书颁发机构响应”界面

（13）选择前面下载的证书，并命名，如图 10-44 所示。

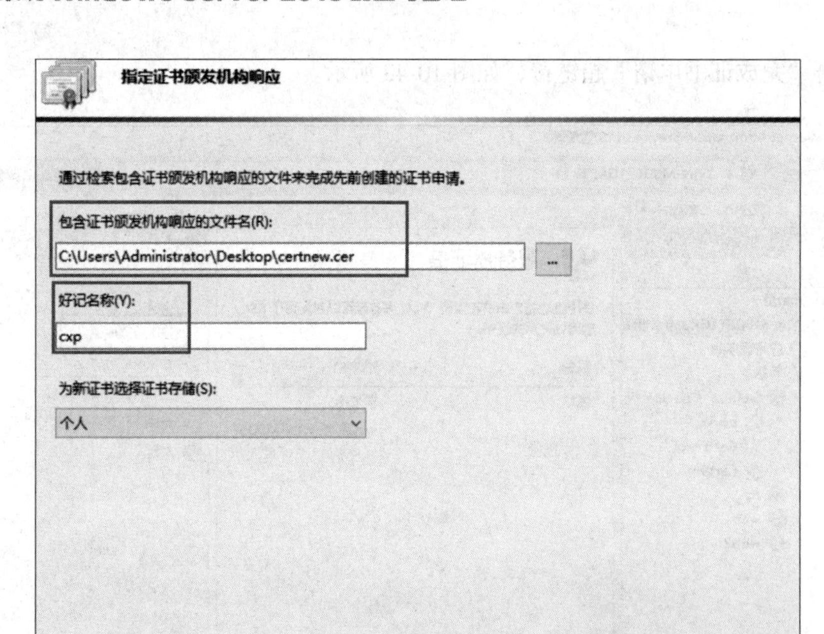

图 10-44　指定证书名称

（14）证书申请已经完成，如图 10-45 所示。

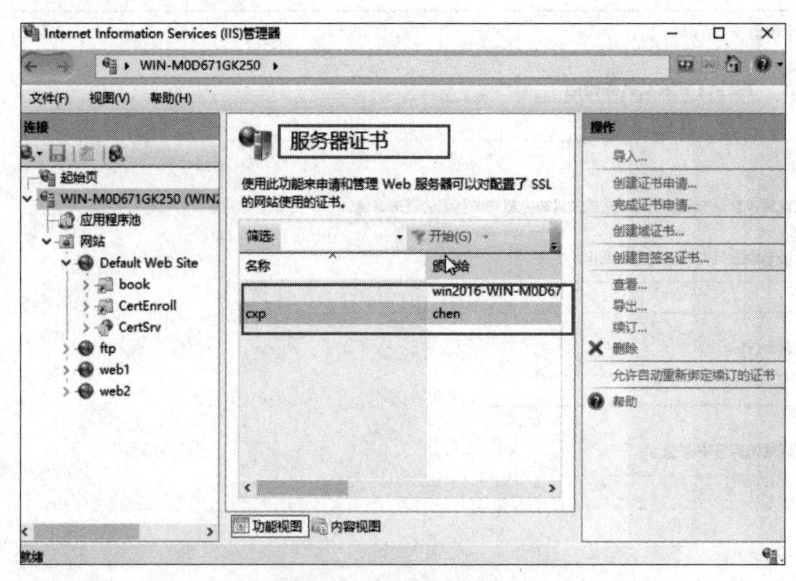

图 10-45　证书申请已经完成

五、客户机用 https:// 访问安全的 Web 站点

具体操作步骤如下：

（1）在 D 盘建立一个站点 site，并建立一个网页 index.html，如图 10-46 所示。

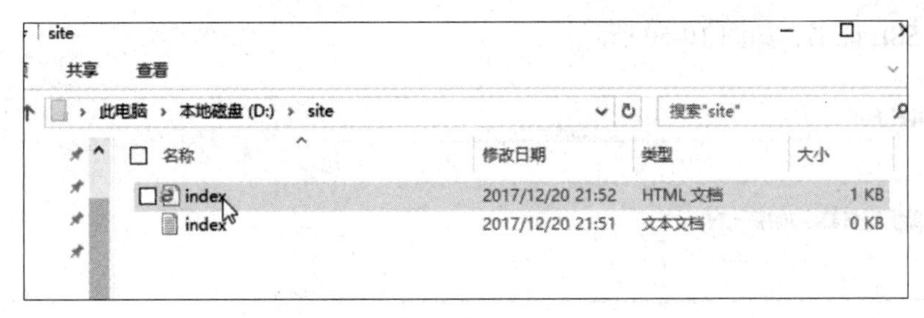

图 10-46　建立一个网页

（2）在网页中输入一些内容，如图 10-47 所示。

（3）打开 IIS 管理器，添加网站，如图 10-48 所示。

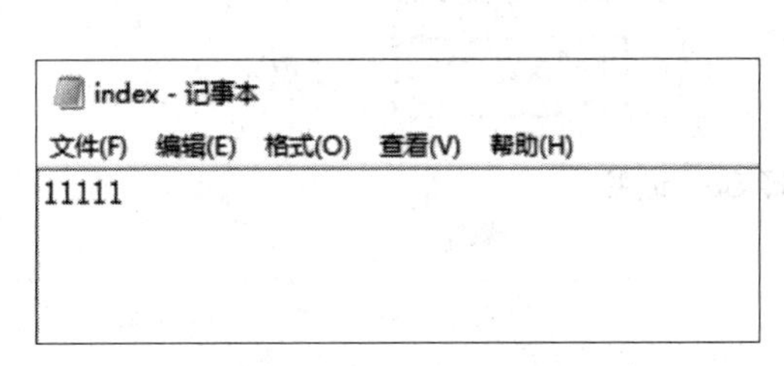

图 10-47　输入网页内容

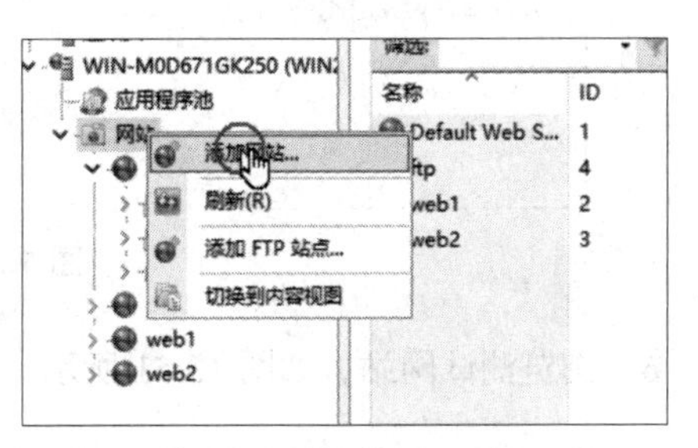

图 10-48　添加网站

（4）弹出“添加网站”对话框，选择站点，并设置 IP 地址和端口，如图 10-49 所示。

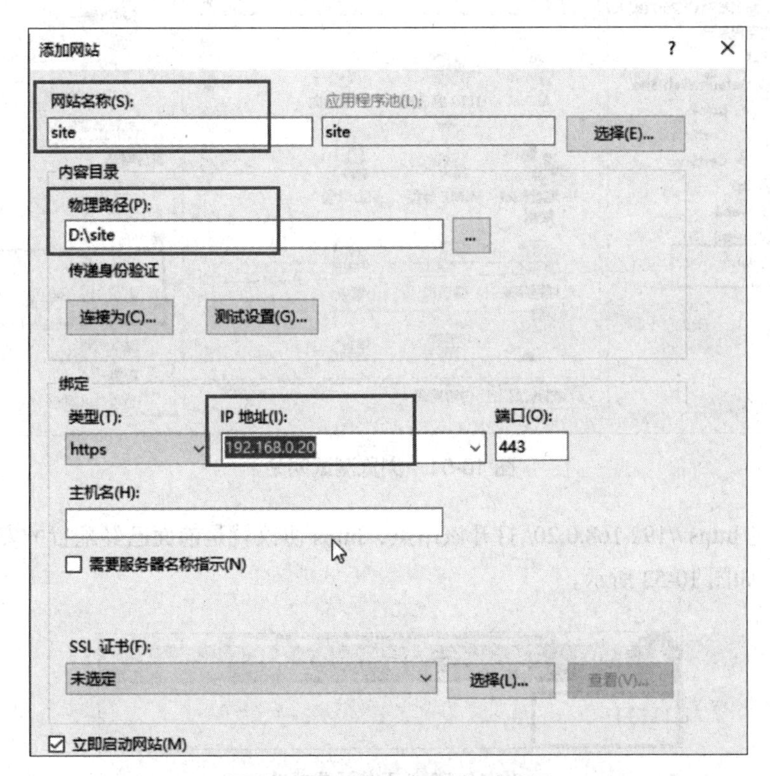

图 10-49　“添加网站”对话框

（5）选择 SSL 证书，如图 10-50 所示。

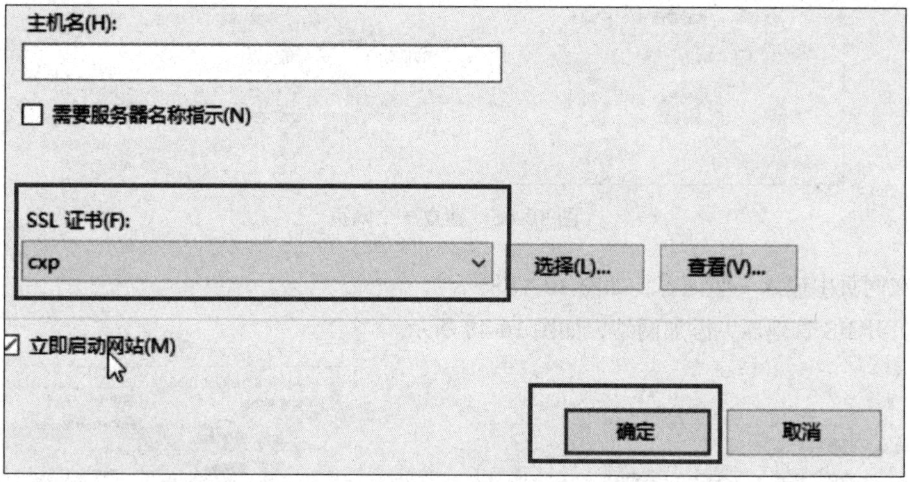

图 10-50 选择 SSL 证书

（6）浏览测试网站，如图 10-51 所示。

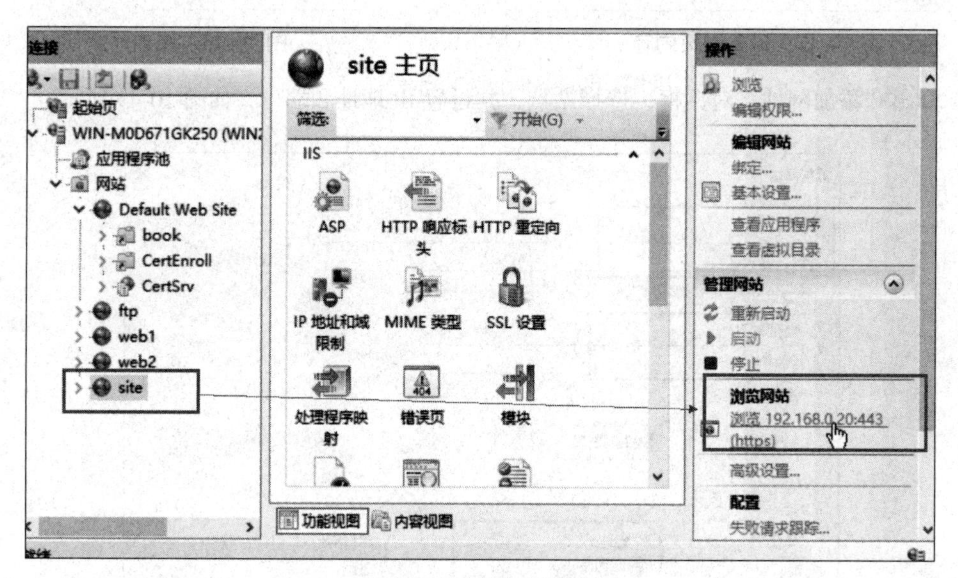

图 10-51 浏览测试网站

（7）能够通过 https://192.168.0.20/ 打开该站点，https 协议就是前面已经配置的安全协议，说明证书服务已经成功，如图 10-52 所示。

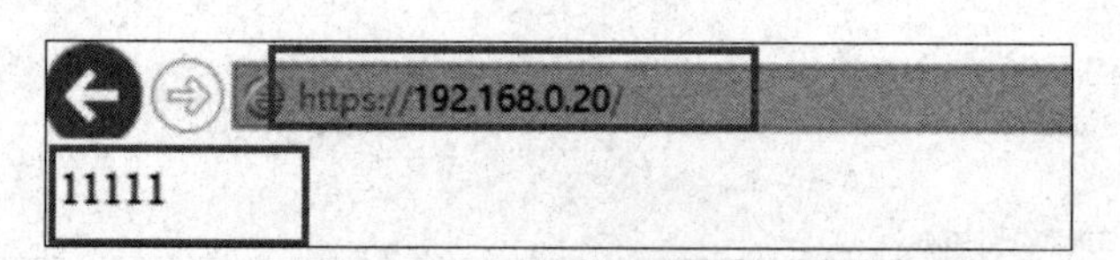

图 10-52 证书配置成功

总结与回顾

本项目介绍了 PKI 相关的概念及操作要点，介绍了 CA 证书的安装，CA 证书的创建、申请、颁发，SSL 安全网站的创建方法，还介绍了客户端访问 https 安全网站的方法，并进行了上机操作，读者学习完本项目内容后，能够完成本任务中的相关实训。

习　题

一、概念练习

1．什么是公钥加密？

2．什么是公钥认证？

3．什么是证书颁发机构（CA）？

4．一个证书被吊销后，并没有出现在 CRL 列表中，应该如何操作？

5．如何添加证书模板？

6．哈希算法指的是什么？

7．证书颁发机构自身的证书快要到期了，如果还想继续使用，应该怎么办？

二、案例分析

（1）某企业需要允许业务伙伴通过 Internet 访问企业内部的产品说明数据库，同时必须确保信息的保密性，应该怎样做？

（2）客户端希望申请一个“Exchange 用户”证书，用于对电子邮件进行认证。当用户在 Web 页中进行证书申请时，在证书模板下找不到“Exchange 用户”证书模板，是什么原因？应该怎么办？

三、上机操作

完成项目实施中的几个任务。

参 考 文 献

[1] 陈学平 . 计算机网络工程与实训 [M]. 北京：电子工业出版社，2006.

[2] 许斌辉，孙亚刚 . Windows Server 2003 网络管理员完全手册 [M]. 北京：清华大学出版社，2007.

[3] 陈学平，朱毓高 . Windows Server 2003 配置与应用 [M]. 北京：化学工业出版社，2011.

[4] 童均，陈学平 . Windows Server 2008 配置与管理 [M]. 北京：清华大学出版社，2015.